# L'INDUSTRIE CHIMIQUE
# DES BOIS

## LEURS DÉRIVÉS ET EXTRAITS INDUSTRIELS

PAR

### P. DUMESNY
INGÉNIEUR-CHIMISTE

ET

### J. NOYER
INGÉNIEUR-CHIMISTE
EXPERT PRÈS LE TRIBUNAL DE COMMERCE DE LYON
MEMBRE DE L'ASSOCIATION INTERNATIONALE DES CHIMISTES DE L'INDUSTRIE DU CUIR

Avec une Préface de

### M. FLEURENT
PROFESSEUR DE CHIMIE INDUSTRIELLE
AU CONSERVATOIRE NATIONAL DES ARTS ET MÉTIERS

PARIS
Librairie Bernard TIGNOL
PUBLICATIONS DE LA
LIBRAIRIE de L'ÉCOLE CENTRALE des ARTS et MANUFACTURES
53 bis. Quai des Grands Augustins, 53 bis.

# L'INDUSTRIE CHIMIQUE

# DES BOIS

---

## LEURS DÉRIVÉS ET EXTRAITS INDUSTRIELS

BIBLIOTHÈQUE DES ACTUALITÉS INDUSTRIELLES. N° 110

# L'INDUSTRIE CHIMIQUE
# DES BOIS

## LEURS DÉRIVÉS ET EXTRAITS INDUSTRIELS

PAR

### P. DUMESNY
INGÉNIEUR-CHIMISTE

ET

### J. NOYER
INGÉNIEUR-CHIMISTE
EXPERT PRÈS LE TRIBUNAL DE COMMERCE DE LYON
MEMBRE DE L'ASSOCIATION INTERNATIONALE DES CHIMISTES DE L'INDUSTRIE DU CUIR

Avec une Préface de

### M. FLEURENT
PROFESSEUR DE CHIMIE INDUSTRIELLE
AU CONSERVATOIRE NATIONAL DES ARTS ET MÉTIERS

PARIS

## Librairie Bernard TIGNOL

PUBLICATIONS DE LA
### LIBRAIRIE de L'ÉCOLE CENTRALE des ARTS et MANUFACTURES
53 bis, Quai des Grands-Augustins, 53 bis

# . PRÉFACE

En parcourant les bonnes feuilles du traité technique que MM. P. Dumesny et J. Noyer m'ont demandé de présenter au public, mon esprit ne pouvait s'empêcher de réfléchir à l'évolution que la science chimique accomplit depuis une trentaine d'années et qui l'entraîne, petit à petit, à explorer toutes les parties du champ de l'activité humaine, et à apporter à chacune d'elles le contingent des connaissances qui lui sont nécessaires.

Au début, la préoccupation des hommes de science a été dominée, nécessairement, par le développement des idées théoriques, par la vérification des hypothèses et l'édification d'un corps de doctrines capable de donner satisfaction, à la fois, au désir que nous avons de présenter de plus en plus intimement la nature de la matière, aux besoins de simplification des méthodes d'enseignement et à une réalisation incessante de nouveaux progrès.

Mais, la réalité ne perd jamais ses droits et l'on s'est vite aperçu que la chimie ne devait pas rester confinée dans le domaine du laboratoire, que les problèmes de la vie étaient de son domaine, et qu'elle grandirait en s'associant aux œuvres matérielles de l'humanité, en diminuant les efforts de celle-ci et en augmentant, par suite, la somme de richesse et de bonheur des différents peuples.

Et c'est ainsi qu'on a vu les savants se préoccuper, de plus en plus, des problèmes de l'agriculture et de l'industrie, qu'on a vu l'enseignement de la chimie industrielle se développer dans tous les grands pays et former des ingénieurs capables, non seulement de mettre en harmonie dans chaque fabrication, la pratique et la théorie, mais capables, aussi, de modifier, d'inventer, et de soutenir la concurrence des produits en diminuant leur prix de revient.

C'est dans le même ordre d'idées qu'à côté de la littérature scientifique pure s'est fait sentir le besoin d'une littérature technique destinée à éclairer, non seulement les jeunes gens avides de s'instruire, non seulement les industriels, eux-mêmes, mais aussi leurs modestes collaborateurs, ouvriers, contremaîtres dont la valeur professionnelle est, par les connaissances acquises, relativement augmentée.

Et ici encore, et naturellement, un départ s'est fait. C'est sur les industries puissantes, lesquelles mettant en œuvre des capitaux considérables ont pu et dû faire, les premières, appel au concours des hommes de science, que l'attention s'est portée tout d'abord. Et c'est maintenant le tour des fabrications qui, pour occuper un rang secondaire, n'en possèdent pas moins une grande importance aussi bien par la richesse qu'elles créent que par la nécessité des produits qu'elles écoulent sur le marché.

*L'Industrie Chimique des Bois, leurs dérivés chimiques et extraits industriels*, sont de cette dernière catégorie.

L'industrie chimique des bois occupe en France, pays de forêts, un grand nombre de bras ; la vie qui lui est faite est assez dure, depuis que le charbon qu'elle prépare se trouve concurrencé, notamment sur les marchés des grandes villes, par tous les succédanés du chauffage, le gaz en particulier. Pour maintenir leur situation, les industriels ont dû et devront sans cesse améliorer leur outillage, augmenter leur rendement en sous-produits, donner de la valeur à quelques-uns d'entre eux, aux produits du goudron notamment ; ce n'est que par la connaissance complète des propriétés de la matière première et de ses dérivés, par l'application rationnelle des moyens de contrôle à toutes les parties de l'usine qu'ils y arriveront.

L'Industrie des extraits tanniques est de date plus récente ; les produits qu'elle prépare prennent une importance de plus en plus grande depuis que l'emploi des procédés de tannage rapide est devenu une nécessité pour l'industrie des cuirs et des peaux ; cette importance ira encore en augmentant au fur et à mesure que la science chimique s'installera dans la tannerie, à la place de l'empirisme qui y règne depuis trop longtemps. La préparation de ces extraits doit obéir à certaines conditions, elle nécessite un outillage qui pour être conduit économiquement, doit être habilement surveillé. Et ici encore, comme dans l'industrie des dérivés chimiques des bois, c'est la connaissance scientifique complète de son métier qui doit guider l'industriel, le contremaître et l'ouvrier.

Le |double traité que publient MM. Dumesny et Noyer, arrive donc à son heure. Écrit par deux praticiens, ingénieurs distingués, qui connaissent la matière, leur collaboration ne pouvait qu'arriver à mettre sur pied un ouvrage à la fois scientifique et technique qui contient tous les renseignements nécessaires à la conduite méthodique de chacune des industries qu'il envisage et qui, par suite, a sa place marquée au laboratoire de l'usine et dans la bibliothèque de l'étudiant.

Je suis heureux de le présenter au public et de lui prédire un succès mérité.

E. FLEURENT

Docteur ès sciences
Professeur de Chimie Industrielle
au Conservatoire National des Arts et Métiers

# PREMIÈRE PARTIE

# LA DISTILLATION DU BOIS

## CHAPITRE PREMIER

### GÉNÉRALITÉS

L'industrie chimique du bois et plus particulièrement la distillation sèche du bois, a atteint depuis quelques années, dans le monde entier, une importance considérable. Ainsi, en Europe seulement, les capitaux employés dépassent un milliard de francs ; d'autre part, la surface des forêts occupées par an pour satisfaire à l'industrie pyroligneuse dans certains pays peut se compter par des centaines de mille d'hectares qui produisent des milliers de mètres cubes de bois ; dans l'Amérique du Nord seule, on va jusqu'à couper tous les ans des forêts entières pour fabriquer avec les bois les produits exportés en Europe par les Etats-Unis.

L'industrie de la distillation des bois date de 1798, par les essais de Philippe Lebon. Celui-ci, soumettant du bois dans une cornue à l'action de la chaleur pour le décomposer, créa l'industrie de la carbonisation des bois qui fit ensuite d'immenses progrès lors de la découverte des matières colorantes de la houille, la fabrication de ces matières colorantes demandant d'importantes quantités d'acide acétique et d'alcool méthylique.

Un nouveau débouché fut plus tard créé à l'alcool méthylique, lorsque les

lois actuelles réglementèrent en France et en Allemagne (à court intervalle) l'usage du méthylène pour dénaturer les alcools employés dans
l'industrie.

En France, l'on coupe tous les ans de 250.000 à 300.000 stères de chêne,
hêtre, etc. ; cette énorme quantité de bois, n'étant pas en rapport aux plantations annuelles dans nos forêts, contribue à un déboisement préjudiciable
du sol sur lequel nous reviendrons dans le chapitre de notre ouvrage traitant des extraits tanniques de châtaignier ; malgré cela, on y consomme
encore aujourd'hui beaucoup plus d'alcool méthylique qu'on ne fabrique ;
mais on exporte, comme le montrent les tableaux (1) ci-dessous pour les
années 1903 et 1904, beaucoup plus d'acide acétique qu'il en est importé.


### Alcool méthylique

#### Année 1903.

| Importations en France | | Exportations de France | |
|---|---|---|---|
| Provenances | | Destinations | |
| Allemagne. . . | 232.501 kil. | Suisse. . . . . | 3.761 kil. |
| Belgique . . . | 347.824 — | Autres pays étran- | |
| Autres pays étran- | | gers . . . . | 514 — |
| gers . . . . | 189.839 — | Zône franche . . | 8.786 — |
| | | Algérie . . . . | 5.340 — |
| | | Autres colonies et | |
| | | protectorats . . | 1.792 — |
| Poids net . . . | 770.164 kil. | Poids net . . . | 20.193 kil. |
| Pour la valeur de. | 808.672 fr. | Pour la valeur de. | 21.303 fr. |

#### Année 1904.

*Importations en France* : Poids brut.   1.712.800 kil. = 1.250.000 fr.
*Exportations de France* : Poids brut.      43.100 kil. =    31.000 fr.


(1) *Office national du commerce extérieur.*

## Acide acétique

ANNÉE 1903.

| Importations en France | | Exportations de France | |
|---|---|---|---|
| Provenances | | Destinations | |
| Allemagne . . . | 1.077 kil. | Angleterre . . . | 15.862 kil. |
| Belgique . . . . | 3.355 — | Suisse. . . . . | 1.306 — |
| Autres pays étran- | | Espagne . . . . | 25.340 — |
| gers . . . . | 294 — | Italie . . . . . | 13.846 — |
| | | Turquie . . . | 47.460 — |
| | | Autres pays étran- | |
| | | gers . . . | 36.751 — |
| | | Algérie . . . . | 15.523 — |
| | | Tunisie . . . . | 7.239 — |
| | | Autres colonies et | |
| | | protectorats . . | 4.791 — |
| Poids net . . . . | 4.726 kil. | Poids net . . . | 168.118 kil. |
| Pour la valeur de . | 1.182 fr. | Pour la valeur de . | 84.059 fr. |

ANNÉE 1904.

*Importations en France* : Poids brut . . 1.600 kil.
*Exportations de France* : Poids brut . . 236.900 kil. = 99.000 fr.

Par contre, l'Allemagne est le pays qui présente la plus grande production, à cause du développement de son industrie chimique qui emploie de fortes quantités d'acide acétique. Ainsi, en 1897, l'Allemagne, par exemple, a travaillé 400.000 stères de bois secs qui ont produit :

1,5 à 2 millions de kilogrammes d'esprit de bois ;
8 à 10 millions de kilogrammes d'acétate de chaux ;
10 millions de kilogrammes de goudrons de bois ;
44 millions de kilogrammes de charbon de bois.

Depuis 1880, l'Amérique exporte dans les pays européens, principalement en Angleterre et même en Allemagne, de fortes quantités d'esprit de bois et d'acétate de chaux, cette exportation a pris une importance considérable surtout dans les dix dernières années La plupart des installations d'Amérique, qu'on peut évaluer à une centaine environ, et qui sont syndiquées, livrèrent en Europe, en 1901, 2.500 tonnes d'alcool méthylique provenant de 200.000 tonnes de bois durs.

Jusqu'aujourd'hui, le méthylène est le seul produit chimique qui réunisse les qualités nécessaires pour dénaturer les alcools, afin de les rendre impropres à la consommation.

En France, la proportion de dénaturant ajouté à l'alcool étant de 10 0/0 d'alcool méthylique, contenant 1/4 d'alcool, permit d'utiliser en 1901, par exemple, plus de 2.000 hectolitres de méthylène dont la valeur excédait deux millions de francs. Par contre, l'Allemagne qui emploie le dénaturant en plus faible proportion, arriva à en utiliser encore une plus grande quantité ; ainsi, avec les applications industrielles comme la fabrication des matières colorantes (aniline et méthylaniline), vernis spéciaux, etc., sa consommation a dépassé, en 1901, 1.200.000 hectolitres, dont 500.000 ont été utilisés par les appareils de chauffage. Pendant cette année, la quantité totale d'alcool méthylique employé en Allemagne, dans ses différentes industries, représente à peu près une valeur de 40.000.000 de francs, malgré son bas prix de vente qui était de 30 à 35 fr.; d'autre part, la consommation d'acide acétique dans l'industrie des matières colorantes était plus élevée que celle de l'alcool méthylique.

## Des sortes de bois employés dans l'industrie de la carbonisation

Toutes les sortes de bois peuvent être employées dans la distillation des bois ; toutefois, suivant le rendement et les produits que l'on voudra obtenir, on donnera la préférence à l'une ou à l'autre des variétés, et cela d'après leur densité et leur résistance à la rupture.

A cet effet, les bois peuvent être classés de la façon suivante :

*très durs* : aubépine ;

*durs* : érable, buis, cerisier sauvage ;

*assez durs* : chêne, prunier, orme ;

*un peu durs* : hêtre, noyer, poirier, prunier, châtaignier ;

*tendres* : pins, sapins, mélèze, aune, bouleau, marronnier ;

*très tendres* : tilleuls, peupliers et différentes sortes de saules.

Les bois ordinaires donnent plus d'acide acétique que d'alcool ; les bois genre sapins donnent plus de goudron ; la quantité de charbon est à peu près la même pour ces deux sortes.

### Phénomènes de la carbonisation du bois

Suivant que la distillation du bois est lente ou rapide, les résultats obtenus sont tout différents ; ainsi, Violette a trouvé que du bois de bourdaine qui donnait 18,9 0/0 de son poids de charbon par une calcination lente, n'en donnait plus que 9 0/0 quand l'opération était menée rapidement.

A ce sujet, dans le tableau ci-dessous, nous donnons les résultats des essais de Senfft sur la distillation du bois par carbonisation lente (A) et par carbonisation rapide (B).

| Nature des bois | Charbon | | Gaz | | Produits distillés | | Pyroligneux | | Acide acétique pur | |
|---|---|---|---|---|---|---|---|---|---|---|
| | A | B | A | B | A | B | A | B | A | B |
| Charme . . . . . . . | 25 37 | 20 47 | 22 23 | 31 01 | 52 04 | 48 52 | 47 65 | 42 97 | 6 43 | 5 23 |
| Aulne. . . . . . . . | 31 56 | 21 11 | 17 91 | 31 13 | 50 53 | 47 76 | 44 14 | 40 70 | 5 77 | 4 13 |
| Bouleau commun . . | 29 24 | 21 46 | 19 71 | 35 56 | 51 05 | 42 98 | 45 59 | 39 74 | 5 63 | 4 43 |
| Sorbier des oiseleurs. | 27 84 | 20 20 | 20 62 | 33 40 | 51 54 | 46 40 | 44 11 | 39 99 | 5 56 | 4 16 |
| Hêtre . . . . . . . | 26 69 | 21 90 | 21 66 | 33 75 | 51 65 | 44 35 | 45 80 | 39 45 | 5 21 | 3 86 |
| Peuplier tremble. . . | 25 47 | 21 33 | 27 09 | 32 31 | 47 44 | 46 36 | 40 54 | 39 45 | 5 10 | 4 36 |
| Chêne rouvre . . . . | 34 68 | 27 73 | 17 17 | 27 03 | 48 15 | 45 24 | 44 45 | 42 04 | 4 08 | 3 44 |
| Sapin . . . . . . . | 34 30 | 24 24 | 18 78 | 29 41 | 46 92 | 46 35 | 40 99 | 40 11 | 2 30 | 1 78 |
| Mélèze. . . . . . . | 26 74 | 26 06 | 21 65 | 32 17 | 51 61 | 43 77 | 42 31 | 38 19 | 2 69 | 2 06 |

Ces résultats s'expliquent si l'on considère qu'en portant rapidement le bois à une température élevée, l'acide carbonique formé et l'eau vaporisée se dissocient au contact du charbon rouge, le premier en donnant de l'oxyde de carbone par l'absorption d'une quantité égale de carbone à celle qu'il contenait déjà, la deuxième en donnant de l'oxyde de carbone et des hydrocarbures par combinaison : 1° de son oxygène avec le carbone, 2° de son hydrogène également avec du carbone ; pour cette même raison, le bois séché à l'air devra être préféré au bois fraîchement abattu ou au bois transporté par flottage sur les rivières, bois qui contient une quantité d'eau assez importante, susceptible de diminuer le rendement en charbon.

La quantité de carbone transformé dépend aussi de la température de la carbonisation, comme l'ont démontré d'abord les essais de Pettenkoffer, et comme l'indiquent les résultats suivants constatés par Violette pour 100 parties de bois préalablement séché à 150°.

| Température à laquelle le bois a été porté | Résidus obtenus ou charbon | 100 parties des résidus contiennent en carbone | Température à laquelle le bois a été porté | Résidus obtenus ou charbon | 100 parties des résidus contiennent en carbone |
|---|---|---|---|---|---|
| 150° | 100 | 47 50 | 290 | 34 10 | 72 50 |
| 160 | 98 | 47 60 | 300 | 33 60 | 73 23 |
| 170 | 94 60 | 47 77 | 310 | 32 90 | 73 63 |
| 180 | 88 60 | 48 93 | 320 | 32 25 | 73 57 |
| 190 | 82 | 50 60 | 330 | 31 75 | 73 55 |
| 200 | 77 10 | 51 80 | 340 | 31 50 | 75 20 |
| 210 | 73 15 | 53 37 | 350 | 29 65 | 76 64 |
| 220 | 67 50 | 54 57 | 432 | 18 90 | 81 97 |
| 230 | 55 40 | 57 14 | 1.023 | 18 75 | 83 29 |
| 240 | 50 80 | 61 30 | 1.100 | 18 40 | 88 14 |
| 250 | 49 60 | 65 58 | 1.250 | 17 95 | 89 10 |
| 260 | 40 25 | 67 89 | 1.300 | 17 45 | 90 70 |
| 270 | 37 15 | 70 45 | 1.500 | 17 31 | 94 56 |
| 280 | 36 15 | 71 64 | | | |

En résumé, les essences de bois qu'il convient de préférer pour la carbonisation, en vue d'obtenir de l'acide acétique et un bon charbon, sont les bois durs tels que le chêne, le hêtre, le charme, etc., dont la coupe ne doit atteindre que ceux ayant 20 ans d'âge environ, coupe qui doit être effectuée de préférence en hiver pour éviter que les bois ne soient en pleine sève.

### Produits obtenus dans la distillation du bois

1° *Gaz* : carbures, oxyde de carbone et acide carbonique ;

2° *Pyroligneux* : carbures, alcool méthylique, alcools crotonilique et amylique, éther, acétone, formaldéhyde, méthylol ; acides acétique, propionique, butyrique, valérique et enfin des composés azotés de forme ammoniacale : amine et pyridine.

3° *Goudrons* : carbures (benzènes et paraphènes), puis encore de l'alcool méthylique et de l'acide acétique, des acides gras supérieurs, des mono et diphénols ; un peu de pyrogallol, de l'éther diméthylique, et de l'homopyrogallol.

4° *Résidus* : charbon de bois.

## Propriétés des principaux produits de la distillation du bois

### Charbon de bois

Le charbon de bois de bonne qualité se présente sous la forme du bois qui l'a produit ; il est noir et sonore, il ne s'écrase pas facilement et ne tache pas les doigts ; il flotte sur l'eau à cause des nombreux pores qu'il contient ; c'est un mauvais conducteur de la chaleur et de l'électricité. Le charbon de bois brûle sans grande flamme, sa combustion se fait d'autant plus facilement qu'il a été produit à une température plus basse ; ainsi le charbon obtenu à 350° prend feu presque subitement, tandis que celui préparé vers 1.500° présente quelques difficultés pour s'enflammer.

Le charbon de bois a une densité assez variable avec les essences qui l'ont produit ; en moyenne l'hectolitre pèse 14 à 18 kilogr. pour le charbon provenant des bois tendres, 22 à 28 kilogr. pour celui des bois durs, et 30 à 35 kilogr. pour le charbon provenant du chêne.

Dans le tableau ci-dessous, nous donnons la composition de ces trois espèces de charbon de bois :

|               | C     | H    | O    | Az   |
|---------------|-------|------|------|------|
| Bois tendres  | 85,18 | 2,88 | 3,44 | 2,46 |
| Bois durs     | 87,43 | 3,26 | 0,54 | 1,56 |
| Chênes        | 88,20 | 2,80 | 7,40 | 1,60 |

Le pouvoir calorifique du charbon de bois est généralement compris entre 6.500 et 7.000 calories.

Dans la carbonisation en vase clos dans les usines, la densité du charbon de bois obtenu est très faible et son pouvoir calorifique est moins élevé que dans la carbonisation en forêts.

## Alcool méthylique ($CH^3OH$)

L'alcool méthylique est un liquide mobile d'une odeur spiritueuse très nette, il bout à 66° C, sa densité est de 0,814 à zéro, il se mêle à l'eau en toutes proportions. La densité de l'alcool méthylique étendu d'eau à la température de 15°5 a été déterminée par Ure.

| Alcool méthylique pour 0/0 | Densité |
|:---:|:---:|
| 100 | 0,8136 |
| 90 | 0,843 |
| 80 | 0,872 |
| 70 | 0,899 |
| 60 | 0,922 |
| 50 | 0,941 |
| 40 | 0,956 |

L'alcool méthylique est séparé de sa solution aqueuse par le carbonate de potasse. Il brûle avec une flamme pâle peu éclairante, et s'oxyde en présence du noir de platine pour donner de l'aldéhyde formique.

Enfin, l'alcool méthylique exerce une action physiologique particulière sur l'organisme, ce qui rend son emploi très dangereux dans les préparations alimentaires ou dans les boissons.

Un stère de bois fournit à la distillation 2 à 3 litres d'alcool.

## Créosote

La créosote n'est pas encore un produit bien défini ; c'est du phénol accompagné de ses divers homologues supérieurs : de l'hydrate de crésyle ou crésylol, et, suivant M. Berthelot, de phlorol, de crésol et surtout de gaïacol.

La créosote se présente sous la forme d'un liquide oléagineux, incolore mais jaunissant à la lumière ; sa densité est 1,037 à 20°; elle bout à 203°. Peu soluble dans l'eau, la créosote se dissout très bien dans l'alcool, l'éther, les huiles fixes ou essentielles, l'acide acétique et les lessives alcalines. Chauffée avec de la soude et du bioxyde de manganèse, elle donne un produit qui, repris par l'eau, fournit du rosolate de soude dont on précipite, par l'acide sulfurique, l'*acide rosolique*, matière colorante très employée pour la teinture ou l'impression en jaune.

### Acide acétique (CH³CO²H)

L'acide acétique est un liquide incolore d'une densité égale à 1,064 ; il cristallise au-dessous de 17º C. et bout à 120º ; son odeur est suffocante, mais, étendu d'eau, elle est assez agréable ; mis sur la peau, l'acide acétique détruit l'épiderme et produit la vésication. Il attire l'humidité de l'air et se mêle en toute proportion à l'eau et à l'alcool. Mélangé avec l'eau, jusqu'à une certaine proportion, cet acide augmente de densité, pour ensuite diminuer, lorsque la proportion d'eau est dépassée. Le maximum de densité de l'acide acétique dilué est de 1,073 ; il correspond alors à un mélange de 77,2 d'acide pur et 22,8 d'eau, et quoique ce ne soit pas un hydrate défini, il peut s'exprimer par la formule C⁴H⁴O², H²O.

La vapeur d'acide acétique est inflammable et brûle avec une flamme bleue ; l'acide acétique cristallisable a la propriété de ne pas décomposer le carbonate de chaux, il doit être étendu d'eau pour réagir sur ce sel ; un mélange d'alcool et d'acide acétique ne rougit plus le papier de tournesol et n'attaque pas certains carbonates (Pelouze).

### Acétone (C³H⁶O)

L'acétone est un liquide incolore, inflammable, et brûle avec une flamme éclairante ; il est volatile ; il présente une odeur éthérée et une saveur brûlante ; sa densité est de 0,792 à 18º et de 0,814 à 0º ; son point d'ébullition est de 56º.

L'acétone ne se solidifie pas à 15º. Soluble en toutes proportions dans l'eau, dans l'alcool et dans l'éther, l'acétone ne dissout ni le chlorure de calcium, ni la potasse, mais elle dissout la plupart des résines, des matières grasses, des camphres, etc. ; le coton-poudre y est facilement soluble.

L'acétone forme avec les bisulfites alcalins une combinaison cristallisée, insoluble dans un excès de bisulfite, ainsi que dans l'éther, mais soluble dans l'alcool bouillant d'où il cristallise par refroidissement ; cette combinaison est également soluble dans l'eau et est facilement décomposable par l'ébullition avec un carbonate alcalin ou avec un acide. Dans beaucoup de circonstances, on réussit ainsi à isoler l'acétone ou à la purifier en l'engageant dans cette combinaison ; pour cela, il est nécessaire d'employer la solution de bisulfite aussi concentrée que possible, la réaction se produit alors plus rapidement et donne lieu à dégagement de chaleur.

# CHAPITRE II

## PRINCIPAUX PROCÉDÉS DE CARBONISATION DU BOIS

Les différents systèmes de carbonisation du bois, dont nous allons donner une description, peuvent se grouper dans l'un des deux chapitres suivants :

1º Procédés de carbonisation par combustion partielle ;

2º Procédés de carbonisation par distillation à l'abri de l'air.

La première catégorie comprend les procédés employés en forêt dans le but de transformer simplement le bois en charbon ; ce charbon est reconnu comme étant d'une valeur de beaucoup supérieure à celui obtenu par l'un des procédés de la deuxième catégorie où il est plutôt un accessoire de fabrication, à moins qu'il ne soit un produit tout à fait spécial, comme par exemple le charbon pour poudre.

### Procédés de carbonisation par combustion partielle.

Les procédés, que nous ne décrirons que sommairement dans ce chapitre, se subdivisent en deux parties :

1º *Carbonisation en meules ou procédés des forêts.* — En général, pour réduire les dépenses de transports, on transforme le bois en charbon, dans les forêts mêmes sur le lieu d'abattage.

Comme on doit, avant tout, garantir le bois en combustion de l'action de l'air, on construit des meules où la carbonisation se produit aux dépens d'une partie du bois à carboniser.

Sur un sol sec et à l'abri du vent, on prépare un emplacement convenable nommé *foulde* ; le terrain choisi doit être ni léger, ni sablonneux ; il ne doit pas non plus être compacte, afin qu'il puisse absorber les liquides qui se condensent pendant la carbonisation. Quand on le peut, on se sert d'une foulde ayant déjà servi, le rendement en charbon en est meilleur, car il peut atteindre jusqu'à 20 0/0.

L'aire doit être inclinée du centre vers la circonférence et posséder un fossé circulaire, et, afin que la conduite du feu soit plus facile, on ne doit carboniser dans la meule que du bois de même essence.

La préparation de la meule se fait de la façon suivante : autour de quelques bûches placées verticalement au centre de la foulde, on dispose des lits formés par des tronçons de bois de 0 m. 30 de longueur que l'on place debout, en les serrant le plus possible les uns contre les autres. Le diamètre de chaque lit, séparé par quelques bois couchés, allant en diminuant, donne à la meule, dont la hauteur est de 3 à 4 mètres, la forme d'une demie sphère ou d'un paraboloïde. Lorsque la meule est terminée, on la recouvre d'une couche de menus végétaux, de mousse ou de feuilles, puis d'une couche de terre ou de gazon, en ménageant des ouvertures (*évents*) à la partie inférieure.

Puis on retire les bûches verticales du milieu, qui laissent alors un vide formant une cheminée centrale communiquant avec les évents placés à la partie inférieure. La cheminée est ensuite remplie de petits bois enflammés qui mettent le feu à la masse, et lorsque la combustion est suffisamment établie à l'intérieur, on bouche la cheminée, que l'on a toujours eu soin jusqu'à ce moment d'entretenir de combustible ; puis, en partant du sommet, on dégage les évents, pour donner issue aux produits de la carbonisation. La fumée qui s'échappe est d'abord noire, mais elle devient bientôt transparente ; lorsqu'elle est bleue claire, ce qui indique que la carbonisation est dans le voisinage des évents, on bouche ceux-ci et on en ouvre de nouveaux à 25 ou 30 cm. au-dessous, et ainsi de suite. Lorsqu'on est arrivé à la partie inférieure, on ferme toutes les ouvertures et l'on recouvre la meule d'une couche de terre humide, puis on laisse refroidir pendant quelques jours.

On enlève ensuite la terre, et le charbon produit est séparé des parties mal carbonisées que l'on désigne sous le nom de fumerons.

Le chêne et le hêtre par exemple donnent ainsi 72 à 75 0/0 en volume (21 à 23 en poids) de charbon de bois ; le charme donne 55 à 60 0/0 en volume et 21 0/0 en poids.

Pour la carbonisation des bois résineux, en Suède et en Autriche, les meules au lieu d'être verticales sont horizontales ; elles ont l'avantage de carboniser à la fois une plus grande quantité de bois, tout en nécessitant une main d'œuvre bien inférieure, et elles permettent de conduire plus facilement la carbonisation, tout en donnant un charbon de qualité plus régulière.

2° *Carbonisation en fours pour la production du goudron.* — L'emploi des fours entraîne généralement des frais de construction, qui nécessitent par la suite le transport toujours coûteux des matières premières, dont la principale est le bois.

*Fours rectangulaires.* — L'utilisation de ces fours est une transition entre le procédé des meules et celui des fours proprement dits. Ils sont établis à demeure et se composent de sortes d'étuves rectangulaires en briques, qui peuvent se fermer hermétiquement.

Aux quatre angles du four rectangulaire sont ménagés des évents, permettant de régler la marche de l'opération. On empile 200 à 250 stères de bois dans cette chambre en ménageant des conduits menant aux évents ; le feu est amené au centre du four, par un foyer situé dans son axe, et la carbonisation du bois se fait en allant vers l'extérieur, au moyen des gaz chauds. Le goudron et l'acide pyroligneux se recueillent au fond de l'appareil.

On a essayé de faire sur le même principe des fours circulaires ; mais, on les a abandonnés, parce qu'ils donnaient du charbon de bois de moins bonne qualité que par le procédé des meules.

*Four de la Chabeaussière.* — Ce four a pour but de recueillir, en dehors du charbon de bois, des produits secondaires de la distillation du bois.

La carbonisation s'opère dans des fosses en maçonnerie, légèrement coniques, ayant 3 mètres de profondeur, 3 mètres de diamètre à la partie inférieure et 3 m. 50 dans le haut ; ces fosses sont fermées par un couvercle en tôle bombée percé d'abord d'un trou central, permettant d'allumer le bois, puis de quatre autres ouvertures servant à surveiller l'extinction du charbon ; des évents amènent l'air nécessaire à la carbonisation, et permettent en même temps de régler le tirage.

Les bûches sont empilées horizontalement dans le four, en ayant soin de ménager une cheminée au centre. Ensuite on allume le bois, puis on bouche toutes les ouvertures du couvercle que l'on recouvre complètement d'une couche de terre. La distillation dure environ 4 jours.

*Fours Schwartz.* — Le principe de ces fours repose sur ce qu'une flamme ne contenant pas d'oxygène libre ne peut brûler le bois, bien qu'elle puisse le décomposer.

Dans ces sortes de fours, la chambre de carbonisation à la forme d'un rectangle allongé recouvert par une voûte ; sur chacun des deux grands côtés du four, les carneaux d'un foyer extérieur amènent une flamme sans oxygène, qui porte le bois à la température suffisante pour qu'il se carbonise ; les gaz produits s'échappent par des conduits ménagés au milieu des petits côtés du four, et les liquides, qui se condensent au fond, sont recueillis par des siphons qui les amènent dans des récipients placés à proximité.

*Fours chinois*. — En Chine, les fours sont souterrains et possèdent une cheminée dont l'ouverture inférieure aboutit à la partie la plus basse du four ; un autre orifice, placé sur le côté et au niveau du sol, sert au réglage de l'entrée de l'air dans le four au commencement de l'allumage, afin d'avoir une combustion lente que l'on modifie suivant la couleur de la fumée qui s'échappe par la cheminée.

### Procédés de carbonisation par distillation à l'abri de l'air.

Dans ce deuxième chapitre, nous allons décrire les appareils mobiles, les appareils fixes et les appareils par distillation continue.

1° *Appareils mobiles*. — L'un d'eux (fig. 1), des plus anciens employés·

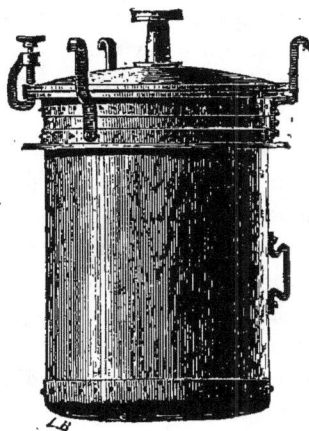

Fig. 1. — Cornues verticales mobiles.

encore en France, se compose d'une chaudière cylindrique verticale, en tôle de 10 à 14 mm. d'épaisseur solidement rivée, de 2 mètres à 2 m. 30 de haut

teur et de 1 m. 50 environ de diamètre ; elle est fermée à la partie supérieure par un couvercle luté avec de l'argile et fixé par des pinces en fer ou des serre-joints à vis.

Le couvercle possède une tubulure centrale pour le dégagement du gaz. L'appareil porte, en outre, à la partie supérieure, trois ferrures recourbées rivées sous la cornière circulaire où vient s'appuyer le couvercle, qui permettent de l'accrocher librement sous une grue et de l'amener dans le four ou bien de l'en sortir ; une autre ferrure, fixée à quelques centimètres au-dessous du milieu de la hauteur, facilite le renversement de la cornue, lorsqu'après la distillation on désire la vider du charbon qu'elle contient. Enfin, une forte cornière, rivée sur le cylindre à environ 0 m. 40 du bord supérieur, vient reposer sur le couronnement en fer du four qui reçoit la cornue.

La durée de ces appareils est de 5 à 6 ans pour les fonds, et de 10 à 12 ans pour les corps cylindriques.

Ces cylindres sont disposés par séries de 10, 16 et même 24 sur deux rangs, dans un même massif de maçonnerie construit de façon à ce que les flammes du foyer de chacun d'eux ne viennent pas lécher directement la tôle qui pourrait avoir à souffrir des coups de feu ; à cet effet, les fonds des cornues sont protégés par des voûtes en briques réfractaires.

Par des carneaux ménagés dans la voûte en maçonnerie, les gaz du foyer sont amenés à circuler autour du cylindre, avant de se rendre à la cheminée par un orifice supérieur placé directement au-dessous du couronnement en fer.

Un foyer consomme environ 200 kilos de houille en hiver et 150 kilos en été, par 24 heures, pour carboniser 10 stères de bois, soit donc en moyenne 15 à 20 kilos de houille par stère.

Quand l'importance de l'installation le permet, on emploie quelquefois pour chauffer les appareils de carbonisation, des gazogènes situés à proximité de la rangée des cornues, afin d'éviter les pertes de chaleur qui seraient inévitables avec une longue canalisation.

La manœuvre des cornues se fait à l'aide d'un double pont roulant portant un appareil de levage, tous deux mûs à la main ou électriquement comme l'indique la figure (2). Les cornues, dont la distillation est terminée, sont retirées de leur four pour être transportées au dehors et être vidées du charbon qu'elles renferment.

Pendant ce temps, une autre cornue chargée de bois est mise à sa place, afin que la fabrication ne subisse aucune interruption.

Lorsque la cornue contenant le charbon est suffisamment refroidie, on l'ouvre, puis on la met en bascule afin d'en faire sortir le charbon.

Dans certaines usines, afin de diminuer le nombre de cornues et par conséquent le capital d'installation, on ouvre le cylindre aussitôt qu'il

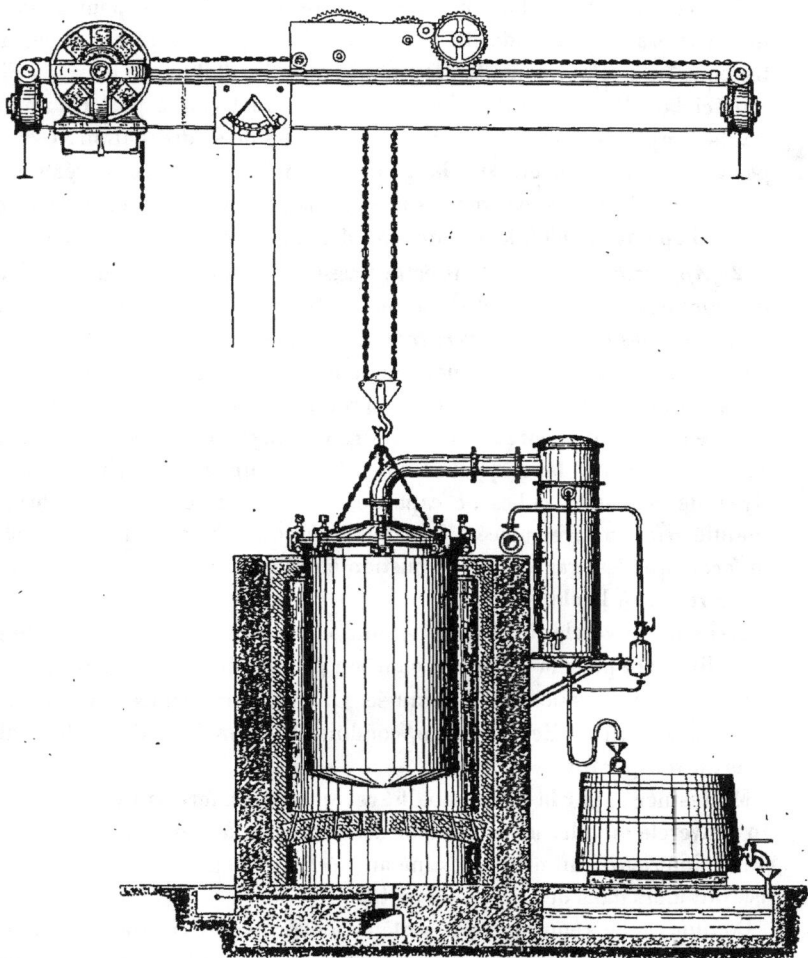

Fig. 2. — Cornue verticale pouvant recevoir 3 à 4 stéries de bois.

est sorti de l'atelier des fours pour en faire tomber son contenu encore incandescent dans des étouffoirs en tôle. On profite alors de ce que la cornue a une position horizontale pour aussitôt la charger de bois.

On utilise quelquefois des sortes de paniers en fer pour recevoir les cornues amenées par la grue et permettre de les vider facilement, ces paniers possédant deux pivots, diamétralement opposés, autour desquels ils peuvent tourner ; un dispositif fixe les cornues dans leur panier.

Dans quelques installations, on rencontre un même foyer pour deux fours de carbonisation ; à l'aide de registres pour les gaz des foyers et de vanettes pour les gaz permanents provenant de la distillation du bois, on dirige ceux-ci dans l'un ou l'autre des deux fours, de façon à porter à une plus haute température la cornue qui est sur la fin de sa distillation. Cette disposition permet d'avoir sur la grille un feu constant, et de réaliser une appréciable économie de combustible en même temps qu'une grande régularité d'opération, d'où la suppression des fumerons dans le charbon.

2° *Appareils fixes*. — Dans cette classe, on range les cornues verticales, horizontales et les fours à distillation continue ou de grandes capacités.

A. *Cornues cylindriques verticales*. — Ce genre de cornues étant aujourd'hui à peu près abandonné, nous ne le décrirons que pour mémoire.

Ce sont les frères Mollerat qui, les premiers en France en 1810, imaginèrent ce système d'appareil pour extraire l'acide pyroligneux des bois chauffés en vase clos ; leur appareil consistait en un grand cylindre en tôle rivée de 3 mètres cubes de capacité, monté dans un four en briques, chauffé par un foyer placé à la partie inférieure du cylindre et construit de façon que les gaz de la combustion circulent autour du cylindre avant de se rendre à la cheminée.

Dans le couvercle, un trou d'homme était ménagé pour le remplissage du cylindre et pour la sortie du charbon provenant de la carbonisation des bois lorsque l'opération était terminée. Une tubulure, située sur le côté et à la partie supérieure de la cornue, conduisait les produits de la distillation dans un réfrigérant.

M. Kestner a, par la suite, modifié cet appareil en fermant le cylindre par un couvercle mobile, maintenu par des pinces en fer, et en ménageant à la partie inférieure un orifice destiné au déchargement du charbon que l'on recevait alors dans des étouffoirs en tôle.

Comme on le remarque, ce système de cornues nécessitait un matériel relativement beaucoup plus considérable, pour travailler la même quantité de bois, que dans une installation avec cornues mobiles.

B. *Cornues cylindriques horizontales*. — En Angleterre, en Suède et en Allemagne, le bois est distillé dans des cylindres placés horizontalement dans les fours et chauffés par un même foyer (fig. 3). Les deux extrémités sont fermées, ou par des espèces de portes en fonte lutées à l'argile, ou par des disques en fonte portant deux poignées et maintenus sur les ouvertures par un système de traverses en fer portant une vis de serrage comme pour les cornues à gaz.

L'une des extrémités du cylindre porte dans son disque de fermeture, qui lui n'est démonté qu'en cas de réparation, une tubulure pour le dégage-

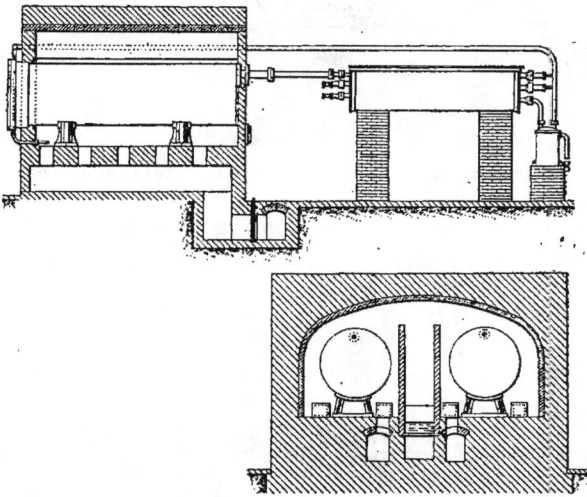

Fig. 3. — Four à deux cornues horizontales avec son réfrigérant et disposition pour l'utilisation du gaz produit au chauffage des cornues.

ment des produits distillés; quant à l'autre porte, elle sert au chargement des bois dans la cornue, puis au déchargement du charbon qui est reçu dans des étouffoirs en tôle.

Ces cylindres peuvent recevoir environ 5 stères de bois, dont la distillation exige une huitaine d'heures.

Ce système de cornue a reçu ces derniers temps quelques modifications. Le cylindre ne présente plus qu'une porte de fermeture, comme le montre la figure 4, disposée dans la boîte à fumée du foyer. Cette disposition donne un meilleur résultat dans la carbonisation du bois, puisque toutes les parties de la cornue sont chauffées. La durée d'une opération est de 16 à 24 heures pour une charge allant jusqu'à 5 stères de bois.

C. *Fours de grandes capacités.* — Dans certaines contrées en Allemagne,

Dumesny et Noyer                                                        2

on utilise quelquefois de grandes cornues verticales pouvant recevoir de

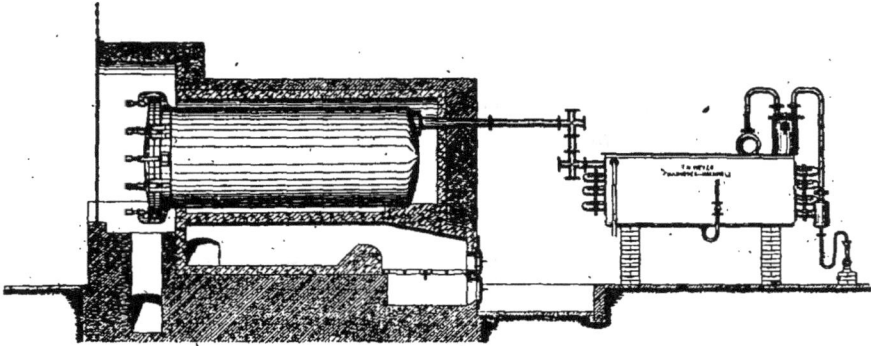

Fig. 4. — Four à deux cornues horizontales n'ayant qu'une porte de fermeture.

30 à 50 stères de bois. Leur chauffage (fig. 5) se fait, non seulement à l'extérieur, mais aussi à l'intérieur, par deux cheminées en tôle prenant à la base

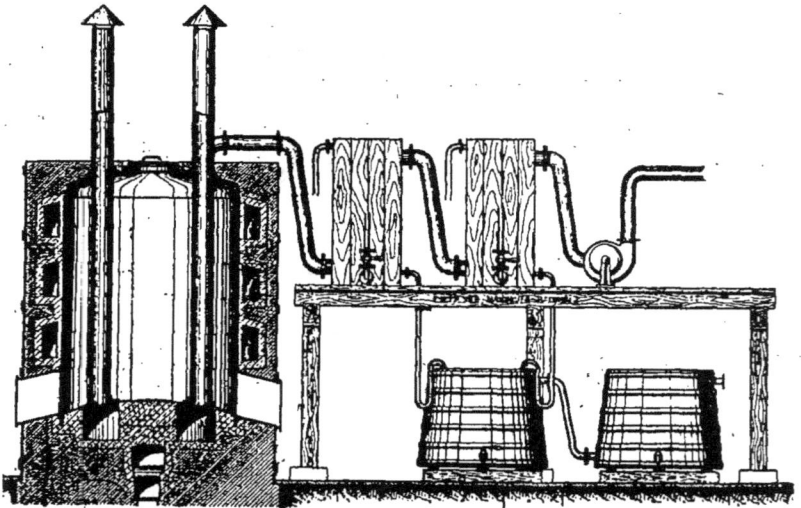

Fig. 5. — Cornues verticales de grandes capacités à foyers intérieurs et extérieurs.

de l'appareil. La durée d'une opération, dans ce genre de cornues, est de 4 à 6 jours.

Les fours à meules, dont nous donnons un aperçu par la figure 6, sont de même système que ceux construits en Amérique, en Russie ou en Hongrie. Ils sont en maçonnerie et reviennent, proportionnellement à leur capacité, à meilleur marché que n'importe quel appareil, toutes choses égales d'ailleurs même comme produits obtenus.

Leurs charges peuvent aller jusqu'à 300 stères ; chaque opération demande environ une vingtaine de jours. A la sortie des condenseurs, les gaz sont aspirés par un ventilateur et sont renvoyés sous les meules pour être brûlés et servir de combustible.

Fig. 6. — Installation de fours à meules.

D. *Appareils par distillation continue.* — *Four de MM. Astley, Paston-Price.* — Ce four, construit en briques réfractaires, est un large carneau dont le sol est légèrement incliné. Il peut recevoir trois wagonnets chargés de bois ; il est fermé à ses extrémités par des portes en fer et porte des cloisons en tôle, séparant le wagon du milieu des deux autres. Le foyer étant situé directement au-dessous du deuxième wagonnet, celui-ci se trouve alors dans la partie la plus chaude du four et est en pleine distillation, pendant que le premier se refroidit à l'abri de l'air, et que le troisième, le dernier introduit dans le four, est en dessiccation préalable. Les gaz condensables s'échappent par des tuyaux disposés dans le plafond du compartiment du milieu.

*Four vertical Bresson.* — Ce four est un dérivatif du précédent, mais il en diffère par le matériel employé et par ce que le bois à carboniser se déplace verticalement au lieu de se déplacer horizontalement. Il se compose de 5 cylindres superposés à doubles parois de fonte, supportés par un piston à la partie inférieure. Les 3 cylindres du milieu sont en pleine chauffe dans un four en maçonnerie, tandis que le cylindre inférieur est en refroidissement et que le bois contenu dans le cylindre supérieur subit un commencement de dessiccation. — Des registres horizontaux permettent d'isoler les 3 cylindres en cours de distillation ; les produits volatils dégagés du bois, s'échappent par une tubulure prenant naissance vers la partie la plus haute du 3e cylindre supérieur, et se rendent dans un appareil de condensation, tandis que les gaz permanents sont envoyés dans un gazomètre d'où part un tuyau qui les amène dans le foyer où ils sont brûlés.

Dans ce four, le bois distille en 48 heures, en passant peu à peu d'une température de 250° à 700°.

D'après M. Bresson, les rendements en pyroligneux sont notablement supérieurs à ceux obtenus avec les autres appareils, par suite d'une carbonisation plus lente et plus méthodique ; de plus, le charbon qui en provient, est de meilleure qualité.

Avant de terminer ce chapitre des différents appareils employés pour la carbonisation du bois, nous traiterons de la carbonisation de certains déchets cellulosiques, comme la sciure de bois, et surtout les grignons d'olives, qui sont appelés à devenir pour l'Espagne en particulier, une importante source de revenus industriels dans la fabrication de l'alcool méthylique et de l'acide acétique.

**Carbonisation de la sciure de bois et autres déchets cellulosiques.
Distillation des grignons d'olives.**

Les déchets de bois provenant des scieries, des fabriques d'extraits colorants des bois ou d'extraits tanniques, les grignons d'olives, etc., sont souvent employés comme combustibles dans les usines où ils sont produits, soit pour le séchage en étuve, soit pour produire de la force motrice.

D'ingénieux foyers avec grilles à grande surface et à gradins, des gazogènes même, ont été combinés et brevetés dans ce but ; mais ils entraînent à de grandes dépenses d'installation et à des réfections fréquentes et assez coûteuses ; pourtant, et malgré ce principal emploi comme combustible et d'autres utilisations secondaires dont nous parlerons plus loin, la consommation de la sciure de bois et des grignons d'olives est faible par rapport à leur production, c'est pourquoi on a songé, avec raison, à distiller ces produits.

Voici d'ailleurs, en ce qui concerne l'importance de la distillation des grignons d'olives, le compte rendu d'une conférence faite par D. Wladimir Guerrero de Smirnoff.

Les industriels savent par expérience que le bois dur est celui qui produit les meilleurs rendements en alcool, acide et charbon, et que ce dernier est plus dense que celui obtenu avec le bois tendre.

Le charbon obtenu avec les grignons d'olives est encore plus dense que celui du bois : celui-là pèse 37 kilos par hectolitre ; celui de chêne, qui est une des sortes de bois les plus dures, 22 kilos. Cela à cause, non seulement de sa forme granuleuse, mais aussi à cause de sa richesse en carbone ; richesse exceptionnelle, vérifiée par un nombre de calories plus grand : observation qui a été faite déjà par les consommateurs de charbon de grignons d'olives.

La valeur thermique d'un charbon par rapport à un autre, se vérifie par ceci : que la combustion du plus riche en carbone se fait complètement et régulièrement, sans production d'oxyde de carbone, production d'oxyde de carbone que l'on ne remarque pas avec le charbon de grignons.

La grande densité des grignons d'olives, comme de ceux de plusieurs autres fruits, aide donc à démontrer sa grande richesse vasculaire et la pureté de son carbone. Depuis des temps immémoriaux, on connaît un noir très pur pour les couleurs fines au carbone, que l'on fabriquait en Espagne avec les noyaux de pêches et qui avait le nom de *noir d'Espagne*.

La composition ligneuse de l'olive est surtout vasculaire. En effet, elle se compose de : l'amande ou graine, qui est grasse, cellulaire et vasculaire ; du noyau presque tout vasculaire ; de la pulpe, où l'huile se trouve entre les tissus vasculaires et cellulaires, et finalement d'une peau dure et coriace où domine une substance nommée *cutose* et qui contient en proportions égales carbone et vasculose.

La richesse vasculaire des végétaux est due principalement au climat sec et à l'action directe de la lumière solaire. La vasculose, plus riche en *carbone*, mais plus pauvre en *eau*, est un ligneux déshydraté, si on la compare à la cellulose qui alors est un ligneux hydraté, et, on peut ajouter, que la cellulose est un produit d'un climat humide et la vasculose d'un climat sec.

Les sortes d'olives cultivées pour la fabrication d'huile ont plus de ligneux et aussi une plus grande proportion de grignons que celles que l'on cultive pour mettre en conserve. La proportion de grignon, qui est au moins de 18 0/0, et qui peut s'élever à 30 0/0, est d'un quart de la grandeur du fruit. Il y a même des variétés d'olives, par exemple dans la province de Tarragone, où le grignon pèse plus que la pulpe (tableau V).

Mes expériences, vérifiant les résultats des investigations faites antérieurement par d'éminents chimistes, sur les noyaux de quelques fruits, ont servi à démontrer que le grignon d'olive contient la vasculose d'où l'on extrait, depuis un siècle, l'alcool méthylique et l'acide acétique, et qu'il est une nouvelle source de matières premières pour l'industrie pyroligneuse.

**Profit des matières ligneuses. — Brevet Bergmann, Brevet
Jurgensen : leurs expériences avec des grignons d'olives.**

Les résidus ligneux qui se produisent dans quelques industries ont été
l'objet d'expériences, et l'on a inventé des appareils plus ou moins appro-
priés pour extraire de ces résidus des produits pyroligneux.

Il y a longtemps, que dans les usines de carbonisation, l'on tire profit des
sciures qui existent en abondance et celles-ci donnent des produits plus ou
moins intéressants, selon qu'ils proviennent d'un bois dur ou d'un bois
tendre.

Ces dernières années, on a essayé de tirer profit des résidus de l'industrie
des extraits tanniques et des extraits des bois tinctoriaux En Allemagne,
en 1892, à cet effet, apparut le procédé Bergmann. On l'appliqua, mais il
ne donna pas de résultats ou plutôt il donna des résultats désastreux. Quelques-uns attribuèrent la faute à l'appareil mal étudié par son inventeur,
mais ce n'était pas la raison. Le Procédé Bergmann ne donna pas de bons
résultats pour la raison bien simple que les matières premières ne pouvaient donner ce qu'elles n'avaient pas, c'est-à-dire qu'elles ne contenaient pas la vasculose dans la proportion nécessaire. Outre cette raison, il
y avait un autre mal : les matières, très hygrométriques, contenaient beaucoup d'eau, 60 0/0 et, sous un grand volume et un grand poids, contenaient fort peu de matière utile.

Plus tard, en 1897, le docteur Rolof Jurgensen, suivant sans doute les
traces de Bergmann, (comme l'on suit celles des deux), présenta un procédé pour traiter les résidus ligneux de toutes sortes, y compris ceux des
graines et fruits oléagineux. Jurgensen, plus heureux que son prédécesseur,
eut le tact de distiller les grignons et obtint de bons résultats.

Il présenta des produits extraits de ces résidus (alcool et acide) à l'Exposition de Paris de 1900 ; Jurgensen, qui a fait des expériences sur de grandes quantités, nous déclara avoir obtenu des résultats très variables, mais
toujours satisfaisants.

Son procédé consiste à traiter le grignon tel qu'il est, en sortant des appareils d'extraction, mais en le séchant auparavant, et pour cela, il propose
de le *presser*, ne connaissant pas sans doute l'industrie traitant les olives.

La carbonisation se fait dans un appareil (modèle 1900) destiné à distiller
d'une manière continue, aussi bien la sciure de bois que les résidus des
matières tanniques, des matières tinctoriales ou des graines oléagineuses.

Chaque matière ligneuse a sa richesse vasculaire et ses propriétés physiques différentes, et ces propriétés, dans quelques-unes d'elles, étant diamétralement opposées, il faut donc des appareils absolument différents.

### Nouvelles investigations. — Procédé et brevet nouveaux, spéciaux pour les grignons d'olives.

Depuis que je suis entré en relation avec Jurgensen, dans le but de vérifier les résultats pratiques qu'il avait obtenus dans la distillation des grignons, je lui fis quelques objections sur son procédé, que je croyais susceptible d'une avantageuse modification.

A cet effet, aidé par les connaissances théoriques qui sont indispensables pour entrer dans la pratique, je cherchai, avant le système mécanique, le procédé que je devais suivre.

Il était nécessaire d'étudier la nature intime de la matière, et les premières notions que je devais connaître étaient la composition immédiate des bois et celle des grignons d'olives. Il était nécessaire de comparer leurs densités, grandeur, forme, porosité et autres propriétés physiques et hygrométriques et de connaître également leur composition chimique, en commençant par l'analyse élémentaire. Il était nécessaire aussi de connaître cette industrie, que l'on appelle la distillation du bois.

Je commençai alors, tout en visitant les usines de distillation de différents pays de l'Europe, une série d'expériences avec des grignons d'olives que je me fis envoyer d'Espagne et avec des bois de plusieurs sortes et de diverses provenances, que je me procurais dans les mêmes usines que je visitais ; et alors, me mettant en relation avec les directeurs des laboratoires les plus réputés de Paris, nous préparâmes un plan pour ces investigations.

Mes travaux se trouvent méthodiquement exposés dans la partie du Mémoire sur la création de l'industrie pyroligneuse en Espagne, qui parle d'analyses, essais et expériences.

Parmi d'autres expériences qui ont été faites, j'appellerai votre attention sur les propriétés hygrométriques (auxquelles je faisais allusion comme une des causes du peu de succès de Bergmann) comparées entre les bois et grignons, qui sont les suivantes :

Le grignon sans graisse contient normalement 12 0/0 d'humidité à cause de son état broyé ; mais il se sèche bientôt, parce que l'eau qu'il doit perdre est insignifiante, le grignon n'étant pas une matière hygrométrique.

Par contre, les bois que l'on coupe un an avant leur distillation, (car au moment de la coupe ils ont 45 0/0 d'eau) contiennent encore, quand on les met dans les cornues, un quart de leur poids d'eau.

Cette différence se traduit par une économie pour l'exploitation des résidus comparés avec le bois.

Des essais comparatifs me firent savoir que les grignons d'olives contiennent bois tendre et bois dur, c'est-à-dire cellulose et vasculose (la pulpe, la peau dure et le grignon).

Ce parallèle établi, et étant connues les propriétés de l'une et de l'autre matière, et aussi l'avantage de carboniser la vasculose plutôt que la cellulose, avantage que j'ai démontré tout à l'heure, il s'en déduit la facilité de réaliser la distillation des grignons d'olives.

Cet avantage inappréciable, que l'on ne peut pas obtenir avec le bois, permet de donner à chaque matière une application à propos.

C'est ainsi que j'ai donné au grignon de l'olive bois dur, le nom de grignon riche, parce qu'il est riche en vasculose, et à la pulpe d'olive bois tendre, celui de grignon pauvre. Voilà les principes essentiels de mes procédés pour extraire des grignons d'olives, des produits pyroligneux.

Quant au système mécanique, il ne peut être plus simple, c'est celui du torréfacteur pour café.

Les grignons d'olives ne se sèchent pas par calorifère, ni en les pressant, comme mon ami Jurgensen prétendait, en vain, le faire ; ils se sèchent dans un crible par ventilation, au moment même de les diviser en grignons riches et grignons pauvres.

Le grignon riche, dans la proportion de 4/5, est la matière à distiller ; ce qui reste, le grignon pauvre, est un engrais organique, qui au besoin peut servir de combustible mêlé au goudron.

**Travaux de laboratoire. — Expériences de L. Grandeau et E. Aubin.**

Nous donnons ci-dessous les résultats des nombreuses analyses et des essais de distillations effectués sur les grignons comparés au bois.

*Analyses de grignons et de bois (Moyennes).*

|  | Vasculose | Richesse ligneuse | | |
|---|---|---|---|---|
|  |  | Cellulose | Total | Proportion de la vasculose |
| Bois (hêtre et chêne) . | 32,81 | 11,34 | 44,15 | 74 0/0 |
| Noyau riche 80 0/0. . | 36,83 | 10,45 | 47,28 | 80 0/0 |
| Noyau pauvre 20 0/0 . | 19,34 | 5,74 | 25,08 | 76 0/0 |

Les richesses relatives sont :

|  | Grignons riches | Grignons pauvres | Bois |
|---|---|---|---|
| Richesse vasculaire. . . | 100 | 52 | 89 |
| Richesse ligneuse . . . | 100 | 44 | 93 |

*Essais de distillations (grignons riches) (Moyennes).*

| | |
|---|---|
| Alcool méthylique . . . . . . . . | 1,17 0/0 |
| Acide acétique cristallisable . . . . . | 4,51 0/0 |
| Goudron. . . . . . . . . . . . . | 7,12 0/0 |
| Charbon. . . . . . . . . . . . . | 29,00 0/0 |

Ces résultats proviennent de plusieurs distillations faites au Laboratoire de la Société d'Agriculture de France et à la Station Agronomique de l'Est, à Paris, sous la direction de MM. L. Grandeau et E. Aubin.

### Résultats industriels.

Résultats d'expériences de carbonisation de grignons d'olives dans l'usine d'Ivry-sur-Seine (avec des grignons ordinaires, sans séparer le grignon riche). Moyenne :

|  | Acide pyroligneux 42,08 0/0 |
|---|---|
| Alcool méthylique 7,38 0/0 (flegmes à 20°) . . . | 1,60 0/0 |
| Acide acétique cristallisable. . . . . . . . . | 3,18 0/0 |
| Goudron (1) . . . . . . . . . . . . . | 10     0/0 |
| Charbon (grignon) . . . . . . . . . . . | 37     0/0 |

Si nous comparons ces résultats avec ceux qu'on obtient en moyenne avec le bois dans les usines de carbonisation en Europe, on peut noter la supériorité du grignon d'olive.

(1) De la distillation ultérieure du goudron il a résulté de l'acide acétique.

*Rendements comparatifs entre le grignon d'olive et les bois divers qui servent à la distillation.*

| | Moyenne des essais | | | |
|---|---|---|---|---|
| | Méthylène | Acide acétique | Goudron | Charbon |
| Bois : moyenne entre le pin, le sapin et le rouvre. | 1,20 0/0 | 3,25 0/0 | 5,75 0/0 | 25,50 0/0 |
| Grignons : moyenne entre le grignon ordinaire et le grignon riche. . . | 1,38 0/0 | 4,07 0/0 | 8   0/0 | 31,70 0/0 |
| D'où il résulte que, quand les grignons produisent . | 100 | 100 | 100 | 100 |
| le bois produit . . . | 86 | 79 | 71 | 80 |

Le rendement pyroligneux du bois est donc inférieur d'une cinquième partie à celui des résidus de la production huilière, dont aujourd'hui on ne tire presque aucun profit.

Voilà donc les résultats obtenus au point de vue des produits extraits. Ce sont les premiers alcool méthylique et acide acétique obtenus purs avec les grignons d'olives d'Espagne.

**Exploitation actuelle des grignons d'olives. Résidus de la fabrication de l'huile. Extraction de l'huile des grignons Le charbon des grignons et son application.**

La production d'huile en Espagne est très variable d'une année à l'autre, à ce point que dans certaines contrées elle est presque nulle, tandis que dans les autres, voisines même, elle est abondante. Par exemple : un an en produit un, l'année suivante trois, l'autre cinq ou vice-versa. Mais les moyennes de chaque cinq ans sont à peu près les mêmes.

Ces différences de production sont dues, en premier lieu, aux conditions naturelles des plantations dans des terres sèches qui n'ont pas de moyens d'irrigation, et ceci dans les neuf dixièmes ; les plantations sont donc exposées à des changements météorologiques peu favorables avec le régime des pluies où ces plantations abondent. (Nouvelle preuve de notre manque de forêts).

Ces différences sont dues aussi, il faut le dire, au peu d'estime que nous avons pour une plante, qui, comme toutes les autres, est reconnaissante quand on la soigne bien. On sait que ce manque d'estime vient du manque d'argent, c'est-à-dire du capital d'exploitation nécessaire pour faire de la bonne agriculture ; mais, très souvent. ce capital existe et alors c'est la culture qui manque, quand ce n'est pas un excès de négligence.

Dans un Mémoire présenté à l'Exposition Universelle de 1900, à Paris, M. Manuel Porcer y Ruidor, qui appartient à une famille de cultivateurs de l'olivier, où l'on apprécie les oliviers et où l'on sait par expérience que ceux-ci rapportent, estime que la production d'huile en Espagne s'élève à 2.900.000 hectolitres, d'accord avec le Dr Monjarrès de Séville. Je crois que l'on peut, sans exagération, évaluer la production annuelle à 2.700.000 hectolitres, en comptant les productions extrêmes d'une cinquième partie de plus ou de moins chaque année de cinq ans, qui seraient 2.100.000 et 3.200.000 hectolitres. Ce qui équivaut à une moyenne annuelle de 230 kilos par hectare ; par conséquent, étant connue la proportion de grignons par rapport à celle de l'huile, il y aurait 409 kilos de ces résidus par hectare et par an.

Les nombres dont je fais mention, comme exemple, sont de 1898, année d'une production inférieure à la moyenne, puisque sur 33 provinces productives, 11 seulement eurent une bonne production (voir table VII).

La production totale fut de 1.900.000 hectolitres, dont 1.270.000 pour les contrées d'Andalousie et d'Extramadura. Trois provinces, celles de Jaen, Cordoue et Séville, ont produit près d'un million d'hectolitres ; celle de Jaen seule, 500.000, soit le quart de la production totale. Cette contrée est celle qui produit le plus de l'Espagne, et c'est à elle que les autres vont acheter les grignons nécessaires pour l'extraction.

Que fait-on de cette énorme masse ligneuse ?

Sans compter l'exportation, qui est insignifiante, j'estime que l'on tire profit de 200.000 tonnes de grignons dans les 100 et quelques usines de production d'huile, et que le reste sert comme combustible ; c'est là, en effet, le combustible employé dans les contrées productrices d'huile, où le grignon remplace le bois qui est cher et n'abonde pas.

Le grignon est employé pour usages domestiques (cuisines et braseros), pour fabriquer du charbon de grignons, de la chaux, des briques et pour d'autres petites industries ; on l'emploie aussi pour la mauvaise alimentation des cochons et des animaux de basse-cour ; mais, fréquemment, ces résidus sont jetés dans les écuries ; à l'air libre, ils perdent par combustion lente près d'un tiers de leur poids, sans profit pour personne.

Les 350.000 tonnes de grignons sont produites sur 1.150.000 hectares de surface utilisée, d'après la statistique, à la culture de l'olivier en Espagne.

Si nous voulons connaître, par exemple, la surface forestière nécessaire pour produire cette quantité de matière ligneuse sous forme de bois, comme le rouvre, il suffit de savoir que cette espèce forestière, arrangée par coupes de vingt ans, produit dans un bon terrain 35 tonnes par hectare au bout de vingt ans. Par conséquent, pour 350.000 tonnes de bois, il faudrait 10.000 hectares et pour vingt ans, en faisant une coupe par an, vingt surfaces égales soit 200.000 hectares.

La valeur du grignon d'olive pour production pyroligneuse, étant démontrée, il résulte que nous avons en Espagne 200.000 hectares de forêt vierge, bien plus productive que si elle était plantée de rouvres, et qu'il manque seulement un peu d'initiative pour l'exploiter.

L'industrie de l'extraction de l'huile de grignon a augmenté la valeur de ces résidus, dont on ne savait que faire en dehors des applications antérieures. Avec l'installation de ces usines, on a vu les grignons s'élever (en Andalousie) de 5 pesetas, prix encore courant dans quelques contrées de la province de Jaen et, d'autres régions à 20 et même 30 pesetas la tonne, qui est la moyenne par lustre.

Pendant plusieurs années, les grignons secs ne trouvèrent d'autre application que comme combustible dans les mêmes usines, mais il en restait de grandes quantités amassées dans les cours, jusqu'au jour où l'idée est venue d'en faire un charbon connu sous le nom de charbon de noyaux ou grignon. Cette fabrication se généralisa à mesure que l'on connut l'excellence du nouveau combustible.

On fabrique aujourd'hui le charbon de grignon dans beaucoup de villages andalous, et sa production augmente tous les ans, car les consommateurs préfèrent celui-ci au charbon végétal pour beaucoup d'usages.

Il y a quelques années, on vendait difficilement le grignon à 1,25 pts l'hectolitre ; aujourd'hui on en charge des wagons entiers pour le Nord, où (à Madrid par exemple) il est vendu à 5,50 pts l'hectolitre.

Malgré cela, la houille, surtout l'Andalouse (dont le pouvoir calorifique varie entre 4.500 et 6.500 calories, selon la proportion de cendres), a été remplacée par le grignon d'olive dans beaucoup d'industries, et les fabricants qui emploient ce combustible, ne le changeraient pas pour de la houille de moyenne qualité.

En effet, le grignon produit 4.500 à 5.000 calories (quand il est sec), mais il a l'avantage inappréciable de ne pas donner de mâchefer.

Les essais faits par le Dr. Monjarrès donnèrent des résultats encore meilleurs que ceux que je viens de citer. Il en résulte que les grignons ont une 1/2 fois plus de calories que le bois, et j'appelle votre attention là-dessus, car ceci vient confirmer ce que j'ai démontré avec les analyses comparatives entre les grignons et le bois : les essais de Monjarrès donnèrent 5.270 calories avec les grignons et 3.600 avec le bois.

Les expériences relatées ci-dessus et la pratique de cette industrie, viennent donc confirmer mes démonstrations scientifiques-pratiques, c'est-à-dire *la grande richesse vasculaire* d'un résidu méconnu jusqu'aujourd'hui et qui est une matière première sans égale pour l'extraction de l'alcool méthylique et l'acide acétique.

**Nouvelle exploitation du grignon d'olive. — La carbonisation du grignon d'olive. — Coût des productions pyroligneuses. — Richesses créées avec le nouveau profit tiré des grignons. — Renaissance de l'industrie d'Espagne.**

On comprend très bien que la carbonisation des grignons d'olives dans des récipients fermés, remplacerait avantageusement la distillation du bois, en supposant que l'industrie de la carbonisation des bois eût été créée en Espagne et y fît des progrès, mais nous savons qu'il n'y a pas de bois pour l'exploitation rationnelle, et que, par contre, la vasculose, matière première pour cette industrie, existe en abondance et à bon marché dans les résidus de l'olive.

De l'actuelle production de grignons, on en exploite un peu plus de la moitié pour fabriquer l'huile de grignons : il en reste donc une partie très importante. Si cette exploitation continue, en combinant l'extraction et la carbonisation, on obtiendra une grande économie, parce que les prix de revient de l'alcool méthylique et de l'acide acétique, ainsi que de leurs composés et dérivés, se réduiraient très sensiblement.

On peut avoir un aperçu des prix de revient, en comptant que les grignons donnent plus de rendement en acide acétique et méthylène que le bois ; que la main d'œuvre est meilleur marché que chez nous et que la matière première (le grignon dégraissé) coûte moins, surtout dans le cas où l'extraction et la carbonisation se feraient dans la même usine, ce qui serait le moyen le plus rationnel d'exploitation.

Quelle concurrence avons-nous à craindre dans ce cas, puisque le bois coûte au moins 20 francs la tonne ?

Si l'énorme quantité de riche matière ligneuse du grignon pouvait se distiller très vite, cela occasionnerait une crise dans le marché des produits pyroligneux. Cette perspective n'est pas à craindre, parce que la consommation de ces produits devient plus importante d'un jour à l'autre, à cause des industries qui se développent, et aussi, parce que cette exploitation ne peut avoir son complet développement que dans un temps assez long. Dans tous les cas, l'avantage pour nous sera que nous n'aurons plus besoin d'importer ni l'acide acétique, ni les acétates, et, le cas échéant, nous exporterons nos produits qui ne craignent aucune concurrence, pendant que l'on continuera à fabriquer l'acide acétique et l'alcool méthylique avec des rouvres et des hêtres de vingt ans.

La richesse que l'on créera avec le nouveau profit de ces résidus, est d'une importance capitale pour notre pays. Aux prix courants (diminués d'un 1/5 des prix actuels), l'extraction représenterait 26 millions de pesetas, la carbonisation 34 millions, et, entre les deux, un tiers de la richesse huilière, supposée de seulement 180 millions, en calculant sur une moyenne de 2.700.000 hectolitres ou 243.000 tonnes d'huile d'olive à 750 pesetas la tonne.

Vu l'importance de la distillation du bois et les favorables conditions pour créer cette industrie en Espagne avec les grignons d'olives, on pourra se demander « Pourquoi ne l'a-t-on pas fait déjà » ?

On pourrait répondre « Parce qu'il n'était pas encore temps de le faire ». Mais il faut une autre explication. Cette industrie prospère dans les contrées forestières, parce que les matières premières y sont abondantes, il est alors naturel que les résidus, qui ne se produisent en aussi grande quantité qu'en Espagne, soient passés inaperçus.

Cela s'explique aussi par l'insignifiante consommation de produits pyroligneux dans notre pays par rapport aux autres ; puis surtout, parce que les grignons servaient déjà pour la fabrication d'huiles industrielles et qu'à cause de notre caractère méthodique et peu enclin à créer de nouvelles industries, cette richesse, comme beaucoup d'autres, a passé inaperçue.

Comme conséquence de l'intense exploitation forestière qui se fait pour servir l'industrie pyroligneuse et ses dérivés ainsi que la fabrication du papier, le prix du bois, qui continue sa hausse, augmente le prix de ses produits à mesure qu'augmente aussi leur application. Dans le Congrès International de Chimie appliquée, qui eût lieu en 1900 à Paris, le D$^r$ Jurgensen s'appliqua à demander que l'on fit des investigations afin de mettre au service de la distillation du bois d'autres matières, surtout des résidus de peu de valeur, qui puissent servir à fabriquer l'acide acétique dans de meilleures conditions de prix de revient. Le D$^r$ Jurgensen aurait dû ajouter que cette nouvelle exploitation de résidus serait en harmonie avec la plantation des forêts (aussi avancée dans son pays), car l'industrie, qui consiste à couper les arbres de vingt ans, me paraît un peu barbare.

Cette dernière aspiration se réalise parfaitement en Espagne, où l'olive produit un résidu riche en vasculose, matière, comme je l'ai démontré, la mieux choisie, et qui au même prix peut faire avantageusement la concurrence au bois.

Une fois en passant, nous pouvons bien obtenir un triomphe dans ces batailles que se livrent les nations industrielles !

Une bonne occasion se présente pour suivre le relèvement industriel de l'Espagne, assez notable ces quatre dernières années pour les industries agricoles, chimiques, métallurgiques, et autres, que l'on a installées sans l'aide de capitaux étrangers.

J'espère que très prochainement nous assisterons à la création de la nouvelle industrie dont je viens de parler, qui est essentiellement chimique, et qui aidera beaucoup à créer dans notre pays les grandes industries chimiques qui donnent tant de suprématie à l'Allemagne.

On peut faire vivre en Espagne de nombreuses industries chimiques : entre autres, la fabrication de matières colorantes, des margarines, des glycérines, la fabrication de la soude et ainsi tirer profit de nombreux résidus que nous jetons, ou à peu près.

Tout, en Espagne, aidera favorablement à la création de l'Industrie nouvelle, et principalement les importations progressives et l'élévation des changes, qu'en vain cherchent à réduire quelques financiers. Nos initiatives pour créer des industries et l'aide que doit donner le Gouvernement à celles-ci (surtout au commencement), seront plus efficaces pour réduire les changes que les spéculations financières.

Les industries donneront de suite le travail et le pain à tant de pauvres, comme il y en a dans les contrées prospères de l'olivier, mais non moins pauvres malgré cela. Beaucoup d'autres petites industries, jusqu'ici anémiques, salueront cette nouvelle qui vient leur donner de l'essor.

Bienvenue soit-elle !

## CONCLUSIONS

La valeur du grignon d'olive est pleinement démontrée. Son abondance, très grande, le sera chaque jour davantage avec la culture de l'olivier dans les nouvelles plantations.

Les produits pyroligneux que l'on peut en extraire sont au moins aussi importants que ceux du bois.

Malgré la nouvelle industrie, les prix des grignons pour l'extraction de l'huile n'augmenteront pas, car on ne tire actuellement profit que de 200.000 kgs seulement. En combinant l'extraction avec la carbonisation, le prix de revient ne peut être que plus économique et la production pyroligneuse aussi.

Le prix de revient de l'alcool méthylique et de l'acide acétique extraits des grignons, est le quart de celui de ces produits extraits du bois.

La consommation des produits pyroligneux qui augmente dans tous les pays, augmente aussi en Espagne ; le méthylène est destiné à être le plus important des produits à cause des applications industrielles de l'alcool de vin et des nouvelles industries qui emploient l'alcool méthylique.

L'exploitation des produits pyroligneux, une fois augmentée, la consommation en Espagne en sera avantageuse, vu les prix de revient de l'alcool et de l'acide des grignons d'olives.

La création de cette nouvelle industrie augmentera la valeur de la production huilière. Les industriels ont un moyen très lucratif, d'un grand avenir ; les financiers de cette entreprise digne de grandes initiatives, peuvent en faire une industrie nationale.

Si nous aspirons à soutenir notre crédit à l'étranger, si nous voulons faire baisser les changes, il est nécessaire de créer des industries, comme celle-ci, qui transforment les matières premières que nous avons en abondance, et qui peuvent sous peu nous faire augmenter l'exportation.

L'Espagne, malgré tout, doit suivre la marche infatigable du progrès.

Cette richesse, nous devons l'exploiter nous-mêmes, avant que d'autres viennent le faire.

### Produits chimiques et force motrice.

*Dérivés de la distillation des grignons d'olives.*

M. Wladimir Guerrero vient de faire breveter (septembre 1905) un procédé par lequel il obtient les produits dérivés de la distillation des grignons d'olives en deux fabrications séparées ou réunies.

La première est complémentaire de l'extraction des huiles de grignons en carbonisant les résidus qui se brûlent actuellement, la seconde est pour fabriquer des produits chimiques en traitant l'eau ammoniacale.

Produits du grignon
—

Rendement minimum par tonne :

| | | |
|---|---|---|
| Charbon granulé (25 0/0) . . | 11 | » |
| Goudron spécial (3 0/0). . . | 6 | » |
| Eau ammoniacale (50 0/0) . . | 10 | » |
| Pesetas . . | 27 | » |
| (Au change 30 0/0) Francs . . | 20,75 | |

Gaz riche (éclairage ou force) : 160 mètres cubes qui produisent 10 HP effectifs-heure qui, à 5 centimes l'un, représentent 12 pesetas ou 9,20 fr. en sus.

Produits de l'eau ammoniacale
—

Rendement minimum par mètre cube :

| | | |
|---|---|---|
| Sulfate d'ammoniaque (3,20 0/0). | 14 | » |
| Méthylène (1,60 0/0). . . . | 20 | » |
| Acide acétique (2,50 0/0). . . | 36 | » |
| Pesetas. . . | 70 | » |
| (Au change 30 0/0) Francs. . | 53,85 | |

Ces résultats sont le fruit de trois années d'expériences effectuées avec une installation de démonstration sise à Cordoue, où l'auteur se met à la disposition des industriels que sa question intéresse et pour laquelle il est à même de garantir les rendements ci-dessus désignés. ·

Nous sommes heureux d'enregistrer un tel succès qui fait avancer d'un grand pas cette industrie dont le champ d'expérience est encore bien vaste.

## DISTILLATION DE LA SCIURE DE BOIS

Ce genre de distillation pourrait se faire dans des cornues ordinaires, mais elle présenterait quelques difficultés, par suite de l'humidité contenue dans la sciure ou dans les déchets des fabriques d'extraits. De plus, il se forme au début une sorte d'enveloppe isolante de charbon, qui rend difficile la pénétration de la chaleur à l'intérieur de la masse, et qui, par la suite, retarde le dégagement des produits distillés.

Devant l'impossibilité de distiller rationnellement ces déchets, on a été conduit à employer des moyens mécaniques, permettant de malaxer la matière.

*Holliday* a imaginé un appareil, dans lequel les déchets de bois sont introduits à l'une des extrémités de la cornue à distillation, au moyen d'une trémie ; puis, pendant qu'une vis d'Archimède les entraîne graduellement vers l'autre extrémité, les substances se carbonisent dans leur marche à travers l'appareil ; les gaz et les vapeurs qui se dégagent sont conduits par un tuyau spécial au condenseur, tandis que le charbon de bois très divisé qui résulte de cette opération, vient tomber au bout de la cornue, à travers un

**Dumesny et Noyer**         3

conduit, dans un vase rempli d'eau. Ce procédé exige une importante consommation de combustible et donne, en outre, un pyroligneux, qui étant considérablement dilué, entraîne à des frais d'évaporation onéreux.

Pour éviter ces inconvénients, le procédé Holliday fut modifié par l'emploi de plusieurs cylindres montés les uns au-dessus des autres : le cylindre inférieur recevant la chaleur principale du foyer, tandis que le cylindre supérieur est chauffé par la chaleur perdue. Les déchets de bois sont, bien entendu, introduits à la partie supérieure de l'appareil où ils se débarrassent de la majeure partie de leur eau ; ils décrivent ensuite un parcours en zigzag en passant d'un cylindre dans un autre pour sortir complètement carbonisés par la base du cylindre inférieur.

Dans un autre procédé, on emploie des chaudières analogues à celles utilisées dans la fabrication de l'acétone.

Deux chaudières semblables, situées l'une au-dessus de l'autre, sont mises en communication par des tuyaux ; dans la chaudière supérieure a lieu la dessiccation préalable, dans la seconde s'effectue la distillation proprement dite.

M. F. H. Meyer de Hanovre-Hainholz construit, pour la distillation des déchets de bois, un appareil composé de deux cornues horizontales dans lesquelles on peut introduire, par des doubles portes coulissantes, des chariots portant un certain nombre de plateaux sur lesquels la matière à distiller est étendue en couche mince (fig. 7). Pendant que la carbonisation s'opère dans l'une des cornues, les déchets de bois sèchent dans la seconde. Les déchets

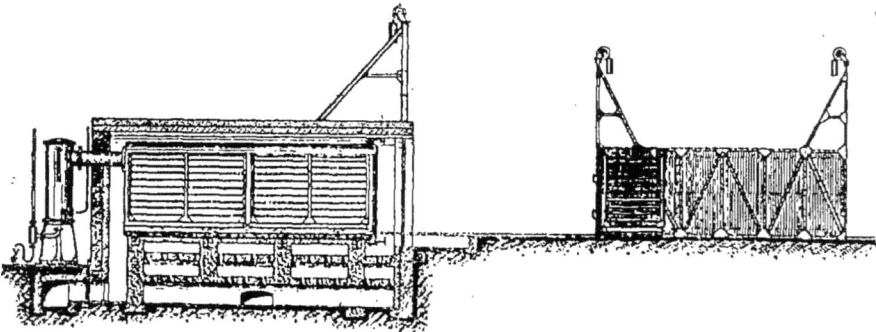

Fig. 7. — Cornues pour la carbonisation des menus et déchets de bois.

Caisses à refroidir les cornues après l'opération.

carbonisés sont ramenés sur leurs chariots dans des chambres de refroidissement. Dans ce procédé, à cause de la suppression du malaxage, les frais de fabrication sont moins élevés que dans le précédent, et enfin les cornues chaudes peuvent être rechargées immédiatement.

M. Bergmann avait pensé, comme l'indique son brevet, à agglomérer la sciure de bois sous forme de briquettes, afin d'éviter les inconvénients cités plus haut, tout en se servant des cornues ordinaires ; mais, comme pour distiller ces matières comprimées, il était nécessaire de porter les cornues à une très haute température, on dut au bout de peu de temps renoncer à employer ce procédé, le matériel étant rapidement mis hors d'usage.

### Marche des appareils.

1° *Cornues horizontales.* — Supposons que le charbon de bois vienne d'être extrait de la cornue ; on la remplit de bois aussi sec que possible en chargeant d'abord le fond, on ferme ensuite la porte de la cornue et on pousse le feu.

Au bout d'une dizaine de minutes, la distillation commence, ce que l'on perçoit par la forte augmentation de température du coude de dégagement ; puis il distille des produits condensables accompagnés de gaz permanents. Le liquide qui se condense tout d'abord et qui est rejeté, car il contient la plus grande partie de l'eau hygrométrique renfermée dans le bois, est légèrement acide et tient en dissolution quelques traces de goudron. Puis la teneur en acide augmente, et la coloration est plus foncée par suite de la quantité de goudrons qui devient plus forte.

Pour les cornues de 2 m³ de capacité, la distillation dure environ 14 heures ; au bout de ce temps, la quantité de produits condensés diminue, le dégagement des gaz cesse, et lorsque le col de la cornue vient à se refroidir, l'opération est terminée.

On retire le feu et on ouvre aussitôt la porte du cylindre pour en sortir, avec des raclettes, le charbon de bois (qui entre alors en incandescence) et le faire tomber dans des récipients en tôle où il se refroidit à l'abri de l'air. On éloigne ensuite les étouffoirs, et, après s'être assuré que le coude de dégagement de la cornue n'est pas obstrué par des goudrons condensés, on fait une nouvelle charge avec le bois amené sur un chariot.

2° *Cornues verticales.* — Le cylindre étant bien rempli de bois (4 à 5 stères), en ayant soin d'utiliser le mieux possible sa capacité, on y fixe le couvercle, et on le met en place dans le four ; la distillation commence ; elle se fait d'abord à l'air libre jusqu'à ce que toute l'humidité soit partie, c'est-à-dire, lorsque la fumée, de blanche qu'elle était, devient bleue. A ce moment, on raccorde la cornue au réfrigérant par le tube de dégagement que l'on lute à l'argile. Tant que le pyroligneux qui distille ne coule pas clair, il est reçu à part pour faire plus tard de l'acétate de chaux brun ; lorsqu'il devient brun clair et de titre fort, on l'envoie dans le réservoir à *gris direct*, ce qui a lieu en marche normale vers la 5e heure.

Une dizaine d'heures après la mise en route, on est obligé, lorsque les jets de la distillation commencent à brunir, de renvoyer ceux-ci dans la cuve pour *brun*.

Si l'on compare une installation avec des cornues verticales à celle d'une usine employant des cornues horizontales, on remarque que le premier système n'est avantageux que par la qualité du charbon qui est produit, à condition de laisser ce charbon se refroidir un certain temps dans la cornue, ce qui demande un matériel bien plus important. — Toutes choses égales d'ailleurs, il est reconnu que les cornues verticales ne présentent pas d'avantages sur les cornues horizontales.

### Appareils de condensation. — Réfrigérants.

Comme dans toute industrie similaire, la condensation des produits distillés joue un grand rôle dans la carbonisation des bois ; une installation mal comprise peut entraîner des mécomptes qui sont évidemment préjudiciables à l'industriel.

En effet, les gaz sortant des cornues entraînent avec eux de l'acide, de l'acétone et du méthylène, et comme le bois donne environ 20 0/0 de son poids de ces gaz permanents, il en résulte, pour une usine traitant 50.000 kilos de bois par jour, 8.000 m³ de gaz pouvant entraîner des produits pyroligneux qui sont brûlés dans les foyers.

En été, comme la température de l'eau employée pour la réfrigération est plus élevée, on peut perdre jusqu'à 50 0/0 de méthylène et d'acétone et 10 0/0 d'acide acétique.

Il faudra donc, dans l'installation d'une usine, donner aux condenseurs-réfrigérants une surface et un développement assez grands, pour qu'au plus fort de la distillation des gaz et des vapeurs, les produits distillés soient ramenés, à leur sortie du réfrigérant, à la température de l'eau froide ; on ne devra pas hésiter devant une installation complète et quelquefois très coûteuse, surtout lorsqu'il s'agit de puissants appareils à carboniser le bois.

Comme dans le tuyau de dégagement des produits distillés, reliant la cornue au réfrigérant, il se forme des dépôts goudronneux, qui en se calcinant pourraient obstruer les conduits, il est bon de ne pas trop éloigner les appareils de distillation, des réfrigérants.

Dans les premiers débuts de la distillation des bois, l'appareil réfrigérant, supporté par un fort cadre en bois ou en fer, se composait simplement de quatre tuyaux horizontaux en cuivre, communiquant entre eux par trois coudes et complètement enveloppés de manchons en tôle dans lesquels circulait de l'eau. Cette eau froide, provenant d'un bac en charge, arrivait dans le manchon inférieur vers la sortie des produits condensés, puis passait successivement dans les autres manchons supérieurs au moyen de petits tubes verticaux, qui établissaient la communication entre les parties annulaires comprises entre les tuyaux et leurs manchons.

Les produits condensés venaient s'écouler dans un réservoir, tandis que les gaz permanents se rendaient, par une tuyauterie spéciale, dans les foyers des appareils distillatoires où ils produisaient, en brûlant, une chaleur telle que par moment il était inutile d'employer d'autre combustible.

Dans les usines plus modernes, ce système de condensation est remplacé par un réfrigérant formé d'une bâche rectangulaire en tôle, contenant une série de tubes en cuivre rouge légèrement inclinés pour permettre l'écoulement du liquide provenant de la condensation. (Fig. 8 et 9).

Fig. 8. — Réfrigérant.

Ces tubes sont fixés dans la bâche par des joints à brides boulonnées sur les petites parois opposées ; ils sont reliés extérieurement, deux à deux, par des manchettes et coudes en cuivre, brasés en coquille. Ils sont donc facilement démontables pour le nettoyage.

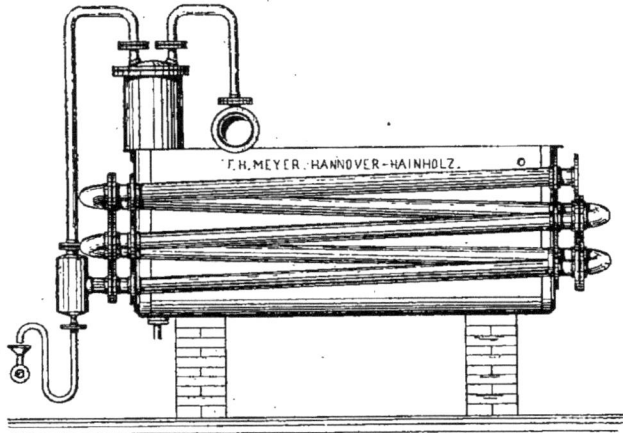

Fig. 9. — Réfrigérant avec son séparateur et son collecteur pour les gaz.

Un courant d'eau froide arrive par la partie inférieure et se déverse par un tuyau de trop plein, situé à quelques centimètres au-dessous du bord supérieur de la bâche du réfrigérant.

M. F. H. Meyer, constructeur à Hanôvre, installe des réfrigérants, soit verticaux, soit horizontaux, formés d'un faisceau tubulaire. Tout en donnant une condensation maximum, ils ne consomment que peu d'eau. Comme le montrent les figures 10 et 11, le nettoyage peut se faire facilement en démontant la fermeture d'une extrémité.

A leur sortie du réfrigérant, le liquide et les gaz non condensés, se rendent dans un appareil de séparation et de lavage des gaz, pour aller ensuite dans les tours, comme nous le verrons plus loin.

La figure 12 représente le réfrigérant en bois installé à la suite des grands fours à meules de 300 stères de bois et où la circulation des gaz se fait au moyen d'un ventilateur.

Afin de diminuer les pertes dues à l'entraînement par les gaz permanents, qui restent toujours saturés de vapeur, M. Vincent a pensé, par une disposition spéciale qui donne de très bons résultats, à utiliser le froid produit par la dissolution de certains sels employés dans la fabrication des dérivés, comme le carbonate de soude par exemple.

A la suite du condensateur, M. Vincent fait passer les gaz froids à travers une couche de 0 m. 70 à 0 m. 80 de carbonate de soude, disposé sur un

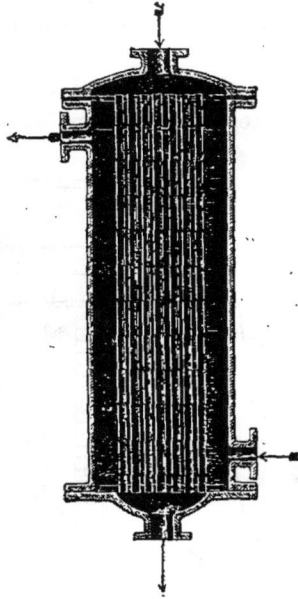

Fig. 10. — Réfrigérant tubulaire vertical.

double-fond dans une colonne en cuivre. Sous l'influence du courant gazeux, saturé d'eau et d'acide, les cristaux de carbonate de soude fondent

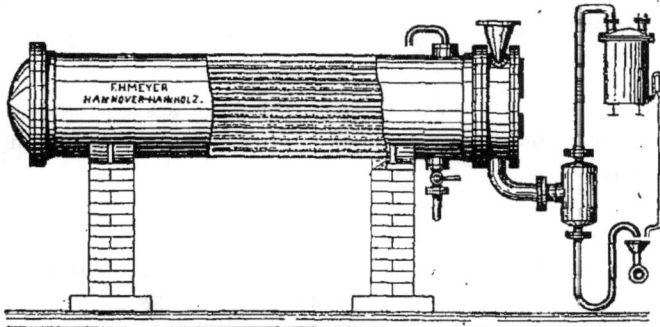

Fig. 11. — Réfrigérant tubulaire horizontal.

peu à peu en se transformant en acétate de soude et en produisant un abaissement très appréciable de température, qui détermine une condensation abondante de vapeurs utiles. Le liquide, soutiré par un robinet placé à la partie inférieure de cet appareil, est soumis par la suite à une distillation qui donne de l'alcool méthylique brut qui se dégage et est ensuite condensé, et un résidu alcalin qui rentre dans la fabrication de l'acétate de soude.

Dans les installations plus récentes, on se contente de faire passer les gaz dans une ou deux tours à coke (fig. 13), dans laquelle on fait un arrosage à

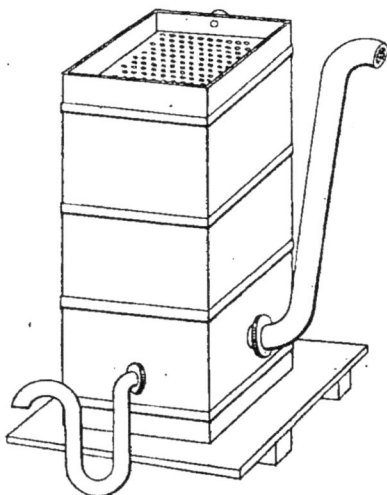

Fig. 12. — Réfrigérants en bois pour grands fours à meules.

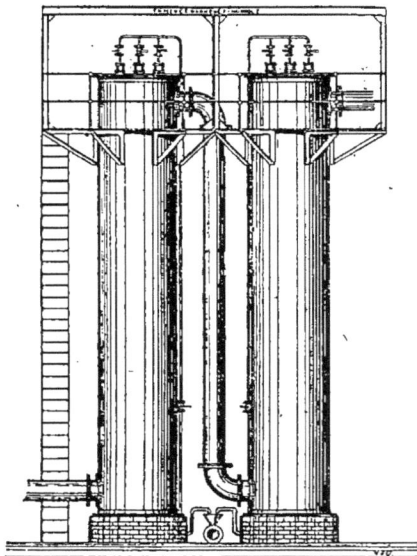

Fig. 13. — Tours de lavage Scrubber.

la partie supérieure, soit avec de l'eau, soit avec des pyroligneux faibles. Sortant de cette tour les gaz contiennent, suivant le moment de la distillation du bois :

|              | Au début   | A la fin   |
|--------------|------------|------------|
| $CO_2$.  . . . . . | 44.90 0/0  | 29.20 0/0  |
| CO . . . . . | 36.80      | 34.90      |
| H en carbures . . | 16.80      | 34.20      |
| Az . . . . . | 1.50       | 1.70       |

On les fait alors passer, au moyen d'un extracteur Kœrting, dans un aspirateur à chaux qui retient l'acide carbonique, puis on les envoie dans les foyers où ils sont brûlés.

*Installation d'une usine de carbonisation des bois. — Considérations générales.* — Beaucoup de considérations sont à examiner dans le choix de l'emplacement que doit occuper une usine de carbonisation des bois. En dehors des matières premières comme le bois, la houille et la chaux qui entrent dans cette industrie, il faut tenir compte des moyens de transport, par fer et par eau, dont on peut disposer, ainsi que de l'eau dont on a grand besoin, surtout pour la condensation des produits se dégageant dans la distillation des bois.

Puisque l'usine idéale est difficile à réaliser, il faudra, autant que possible, chercher à se rapprocher de la forêt dont on se propose d'utiliser les bois, de façon à réduire au minimum les frais de transport de cette matière première, tout en se trouvant à proximité d'une voie ferrée, d'un cours d'eau ou d'un canal, qui permettent de recevoir la houille et la chaux, et d'expédier facilement les produits fabriqués.

Une usine (fig. 14) située loin d'une contrée boisée, sera placée dans des conditions très inférieures, quoiqu'on puisse utiliser le flottage du bois. Le flottage du bois comme mode de transport doit être aujourd'hui rejeté, car il est reconnu que les meilleurs rendements en produits distillés sont obtenus avec des bois aussi secs que possible. Il est évident pourtant que l'on peut empiler ce bois flotté pendant plusieurs mois avant de le faire entrer en fabrication, mais pendant sa lente dessiccation à l'air, il subira des altérations qui, parfois profondes, le rendront moins combustible ; par la suite, ce bois à la carbonisation donnera plus de goudron et un charbon qui, étant plus friable, sera de moindre valeur.

Le prix de revient du bois rendu à l'usine joue donc un premier rôle ; cela amène à conclure que l'on ne peut guère installer de pareilles industries que dans les pays où le bois est bon marché. Pourtant cette condition n'est pas suffisante, car il faut que le charbon de bois obtenu soit vendu à un prix rémunérateur, en tenant compte de la main-d'œuvre qui doit être bon marché, ainsi que la houille dont on fait une grande consommation.

Il y aura donc lieu de ne pas trop s'écarter des principaux débouchés du charbon de bois, c'est-à-dire, de se trouver près des grandes villes où le combustible est assez cher, et de ne pas être trop éloigné des centres industriels qui en consomment une grande quantité.

En outre, une distillation de bois doit être située à une certaine distance des habitations, à cause des vapeurs et des odeurs dégagées,

De même, comme les eaux résiduaires contiennent une certaine quantité de produits empyreumatiques, on ne pourra les envoyer dans les cours d'eaux, qu'après les avoir fait passer dans une fosse à filtration, qui retiendra les huiles et les goudrons qui seront recueillis pour être brûlés.

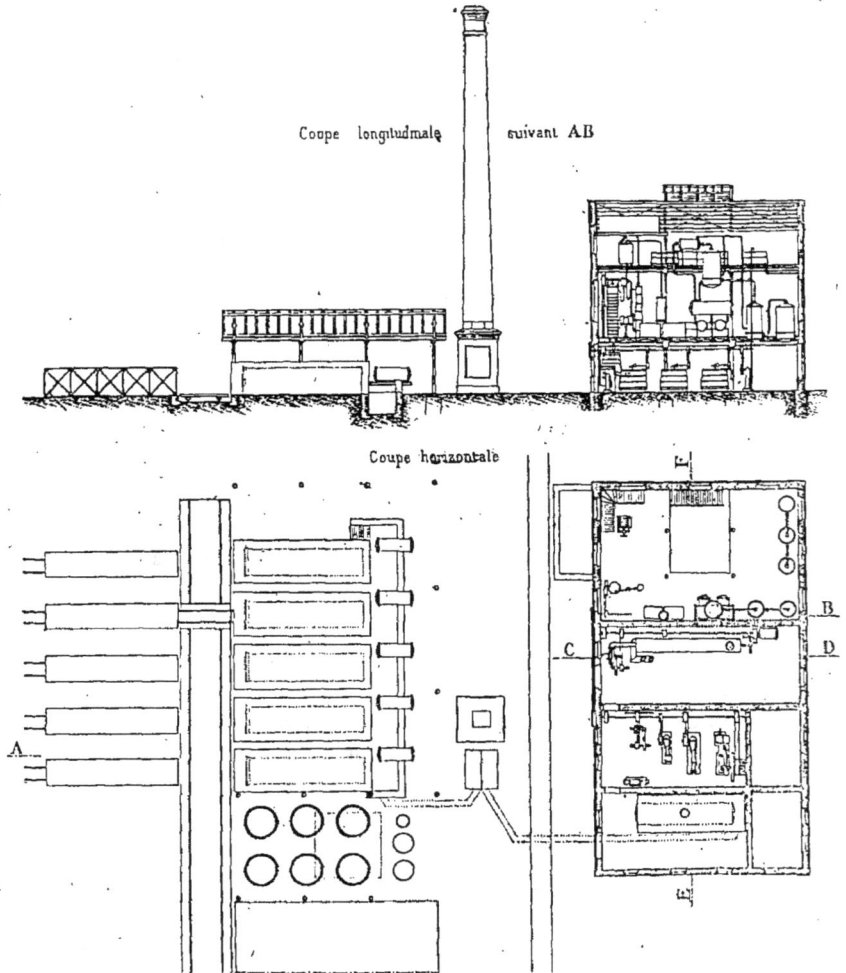

Coupe  longitudinale      suivant AB

Coupe horizontale

Fig. 14. — Installation d'une usine de carbonisation des bois pour une exploitation de 100 stères de bois.

*Disposition des différents bâtiments d'une usine de carbonisation des bois.* — Le bâtiment des générateurs de vapeur et de leurs appareils d'alimentation

devra occuper la partie centrale de l'usine ; autour de lui viendra se grouper les autres bâtiments ; il faudra, autant que possible, placer la salle des
machines (machines à vapeur, dynamo, pompes à eau, etc.) à proximité des
générateurs de vapeur, afin de diminuer la longueur des conduites de
vapeur qui sont une perte de chaleur pour les appareils d'utilisation.

Coupe suivant C D

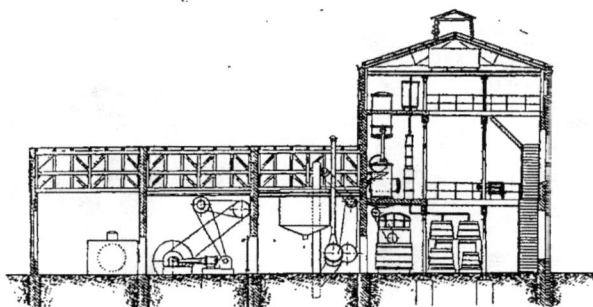

Coupe suivant E F

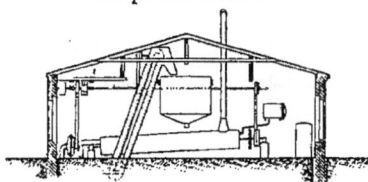

Fig. 14 bis.

Dans un autre bâtiment, toujours à proximité des générateurs et non loin
des ateliers de traitement des produits de la carbonisation des bois, ateliers
qui demandent aussi une quantité de vapeur assez importante, seront installés les monte-jus et les pompes à pyroligneux bruts, à acides et à filtre-
presses (fig. 15, 16 et 17). Pour les types des générateurs, machines à
vapeur, pompes alimentaires, etc., à choisir, comme en ce qui concerne
leur entretien, mise en route, etc., nous renvoyons le lecteur au chapitre des
extraits tanniques.

Les cornues à distiller seront situées sur l'une des faces du quadrilatère
occupé par l'usine ; la partie de terrain où seront installés les hangars,
sous lesquels les bois sont empilés pendant la mauvaise saison, en attendant
leur emploi, occupera une autre face de l'usine, perpendiculaire à celle des

cornues. Le magasin au charbon de bois, ainsi que l'emplacement réservé à la houille, seront en face les cornues. Des voies ferrées ordinaires pour la réception des matières premières et l'expédition des divers produits

Fig. 15. — Monte-jus.

Fig. 16. — Disposition du tuyau plongeur dans le monte-jus.

fabriqués, traverseront ces différents chantiers ou hangars, ainsi que les bâtiments. Enfin, une installation de wagonnets sur voies étroites aidera à la manutention des matières de toutes sortes.

*Réservoirs.* — L'eau pour l'alimentation des chaudières ou pour la condensation des produits distillés sera contenue dans des réservoirs en tôle ou en ciment armé, placés à une certaine hauteur dans l'usine, par exemple, au-dessus des bâtiments des pompes et machines à vapeur. Comme la température et la qualité de l'eau utilisée pour les réfrigérants jouent un rôle important, il sera nécessaire d'employer de l'eau de puits qui ne devra contenir aucune substance pouvant attaquer le cuivre ou le fer ; elle ne devra pas être boueuse ou trop calcaire, afin d'éviter les incrustations sur les serpentins, ce qui entraînerait une diminution de réfrigération.

On compte, pour une usine traitant 100 m³ de bois par jour, une moyenne de 10 m³ d'eau par stère pour la condensation :

1° Des produits distillés dans les cornues de carbonisation ;

2° Des produits distillés à la séparation de l'acide acétique et de l'alcool méthylique ;

3° Des produits obtenus à la rectification de l'alcool méthylique,

Pour l'alimentation des générateurs de vapeur, il sera préférable de posséder un réservoir spécial qui recevra les purges des différents appareils et machines où la vapeur se condense, comme dans les serpentins des chaudières de traitement ou de distillation, ou de l'évaporation de la solution de l'acétate de chaux, ainsi que les purges des moteurs à vapeur, ces eaux ayant l'avantage, comme toute eau distillée, de ne contenir aucune matière minérale.

Fig. 17. — Filtre-presse.

Sur le réservoir d'eau pour les réfrigérants, sera ménagée une prise d'eau de secours pour incendie; des bouches d'incendie seront installées dans chaque atelier afin de donner le premier secours, en attendant le fonctionnement de la pompe principale qui pourra être montée à demeure dans la salle des pompes, en branchant son refoulement sur la conduite pour incendie, l'aspiration se faisant directement sur le réservoir ou sur le cours d'eau ou canal passant près de l'usine.

Dans les ateliers où seront traités les huiles et goudrons, on devra avoir du sable en assez grande quantité pour étouffer les flammes du commencement d'un incendie qui pourrait se déclarer.

Pour l'alimentation des différents appareils installés dans l'atelier de traitement, il sera préférable d'avoir les bacs d'alimentation, en charge sur les appareils. Ces bacs, munis d'un flotteur à contre-poids se déplaçant devant une règle graduée, seront remplis au fur et à mesure des besoins par des pompes ou des monte-jus installés dans le même bâtiment.

Enfin, les réservoirs contenant les produits commerciaux, comme l'alcool méthylique, l'acétone, etc., seront groupés dans une partie de l'usine, éloignés d'un foyer quelconque, et afin de les isoler et d'éviter par là qu'un commencement d'incendie vienne y mettre le feu, on entourera ces réservoirs d'un petit mur en briques.

*Emploi des goudrons pour le chauffage des cornues ou des chaudières à vapeur.* — Les goudrons pourront servir comme les gaz permanents au chauffage des cornues de distillation et des chaudières à vapeur (fig. 18).

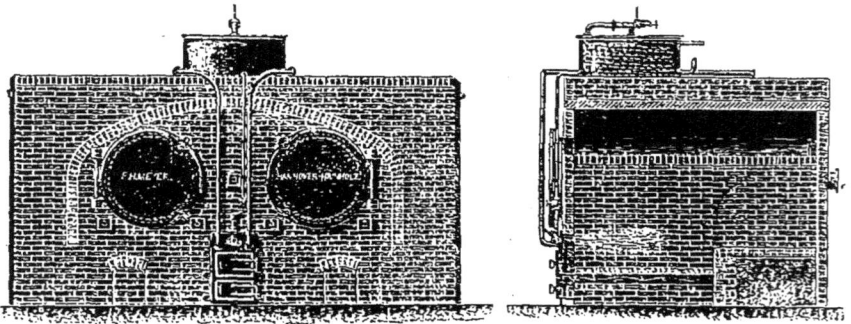

Fig. 18. — Dispositif pour brûler le goudron sous les monte-jus.

On retrouve à la distillation, comme nous le verrons plus loin, deux espèces de goudrons :

1o Le goudron qui se sépare mécaniquement du pyroligneux ;

2o Le goudron dissout dans le pyroligneux et que l'on sépare lors du traitement de celui-ci par le système des deux chaudières.

Ce dernier goudron, de peu de valeur, peut d'autant mieux être utilisé comme combustible que sa qualité est très inférieure et que la quantité produite n'est que peu élevée, de 10 à 15 kilos par stère de bois.

Quant à la première sorte de goudron, elle est généralement vendue, surtout lorsqu'elle est exempte d'eau ; mais, dans certains pays, comme elle n'a encore aucun débouché, elle est employée pour le chauffage.

Les appareils utilisés pour brûler les goudrons sont analogues à ceux dont on se sert pour les résidus de pétrole ; le goudron arrive dans la partie annulaire formée par les deux tubes concentriques d'un injecteur ; la vapeur pénétrant dans le tube central, rencontre à l'extrémité de celui-ci, le goudron qu'elle pulvérise et qu'elle projette dans le foyer, en entraînant, par l'orifice ménagé autour de l'appareil, l'air nécessaire à la combustion. Des robinets ou valves règlent l'arrivée de la vapeur et du goudron.

Dans certaines installations, le tube central de l'injecteur est mobile et une vis sans fin permet, en le déplaçant d'avant en arrière ou vice-versa, de régler l'afflux de goudron.

## Résultats obtenus dans une usine de carbonisation des bois ; quelques données permettant d'établir un prix de revient.

Considérons une usine traitant 110 stères de bois faisant 380 k. au stère, soit 41.800 kgs par 24 heures.

Les produits obtenus se décomposeront comme suit :

1° Charbon de bois :
12.100 kgs dont on retirera {
11.000 kgs de gros morceaux
1.100 kgs de petits morceaux ou déchets.
}

2° Goudrons :
2.750 kgs qui distillés donnent {
Goudrons exempts d'eau 2.200 kgs
acide pyroligneux 550 kilos
}

3° Acide pyroligneux 17.600 kgs. {
décomposé dans le système des trois chaudières donne {
1.650 kgs de goudrons
13.200 kgs de solution d'acétate de chaux qui donne {
2.640 kgs d'acétate de chaux gris 80 0/0
}
5.500 kgs de flegmes d'esprit de bois qui rectifiées donnent {
660 kgs d'esprit de bois brut à 80 0/0
}
}
}

4° Gaz : 8.550 kgs qui sont employés au chauffage des cornues.

L'installation se compose de 14 cornues mobiles qui lui permettent, en faisant de 20 à 22 charges par 24 heures, de passer la quantité de bois ci-dessus. Comme elle possède un pont roulant, la cornue chaude est sortie du four et déposée sur un wagonnet pour être immédiatement remplacée par une autre cornue nouvellement chargée et amenée à proximité ; le temps de chargement et de déchargement de la cornue ne demande ainsi pas plus de 8 à 10 minutes en moyenne.

Cinquante ouvriers étant occupés à l'usine, et la main-d'œuvre coûtant de 1 fr. 85 à 2 fr. 45 par jour, ramènent à environ 2 fr. 10 la main-d'œuvre par stère de bois, ce prix pouvant varier avec les jours de chômage.

La chaux employée par stère de bois revient à 0 fr. 18.

Quant à la houille consommée, il faut compter sur une moyenne de 100 à 105 kilos par stère (chiffre qui varie, bien entendu, suivant la saison, de 75 à 130 kilos), ce qui revient à une dépense de 2 francs à 2 fr. 50, en calculant sur un prix de 22 à 25 francs la tonne, suivant la région où est située l'usine.

Les frais généraux d'une pareille usine se montent à 3 fr. 15-3 fr. 70 par stère de bois travaillé, dans lesquels il faut comprendre l'intérêt du capital engagé qui peut aller jusqu'à 750.000 francs, dont 400.000 francs de maté-riel, 280.000 francs d'approvisionnement de bois et le reste comme fonds de roulement.

### Traitement des produits obtenus.

Comme nous l'avons vu à la condensation des produits obtenus dans la carbonisation des bois, le liquide qui s'écoule étant tantôt fortement coloré, tantôt clair, on avait soin de couper le jet à partir du moment où il pré-sentait une couleur brun-claire et un titre acide élevé, par rapport au liquide qui sortait précédemment du réfrigérant ; la même précaution étant prise, lorsque vers la fin de la marche d'une cornue, le liquide redevenait brun, par suite de la présence d'une plus grande quantité de goudron.

Ces différents produits, en dehors de leur couleur et du titrage en acide, que l'ouvrier peut faire aussi souvent qu'il est nécessaire à l'aide d'une solution de soude normale, sont encore facilement reconnaissables à l'odeur : dans la première période, le jet, quoique presque exempt d'acide et de goudron, a une faible odeur empyreumatique due aux premiers déga-gements de gaz ; dans la seconde période, le jet est foncé, sans pour cela contenir une grande proportion de goudron, et la quantité de gaz produits est plus forte pour ensuite aller en diminuant, tandis que la proportion de goudrons augmente lorsqu'on entre dans la troisième période. Enfin dans la dernière période, il ne se dégage que peu de gaz, les produits distillés coulent alors goutte à goutte du réfrigérant, et le col de cygne de la cornue diminue de température.

Au moyen d'une série de rigoles ou de tuyaux, les produits condensés sont envoyés suivant leurs propriétés, dans des réservoirs différents dont la partie supérieure est au-dessous du jet des condenseurs, afin de donner un écoulement naturel aux liquides. Ces produits, laissés pendant quelque

temps en repos dans les cuves, se séparent alors en trois couches distinctes :
la couche inférieure, formée de goudron chargé d'huiles créosotées et
d'acide acétique ; celle du milieu, contenant en dehors de l'eau, de l'acide
pyroligneux, de l'esprit de bois, de l'acétone et quelques matières goudronneuses dissoutes à la faveur de l'acide acétique et de l'esprit de bois ; enfin
la couche supérieure, composée d'hydrocarbures légers tenant encore de
l'acide acétique en dissolution.

Par des robinets placés à des hauteurs différentes, on sépare mécaniquement le liquide aqueux des goudrons plus lourds et des huiles légères ; on
filtre ensuite chacun d'eux à travers une couche de sable grossier, pour les
écouler dans des fosses différentes où des pompes les prennent et les ren-
voient dans les réservoirs spécialement affectés à chacun de ces trois
produits.

### Traitement du pyroligneux.

Le pyroligneux, ainsi débarrassé de la plus grande partie des huiles, est
ensuite envoyé dans des appareils de distillation pour être séparé en acide
pyroligneux (ou bien en l'un de ses composés), en esprit de bois et en résidu
goudronneux. — Plusieurs procédés sont employés pour faire cette séparation : dans les uns, on soumet simplement le liquide à une distillation fractionnée ; dans les autres, on neutralise préalablement l'acide pyroligneux
par un alcali ou un alcalino-terreux, avant de lui faire subir la distillation
pour en séparer l'esprit de bois. Enfin, dans une troisième catégorie, on distille le tout : eau, esprit de bois et acide pyroligneux ; les produits de la distillation sont ensuite recueillis sur de la chaux, puis ils sont à nouveau distillés pour en séparer l'alcool.

1° *Distillation simple.* — Les appareils employés pour séparer l'acide
pyroligneux de l'esprit de bois, sont toujours en cuivre ; on se sert généralement d'un alambic, d'environ 3 mètres cubes de capacité, chauffé à feu nu
ou à la vapeur. Les premières parties qui distillent, contenant l'esprit de
bois, l'acétone, mais peu d'acide acétique, traversent trois plateaux rectificateurs en cuivre, refroidis extérieurement par une petite quantité d'eau
déterminée ; cela permet d'obtenir un liquide assez riche en alcool, que l'on
recueille dans le réservoir à alcool brut pour lui faire subir par la suite un
autre traitement que nous aurons à examiner. Si l'on désire fabriquer simplement du pyrolignite de chaux ou de soude, on arrête la distillation lorsque tout l'esprit de bois a passé, puis après quelque temps de refroidisse-

ment, on décante le produit par un robinet placé à sa partie inférieure ; il coule d'abord un mélange d'eau, d'acide et de goudron que l'on met à part, puis l'acide pyroligneux, qui est envoyé dans des bacs (fig. 19) où il est saturé par de la chaux ou du carbonate de soude. Mais, si l'on veut produire

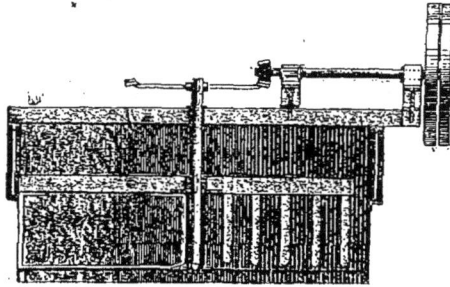

Fig. 19. — Cuve à mélanges pour saturer l'acide pyroligneux.

l'acide pyroligneux pour faire du pyrolignite de plomb, par exemple, on continue la distillation, en ayant soin de séparer le liquide acide qui se condense et de l'envoyer dans un autre réservoir.

Dans tous les cas, lorsque le liquide condensé laisse surnager des taches huileuses, la distillation est arrêtée, car il ne reste plus dans l'alambic que des matières goudronneuses qui sont réunies aux autres goudrons pour être traités plus tard en vue de l'extraction de la créosote par exemple.

2° *Distillation du pyroligneux préalablement neutralisé.* — Dans ce procédé, employé généralement pour fabriquer directement le pyrolignite de chaux, on ajoute dans un alambic muni d'un agitateur (fig. 20) et chargé d'un volume déterminé de pyroligneux, un certain volume de lait de chaux, calculé d'après la quantité d'acide à neutraliser, l'acide contenu dans le pyroligneux ayant été auparavant titré.

Lorsqu'après avoir bien mélangé la masse, on s'est assuré que le liquide est neutre au papier de tournesol, on chauffe l'appareil, de préférence à la vapeur, tout en continuant à faire marcher l'agitateur. Un mélange d'eau, d'alcool méthylique et d'acétone distille ; le liquide sortant du condenseur est recueilli, suivant le moment de la distillation, dans l'un des deux bacs affectés aux flegmes, afin de séparer les flegmes de tête des flegmes de queue, aussitôt que le liquide qui se condense devient laiteux.

La distillation est terminée lorsqu'un échantillon du jet, examiné à l'alcoomètre, indique qu'il ne distille plus d'alcool, ou lorsque quelque gouttes de cet échantillon, projetées sur du charbon incandescent, semblent être de l'eau exempte de traces d'alcool.

Le résidu de l'alambic est ensuite dirigé dans les bacs d'évaporation, où il est concentré en utilisant de préférence les chaleurs perdues des foyers.

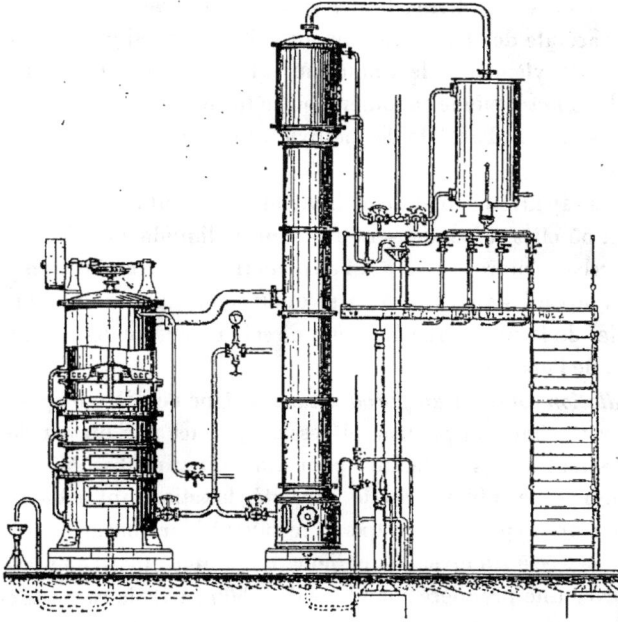

Fig 20. — Appareil à colonne à travail continu.

Lorsque l'on cherche à transformer l'acide pyroligneux en pyrolignite de soude, on le sépare souvent de l'esprit de bois, en distillant le liquide brut dégoudronné dans deux chaudières consécutives et reliées entre elles ; la seconde chaudière, munie d'un agitateur, contient des quantités de chaux et de sulfate de soude dissout dans l'eau, déterminées d'après le titrage en acide du pyroligneux introduit dans la première chaudière ; les produits acides distillés de celle-ci, au moyen d'un serpentin de vapeur, se transforment, dans la seconde chaudière, en acétate de soude par suite de l'affinité de l'acide sulfurique du sulfate de soude sur la chaux, tandis que l'alcool, l'acétone et leurs dérivés non acides, distillent à nouveau et vont se condenser dans un réfrigérant.

La distillation terminée, on soutire le mélange du second alambic dans un réservoir en tôle, où on laisse déposer le sulfate de chaux qui a pris naissance ; on décante ensuite le liquide clair, puis on l'évapore.

Dans le système des trois chaudières, on chauffe par la vapeur le pyroligneux contenu dans un premier alambic, d'une capacité d'environ 10.000 litres ; les produits distillés sont reçus dans un lait de chaux contenu dans une seconde chaudière ; là, l'acétate de méthyle est décomposé en formant de l'acétate de chaux, comme aussi l'acide acétique qui vient y barbotter ; le méthylène distille à nouveau et traverse ensuite un lait de chaux contenu dans la troisième chaudière, où se termine avec certitude la décomposition des traces d'acétate de méthyle qui auraient échappé à la précédente réaction.

Enfin, les vapeurs d'eau et de méthylène se rendent dans le serpentin d'un réfrigérant où elles se condensent ; lorsque le liquide qui s'écoule du condenseur arrive à marquer zéro à l'alcoomètre, on arrête la troisième chaudière et on laisse les vapeurs de la seconde se dégager à l'air libre, jusqu'à ce que celles de la première chaudière ne soient plus acides, ce qui indique alors la fin de l'opération.

3o *Distillation complète du pyroligneux*. — Une dernière disposition d'appareil, se rattachant au procédé ci-dessus, permet par un jeu de robinets convenablement disposés, de faire pour ainsi dire une distillation continue. Deux alambics de 6.000 litres de capacité, fonctionnant à tour de rôle et chauffés par un serpentin de vapeur, reçoivent leur charge de pyroligneux d'une cuve placée à un niveau supérieur. L'alambic qui est en marche, communique avec une première chaudière de 2.500 litres de capacité contenant un lait de chaux ; celle-ci est reliée à une seconde chaudière absolument semblable, et qui, en outre, est en communication avec l'appareil condenseur. Les vapeurs d'eau, d'acide pyroligneux, d'esprit de bois, d'acétone, etc. qui distillent de l'alambic chargé de pyroligneux, sont amenées, par un tuyau percé de trous, au fond de la première chaudière qui retient la majeure partie des produits acides ; comme celle-ci est également chauffée, une nouvelle distillation a lieu, et les produits distillés, contenant encore de l'acide pyroligneux, viennent barbotter dans le lait de chaux de cette deuxième chaudière, qui ne doit plus laisser passer que des produits non acides, comme l'esprit de bois et l'acétone, qui se condensent dans le réfrigérant, d'où ils sortent pour se rendre dans un réservoir spécial, dont le liquide recueilli contient alors 30 à 40 0/0 d'alcool.

De temps en temps, en prenant un échantillon par le robinet d'épreuve, on contrôle le contenu de la première chaudière à chaux, et aussitôt que l'on

constate une faible acidité du mélange, on isole cette chaudière en manœu-
vrant certains robinets, pour mettre en communication directe l'alambic
avec la deuxième chaudière Cette première chaudière est ensuite vidée de
son contenu que l'on envoie dans une cuve, puis chargée à nouveau de lait
de chaux pour travailler à son tour (au moyen d'un jeu de robinets) comme
seconde chaudière d'absorption des vapeurs acides, lesquelles sont ensuite
dirigées dans le réfrigérant ou dans une colonne à distiller dans laquelle on
concentre le méthylène (fig. 21).

Lorsqu'il ne reste plus dans le premier alambic ni acide et par conséquent
ni alcool, ce dont on s'assure par une prise d'essai, on interrompt sa com-

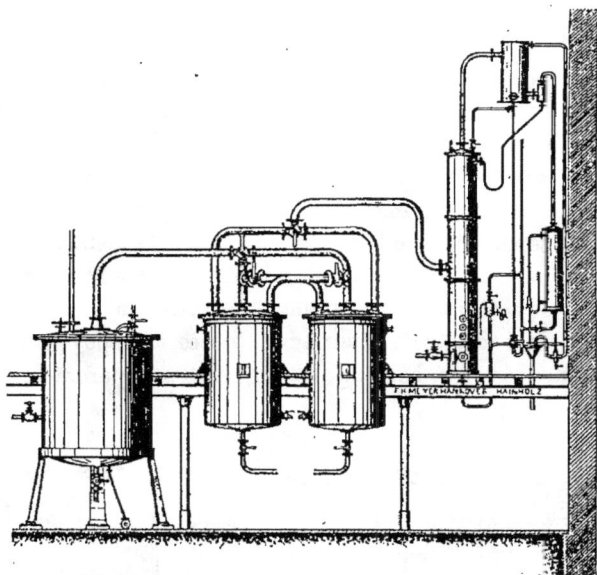

Fig. 21. — Groupe de trois chaudières à travail continu avec son appareil
de rectification pour la distillation complète du pyroligneux.

munication avec la chaudière à lait de chaux que l'on relie alors avec le
deuxième alambic qu'aussitôt l'on met en marche.

Pour le transvasement du pyroligneux brut, les pompes ou les monte-jus
sont de beaucoup préférables aux injecteurs qui ont l'inconvénient de s'obstruer par les goudrons restant en suspension dans le liquide, ce qui parfois
peut provoquer de graves accidents dans le matériel ; en effet, le tuyau
d'amené du pyroligneux de l'injecteur étant obstrué, la vapeur continue à

.passer seule dans la chaudière, jusqu'au moment où le tuyau venant à se déboucher, le liquide arrive brusquement dans la chaudière ; il refroidit celle-ci, un vide relatif se forme et la chaudière s'applatit.

## Pyrolignite de chaux.

### Traitement de la solution d'acétate de chaux.

Avec le méthylène et le charbon, le pyrolignite de chaux est l'un des produits les plus importants sortant d'une usine de distillation des bois ; on doit donc apporter les plus grands soins à sa fabrication, non seulement pour diminuer le plus possible les pertes industrielles, mais encore pour obtenir un produit d'une assez grande richesse en acide acétique (60 et même 65 0/0), tout en contenant le minimum de chaux libre et de matières goudronneuses, ces dernières présentant certains inconvénients dans la fabrication de l'acide acétique industriel. Ceci explique les raisons qui obligent l'industriel à séparer les produits condensés dans la distillation des bois : en pyroligneux pour acétate de chaux gris, et pyroligneux pour brun dont la teneur en acide acétique n'atteint que 45 0/0 environ.

Les solutions d'acétate de chaux sont laissées au repos pendant quelques jours, dans des cuves en bois (fig. 22), où elles se séparent des goudrons et

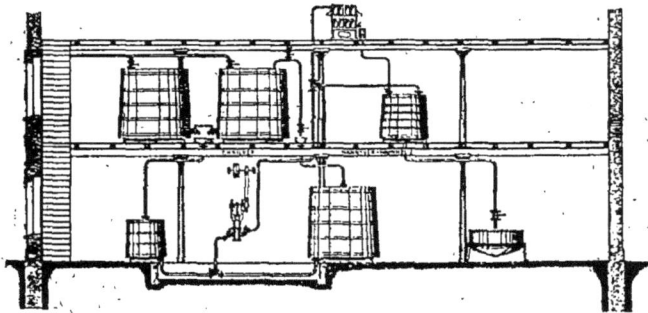

Fig. 22. — Installation de cuves à clarifier, à évaporer, et de filtre-presse pour l'acétate de chaux.

des boues qu'elles tiennent en suspension. La solution claire est ensuite soutirée et envoyée à l'aide d'une pompe dans les réservoirs servant à alimenter les appareils d'évaporation, tandis que la partie boueuse est conduite au filtre-presse ; le liquide qui s'en écoule est réuni au précédent. Quant aux eaux, provenant du lavage des tourteaux contenus dans les filtres-presses, elles sont utilisées pour la préparation du lait de chaux.

Les solutions d'acétate de chaux, contenant 20 0/0 de sel, ne peuvent être évaporées pour être mises à cristalliser comme un sel minéral ordinaire ; aussi emploie-t-on différents systèmes de concentration pour en faire un produit commercial et surtout facilement transportable. Dans quelques usines, on les met à évaporer dans des chaudières demi-sphériques, en fonte, chauffées à feu nu ; pendant toute la durée de l'opération, par suite de l'action de l'air sur certaines matières organiques, il se forme à la surface du liquide des pellicules goudronneuses ; il est nécessaire de les écumer pour faciliter l'évaporation.

Lorsque la solution atteint 15° Bé, des croûtes d'acétate de chaux commencent à s'attacher aux parois de la chaudière ; il faut avoir soin de les enlever, pour éviter que ce sel, qui pourrait alors être surchauffé, ne se décompose.

Enfin, lorsque toute la masse est suffisamment évaporée et qu'elle présente l'aspect d'une pâte, on retire le feu de sous la chaudière, puis on termine, par petites quantités à la fois, le séchage de l'acétate de chaux dans deux chaudières plates en fonte, chauffées continuellement par un même foyer. Là, le sel est remué constamment au moyen d'une spatule en fer pour éviter toute décomposition. L'acétate de chaux subit d'abord un commencement de dessiccation dans la chaudière la plus éloignée du feu, puis il est passé dans celle placée directement au-dessus du foyer où il achève de se dessécher, tandis que la première chaudière est rechargée de pâte pour recommencer une opération.

Certains industriels préfèrent enlever avec une pelle les croûtes cristallines, qui se forment dans l'évaporation de la solution d'acétate de chaux ; ces croûtes sont mises à égoutter dans un panier placé au-dessus de la chaudière, pour être ensuite séchées et pilées sur une sole en fonte, chauffée par les chaleurs perdues des foyers de distillation. Dans ce procédé, pendant le séchage définitif qui doit se faire dans la partie la plus chaude du séchoir, on a soin de remuer constamment l'acétate, au moyen d'appareils spéciaux afin d'écraser le sel et d'éviter qu'il ne s'agglomère sur la paroi de la chaudière.

Dans un autre procédé, on emploie des chaudières disposées en gradins directement au-dessus d'un foyer ; celle la plus éloignée du feu sert à concentrer la solution d'acétate de chaux, tandis que les chaudières les plus près du foyer permettent de dessécher complètement le sel.

Ce genre d'installation, nécessitant un espace considérable et ne permettant pas d'éviter suffisamment les décompositions de l'acétate de chaux, est souvent modifié par l'emploi de chaudières plates de 2.000 litres environ de capacité ; elles sont en tôle ou en cuivre, à double-fond, chauffées par la vapeur (fig. 23) ; l'installation de serpentins dans ces sortes de chaudières

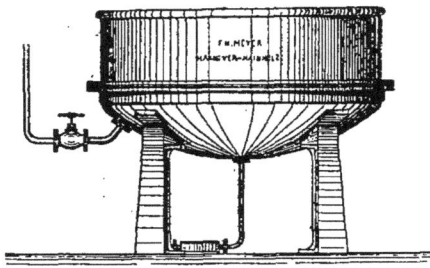

Fig. 23. — Cuve à évaporer les solutions
d'acétate de chaux.

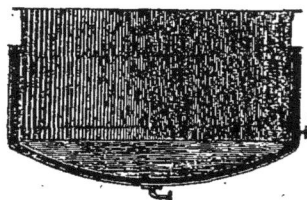

Fig. 24. — Cuve à évaporer les
solutions d'acétate de chaux.

d'évaporation ne peut convenir, car ils ne permettraient que difficilement de remuer la masse, principalement lorsque les pellicules d'acétate de chaux commencent à se former. Les chaudières en tôle, rondes ou rectangulaires (fig. 24, 25 et 26), avec fonds en fonte et serpentins venus de fonte dans les fonds, sont également employées avec succès.

L'évaporation de la solution d'acétate de chaux, dans ce système d'appareils, va relativement vite jusqu'à une teneur en eau de 40 0/0, avec l'emploi de vapeur ordinaire, mais il est nécessaire par la suite de remuer la masse avec des agitateurs mécaniques ; pour cela, les chaudières de petites dimensions demandant moins de force, puisque la masse à mettre en mouvement est moins volumineuse, seront choisies de préférence aux grands appareils qui nécessiteraient une dépense de vapeur plus élevée, non seulement pour mettre l'appareil malaxeur en mouvement, mais aussi pour achever la dessiccation.

Il est préférable de ne pas terminer l'évaporation dans ces chaudières. Lorsque l'acétate de chaux prend une teinte brune et qu'il est pétrissable aux doigts sans y adhérer, on achève sa dessiccation en le projetant sur des plaques de fonte chauffées au rouge par les gaz des foyers des cornues à distiller le bois.

On peut encore essorer l'acétate de chaux lorsqu'il est concentré à l'état pâteux, puis terminer sa dessiccation dans des étuves chauffées par un courant d'air chaud, dont la circulation est facilitée par des ventilateurs, ou encore, étendre l'acétate de chaux en couches minces sur des plaques de tôle chauffées par un foyer spécial, dont les gaz circulent en chicanes par des

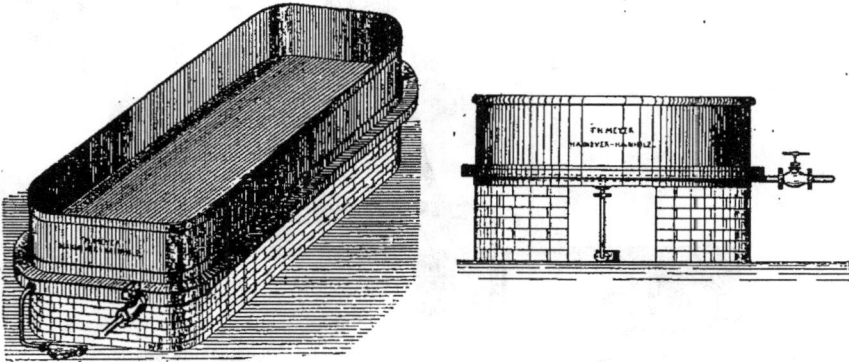

Fig. 25 et Fig. 26. — Cuves à évaporer les solutions d'acétate de chaux.

carneaux disposés à cet effet. Par ce dernier procédé, l'acétate de chaux encore humide, étant placé d'abord au-dessus du foyer même pour éviter les coups de feu, chemine avec les gaz du foyer ; on donne alors à ces torréfacteurs la forme d'un fer à cheval.

La torréfaction de l'acétate de chaux a pour but, en premier lieu, d'éliminer les dernières portions d'eau difficiles à enlever, afin d'obtenir un produit final contenant 80 à 82 0/0 d'acétate de chaux ; en second lieu, elle permet de chasser les huiles de goudrons volatiles, qui sans cela laisseraient une couleur très brune et une odeur empyreumatique à l'acétate de chaux.

Aussitôt que l'acétate de chaux a pris sa teinte grise et qu'il se réduit facilement en poudre entre les doigts, la torréfaction est terminée ; le produit est alors réduit en petits morceaux au moyen d'un rouleau à main qui le concasse.

L'installation d'un séchoir mécanique en forme de tambour (fig. 27), ne demandant pour ainsi dire que peu de main-d'œuvre, présente l'avantage de donner un produit plus régulier, sans déchet de fabrication dû à l'entraînement par l'air des poussières qui se forment pendant le séchage. L'acétate de chaux à torréfier arrive par l'extrémité opposée à celui de l'air chaud, et est mis en mouvement par une hélice qui se meut dans un cylindre entouré de l'air chaud. A sa sortie, l'acétate de chaux est pris par une

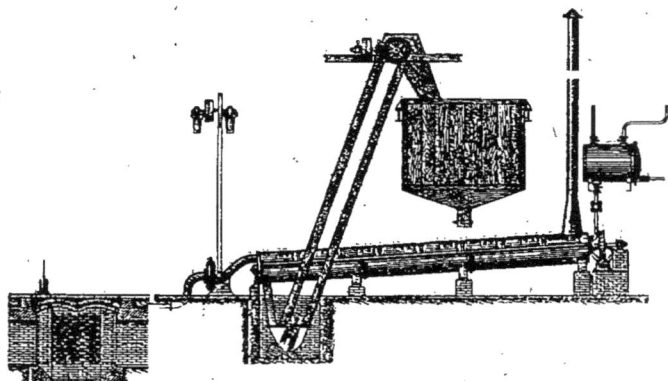

Fig. 27. — Séchoir à tambour pour dessécher l'acétate de chaux.

chaîne à godets et est monté à l'étage supérieur dans une espèce de caisse en bois, d'où il est mis en sacs d'une contenance de 50 à 70 kilos.

Cet acétate de chaux ressemble à l'acétate gris du commerce, il contient environ 10 0/0 d'eau, 84 0/0 au maximum d'acétate de chaux pur et 6 0/0 de matières étrangères : goudrons, chaux, carbonate de chaux, etc. Des 10 0/0 d'eau, 4 à 6 0/0 environ pourraient être éliminés à 150° et le reste à plus haute température, mais on n'a pas d'avantage à dépasser le titre de 80 à 82 0/0 de sel acétate, car ce serait au détriment du rendement : ce produit commençant à se décomposer au-delà de 150°.

*Acétate de chaux brun.* — Ce sel est obtenu en saturant de chaux le pyroligneux brut noir, séparé dans la distillation du bois. Comme le liquide contient des goudrons en dissolution, il s'ensuit que l'acétate brun obtenu a une teneur, en acétate de chaux, beaucoup inférieure à l'acétate gris. En effet, il ne contient que 45 0/0 d'acide acétique. Cet acétate, dans la fabrication de l'acide acétique industriel, étant moins facile à décomposer par les acides minéraux que l'acétate de chaux gris, il en résulte que la valeur de l'acide acétique qu'il contient est inférieure au degré à celle de l'acide acétique de l'acétate de chaux gris.

# CHAPITRE III

## INDUSTRIE DE L'ACIDE ACÉTIQUE

### Acide acétique de l'acétate de soude.

Autrefois, l'acide acétique était fabriqué par les distillateurs de bois ; ils transformaient d'abord l'acétate de chaux en acétate de soude, comme nous l'avons indiqué précédemment, ou bien préparaient directement l'acétate de soude avec le pyroligneux et le carbonate de soude. La solution sodique était concentrée pour obtenir l'acétate de soude cristallisé, que l'on séparait des eaux-mères. Ce sel purifié, désigné dans le commerce sous le nom de « sel rouge », à cause des traces des goudrons et des homologues supérieurs de l'acide acétique qu'il contenait, était décomposé par l'acide sulfurique et donnait un liquide titrant environ 50 0/0 d'acide acétique. Ce produit, par suite des composés empyreumatiques qu'il renfermait, ne pouvait être employé à l'alimentation.

Pour obtenir de l'acide plus pur, on fondait alors le « sel rouge » dans son eau de cristallisation, en chauffant le produit jusqu'à fusion ignée ; les butyrates et proponiates étaient ainsi décomposés ; puis on reprenait l'acétate de soude par l'eau, et on faisait à nouveau cristalliser. Par une nouvelle fusion du sel, suivie d'une cristallisation de la solution qui en était faite, on arrivait à obtenir un sel chimiquement pur, d'où on extrayait l'acide acétique, par décomposition avec l'acide sulfurique.

Ce furent seulement les progrès d'une autre industrie, celle des alcools, qui amenèrent les usiniers à produire les différentes qualités d'acide acétique, pouvant convenir à certaines fabrications.

Actuellement, l'acide acétique du Commerce dit acide acétique des arts, dont les plus grands débouchés sont la fabrication du verdet, du jaune de chrome, de la céruse, de l'aniline, etc., est obtenu à l'aide de l'acétate de chaux, la présence des quelques matières organiques qui l'accompagnent étant sans grand inconvénient.

### Acide acétique de l'acétate de chaux.

Deux acides minéraux sont utilisés pour décomposer l'acétate de chaux :
1° L'acide chlorhydrique commercial ;
2° L'acide sulfurique 60° ou 66° commercial.

Les deux procédés sont également employés, et leur choix dépend de la qualité de l'acide acétique que l'on veut obtenir et des conditions dans lesquelles on se trouve : achats de matières premières, débouchés de l'acide acétique produit, etc.

En effet, suivant les produits que l'on veut fabriquer, on a besoin :
1° D'acide acétique industriel à 38, 60 ou 75 0/0 ;
2° D'acide acétique concentré industriel de 85 à 100 0/0 ;
3° D'acide acétique bon goût 80 0/0 pour l'alimentation, exempt de composés métalliques et de produits empyreumatiques ;
4° D'acide acétique chimiquement pur de 96 à 100 0/0.

S'il s'agit de produire un acide industriel, on donnera la préférence au procédé à l'acide chlorhydrique du commerce, car il est beaucoup plus économique que le procédé à l'acide sulfurique qui exige toujours l'emploi d'appareils mécaniques.

### 1° Procédé à l'acide chlorhydrique.

La fabrication de l'acide acétique par l'acide chlorhydrique peut se pratiquer de deux façons : la première, qui est la plus ancienne et qui est encore la plus employée, fut découverte à peu près simultanément par MM. Walkel et Christi. Elle consiste à mélanger l'acétate de chaux à l'acide chlorhydrique et à abandonner au repos, pendant une douzaine d'heures, le produit de la réaction. On utilise, à cet effet, des cuves en bois ou des fosses en maçonnerie, munies d'un agitateur en bois.

Pour 100 kilos d'acétate de chaux, on emploie, suivant sa richesse en acide acétique, 95 à 115 litres d'acide chlorhydrique à 20°-21° Bé. L'acétate de chaux étant dans la cuve, on y verse l'acide, puis, on remue la masse jusqu'à ce qu'elle soit devenue complètement fluide ; on la laisse ensuite au repos pendant quelques heures. Il se sépare alors une certaine quantité de matières goudronneuses, qui viennent à la surface du liquide et qu'on enlève avec une large écumoire.

La solution de chlorure de calcium dans l'acide acétique formé, d'une densité de 1.250 environ, est ensuite envoyée dans un alambic, composé d'une chaudière en cuivre chauffée à feu nu ou bien à la vapeur par un serpentin et un barboteur qui se trouvent montés à l'intérieur. Cet appareil est en communication, par un tuyau d'un assez grand diamètre, avec un réfrigérant en cuivre ou encore en étain.

Si le chauffage se fait à la vapeur, on commence la distillation en se servant du serpentin et de vapeur d'échappement des pompes ou des machines ; on distille ainsi environ 50 0/0 du produit ; puis on envoie de la vapeur directe par le barboteur ; celle-ci entraîne le reste de l'acide acétique et laisse dans l'appareil une dissolution aqueuse de chlorure de calcium et des matières goudronneuses devenues insolubles par suite de la disparition de l'acide acétique. Ce résidu est ensuite écoulé par une tubulure située à la partie inférieure de l'appareil.

L'acide acétique obtenu par ce procédé titre de 40 à 45 0/0 et peut être déjà employé à beaucoup d'usages ; mais lorsqu'il est destiné à certaines industries le demandant exempt de chlore, on est obligé de le redistiller avec de la chaux, dont la quantité a été déterminée par un titrage au chlorure d'argent. Cette opération se fait dans une chaudière semblable à la précédente, mais pouvant être chauffée à la vapeur par un double-fond. Comme les produits qui distillent au début et à la fin de l'opération ont l'aspect laiteux, de par les huiles empyreumatiques qu'ils tiennent en suspension, on les sépare du cœur de la distillation et on les met à reposer ; après décantation des huiles qui ont surnagé, cet acide est envoyé avec les produits à rectifier pour une nouvelle opération.

Dans la distillation de 100 kilos d'acétate de chaux à 82 0/0, on devrait extraire, d'après la théorie, 60 kilos d'acide acétique à 100 0/0, mais ce rendement n'est jamais atteint, car la solution de chlorure de calcium retient toujours un peu d'acide acétique dont les frais d'extraction dépasseraient sa valeur.

Lorsqu'on veut obtenir de l'acide acétique à 85-100 0/0, on emploie un rectificateur à colonne (fig. 28 en cuivre, formé d'une chaudière cylindrique d'environ 8 mm. d'épaisseur, d'une contenance moyenne de 3.000 litres, et chauffée par un serpentin à vapeur. La colonne est semblable à celle d'un rectificateur ordinaire à alcool, dans lequel les plateaux en cuivre sont remplacés par des plateaux en porcelaine ou en grès. Le degré de l'acide

obtenu à la sortie de cette colonne est d'autant plus élevé que le courant
d'eau circulant sur les plateaux est plus faible, et comme ordinairement on
cherche à obtenir de l'acide cristallisable, non pas à cause de sa plus grande
valeur, mais parce qu'il est plus pur (la présence de la vapeur d'eau dans

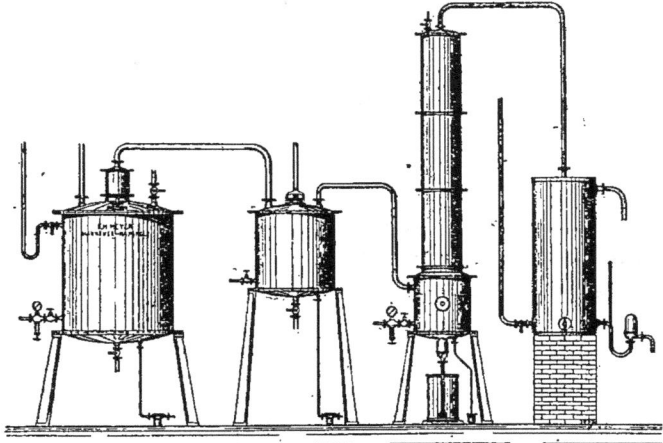

Fig. 28. — Installation pour la fabrication continue de l'acide acétique industriel
à 85-100 0/0.

la distillation aidant à l'entraînement des acides propionique et butyrique),
on devra régler l'écoulement de l'eau sur les plateaux de façon à recueillir,
au bout de quelque temps, de l'acide cristallisable d'environ 96 0/0.

100 kilos d'acide à 45 0/0 donnent à la rectification :

25 à 30 0/0 d'acide à 96 0/0, et 75 à 80 0/0 d'acide à 20 0/0 environ.

La distillation d'acide acétique en solution avec le chlorure de calcium
peut aussi se faire d'une façon continue d'après le *procédé Bœssneck*.

La solution, préalablement réchauffée dans une chaudière en cuivre,
coule d'une façon continue à la partie supérieure d'un appareil à colonne.
En tombant de plateaux en plateaux, l'acide acétique se sépare et se rend
dans un réfrigérant où il est condensé, tandis qu'à la partie inférieure
s'écoule la solution de chlorure de calcium. L'acide obtenu par ce procédé a
une concentration de 45 à 50 0/0 et un degré de pureté suffisant.

## 2⁰ Procédé à l'acide sulfurique.

Dans ce procédé, le matériel employé est tout différent de celui du
précédent ; car, les appareils mécaniques malaxeurs, qui n'étaient pas

nécessaires pour la distillation du mélange d'acétate de chaux et d'acide chlorhydrique qui est et reste toujours fluide, deviennent indispensables par l'emploi de l'acide sulfurique, qui, avec l'acétate de chaux, donne une masse presque solide. Une autre particularité de ce procédé est que l'acide sulfurique, agissant dans un milieu aqueux, donne des réactions secondaires ; en effet, par suite de la chaleur dégagée, non seulement par la réaction elle-même, mais encore par la chaleur rayonnante de la maçonnerie qui entoure la chaudière, puisque celle-ci est chauffée à feu nu, il se forme de l'acide sulfureux provenant de l'action de l'acide sulfurique sur les goudrons ; de plus, les huiles, que renferment le pyrolignite de chaux, distillent avec l'acide acétique.

L'acide acétique brut, obtenu avec l'acide sulfurique, est donc plus impur que celui fabriqué avec l'acide chlorhydrique, mais il présente l'avantage d'être plus concentré ; et cela se conçoit, car si l'on compte que 100 kilos de pyrolignite de chaux contiennent encore 10 0/0 d'eau pour 86 0/0 d'acétate de chaux pur et que les 60 kilos d'acide sulfurique, théoriquement nécessaires, amènent 7 0/0 d'eau, on devrait recueillir, par exemple, 70 kilos environ d'acide acétique à 85 0/0, mais on n'obtient jamais ce résultat, surtout en employant la distillation à l'air libre par chauffage direct, et encore moins si l'on ne faisait intervenir que la quantité d'acide sulfurique théorique. En effet, pour éviter que de l'acétate de chaux ne soit attaqué par l'acide sulfurique et que par suite il ne se décompose en acétone, on doit ajouter un excès d'acide sulfurique, environ 8 à 10 kilos par 100 kilos de pyrolignite de chaux, pour suppléer à l'acide qui est transformé par les goudrons en acide sulfureux, comme nous l'avons vu précédemment. — L'acide acétique obtenu, dit *acide acétique des arts*, ne titre donc qu'environ 75 0/0, parce qu'il contient, non seulement l'eau apportée par l'acide sulfurique et le pyrolignite, mais aussi celle provenant des réactions de réduction de l'acide sulfurique par les goudrons.

*Avantages et inconvénients des deux procédés.* — En dehors de la richesse en acide acétique des produits obtenus dans chacun des deux procédés, celui à l'acide chlorhydrique donnant du 45-50 0/0 au lieu de 75 0/0 dans le second, il reste à remarquer que le procédé à l'acide sulfurique demande une plus grande dépense de combustible, par suite de la force qu'il faut produire pour mettre les malaxeurs en mouvement, sans compter que la proportion d'acide sulfurique employée est supérieure à la quantité théorique, ce qui n'a pas lieu dans le procédé à l'acide chlorhydrique.

D'un autre côté, les charges des appareils dans le second procédé doivent être moins élevées que dans le premier, d'où augmentation des frais de fabrication, et encore, après la distillation de l'acide acétique produit par la décomposition du pyrolignite par l'acide chlorhydrique, on peut avoir à faire une nouvelle distillation de l'acide acétique pour obtenir un produit exempt d'acide minéral.

A part ces inconvénients de l'emploi de l'acide sulfurique, il y a un avantage qui a quelquefois son importance, si l'on est obligé de tenir compte des résidus obtenus ; en effet, le chlorure de calcium produit, en dehors de son minime emploi pour les installations frigorifiques, devient un liquide encombrant, si l'on ne peut être autorisé à le déverser dans un cours d'eau ; tandis que le sulfate de chaux peut être épandu sur les terres qui manquent de sels de chaux.

De ces considérations, il résulte que lorsqu'il s'agit de produire de l'acide acétique industriel, l'on peut donner la préférence à l'emploi de l'acide sulfurique.

L'appareil employé pour la fabrication de l'acide acétique, par la décomposition du pyrolignite de chaux au moyen de l'acide sulfurique, se com-

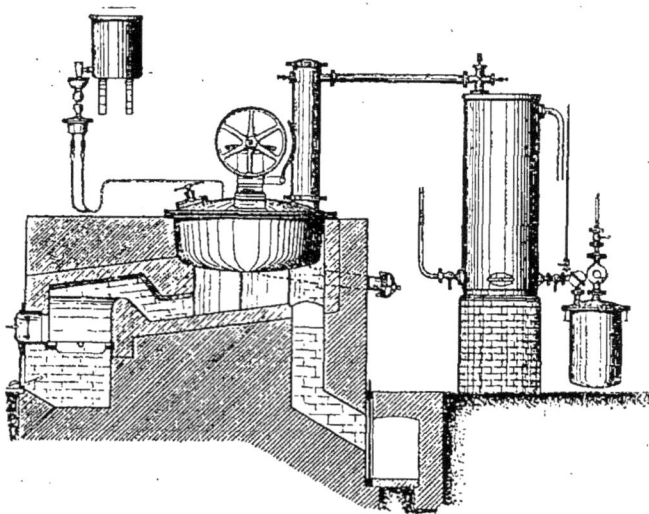

Fig. 29. — Appareil pour la fabrication de l'acide acétique par le procédé à l'acide sulfurique sous la pression atmosphérique.

pose d'une chaudière en fonte, de forme basse (fig. 29), chauffée à feu nu. Cette chaudière, installée dans un massif de maçonnerie, possède à sa partie inférieure une tubulure qui permet l'évacuation du résidu lorsque l'opération est terminée ; un agitateur à ailettes tient la masse en mouvement depuis le commencement de la charge, en pyrolignite de chaux d'abord, puis en acide sulfurique, jusqu'à ce que l'opération complète soit terminée. L'acide acétique distillé, après avoir traversé une chambre à poussières, se rend dans un réfrigérant où il se condense.

### Procédé du Dr K. van der Linden.

Ce procédé (1), breveté en France vers 1895, après avoir été déposé en Allemagne (2), est une modification très ingénieuse de la fabrication de l'acide acétique par le pyrolignite de chaux ou tout autre acétate (3) et l'acide sulfurique.

La distillation s'opère sous une pression réduite et le chauffage, au lieu de se faire directement par un foyer situé sous la chaudière en fonte, peut avoir lieu par la vapeur.

L'acide acétique, sous l'action du vide, distille à une plus basse température, ce qui a pour avantage : 1° d'éviter la production de composés secondaires provenant de l'action de l'acide sulfurique sur les huiles ou goudrons, en mélange avec le pyroacétate de chaux brut ; 2° de nécessiter l'emploi d'une quantité moindre d'acide sulfurique que par le procédé où la distillation a lieu à la pression atmosphérique, ce qui permet ainsi de se rapprocher de la quantité théorique d'acide sulfurique nécessaire à une complète réaction ; l'acide acétique est donc plus pur, puisqu'il ne renferme pas de produits empyreumatiques ; de plus, on peut par ce procédé se servir d'appareils susceptibles de traiter d'assez fortes charges, comme dans le procédé à l'acide chlorhydrique, par exemple, et traiter indifféremment du pyrolignite de chaux brun ou du pyrolignite de chaux gris.

### Procédé Behrens.

Il consiste à mélanger le pyrolignite de chaux avec de l'acide acétique, et à traiter ensuite par de l'acide sulfurique. On arrive ainsi (par dilution de

(1) Brevet n° 248.056 du 10 janvier 1895 à Paris.
(2) Brevet n° 92.418, classe 12, déposé le 29 novembre 1894 (Allemagne).
(3) Certificat d'addition pris le 14 avril 1896 au brevet 248.056 (Paris).

la masse) à n'employer que la quantité théorique d'acide sulfurique pour décomposer l'acétate, sans qu'il se produise de réactions secondaires.

Dans une partie d'acide acétique à 60 0/0 au moins d'acide, on délaie une partie d'acétate de chaux sec à 81 0/0 par exemple, puis on y ajoute la quantité d'acide sulfurique théorique, soit 0,55 parties à 92 0/0 d'acide monohydraté. Après avoir bien mélangé la masse, on la passe dans un filtre-presse ; le liquide qui s'en écoule est de l'acide acétique suffisamment concentré pour être employé à fabriquer l'acide acétique cristallisable, quant au résidu, c'est du plâtre.

### Installation d'une fabrique d'acide acétique.

Nous allons examiner une fabrique traitant le pyrolignite de chaux par l'acide sulfurique et rectifiant ensuite une partie de l'acide brut obtenu.

L'installation d'une pareille industrie sera située à une certaine distance de locaux habités, afin de ne pas incommoder les voisins par les odeurs fortes répandues par les résidus lors du déchargement des appareils.

Les chaudières employées pour produire l'acide acétique industriel sont en fonte ; elles sont munies d'agitateurs et sont chauffées ou par des foyers en maçonnerie ou par la vapeur ; dans le premier cas, afin d'obtenir un chauffage régulier, les dimensions des chaudières sont calculées pour traiter 500 kilos de pyrolignite, tandis que dans le second on peut aller jusqu'à 1.500 kilos

A la partie supérieure de la chaudière se trouve un trou d'homme permettant de charger le pyrolignite de chaux. Au-dessus de l'atelier des appareils à décomposition se trouve un plancher qui sert de magasin au pyrolignite reçu en sacs de 50 à 70 kilos ; des ouvertures pratiquées dans ce plancher permettent de charger directement le pyrolignite dans les chaudières, au moyen de trémies en bois.

L'acétate étant chargé, on ferme le trou d'homme et l'on met l'agitateur en mouvement (fig. 30 et 31) ; puis par un tuyau de plomb, l'on fait arriver l'acide sulfurique contenu dans un bac jaugeur, en bois doublé de plomb, placé en charge sur les appareils. L'écoulement de l'acide sulfurique doit se faire assez doucement afin d'avoir un mélange bien intime et d'éviter la formation de blocs qui pourraient caler l'agitateur.

Aussitôt après l'arrivée de l'acide sulfurique qui échauffe la masse, l'acide acétique commence à distiller, même avec un feu assez bas, que l'on maintient encore pendant quelque temps après avoir chargé l'acide sulfurique.

A la suite de la chaudière, est monté un appareil dit chambre à poussières, d'environ 0 m. 60 de diamètre et de 1 m. 30 de haut, placé sur un plancher

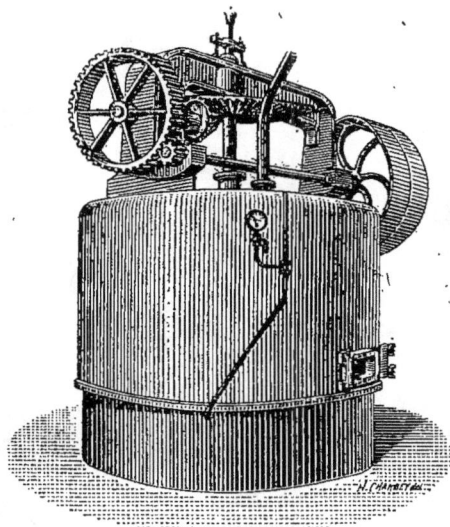

Fig. 30. — Appareil pour la fabrication de l'acide acétique par le procédé Van der Linden.

à un niveau au-dessus de la chaudière afin que les produits qui s'y condensent puissent rentrer dans l'appareil à distiller. Cette chambre à poussières est en plomb, garnie intérieurement d'une chemise formée par de larges tuyaux de grès qui garantissent le plomb de l'action de l'acide acétique.

De là, les vapeurs se rendent par un col de cygne en étain au réfrigérant formé d'un serpentin en cuivre, ou mieux encore en étain, installé dans une bâche en tôle où circule de l'eau froide. L'acide acétique condensé s'écoule dans une ampoule, de même métal que le serpentin, surmontée d'un tuyau qui conduit les gaz non condensés à la cheminée, pendant que le liquide se rend par un siphon dans les réservoirs, en passant dans une espèce de caisse en étain où arrivent tous les jets des chaudières, ce qui permet à tout instant de suivre le liquide distillé de chaque appareil dont on doit surveiller la marche.

Une opération dure environ 7 heures.

Dans le procédé Van der Linden, l'acide acétique sortant du réfrigérant

coule dans une allonge en verre, puis dans un tuyau en étain qui le conduit
dans des réservoirs en grès semblables aux condenseurs employés dans la
fabrication de l'acide nitrique, et communiquant entre eux par leur partie

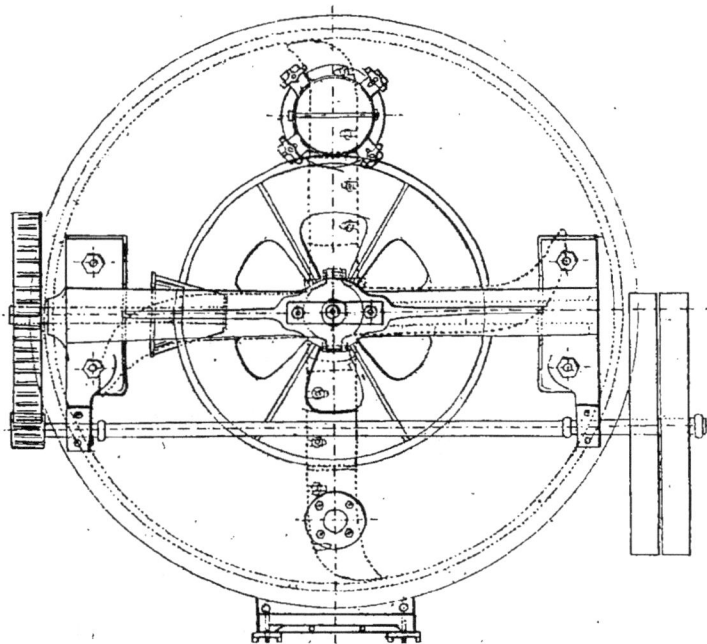

Fig. 31.

inférieure au moyen d'un petit tuyau, sur lequel est monté, par un té, un
tube de niveau en verre qui se trouve aussi en communication avec la partie supérieure du condenseur, puisque la condensation comme la distillation
a lieu sous une pression réduite.

A deux autres des tubulures supérieures de la série des condenseurs sont
branchés, sur l'une le tuyau communiquant avec la pompe à vide, et sur
l'autre un indicateur de vide que l'on fait précéder d'un bocal contenant du
carbonate de soude cristallisé, afin d'en préserver les parties métalliques de
l'action de l'acide acétique. Une série de robinets en grès permettent d'amener le vide sur les condenseurs, et par cela même sur la chaudière à distiller, ainsi que d'isoler les condenseurs suivant les besoins, comme à la fin
de l'opération, pour rétablir la pression atmosphérique à l'intérieur de la

chaudière, ou des condenseurs lorsque l'on veut en extraire l'acide acétique. Entre les condenseurs en grès et la pompe à vide sont disposés des

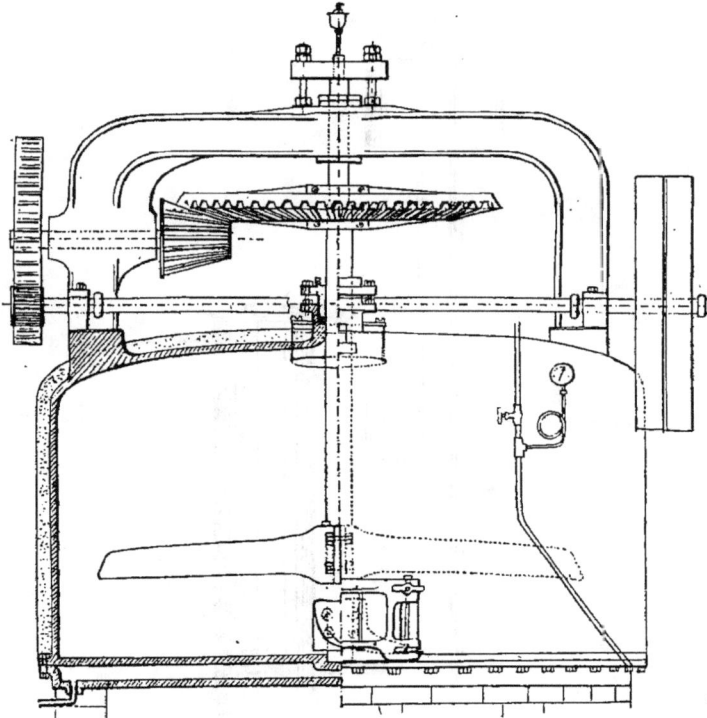

Fig. 31 *bis*. — Appareil pour la fabrication de l'acide acétique par le procédé Van der Linden.

laveurs formés d'au moins deux colonnes en fonte de 0 m. 70 de diamètre environ et de 3 mètres de hauteur (fig. 32), dans lesquelles sont des plateaux en bois ou en grès, supportant de la fibre de bois mouillée d'une solution de carbonate de soude à 10° Bé ; cette solution est introduite par le vide à la partie supérieure de la colonne, et par la suite les eaux provenant de ces laveurs, contenant par conséquent de l'acétate de soude, sont utilisées dans la fabrication de ce sel.

Dès que tout l'acide sulfurique a été chargé dans l'appareil de distillation, le dégagement d'acide acétique se ralentit ; il faut alors chauffer la masse, pour que l'acide distille à jet continu jusqu'à ce que l'opération soit termi-

née, chose dont on peut se rendre compte par la quantité d'acide acétique
condensé et par l'aspect du jet qui ne s'écoule plus que goutte à goutte
dans l'allonge en verre. On couvre alors le feu avec des cendres, on sup-

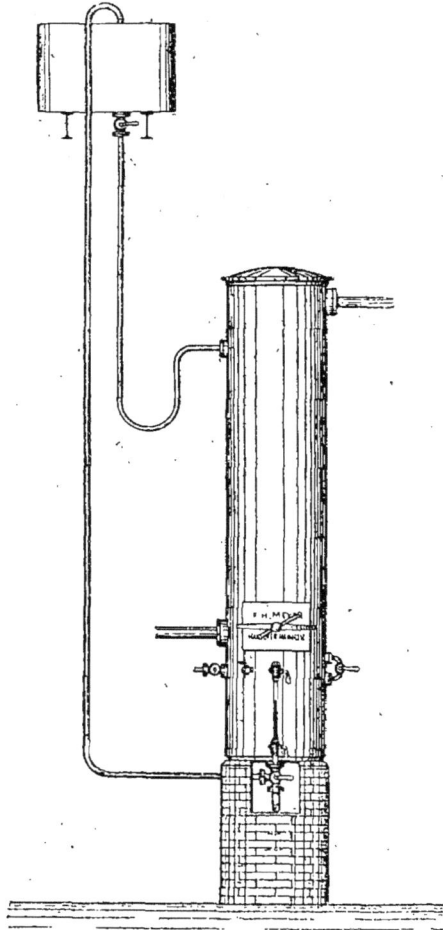

Fig. 32. — Colonne laveur pour condenser les vapeurs d'acide acétique.

prime l'arrivée de vapeur, puis on ouvre le trou d'homme placé sur le côté
au-dessus du fond de l'appareil, tout en laissant l'agitateur en marche ;
celui-ci, déplaçant le résidu de sulfate de chaux, l'évacue dans une rigole
commune à tous les appareils. Dans cette rigole se meut une vis d'archi-

mède, qui entraîne les résidus dans une chambre close où ils se refroidissent pendant quelques heures, afin d'éviter, surtout près des habitations, le dégagement de mauvaises odeurs dues aux produits empyreumatiques et à l'acide acétique qui restent dans la partie libre des appareils jusqu'aux condenseurs.

L'acide acétique condensé est envoyé, soit par un monte-jus, soit par une pompe rotative en bronze, dans différents réservoirs en bois. Dans les uns il est ramené, par addition d'eau, aux degrés commerciaux qui sont généralement les suivants :

| 30° | correspondant environ à | 28 0/0 |
|---|---|---|
| 40° | » » | 38 0/0 |
| 60° | » » | 56 0/0 |
| 70° | » » | 65 0/0 |
| 80° | » » | 75 0/0 |
| 85° | » » | 80 0/0 |

De ces réservoirs, l'acide acétique est soutiré dans des fûts en bois pour être livré aux différentes industries qui l'utilisent.

D'autres réservoirs servent à l'alimentation des appareils de rectification de l'acide acétique.

### Rectification d'acide acétique.

Cette opération a pour but de produire de l'acide exempt d'acide sulfureux et à un degré encore plus élevé que celui obtenu dans une fabrique d'acide acétique par le procédé à l'acide sulfurique.

L'appareil employé est un rectificateur à colonne semblable à ceux employés dans la distillation des alcools. Il se compose en effet d'une chaudière horizontale en cuivre (ce métal à l'abri de l'air étant l'un des moins attaquables par les acides organiques), d'une capacité de 3 à 5.000 litres ; l'un des fonds est facilement démontable pour permettre de réparer sans difficulté, pour le cas échéant, le serpentin de vapeur employé au chauffage de l'appareil.

La chaudière verticale munie d'un double-fond est aussi employée pour la rectification de l'acide acétique, mais elle nécessite une construction toute spéciale pour pouvoir être réparée facilement ; son couvercle porte au centre le tuyau de dégagement et un trou d'homme pour le nettoyage de l'appareil (fig. 33).

La colonne qui fait suite à la chaudière en cuivre est également du même métal, mais à plateaux en porcelaine ou en grès, qui, bien entendu, sont plus résistants que ceux en cuivre. Le serpentin du réfrigérant est quelquefois aussi en grès, mais comme il présente une grande fragilité, il doit être monté avec beaucoup de soins.

Les chaudières en fonte, dont le prix est sensiblement le même que celles en cuivre, ne sont pas à préconiser, car elles sont difficilement réparables, et

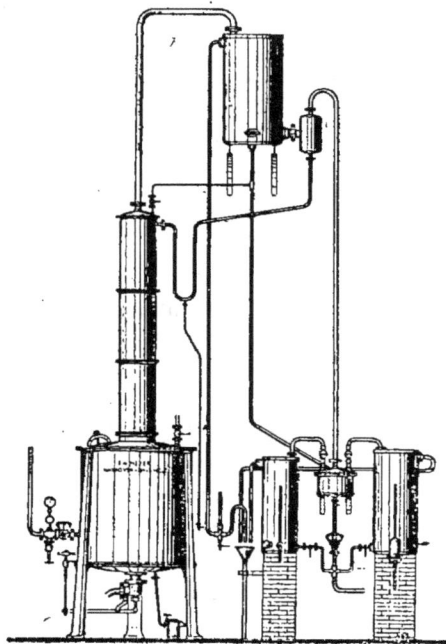

Fig. 33. — Rectificateur à colonne pour l'acide acétique.

lorsqu'elles sont mises hors service, elles ne présentent plus aucune valeur comparativement aux chaudières en cuivre, qui, si elles ne sont plus utilisables, peuvent être toujours revendues au poids.

Dès que l'acide est introduit dans la chaudière, on commence à chauffer lentement afin de permettre aux gaz, comme l'acide sulfureux, de se dégager dès le début de l'opération ; puis on augmente l'arrivée de vapeur dans le serpentin, jusqu'au moment où les vapeurs acides, passant dans la colonne, commencent à se condenser dans le réfrigérant; on règle alors le chauffage et l'eau que l'on fait couler sur la colonne, suivant le degré de richesse de l'acide acétique que l'on désire recueillir.

Les premières parties distillées, renfermant des produits acétoniques, méthyliques et de l'acide sulfureux, sont mises à part, et lorsque l'acide acétique qui se condense titre 96 0/0, on le recueille dans le réservoir à acide cristallisable.

Toutefois, comme l'acide acétique obtenu dans cette opération renferme encore des produits empyreumatiques et des traces de cuivre, on devra, ou bien le rectifier à nouveau si l'on désire un acide plus pur, ou bien le purifier par l'emploi d'un oxydant, comme le permanganate de chaux en dissolution, que l'on fera agir sur l'acide acétique contenu dans des cuves en grès. Ce traitement au permanganate sera suivi d'une nouvelle distillation dans une chaudière en cuivre, chauffée par un serpentin de vapeur, et les produits distillés seront condensés dans un serpentin en grès ou en argent, ce dernier d'un prix plus élevé étant beaucoup moins fragile.

Les résidus des appareils de rectification, d'une couleur plus ou moins foncée, sont formés en majeure partie d'acide acétique (à côté duquel on rencontre les acides homologues contenus dans l'acétate de chaux) et de goudrons ; ces résidus sont conduits dans un réservoir où on les laisse au repos, pour en séparer l'acide qu'ils contiennent encore et que l'on fait rentrer dans une autre opération.

Afin d'éviter une trop grande rentrée d'air dans les appareils, la vidange du rectificateur doit se faire le plus rapidement possible, sans trop le laisser refroidir avant un nouveau chargement.

Dans l'installation d'une fabrique d'acide acétique, les cuves en bois doivent être placées dans un bâtiment voisin de celui où se fait la décomposition de l'acétate de chaux et la rectification de l'acide acétique, la tuyauterie de ces cuves étant en cuivre ou en étain, suivant la qualité de l'acide qui doit y circuler. Enfin l'hiver, on aura soin de chauffer ce bâtiment pour éviter que l'acide cristallisable ne se solidifie.

En dehors de ces différents ateliers, il faudra réserver un bâtiment pour les générateurs et une salle pour les machines où sera installée la dynamo pour l'éclairage électrique.

Une fabrique d'acide acétique, par le procédé à l'acide sulfurique sans emploi du vide, produisant environ moitié d'acide industriel et moitié d'acide pur, dépense environ 250 kilos de charbon par tonne de pyrolignite de chaux traité.

### Acide acétique cristallisable.

En dehors du mode de préparation de l'acide acétique cristallisable, que nous venons d'étudier dans le chapitre précédent, on peut encore obtenir ce produit par l'un des deux procédés suivants : 1° le plus ancien, mais le moins employé maintenant, consiste à décomposer l'acétate de soude fondu par l'acide sulfurique à 66°. puis à soumettre le produit distillé contenant encore de l'eau à plusieurs cristallisations et rectifications successives.

Le second procédé, nommé *Procédé Melsens*, est basé sur la propriété que possède l'acétate neutre de potasse de se combiner à un équivalent d'acide acétique pour former un biacétate ; ce sel, soumis à l'action de la chaleur, abandonne l'eau qu'il contient ; il fond vers 148° en dégageant un peu d'acide acétique et entre en ébullition à 200° en se décomposant et en produisant l'acide acétique cristallisable. Pendant cette distillation, comme la température augmente, il faut avoir bien soin de ne pas dépasser 300°, afin d'éviter la formation de produits empyreumatiques.

Pratiquement, l'acétate de potasse est concassé et introduit dans un alambic où il est additionné d'un excès d'acide acétique à 85 0/0 pour former le biacétate ; on laisse le mélange au repos pendant quelques heures, puis on le soumet à la distillation. Les vapeurs qui se dégagent sont alors condensées dans un serpentin en argent. On sépare d'abord les premières portions qui contiennent encore trop d'eau pour être cristallisables, et qui sont employées pour la préparation des acétates purs ; l'acide acétique, qui est ensuite recueilli, est à nouveau distillé sur de l'acétate de potasse neutre, puis soumis à la congélation et enfin à l'égouttage. Par une dernière rectification, on arrive à séparer, au bout de quelques instants, l'acide acétique qui dissout encore l'essence de citron (ce produit ayant la propriété remarquable d'être peu soluble dans l'acide acétique monohydraté contenant encore quelques traces d'eau) de l'acide acétique cristallisable.

### Acide acétique dit bon goût.

Ce produit est obtenu au moyen de l'acétate de soude et de l'acide sulfurique à 66°.

On mélange dans un alambic en cuivre une molécule d'acétate de soude et deux molécules d'acide sulfurique ; cette proportion permet d'obtenir comme résidu, du bisulfate de soude qui peut être évacué facilement de l'appareil, sans crainte de coup de feu à l'alambic, si l'on chauffe à feu nu, puisque la masse reste liquide jusqu'à ce que tout l'acide acétique soit distillé.

Le sel de soude employé est de l'acétate de seconde cristallisation, simplement passé à l'essoreuse dans laquelle il est lavé. L'acide sulfurique est versé dans l'acétate de soude, et on laisse en digestion pendant quelques heures.

La distillation s'opère à feu nu ou à la vapeur, à la pression atmosphérique ou dans le vide (fig. 34); l'acide concentré distille d'abord, tandis que

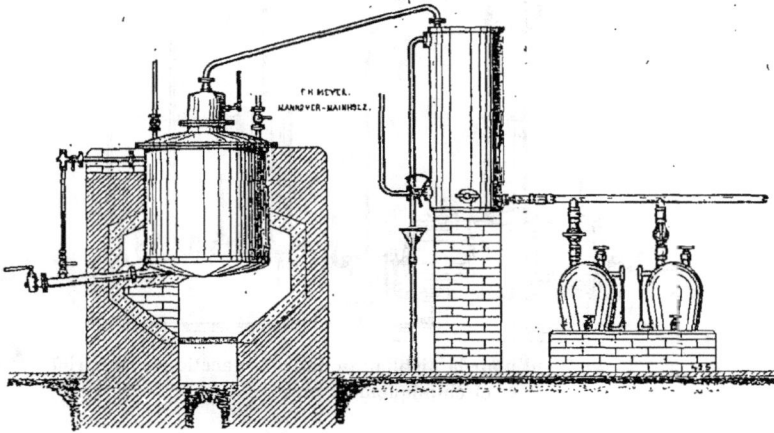

Fig. 34. — Appareil pour la fabrication de l'acide acétique bon goût avec distillation dans le vide.

l'eau retenue par le bisulfate de soude ne distille que vers la fin avec les dernières traces d'acide que l'on recueille à part, et que l'on peut utiliser pour la préparation de certains acétates ou aux usages alimentaires. Toutefois, pour ce dernier emploi, l'acide acétique doit être purifié des matières étrangères qu'il peut contenir, comme de l'acide chlorhydrique ou de l'acide sulfurique, des matières empyreumatiques, de l'acétate de cuivre, etc... Pour cela, on le rectifie dans un alambic (fig. 35) chauffé à la vapeur, sur de l'acétate de soude ou de la chaux, pour retenir les acides minéraux, ou mieux, sur du minium qui retient l'acide sulfureux sous forme de sulfate de plomb, et produit une décomposition des corps empyreumatiques, par suite de leur oxydation par le bioxyde de plomb mis en liberté par l'acide acétique.

Les premiers produits, recueillis dans un réfrigérant en argent, étant des acides faibles, sont destinés aux usages culinaires ; l'acide fort qui vient ensuite sert à la préparation de l'acide cristallisable.

Afin de corriger le goût spécial que conserve toujours l'acide acétique destiné à l'alimentation, on y ajoute une petite quantité d'alcool qui peu à

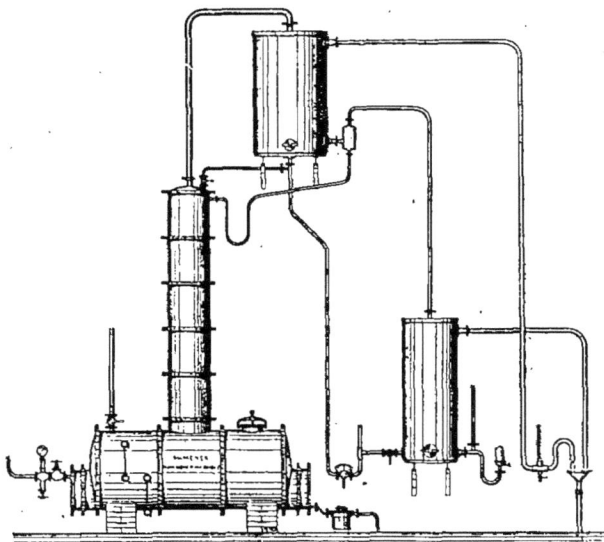

Fig. 35. — Appareil pour la distillation de l'acide acétique industriel et chimiquement pur.

peu s'éthérifie et donne de l'acétate. d'éthyle, dont l'odeur, plus agréable, communique à l'acide acétique un parfum qui le fait ressembler au vinaigre de vin.

Enfin, lorsqu'on veut avoir un produit tout à fait exempt de saveur étrangère, tel qu'il doit être pour la préparation du vinaigre de table, on emploie le procédé Mollerat qui consiste à préparer à froid l'acide acétique

*Procédé Mollerat.* — Dans une cuve en bois, munie d'un faux-fond percé de trous et portant un agitateur également en bois, on mélange une partie d'acide sulfurique avec trois parties d'acétate de soude blanc en petits cristaux obtenus par cristallisation en mouvement, puis on laisse reposer environ 12 heures, afin de permettre à l'acide sulfurique de déplacer complètement l'acide acétique. Le sulfate de soude, par suite de son peu de solubilité à froid surtout dans l'acide acétique, cristallise sur le faux-fond. On sépare alors l'acide acétique, que l'on écoule par un robinet placé au-dessous du double-fond, et lorsque le sulfate de soude est bien égoutté, on le mélange avec un peu d'eau ; ensuite on soutire une nouvelle quantité d'acide acétique, renfermant un peu plus de sulfate de soude que le précédent auquel on le réunit.

L'acide acétique obtenu est séparé de la majeure partie du sulfate de soude qu'il contient, en le mettant à refroidir pendant 8 à 10 jours dans des pots en grès de 50 litres environ de capacité, disposés dans un bac où circule de l'eau aussi froide que possible. On décante ensuite l'acide et on le purifie complètement en le mélangeant dans une cuve avec une bouillie claire d'acétate de chaux pur, en quantité suffisante pour décomposer le sulfate de soude qu'il renferme ; le sulfate de chaux alors formé se dépose peu à peu. On soutire enfin l'acide acétique clair et on l'étend d'eau, afin de l'amener à un degré convenable pour être livré à la consommation ; il contient bien encore des traces d'acétate de soude ayant échappé à la réaction, mais cela est sans inconvénient.

Cet acide acétique remplace le vinaigre dans tous les cas où l'on ne peut masquer le goût de celui obtenu par distillation.

### Acide acétique anhydre.

La fabrication de ce produit est plutôt du domaine du laboratoire. Nous ne donnerons donc qu'un aperçu sommaire de ses différents modes de préparation.

1º Par l'action de l'oxychlorure de phosphore sur l'acétate de potasse : on fait arriver l'oxychlorure goutte à goutte sur de l'acétate de potasse fondu ; la réaction est très vive, tout en se faisant complètement à froid. Il se produit d'abord du chlorure d'acétyle, qui agissant également sur l'acétate de potasse qui se trouve en excès, donne de l'anhydride acétique :

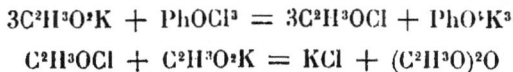

$$3C^2H^3O^2K + PhOCl^3 = 3C^2H^3OCl + PhO^4K^3$$

$$C^2H^3OCl + C^2H^3O^2K = KCl + (C^2H^3O)^2O$$

On distille l'anhydride acétique 3 ou 4 fois sur de l'acétate de potasse, puis on rectifie le produit seul en rejetant ce qui passe avant 137º5.

2º Par l'action du chlorure de benzoïle sur l'acétate de potasse.

Il se forme d'abord du chlorure de potassium et de l'acétate de benzoïle qui, à la température où a lieu cette décomposition, se dédouble en anhydride acétique et en anhydride benzoïque :

$$C^7H^5OCl + C^2H^3O^2K = KCl + \left. \begin{matrix} C^7H^5O \\ C^2H^3O \end{matrix} \right\} O$$

$$2\left( \left. \begin{matrix} C^7H^5O \\ C^2H^3O \end{matrix} \right\} O \right) = (C^2H^3O^2)^2O + (C^7H^5O)^2O$$

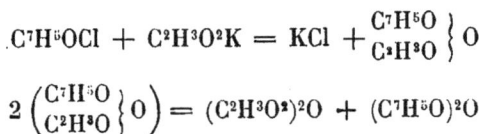

qu'on sépare par distillation.

3° Par l'oxychlorure de carbone.

Dans une chaudière en fonte, munie d'un agitateur, on chauffe de l'acétate de soude pulvérisé, vers la température de 140° sans la dépasser (car il se produirait de l'acétone), puis on fait passer sur cet acétate de soude un courant d'oxychlorure de carbone ; il se dégage alors de l'anhydride acétique que l'on condense et que l'on soumet par la suite à une distillation fractionnée.

### Esprit de bois. — Alcool méthylique.

L'esprit de bois, tel qu'il est obtenu après l'avoir séparé de l'acide acétique dans la distillation sur la chaux, est amené à 25°-30° alcooliques en le redistillant dans une chaudière chauffée par un serpentin. Les vapeurs vont se condenser dans un réfrigérant, et lorsque le produit qui s'écoule devient inférieur à 25°, on le retourne dans un réservoir à flegmes jusqu'à ce qu'on ait distillé à peu près la moitié du volume du liquide contenu dans la chaudière.

L'esprit de bois à 25°-30° est ensuite soumis à une rectification sur de la chaux éteinte, afin de l'amener à un degré commercial 90-95°. Ce produit est, suivant sa teneur en huiles, plus ou moins missible à l'eau ; dans la plupart des cas, il se trouble par addition d'eau, car il contient des composés organiques neutres ou ne présentant pas de caractères acides, dont le point d'ébullition est voisin de celui de l'alcool méthylique. Cet alcool donc étant trop impur pour la plupart des usages commerciaux, on lui fait subir de nouvelles distillations pour obtenir de l'alcool méthylique juste assez pur pour l'emploi industriel auquel on le destine.

L'appareil, encore assez employé dans certaines usines et dont nous empruntons la description à l'ouvrage de M. Vincent (1), se compose de trois parties distinctes :

1° D'une chaudière en cuivre ou en tôle de 2.000 à 6.000 litres de capa-

(1) *Carbonisation des bois en vases clos,* par Ch. Vincent, 1873.

cité, chauffée à feu nu (fig. 36) ou par un serpentin de vapeur (fig. 37).

2° De la colonne de rectification, qui se compose de trois plateaux lenticulaires (fig. 36), ou d'un récipient en cuivre, dans lequel aboutit le col de cygne de la chaudière (fig. 37), surmonté de six tronçons de même forme portant des plateaux lenticulaires, qui obligent les vapeurs à venir longer les parois de chacun des tronçons reliés entre eux par un tuyau central. Les dessus de chaque tronçon ont la forme de cuvettes, dans lesquelles circule de l'eau amenée par un robinet dont on règle le débit sur le plateau supé-

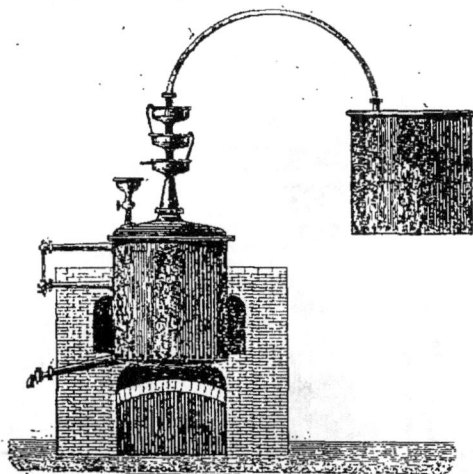

Fig. 36. — Appareil à feu nu pour la distillation des méthylènes Régie
(Les fils de Fancillon-Lavergne, constructeurs à Dijon).

rieur ; l'eau s'écoule ensuite sur chacun des plateaux inférieurs par un petit tuyau prenant sur le fond de la cuvette ; du fond du récipient inférieur part un tuyau qui ramène à la chaudière les produits condensés dans le rectificateur.

3° D'un serpentin servant à la condensation des vapeurs sortant de l'appareil.

Au contact des surfaces multiples de refroidissement de la colonne, le mélange des vapeurs alcooliques et aqueuses se refroidit ; il s'en suit une condensation plus abondante de vapeurs aqueuses que de vapeurs alcooliques, provenant de la différence des points d'ébullition, ce qui détermine une augmentation de richesse alcoolique de la vapeur, comme cela se passe dans la colonne en verre à fractionnement de laboratoire. En effet, le liquide con-

densé dans le haut de la colonne, ayant une température voisine de 66°,
point d'ébullition de l'alcool méthylique, rencontre en descendant le courant de vapeur arrivant de la chaudière, qui à son tour volatilise l'alcool
condensé avec l'eau dans les parties supérieures, tout en ramenant à l'état
liquide une quantité d'eau correspondante. Il en résulte qu'avec une colonne
formée de 6 tronçons de 0 m. 50 de diamètre, on peut produire en une seule
opération de l'alcool à 95°, en partant de flegmes à 30°.

Outre l'alcool méthylique, le produit ainsi obtenu contient de l'acétone,
de l'aldéhyde éthylique, de l'aldéhyde formique, de l'alcool allylique, une

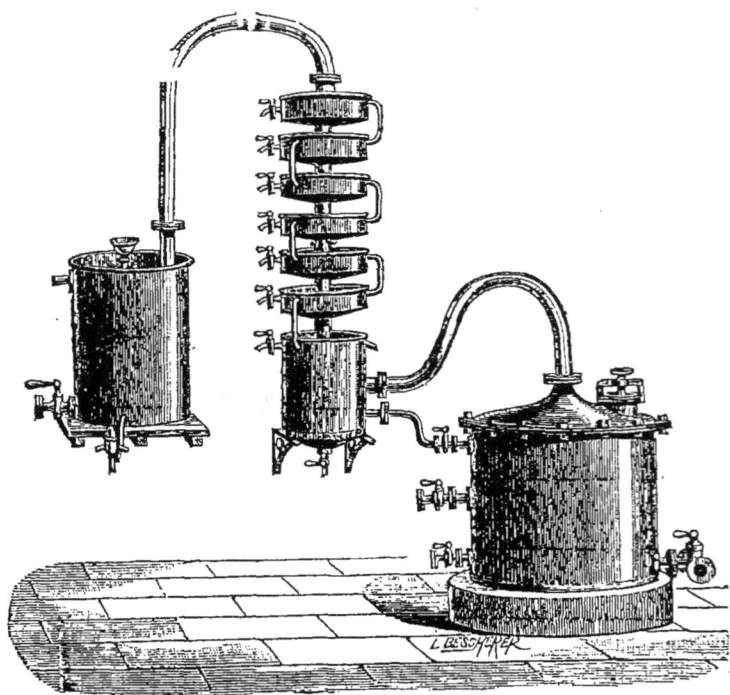

Fig. 37. — Appareil chauffé à la vapeur pour la distillation du méthylène.

petite quantité d'éther méthylacétique qui a échappé à l'action de la chaux
éteinte, et certains carbures d'hydrogène qui font qu'il se trouble et blanchit
lorsqu'on l'additionne d'eau. Avec ces impuretés, il convient parfaitement
pour certains usages, tels que la dénaturation des alcools ordinaires (à brûler

et autres), la fabrication de différents vernis, etc. ; mais lorsqu'il doit servir à la préparation de quelques couleurs d'aniline, il est nécessaire de le purifier par une nouvelle rectification dans des appareils plus complets, afin de le débarrasser des carbures d'hydrogène, qui à l'oxydation, dans le courant de la fabrication, donneraient des produits noirs.

Pour purifier cet alcool, on l'étend d'abord d'eau de vapeur condensée de façon à le ramener à 50°; après quelques jours de repos, le liquide forme deux couches, dont l'une superficielle renferme la majeure partie des carbures d'hydrogène ; on soutire la couche inférieure, et on rectifie avec 2 à 3 0/0 de chaux dans l'appareil précédent, ou dans un rectificateur à colonnes suivi d'un déflegmateur avec retour à la partie supérieure de la colonne (fig. 38). Au début de la rectification, on s'efforce d'obtenir la majeure partie de l'acétone, puis on envoie dans la colonne un léger courant d'eau que l'on tient encore relativement chaud, et on fractionne les produits condensés en les recueillant dans différents réservoirs, pour ensuite les reprendre et en retirer des produits plus purs.

On peut, par exemple, diviser les liquides condensés en :

1° Portions du début titrant de 60 à 8 0/0 d'acétone ;

2° Portions moyennes, missibles à l'eau, tenant 7 à 1 0/0 d'acétone ;

3° Portions moyennes ne donnant pas avec l'eau de solutions limpides ;

4° Portions contenant de l'alcool allylique ;

5° Queues contenant des huiles.

On essaie les produits distillés, au point de vue de l'acétone, au moyen de la soude, en ajoutant dans un tube gradué à 10 cm³ d'alcool, 20 cm³ d'une solution de soude de densité 1,3, et on agite fortement ; on laisse reposer, l'acétone se sépare presque entièrement en formant une couche surnageante ; cet essai ne donne plus de résultat dès que l'alcool tient moins de 1 0/0 d'acétone.

On suit encore la distillation, en essayant la missibilité de l'alcool avec l'eau, et en prenant de temps en temps le degré alcoométrique avec l'alcoomètre. A la fin de l'opération, le distillat n'est plus missible à l'eau ; les dernières portions ont un aspect laiteux et ne sont qu'une émulsion d'huile et d'eau.

L'appareil à colonne (fig. 38) peut être avantageusement remplacé par un rectificateur présentant des dispositifs pour le nettoyage facile de l'alambic et de la colonne (fig. 39), cette dernière n'étant par montée directement sur l'alambic.

Malgré tous les soins que l'on peut apporter dans cette seconde rectification, l'alcool méthylique obtenu n'est pas encore suffisamment pur pour la fabrication de la méthylaniline, par exemple, ou pour la préparation des éthers méthyliques au laboratoire. On lui fait alors subir une troisième

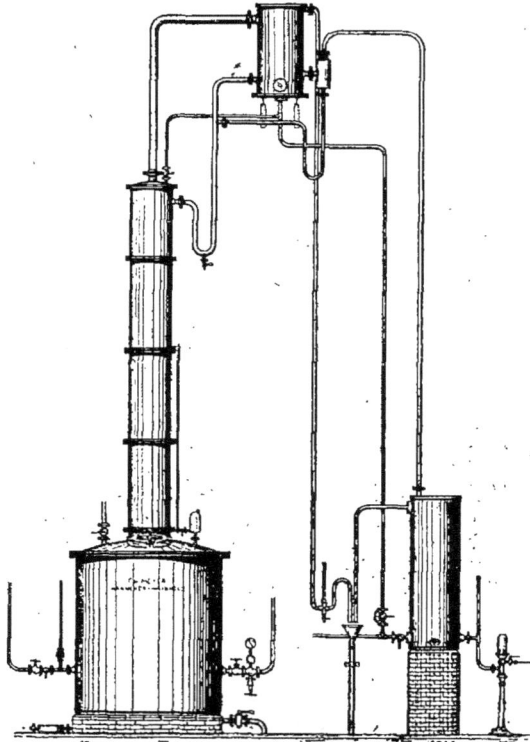

Fig. 38. — Appareil à colonne pour la rectification du méthylène.

rectification, en présence d'une petite quantité d'acide sulfurique, et on recueille entre les températures de 64° et 67° les produits distillés, qui peuvent alors être utilisés pour la fabrication des corps ci-dessus.

Enfin, lorsque l'on désire obtenir de l'alcool méthylique exempt d'acétone, on emploie le *procédé Rotten* qui consiste à combiner l'acétone avec un halogène. A cet effet, on distille l'alcool méthylique dans un alambic à reflux, dans lequel on fait arriver du chlore gazeux qui, sans action sur l'alcool, transforme l'acétone en composés chlorés de points d'ébullition (d'environ 120°) beaucoup plus élevés que celui de l'alcool méthylique ; ensuite on distille, puis on rectifie l'alcool sur de la chaux pour enlever les dernières traces de chlore. D'après l'auteur, ce procédé donnerait de l'alcool méthylique rigoureusement exempt d'acétone.

*Distillation continue.* — Comme souvent pour des raisons commerciales, une usine de carbonisation des bois a plus d'intérêt à produire de l'alcool méthylique contenant de faibles quantités d'acétone, que de l'alcool exempt de cette impureté, nous donnons ci-dessous un aperçu de quelques

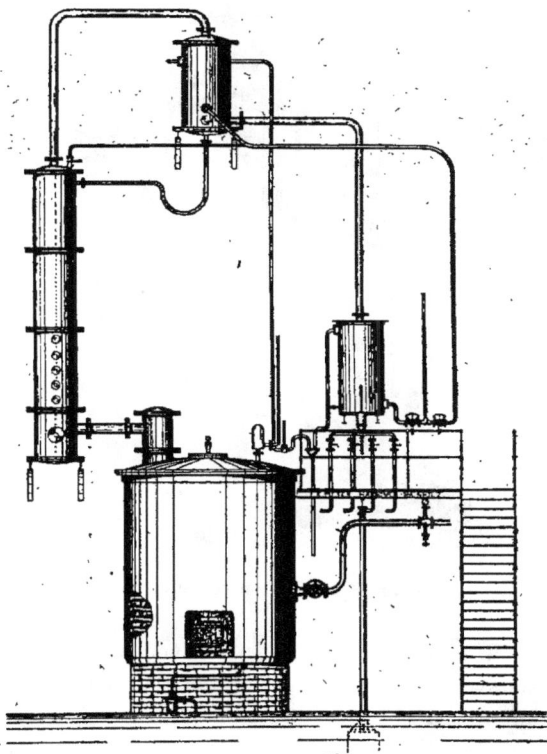

Fig. 39. — Appareil à colonne indépendante pour la rectification du méthylène.

appareils de rectification, dont la distillation est d'autant plus intéressante qu'elle est à marche continue, ce qui est un progrès très important de la distillerie moderne.

La rectification continue permet d'obtenir des alcools plus purs, tout en donnant une économie assez sensible.

*Appareil Coupier.* — Dans cet appareil, les vapeurs méthyliques, après

avoir traversé une série de plateaux barbotteurs de la colonne du rectificateur, se rendent dans trois récipients successifs nommés *analyseurs*, disposés, comme l'indique la figure 40, à des hauteurs différentes, dans une bâche
contenant de l'eau portée à une température déterminée.

Les vapeurs arrivent dans chacun des analyseurs par un tuyau plongeur terminé en pomme d'arrosoir et barbottant dans le liquide condensé,

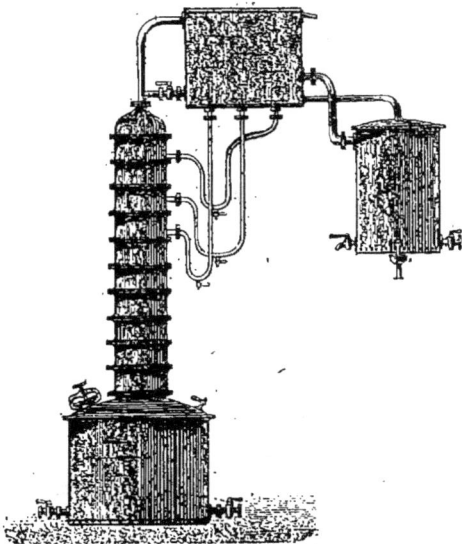

Fig. 40. — Appareil à distillation continue des méthylènes.

dont le trop plein est ramené par un tuyau indépendant sur certains plateaux barbotteurs du rectificateur, en faisant déboucher celui du dernier
analyseur à un niveau supérieur au trop plein du premier. Un robinet
purgeur, placé en dessous de chaque analyseur, permet par une prise d'échantillon de suivre la marche de l'opération.

*Appareil Barbet*. — Dans le système Barbet (1), la rectification a pour
but de faire trois lots des substances contenues dans l'alcool brut :

1° L'ensemble de tout ce qui est plus volatil que l'alcool, ou produits de
tête :

(1) *Dictionnaire de Chimie Industrielle* par A. Villon et P. Guichard. B. Tignol,
éditeur.

2° L'alcool pur ;

3° L'ensemble de tout ce qui est moins volatil que l'alcool, ou produits de queue.

Dans une opération préliminaire, on débarrasse l'alcool brut de tous les produits plus volatils que l'alcool : c'est l'*épuration continue*. L'alcool épuré est envoyé au rectificateur continu proprement dit, qui l'amène à 96°-97° et élimine les produits de queue.

L'appareil continu de M. Barbet, représenté fig. 41, comprend donc deux organes bien distincts : l'épurateur et le rectificateur.

L'épurateur est une colonne à distiller ordinaire A, surmontée d'une petite colonne, munie de quelques plateaux pour la concentration des éthers et pour retenir l'alcool pur.

L'alcool brut, à épurer, arrive dans l'échangeur de température R, par le tube S ; là, il est chauffé par les eaux épuisées sortant de la colonne G ; on économise ainsi une notable quantité de combustible ; l'alcool passe dans la partie supérieure de la colonne A, et s'écoule de plateau en plateau jusqu'à la partie inférieure qui est chauffée par un serpentin, muni d'un régulateur de vapeur, que l'on voit à l'extérieur de la colonne A. Les vapeurs qui s'élèvent de la partie inférieure de cette colonne sont composées d'acétone, d'éthers et d'alcool ; en traversant successivement tous les liquides étalés sur les plateaux de moins en moins chauds et de plus en plus riches en acétone et éthers, ces vapeurs se dépouillent de leur alcool et s'enrichissent de produits à points d'ébullition inférieurs. Ces produits se concentrent dans la petite colonne, se rendent au condenseur B, où une rétrogradation produit l'enrichissement méthodique de ces éthers et acétone qui, finalement, vont se condenser dans le réfrigérant C et s'écoulent par l'éprouvette P.

L'alcool débarrassé des produits de tête se rend, par le tube N, dans le rectificateur G. Celui-ci est une colonne à distiller ordinaire, composée de deux genres de plateaux : 1° les plateaux d'épuisement situés à la partie inférieure ; 2° les plateaux de rectification placés au-dessus des premiers.

L'alcool épuré arrive à la partie supérieure des plateaux d'épuisement, descend de plateau en plateau et arrive au soubassement de la colonne, qui est chauffé par un serpentin de vapeur, muni d'un régulateur de vapeur. Pendant ce trajet, il se dépouille de tout son alcool ; les eaux épuisées s'écoulent par le siphon, passent dans l'échangeur R, où elles cèdent une partie de leur calorique à l'alcool brut à épurer, et sont écoulées à l'égout. Les vapeurs alcooliques s'enrichissent de plus en plus en traversant les plateaux de rectification ; elles arrivent au condenseur H, où une rétrogradation renvoie, à la partie supérieure de la colonne G, les vapeurs qui s'y

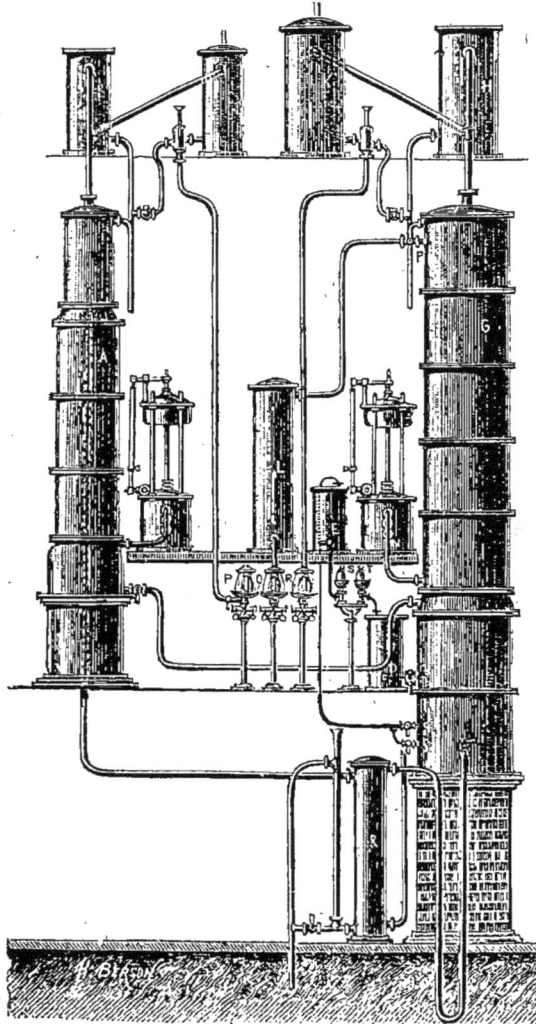

Fig. 41. — Appareil rectificateur Barbet.

condensent ; les vapeurs alcooliques pures, qui traversent et se lavent dans le condenseur H, vont se condenser dans le réfrigérant K, et le liquide qui en résulte, c'est-à-dire l'alcool pur, s'écoule par l'éprouvette Q.

C'est dans la colonne à plateaux que se fait la classification des produits, par ordre de pureté, et le condenseur H n'a pour fonction que de fournir le liquide laveur où se raffine la vapeur alcoolique. Aussi, pour avoir un alcool très pur, il faut que l'alcool laveur soit tout à fait pur.

Supposons que l'alcool de l'éprouvette, dit M. Barbet, contienne une petite portion de produits de tête, la rétrogradation contiendra la même impureté, et la réintroduira sur le plateau supérieur de la colonne. Mais, les produits les plus volatils vont se réévaporer les premiers et il restera sur le plateau supérieur des vapeurs à l'état de pureté. Le phénomène d'épuration a une énergie surprenante sur le plateau supérieur.

Le petit réfrigérant E sert à constater le degré d'épuisement des eaux résiduelles; un mince filet de ces eaux s'écoule constamment à l'éprouvette S, où on peut les examiner à tout moment.

Le réglage (fig. 42) du coulage dans le rectificateur continu est rendu

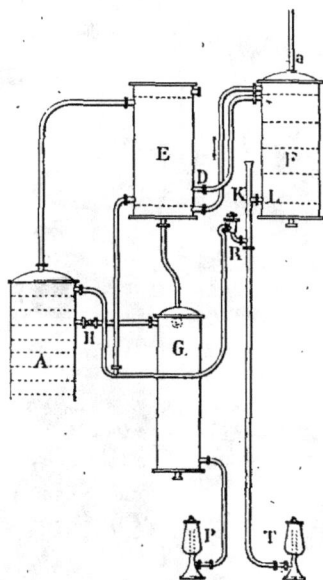

Fig. 42. — Appareil de réglage du rectificateur Barbet.

invariable, en donnant au réfrigérant F la même hauteur qu'au condenseur E et en le plaçant au même niveau. L'alcool refroidi sort par la tubulure L, munie d'un tuyau d'air K, et descend à l'éprouvette T. L'alcool prélevé à la partie supérieure de la colonne A est refroidi en G et s'écoule en P.

Sur le tuyau de descente de l'alcool est branché un clapet R, relié à la rétrogradation du condenseur E.

Si l'on ferme le robinet N, pendant que l'appareil est en marche, l'alcool montera dans le tuyau KN, soulèvera le clapet R, se mêlera à la rétrogradation pour rentrer en B dans le rectificateur A. Sans perturbation d'aucune sorte, sans exiger plus d'eau qu'auparavant, l'appareil continuera à rectifier, à la même allure, bien qu'il n'y ait plus de sortie d'alcool. En ouvrant le robinet N plus ou moins, le robinet H étant ouvert, on obtient plus ou moins d'alcool pur. On peut ainsi régler le débit des deux éprouvettes P et T, et cela toujours d'une manière invariable.

MM. Lepage et Cie à Paris construisent une sorte de chapiteau rectifica-

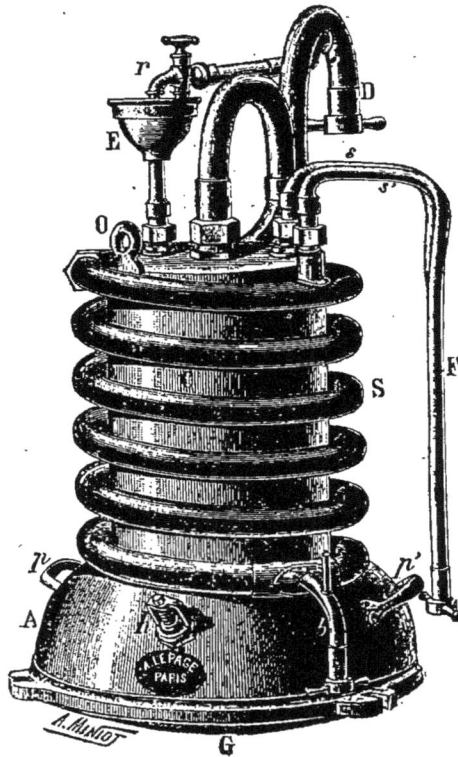

Fig. 43. — Chapeau rectificateur.

teur, qui non seulement a l'avantage de pouvoir s'adapter sur n'importe quel alambic, mais aussi procure une économie de place, par la suppression des réfrigérants et cols de cygne des alambics ordinaires. Le chapeau rectificateur permet en outre de réaliser un bon emploi de l'eau de réfrigération, qui même peut être remplacée par le liquide à distiller, lorsqu'on veut faire de la distillation continue.

Les vapeurs alcooliques provenant de la chaudière traversent différents

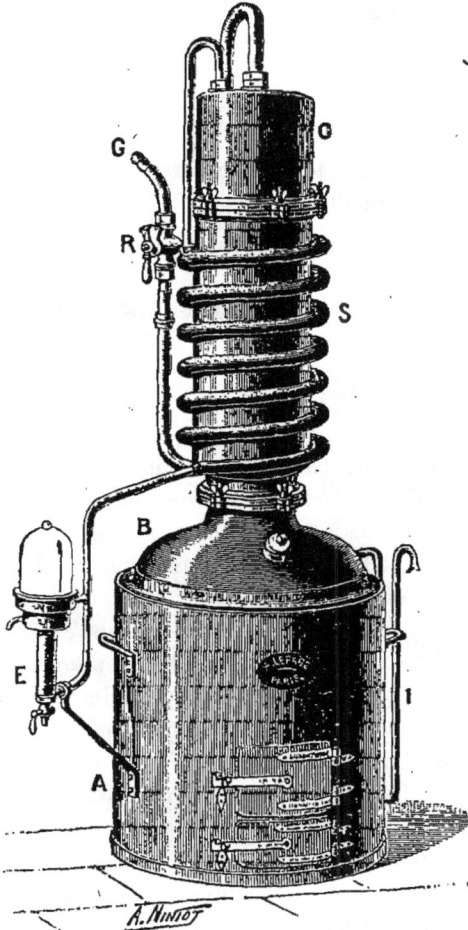

Fig. 44. — Rectificateur Lepage pour distillation continue.

plateaux de rectification renfermés dans la chambre C (fig. 43); ces plateaux, ayant la forme de lentilles à double enveloppe, sont rafraîchis par un courant d'eau froide réglé à volonté par un robinet *r* coulant au-dessus d'un entonnoir E, ce qui permet de varier, comme on le désire, la rectification que l'on peut toujours supprimer à un moment donné. Les vapeurs alcooliques pénètrent ensuite dans un double serpentin S, où elles circulent en sens contraire d'un courant d'eau froide amenée par le tuyau D ; la sortie de l'eau chaude *s* ayant servi à la rectification vient se rejoindre avec celle *s* provenant de la réfrigération, au tuyau T commun pour leur évacuation.

Dans la distillation continue sans emploi d'eau, le liquide à distiller passe d'abord dans le serpentin réfrigérant (fig. 44), puis dans les plateaux rectificateurs. Le liquide, après avoir été distillé dans la colonne, tombe épuisé dans la chaudière dont le résidu est évacué par un siphon I. L'alcool coule à l'éprouvette E à un degré toujours constant, déterminé par le robinet R d'arrivée du liquide à distiller.

## Préparation de l'alcool méthylique pur.

L'esprit de bois, obtenu par l'un des procédés que nous avons cités, n'étant pas chimiquement pur, car il renferme encore 0,4 à 0,5 0/0 d'acétone, de l'aldéhyde, de l'éther méthylacétique, qu'une série de fractionnements permettent difficilement de séparer, on a recours, en dehors du procédé Rottens, à certains moyens d'épuration, plutôt de laboratoire, dans lesquels on utilise tantôt les propriétés chimiques de l'alcool méthylique, tantôt celles de l'acétone.

Dans l'un d'eux, on combine l'alcool méthylique au chlorure de calcium en poudre. Les cristaux obtenus sont, après égouttage, chauffés au bain-marie pour chasser l'acétone et les autres produits volatils non combinés ; puis on reprend par une certaine quantité d'eau qui détruit la combinaison, et l'on distille l'alcool méthylique.

Un autre procédé spécial pour éliminer l'acétone, consiste à combiner celui-ci au bisulfite de soude récemment préparé en solution concentrée. On laisse déposer pour séparer les cristaux obtenus, puis on distille le liquide clair qui donne de l'alcool méthylique exempt d'acétone.

On peut encore transformer l'acétone en chloroforme (ou en iodoforme), en traitant le méthylène par un lait de chaux et un lait concentré de chlorure de chaux ; en soumettant ensuite le chloroforme formé à une distillation, ce produit passe le premier, on le recueille sous l'eau afin de ne pas perdre de méthylène (les eaux rentrant ensuite dans la fabrication), puis lorsque l'alcool méthylique pur distille, on le recueille à part.

## Préparations et propriétés des acétates. — Différents emplois de ces sels.

### Acétate de potasse neutre.

Ce sel $C^2H^3O^2K$ se prépare en saturant directement une dissolution d'acétate de potasse ou de carbonate de potasse par de l'acide acétique. La solution évaporée vers 37°Bé est mise à cristalliser dans des bacs en bois doublés de plomb ; les cristaux obtenus, soyeux et déliquescents, sont ensuite essorés pour les séparer de leurs eaux-mères.

La solution aqueuse d'acétate de potasse, évaporée à siccité, se transforme en une masse lamellaire à cassure très brillante, nommée *terre foliée du tartre des anciens* ; elle fond vers 292° pour se prendre par refroidissement en cristaux feuilletés très déliquescents.

L'acétate de potasse est employé comme déshydratant et comme puissant agent de décomposition.

Une solution d'acétate de potasse, évaporée avec un excès d'acide acétique, donne une masse cristalline d'acétate acide de potasse $C^2H^3O^2K$, $C^4H^3O^4H$, fondant vers 148° et utilisé, comme nous l'avons vu précédemment, pour la fabrication de l'acide acétique cristallisable.

Le tableau suivant donne la quantité d'acétate de potasse anhydre renfermée dans des solutions aqueuses de diverses densités :

| Densités à 15° | 0/0 de sel | Densités à 15° | 0/0 de sel |
|---|---|---|---|
| 1.049 | 10 | 1.2105 | 40 |
| 1.1005 | 20 | 1.2685 | 50 |
| 1.1545 | 30 | 1.3285 | 60 |

**Acétate de soude** ($C^2H^3O^2Na + 3H^2o$) **nommé aussi terre foliée minérale.**

L'acide pyroligneux, séparé par distillation des produits méthylés, est versé dans des cuves larges et peu profondes en bois ou en fonte émaillée, que l'on

ne remplit seulement qu'aux deux tiers ; on y ajoute peu à peu du carbonate de soude Solvay, en ayant soin d'attendre quelques minutes après chaque nouvelle addition de sel de soude pour permettre à l'acide carbonique
de se dégager, et de laisser l'effervescence se calmer pour ne pas faire déborder le liquide. A mesure que la solution devient de moins en moins acide,
les matières goudronneuses, dissoutes comme nous l'avons vu à la faveur
de l'acide acétique, se séparent et viennent surnager sur le liquide, et, lorsque la liqueur est neutralisée, ce que l'on reconnaît par une nouvelle addition de sel qui ne produit plus d'effervescence, on laisse reposer quelque
temps pour permettre aux goudrons de se rassembler ; on écume ceux-ci,
puis on envoie la solution d'acétate de soude à l'évaporation.

Si l'on veut utiliser pour cette concentration les chaleurs perdues des
foyers de la distillation des bois, on installe des bassines rectangulaires en
tôle sur des carneaux dans lesquels on peut, au moyen d'un registre, faire
passer les gaz des foyers avant de les envoyer à la cheminée. La solution
saline est amenée dans le bassin le plus éloigné du foyer, puis passée dans
le suivant pour compenser l'évaporation au fur et à mesure qu'elle se produit, jusqu'à ce que le liquide du dernier marque 27° Bé ; on ferme alors
momentanément le registre sur le carneau et on envoie les gaz directement à la cheminée, jusqu'à ce que l'on ait vidé, dans des cristallisoirs en
tôle, le contenu du bassin amené à concentration. On remplit ensuite ce
bassin vide avec le précédent, et on continue l'évaporation en amenant à nouveau les gaz des foyers des fours sous les bassins.

Comme pendant l'opération il surnage encore à la surface de la masse des
goudrons qui souilleraient le produit, il faut avoir bien soin de les écumer
au fur et à mesure qu'ils se rassemblent.

La cristallisation de l'acétate de soude demande plusieurs jours ; lorsqu'elle est terminée, on débouche un orifice placé à la base de chaque cris-
tallisoir ; celui-ci étant légèrement incliné, les eaux-mères s'écoulent dans
une rigole qui les conduit dans un bac placé à un niveau inférieur.

Le sel obtenu de la sorte est mis après égouttage dans une chaudière en
tôle ou en fonte (fig. 45 et 46), et additionné de la quantité d'eau voulue
pour faire une dissolution bouillante pesant 27° Bé, qu'ensuite on met à cristalliser dans des bacs ; au bout de 6 à 10 jours, on a de l'acétate de soude
en cristaux plus gros que les précédents, mais encore colorés en brun ; c'est
l'acétate de soude de seconde cristallisation que l'on peut blanchir en l'es-
sorant et le lavant dans l'essoreuse avec une dissolution d'acétate de soude
purifié.

Pour préparer l'acétate de soude blanc, on fond les cristaux de 2e cristallisation sans addition d'eau dans une chaudière en fonte, puis on passe,

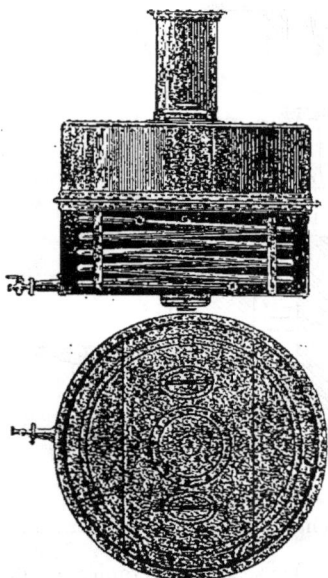

Fig. 45. — Bac à évaporer.

Fig. 46. — Bac à concentrer.

par petites quantités, le produit dans une chaudière voisine nommée *fritte*, munie d'un couvercle et d'un agitateur mécanique (fig. 47). L'acétate de soude, porté vers 380°, se dessèche d'abord, puis entre en fusion, tandis que les matières goudronneuses se décomposent et se volatilisent.

Au bout d'une heure et demie environ, le sel fondu est, suivant l'installation, enlevé à l'aide d'une poche en fer et coulé dans une gouttière également en fer qui l'amène dans une chaudière en fonte ou en tôle, fermée pour éviter les projections au dehors, et contenant de l'eau dans lequel il se dissout. On peut encore couler directement l'acétate de soude de la fritte, par une vidange libre, sur des plateaux où il se solidifie, puis on le dissout dans une cuve en bois munie d'un barbotteur de vapeur et contenant la quantité d'eau nécessaire pour faire une solution à 20°-22° Bé.

Cette nouvelle solution, reposée et décantée, est filtrée sur du noir animal, afin de la décolorer le plus possible. — Lorsque le frittage est bien conduit, on peut se dispenser de passer les liqueurs sur le noir, on les passe simple-

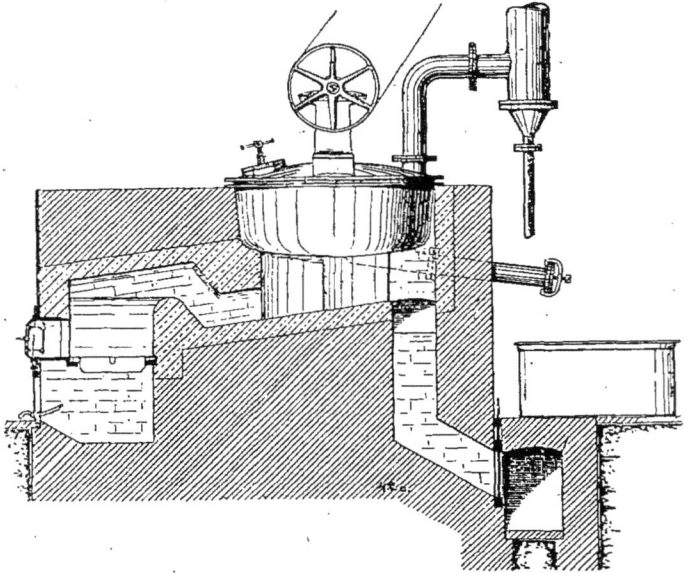

Fig. 47. — Appareil pour dessécher et fondre l'acétate de soude cristallisé.

ment dans des filtres-presses (fig. 48), pour les séparer des molécules de charbon qu'elles tiennent en suspension et provenant de la décomposition des

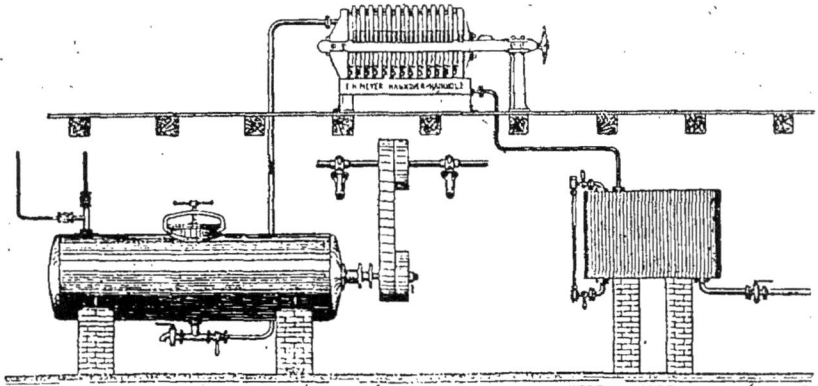

Fig. 48. — Installation pour la dissolution et la filtration de l'acétate de soude fondu.

matières organiques. La dissolution est évaporée à 25° Bé, puis est mise à
cristalliser dans des bacs plats circulaires en cuivre de 1 m. 80 de diamètre

et 0 m. 25 de profondeur (fig. 49), dans lesquels un agitateur mécanique se meut, afin d'obtenir de petits cristaux plus purs et plus faciles par suite à essorer et à laver avec une solution pure d'acétate de soude.

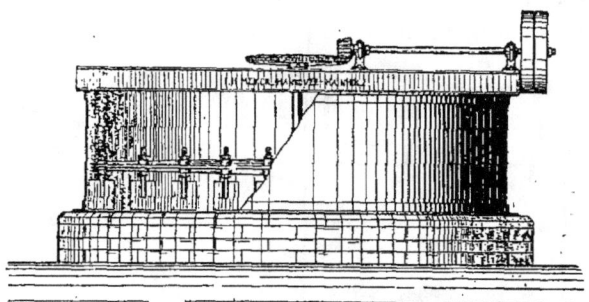

Fig. 49. — Cuve de cristallisation en mouvement de l'acétate de soude.

Le sel ainsi obtenu sert à préparer à froid l'acide acétique par le procédé Mollerat.

Le frittage de l'acétate de soude de deuxième cristallisation étant une opération assez délicate à bien mener, par suite de la température à laquelle il faut le soumettre sans le décomposer, on préfère dans certaines usines supprimer cette opération et préparer une solution bouillante d'acétate de soude à 15° ou 16° Bé, que l'on fait passer lentement à travers des filtres à noir animal en grains (fig. 50), de construction semblable à ceux employés en sucrerie. On obtient ainsi des liqueurs suffisamment décolorées pour donner, après concentration et cristallisation, des cristaux blonds d'acétate de soude aussi pur que celui préparé par le procédé précédent. Ce mode d'épuration nécessite des quantités considérables de noir animal.

Par le *procédé de M. Hanriot*, on traite la solution des cristaux de première cristallisation par du tannin ou du bois moulu et défibré de chêne ou de châtaignier ; le tannin précipite, de la liqueur, les matières goudronneuses, qui sont ensuite séparées par décantation ou filtration. La solution, étant ensuite évaporée et mise à cristalliser, donne de l'acétate de soude pouvant convenir à la fabrication de l'acide acétique bon goût.

Enfin, en saturant par du carbonate de soude Solvay, l'acide acétique obtenu par décomposition du pyrolignite de chaux avec un acide minéral, et faisant cristalliser, on obtient de l'acétate de soude blanc et suffisamment pur pour être employé, par exemple, dans la teinturerie.

La saturation s'opère également dans des bacs en bois ou en fonte émaillée contenant l'acide acétique à 70 0/0 par exemple, auquel on ajoute par petites portions la quantité presque théorique de carbonate de soude Solvay, parce qu'il faut tenir compte qu'une petite quantité d'acide acétique est entraînée avec l'acide acétique qui se dégage pendant la réaction. Aussitôt l'opération terminée, on dissout le produit dans de l'eau ou mieux dans des

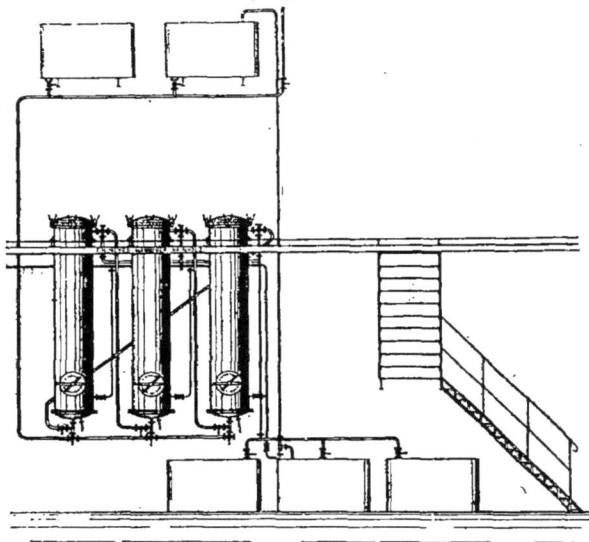

Fig. 50. — Filtres à charbon pour la décoloration de la solution d'acétate de soude.

eaux-mères d'acétate de soude provenant d'une opération précédente, chauffées préalablement dans une chaudière en cuivre ou encore en fonte, munie d'un serpentin de plomb. On a soin de se tenir en solution légèrement alcaline, de façon à ne pas dissoudre le métal de la chaudière.

L'acétate de soude est versé dans la chaudière par petites quantités à la fois, pour permettre à l'acide carbonique restant dans la masse saline de se dégager sans faire déborder la solution.

Lorsque tout est dissout, on chauffe jusqu'au premier bouillon et l'on amène la solution bouillante à une densité de 27° Bé. On laisse déposer pendant quelques heures, puis on siphonne la partie claire que l'on met à cristalliser dans des bacs rectangulaires d'environ 25 centimètres de profondeur où on ajoute, lorsque le liquide est encore très chaud, un peu d'acide acétique pour neutraliser sa légère alcalinité.

Au bout de deux à trois jours, suivant la saison, l'acétate de soude cristallisé est séparé de ses eaux-mères, puis passé dans une essoreuse à moteur direct, ce genre de commande permettant d'installer cette machine dans n'importe quel atelier où passe la vapeur.

Après essorage, l'acétate de soude est mis en sacs de 100 kilos et livré ainsi au commerce.

L'acétate de soude $C^2H^3O^2Na + 3H^2O$ est efflorescent à l'air sec ; il fond dans son eau de cristallisation, qu'il perd peu à peu puis complètement en le chauffant jusqu'à 319°.

### Acétate d'ammoniaque.

Ce sel se prépare en faisant passer jusqu'à refus du gaz ammoniaque dans de l'acide acétique cristallisable ; par suite de la combinaison des deux corps, le liquide s'échauffe, puis par le refroidissement il se prend en une masse cristalline.

La dissolution aqueuse d'acétate d'ammoniaque, nommée également *esprit de Mindérus*, peut se préparer en mélangeant l'ammoniaque à l'acide acétique dans la proportion d'environ 30 parties d'ammoniaque à 22° pour 100 parties d'acide acétique à 40°. Cette solution, chauffée à l'ébullition, laisse dégager de l'ammoniaque et donne un sel acide qui cristallise en aiguilles, qui, si l'on continue à le chauffer, se décompose en eau, ammoniaque et acide acétique, pour donner enfin de l'*acétamide* qui distille.

### Densités des solutions d'acétate de chaux.

| Densités à 15° | Sel 0/0 | Densités à 15° | Sel 0/0 | Densités à 15° | Sel 0/0 | Densités à 15° | Sel 0/0 | Densités à 15° | Sel 0/0 | Densités à 15° | Sel 0/0 |
|---|---|---|---|---|---|---|---|---|---|---|---|
| 1.0066 | 1 | 1.0362 | 6 | 1.0527 | 11 | 1.0708 | 16 | 1.0925 | 21 | 1.1189 | 26 |
| 1.0132 | 2 | 1.0394 | 7 | 1.0562 | 12 | 1.0750 | 17 | 1.0996 | 22 | 1.1248 | 27 |
| 1.0198 | 3 | 1.0426 | 8 | 1.0597 | 13 | 1.0792 | 18 | 1.1027 | 23 | 1.1307 | 28 |
| 1.0264 | 4 | 1.0458 | 9 | 1.0632 | 14 | 1.0834 | 19 | 1.1078 | 24 | 1.1366 | 29 |
| 1.0330 | 5 | 1.0492 | 10 | 1.0666 | 15 | 1.0874 | 20 | 1.1130 | 25 | 1.1426 | 30 |

### Acétate de chaux blanc.

L'acétate de chaux blanc s'obtient en saturant la chaux par l'acide acéti-

Dumesny et Noyer

que : 1 partie de chaux éteinte et 3 parties d'acide acétique à 60°. On prépare le lait de chaux et on l'ajoute par petites quantités à l'acide acétique, en ayant soin que l'élévation de température ne soit pas trop considérable, afin d'avoir le moins de pertes possible en acide acétique.

La saturation étant terminée, on laisse refroidir, puis on essore la masse blanche ainsi obtenue. L'acétate de chaux est mis ensuite à sécher sur des plaques de tôle étamée chauffées, par exemple, par les chaleurs perdues d'un foyer.

### Acétate d'alumine.

Connu sous le nom de *mordant rouge des indienneurs*, l'acétate d'alumine s'emploie comme mordant ordinaire dans l'impression des toiles peintes. Ce sel ne cristallisant pas est préparé, en solution plus ou moins étendue suivant l'usage auquel on le destine, soit par double décomposition d'un acétate soluble et d'un sel d'alumine, soit par dissolution dans l'acide acétique d'alumine fraîchement précipitée.

Par double décomposition, on emploie ou l'acétate de plomb, ou l'acétate de chaux, ou encore et de préférence l'acétate de baryte lorsque l'on veut obtenir avec le sulfate d'alumine un acétate exempt d'acide sulfurique : le sulfate de plomb étant légèrement soluble dans un acétate, et le sulfate de chaux un peu soluble dans l'eau.

L'acétate d'alumine étant peu stable, surtout à chaud où il se décompose en laissant dégager son acide acétique, doit se faire à froid.

Si l'on opère avec l'acétate de plomb, on prépare une solution de ce sel à 45° Bé que l'on mélange à froid avec une solution de sulfate d'alumine à 22° Bé ; on laisse déposer, puis l'on décante la solution d'acétate d'alumine.

L'acétate d'alumine obtenu avec l'acétate de chaux est préparé en versant par petites quantités, toujours pour éviter une élévation de température, une solution d'acétate de chaux dans une dissolution de sulfate d'alumine à poids moléculaires égaux. Après avoir bien mélangé la masse, on laisse déposer, puis on décante, et, si l'on veut que cette solution d'acétate d'alumine ne contienne pas de sulfate, on termine l'opération par l'addition d'une petite quantité d'acétate de baryte.

Avec l'alumine fraîchement précipitée d'une solution d'alun de potasse ou d'ammoniaque dans de l'eau par le carbonate de soude, on prépare l'acétate d'alumine convenant aux teinturiers, en dissolvant cette alumine en gelée dans l'acide acétique. En ajoutant à la solution du sel normal des quantités croissantes d'un carbonate alcalin, on peut obtenir les solutions de divers acétates d'alumine basiques. On rencontre souvent dans le commerce des solutions impures d'acétate d'alumine préparées en précipitant simplement une dissolution d'un alun alcalin par l'acétate de plomb. On dissout à chaud 70 parties d'alun dans 50 parties d'eau, ensuite on ajoute peu à peu, en agitant constamment, 100 p. d'acétate de plomb en poudre fine ; il se forme du sulfate de plomb qui se dépose. La liqueur renferme, outre l'acétate d'alumine, du sulfate de potasse, d'ammoniaque ou de soude, suivant la nature de l'alun employé, et des traces de sulfate de plomb.

Le nom technique donné aux solutions des divers acétates d'alumine et sulfo-acétates d'alumine employés en pratique est celui de *mordant rouge*, parce qu'ils sont universellement utilisés dans l'impression sur toile et la teinture sur coton, pour produire les rouges d'alizarine.

### Acétates de fer.

L'acétate de fer employé dans la teinture en noir est fabriqué avec de l'acide pyroligneux débarrassé de l'alcool méthylique et de la plus grande partie de ses goudrons. On le verse bouillant sur de la tournure de fer contenue dans des cuves en bois ; le fer est aussitôt attaqué en dégageant de l'hydrogène, pendant que les goudrons dissous à la faveur de l'acide acétique libre, se rassemblent à la surface du liquide en une couche épaisse que l'on écume.

Au bout de 24 heures, l'acide pyroligneux transformé en un mélange d'acétate de protoxyde de fer et de sesquioxyde de fer est soutiré ; il marque 14° Bé. Quant au fer qui reste dans la cuve, on est obligé de l'en sortir pour le revivifier ; à cet effet, on le dispose en tas et on y met le feu afin de brûler les goudrons qui enrobent la tournure non dissoute. Le fer passé ensuite sur un tamis, pour le séparer de l'oxyde qui s'est formé dans la combustion, peut alors servir pour une nouvelle opération.

L'*acétate de protoxyde de fer*, employé pour la fabrication de certaines encres à écrire et dans l'impression sur étoffes, est préparé en dissolvant dans une chaudière en cuivre du fer dans de l'acide acétique des arts étendu d'eau. Pour favoriser la réaction, on chauffe le tout vers 70°-80°, puis on laisse refroidir. Comme l'oxygène de l'air transforme assez rapidement ce sel en acétate de sesquioxyde de fer, on le soutire dans des récipients fermés. La présence du catéchol, qui agit comme réducteur dans l'acétate de protoxyde de fer, empêche qu'il s'oxyde trop rapidement, ce qui permet de le conserver.

On peut encore l'obtenir par double décomposition d'une solution d'acétate de chaux ou de plomb et de sulfate ferreux.

Pour préparer l'*acétate ferrique*, on peut, ou bien décomposer par un acétate le sulfate ferrique, ou bien employer le procédé, plus industriel, qui consiste à le fabriquer en abandonnant au contact prolongé de l'air des copeaux de fer immergés dans l'acide acétique. L'opération, qui dure plusieurs semaines, se fait dans des tonneaux munis d'un faux-fond ; la liqueur qui s'écoule à la partie inférieure est repassée de temps en temps sur la masse en travail. Enfin, lorsque la solution marque 10° à l'aréomètre, on la concentre à feu nu à 15° pour la livrer au commerce.

### Acétate de zinc.

Il est obtenu en dissolvant le zinc, le carbonate de zinc ou l'oxyde de zinc dans l'acide acétique. Avec l'oxyde de zinc, on prépare un lait formé de 100 parties d'oxyde de zinc et 150 parties d'eau, puis on sature avec de l'acide acétique à 75-80 0/0 ; le tout est ensuite chauffé dans une chaudière jusqu'à l'ébullition, et concentré à 32°-33° Bé. Alors on laisse déposer, puis on décante la solution claire que l'on met à cristalliser. Au bout de quelque temps, les cristaux en paillettes blanches qui se sont formés sont essorés, pour les séparer de leurs eaux-mères, et mis à sécher sur claies.

### Acétate de chrome.

Ce sel se prépare en solution, en mélangeant dans des proportions convenables des solutions d'acétate de plomb et de sulfate de chrome ou d'alun de chrome ; dans ce dernier cas, la solution contient naturellement du sulfate de potasse.

Une solution préparée ainsi n'est pas décomposée par ébullition, quelque soit sa dilution. A froid, il n'y a pas précipitation d'oxyde de chrome par les alcalis caustiques, les carbonates, les phosphates et les silicates alcalins ; mais à l'ébullition, il y a précipitation complète. Nous verrons plus loin l'application en teinture de ces propriétés.

### Acétate de cuivre.

L'acétate de cuivre neutre ou *verdet* est nommé également *cristaux de Vénus*.

Pendant longtemps, ce sel a été préparé en dissolvant à chaud l'acétate basique, nommé *vert-de-gris*, dans l'acide acétique ; l'opération se faisait dans une chaudière en cuivre. Après repos, les liqueurs étaient décantées et mises à cristalliser, et afin de faciliter la formation des cristaux et leur dépôt, on introduisait dans le liquide des baguettes de bois fendues qui se recouvraient de cristaux.

Aujourd'hui, l'on part du sulfate de cuivre que l'on transforme en acétate au moyen de l'acétate de soude, ou encore du sulfate de cuivre dont on précipite le cuivre à l'état d'oxyde hydraté que l'on dissout ensuite dans l'acide acétique. Par ce dernier procédé, on ajoute à une solution de sulfate de cuivre dans l'eau un lait de chaux, en quantité suffisante pour précipiter tout le cuivre à l'état d'oxyde, en ayant soin de bien agiter la masse pendant l'addition du lait de chaux ; on ajoute ensuite l'acide acétique qui redissout l'oxyde hydraté de cuivre formé ; on laisse déposer le sulfate de chaux, puis on concentre à pellicule la liqueur claire décantée, et l'on met à cristalliser.

A ce procédé on préfère un autre mode de fabrication plus rapide qui permet d'obtenir de grandes masses d'acétate de cuivre : en mélangeant des solutions de sulfate de cuivre et d'acétate de soude à une température moyenne de 70°-75°.

Dans une chaudière en cuivre, chauffée par un double-fond ou un serpentin de vapeur, contenant environ 800 litres d'eau, ou d'eaux-mères d'une opération précédente qui alors sont saturées d'acétate de cuivre et de sulfate de cuivre, on y dissout vers 75° de température 300 kilogrammes de sulfate de cuivre cristallisé, que l'on ajoute peu à peu en remuant, tout en se maintenant à la température de 70°-75°.

Dans une seconde chaudière en bois ou en fonte, munie également d'un serpentin en cuivre ou en plomb, on chauffe vers 75° environ 700 litres d'eau ou d'eaux-mères (d'une opération précédente), dans lesquels on dissout 330 kilogr. d'acétate de soude.

Les solutions chaudes sont coulées dans un bac en bois, en ayant soin de faire arriver les deux jets de liquides à une certaine distance l'un de l'autre dans le fond de la cuve, et assez doucement pour éviter que la masse ne se mette en mouvement. On règle l'arrivée de la solution de soude, de façon que ce sel soit toujours en excès à molécules égales sur le sulfate de cuivre. La grande affinité de l'acide acétique, contenu dans l'acétate de soud e, sur le cuivre du sulfate, est assez grande pour que la double décomposition se produise assez rapidement. Au bout de quelques heures, suivant la saison, la température du mélange s'est abaissée vers 34°, l'acétate de cuivre a cristallisé, quand le sulfate de soude formé est près de son maximum de solubilité.

On décante alors les eaux-mères et l'on essore l'acétate de cuivre qui est ensuite lavé dans l'essoreuse. Le sel obtenu est séché dans une étuve à température modérée.

Il est un autre procédé qui donne également de bons résultats, non seulement comme qualité du produit obtenu, mais aussi comme prix de revient, les frais de fabrication étant inférieurs aux frais du précédent. Il consiste également à utiliser la grande affinité qu'ont les deux sels, acétate de soude et sulfate de cuivre pour former l'acétate de cuivre et le sulfate de soude, en mettant simplement en contact du sulfate de cuivre cristallisé et une solution d'acétate de soude.

Dans une chaudière en fer ou en bois chauffée comme précédemment par un serpentin, on prépare une solution de 165 kilogrammes d'acétate de soude dans 400 litres d'eau (ou d'eaux-mères d'une opération précédente) que l'on chauffe vers 80° C.

D'un autre côté, sur un double-fond en bois ou en toile métallique de cuivre, supporté par un cadre à une certaine hauteur du fond d'une cuve d'environ 0 m. 40 de profondeur et d'une capacité de 5 à 600 litres, on dispose 150 kilogrammes de sulfate de cuivre en cristaux, de manière que la solution d'acétate de soude, une fois versée, le recouvre complètement.

Le bac est ensuite couvert, afin que son contenu se conserve encore chaud pendant une douzaine d'heures, temps nécessaire pour obtenir une transformation complète du sulfate de cuivre en acétate.

Lorsque la température du liquide s'est abaissée vers 34°, on décante les eaux-mères et l'on recueille l'acétate de cuivre, dont une partie a cristallisé en beaux cristaux dans le fond du bac, tandis que l'autre partie est restée sur le double-fond.

L'acétate de cuivre formé est essoré et lavé dans le panier de l'essoreuse, avec de l'eau tiède, puis il est séché à une douce température pendant 24 à 36 heures, et ensuite tamisé suivant les besoins de la consommation. Les morceaux qui restent sur le tamis sont écrasés et donnent une qualité d'acétate de cuivre plus mate et plus bleutée.

Dans les deux procédés que nous venons de décrire, les eaux-mères sont mises à cristalliser à nouveau pour en retirer le sulfate de soude. Au bout de 4 à 5 jours, ce sel est séparé du liquide qui rentre dans la fabrication de l'acétate de cuivre. Le sulfate de soude cristallisé est redissout, pour être purifié, dans une chaudière où il est chauffé en présence de rognures de fer, afin de précipiter le cuivre qui souillait les cristaux de sulfate de soude ; on ajoute ensuite une petite quantité de carbonate de soude qui précipite le fer. Au bout de 24 heures la solution est décantée à une température de 30° à 35° C, et, comme la quantité d'eau (ou d'eaux-mères de sulfate de soude) employée est calculée pour avoir à cette température une solution concentrée de sel, le sulfate de soude est prêt à cristalliser ; on lui fait alors subir une cristallisation troublée, afin d'obtenir des petits cristaux qui sont pour ainsi dire chimiquement purs. — Le cuivre mélangé d'oxyde de fer est recueilli et rentre dans la fabrication du sulfate de cuivre.

### Acétate de cuivre bibasique ou vert-de-gris.

On le prépare industriellement dans le Midi de la France, où il possède une certaine importance surtout aux environs de Montpellier, en oxydant à l'air des plaques de cuivre abandonnées au milieu du marc de raisin.

### Acétate neutre de plomb ou sel de saturne.

Ce sel s'obtient, soit en dissolvant la litharge dans l'acide acétique, soit par l'oxydation directe du plomb à l'air en contact avec l'acide acétique.

L'acide acétique employé dans les deux cas est de l'acide industriel à 40 0/0.

1° *Par la litharge.* — La préparation de l'acétate de plomb au moyen de la litharge consiste à porter vers 50° de température, une certaine quantité d'acide acétique versée dans une cuve en bois ou en fer doublée de plomb (le chauffage ayant lieu par simple barbotage de vapeur), puis à y ajouter peu à peu, en remuant, de la litharge dont le poids correspond aux cinq ou aux six dixièmes de celui de l'acide ; lorsque la neutralisation est complète, ce que l'on constate par le papier de tournesol, on laisse reposer, puis on décante dans une chaudière en cuivre munie d'un serpentin de vapeur. On concentre ensuite la solution claire vers 45°-48° Bé et on laisse reposer quelques instants ; puis on tire la liqueur claire que l'on met à cristalliser dans des terrines en grès. Après 24 heures de refroidissement, la cristallisation est terminée ; en renverse alors les terrines pour égoutter les eaux-mères, et on essore les cristaux que l'on met ensuite à sécher sur des châssis dans une étuve à forte circulation d'air, mais chauffée à une température ne dépassant pas 35°, afin de ne pas mettre en liberté une partie de l'acide acétique que renferme l'acétate de plomb neutre, sel peu stable à une plus haute température.

Certains industriels ont modifié ce procédé en utilisant la propriété que possède la litharge d'être beaucoup plus soluble dans l'acétate de plomb que dans l'acide acétique ; on transforme ensuite l'acétate basique de plomb ainsi formé, en acétate neutre, par une addition d'acide acétique jusqu'à ce que la solution soit neutre.

On commence d'abord par verser dans le bac à dissolution un tiers de sa capacité d'acide acétique à 30 0/0, que l'on chauffe jusqu'à commencement d'ébullition ; puis à l'aide d'un tamis, on introduit, en agitant constamment, la litharge additionnée d'eau, sous forme de bouillie fine, et cela en quantité suffisante pour saturer le double de la quantité d'acide acétique versée dans le bac. Cela fait, on porte à l'ébullition pendant quelques minutes à l'aide d'un jet de vapeur que l'on fait barboter dans le liquide ; la litharge se dissout vivement et complètement pour former une solution laiteuse d'acétate basique de plomb. On transforme ensuite l'acétate basique en acétate neutre de plomb, en ajoutant une quantité d'acide acétique égale à celle qui a servi primitivement, tout en agitant encore pendant quelque temps. De cette façon la perte en acide acétique serait insignifiante

On reconnaît que l'acétate basique de plomb est totalement transformé en sel neutre, en utilisant la réaction Pfunott, qui consiste à ajouter à une prise d'essai de la solution plombique, quelques gouttes d'une solution à 5 0/0 de chlorure mercurique jusqu'à ce qu'il n'y ait plus de précipité. On versera donc de l'acide acétique jusqu'à ce qu'on ait atteint ce point. Enfin, on évapore le liquide clarifié, dans des chaudières de plomb ou de cuivre étamé, jusqu'à 50° Bé bouillant, et on laisse cristalliser dans des cristallisoirs en grès ou dans des bacs plats en bois.

Afin d'enlever le cuivre qui, sous forme d'oxyde contenu dans la litharge, se dissout en même temps que celle-ci, on suspend dans la cuve à concentration des lames de plomb qui précipitent le cuivre.

2° *Par le plomb métallique.* — Dans ce procédé, on amène d'abord le plomb à un état très divisé ; pour cela on le fond dans une marmite en fonte, puis on le grenaille en le faisant tomber dans un petit bac contenant de l'eau froide ; le plomb se solidifie en prenant la forme éponge.

On dispose ce plomb dans une colonne en bois portant un double-fond également en bois percé de trous ; cette cuve d'une hauteur de 4 mètres environ est légèrement conique, son diamètre inférieur, le plus grand, peut avoir deux mètres.

Sur le plomb est versé de l'acide acétique mélangé d'une certaine quantité d'eaux-mères d'une opération précédente ; le liquide arrive sur le fond supérieur percé de petits trous et placé de quelques centimètres en contrebas de la partie supérieure de la cuve ; il se répartit ainsi également sur toute la surface du plomb.

Afin d'apporter au plomb l'oxygène nécessaire pour sa transformation en acétate, on provoque par le tirage d'une cheminée branchée à la partie supérieure, une circulation d'air qui se fait par la cuve entre les deux fonds ; l'oxydation du plomb est accompagnée d'un dégagement de chaleur qui favorise la réaction amorcée au début, en réchauffant le plomb par un jet de vapeur insufflé dans la cuve.

Les liqueurs sont repassées sur le plomb jusqu'à ce qu'elles soient neutralisées et qu'elles pèsent 48° à 52° Beaumé suivant la saison, la solution étant à 60° de température ; lorsqu'elles ont atteint le degré de concentration voulu, elles sont légèrement acidulées dans la cuve par l'addition d'une petite quantité d'acide acétique. Après quelques heures de repos, elles sont décantées et mises à cristalliser dans des terrines en grès ou dans des bacs rectangulaires en bois de peu de profondeur, afin de permettre aux liqueurs de se refroidir assez rapidement et de cristalliser dans les 48 heures.

**Densités des solutions de l'acétate de plomb.**

| Densités à 15° | Degrés Beaumé | Sel 0/0 | Densités à 15° | Degrés Beaumé | Sel 0/0 | Densités à 15° | Degrés Beaumé | Sel 0/0 | Densités à 15° | Degrés Beaumé | Sel 0/0 |
|---|---|---|---|---|---|---|---|---|---|---|---|
| 1.0127 | 2° | 2 | 1.1084 | 14° | 16 | 1.2211 | 26°1 | 30 | 1.3588 | 37°9 | 44 |
| 1.0255 | 3 5 | 4 | 1.1234 | 16 | 18 | 1.2395 | 27 8 | 32 | 1.3810 | 40 | 46 |
| 1.0336 | 4 5 | 6 | 1.1384 | 17 5 | 20 | 1.2578 | 29 5 | 34 | 1.4043 | 41 5 | 48 |
| 1.0520 | 7 | 8 | 1.1544 | 19 2 | 22 | 1.2768 | 31 2 | 36 | 1.4271 | 43 2 | 50 |
| 1.0654 | 8 7 | 10 | 1.1704 | 20 9 | 24 | 1.2966 | 32 9 | 38 | 1.4494 | 44 7 | 52 |
| 1.0796 | 10 5 | 12 | 1.1869 | 22 6 | 26 | 1.3163 | 34 7 | 40 | 1.4735 | 46 3 | 54 |
| 1.0939 | 12 | 14 | 1.2040 | 24 4 | 28 | 1.3376 | 36 3 | 42 | 1.4968 | 48 | 56 |

Les cristaux sont ensuite débarrassés de leurs eaux-mères par un égouttage, après on les passe à l'essoreuse, puis au séchoir.

Les dépôts qui se forment dans ce procédé contiennent beaucoup de carbonate de plomb provenant de l'acide carbonique de l'air ; on pourra les utiliser en les redissolvant à chaud dans l'acide acétique qui servira dans une opération suivante.

Dans l'installation d'une fabrique d'acétate de plomb par ce procédé, il faut bien éviter, dans la construction des appareils, l'emploi des métaux, principalement du fer, qui s'attaquant très facilement, amèneraient des impuretés dans le produit final, ce qui aurait un grand inconvénient, surtout pour l'acétate de plomb destiné à la fabrication des couleurs.

Suivant la qualité de l'acide acétique employé dans cette fabrication, on obtient des cristaux plus ou moins bien définis ; ainsi, tandis qu'avec l'acide acétique bon goût, on obtient de l'acétate de plomb en gros cristaux bien nets, avec l'acide acétique industriel renfermant des acides propioniques, butyriques, etc., on a une cristallisation mal définie, elle se fait comme on dit en choux-fleurs, de par la présence des homologues supérieurs de l'acide acétique.

*Sous-acétate de plomb.* — Ce sel se présente généralement en solution, sous le nom *d'extrait de saturne*, ou sous forme de sel desséché.

Le sous-acétate de plomb desséché s'obtient en chauffant par la vapeur, dans une chaudière à double-fond en cuivre, 50 litres d'eau dans laquelle on dissout 40 kilos d'acétate neutre de plomb ; on y ajoute ensuite par petites quantités 10 kilos de litharge, et l'on porte à l'ébullition. L'évaporation du liquide se continue jusqu'à ce qu'il devienne sirupeux et se prenne subitement en masse ; on continue alors à agiter vivement, tout en chauffant jusqu'à ce que le produit soit sec au toucher.

L'extrait de saturne se prépare de la même façon, mais on arrête la concentration lorsque la solution marque à froid 35 à 36° Bé. On laisse déposer, puis on décante la partie claire.

### Acétine.

L'acétine que l'on trouve dans le commerce est simplement un éther de la glycérine ; elle s'obtient en chauffant au bain-marie pendant 12 à 15 heures, dans des récipients en grès semblables aux condenseurs à acides minéraux, la glycérine et l'acide acétique que l'on mélange dans les proportions de 53 0/0 de glycérine à 28° et 47 0/0 d'acide acétique pur ou 55 0/0 d'acide à 85 0/0.

Pendant l'opération de chauffage, on a soin d'agiter la masse de temps en temps afin que la réaction soit complète ; on laisse ensuite refroidir pendant quelques heures, puis on siphonne la partie claire du liquide.

## Différents emplois industriels des produits obtenus dans la distillation des bois et de leurs dérivés.

L'étude des différents emplois des produits obtenus dans l'industrie de la distillation des bois, ne rentrant qu'à titre accessoire dans le cadre de notre ouvrage, nous n'exposerons que les principaux usages industriels des produits dont nous avons parlé jusqu'alors.

*Charbon de bois.* — Une des principales industries où l'on emploie beaucoup le charbon de bois est la métallurgie ; là, on utilise les propriétés que le charbon possède de s'unir à plusieurs métaux, tels que le fer pour la préparation des aciers et des fontes.

*Alcool méthylique ou esprit de bois.* — Il est principalement employé pour

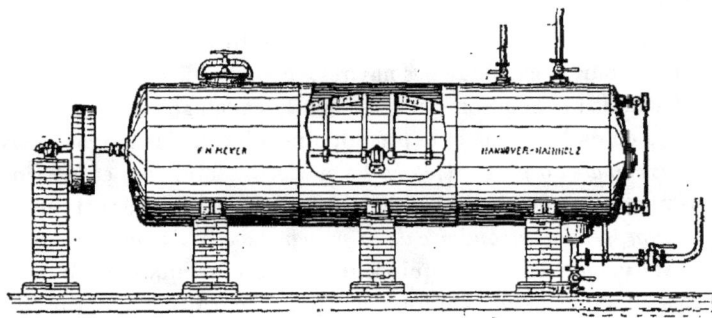

Fig. 51. — Réservoir pour mélanger le méthylène.

le chauffage et l'éclairage, et pour la conservation des objets ; il sert comme dissolvant des huiles fines et de certains carbures d'hydrogène, principalement des résines et des gommes.

L'alcool méthylique pur est employé pour la fabrication des matières colorantes, comme la méthylaniline que l'on obtient en chauffant sous pression un mélange d'esprit de bois et de chlorhydrate d'aniline.

L'esprit de bois, contenant une certaine quantité d'acétone, sert pour dénaturer les alcools à taxe réduite, destinés à l'industrie.

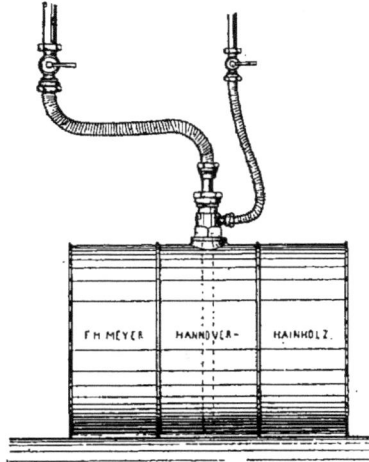

Fig. 52. — Dispositif pour soutirer des fûts en fer les produits de distillation de méthylène.

*Goudron de bois.* — La marine utilise des quantités considérables de goudron de bois pour le calfatage des navires, pour enduire les cordages, les voiles et les mâts ; le goudron qui sert pour le calfatage est mélangé avec du brai gras ou de la résine, et le produit ainsi obtenu est désigné sous le nom de *poix navale* ou *poix végétale*. La médecine humaine et vétérinaire fait également usage du goudron dans les affections pulmonaires et cutanées.

*Le goudron, produit secondaire de la préparation de l'acide pyroligneux*, ne convient pas pour les usages qui viennent d'être indiqués ; on le soumet ordinairement à une distillation fractionnée, qui fournit deux ou trois groupes de corps que l'on recueille à part, pour les employer à la préparation de la créosote et de l'acide phénique, comme nous le verrons plus loin.

*Acide acétique.* — L'acide acétique monohydraté est employé en photographie et dans les travaux de laboratoire ; sous le nom de *bon goût*, il sert à rehausser le degré du vinaigre de conserves, ou additionné d'eau, il vient remplacer le vinaigre pour les usages culinaires.

L'acide acétique des arts sert de base, comme nous l'avons vu, à la préparation des acétates, de l'aniline, etc. ; il présente également un grand débouché dans la tannerie et la mégisserie (1) pour le déchaulage des peaux, et dans la teinture, comme dissolvant des colorants. Employé en quantités très faibles, il sert pour monter les bains de teinture des couleurs au tannin.

*Acétate de soude*. — Ce sel a beaucoup d'usages dans la teinture ; on l'ajoute aux bains de développement du rouge de nitrosamine, ainsi qu'aux pâtes d'impression (rongeants au sel d'étain) pour préserver la fibre ; il est utilisé comme réserve pour noir d'aniline (procédé Prudhomme). A titre de renseignement, nous donnons ci-dessous la préparation d'un bain pour rouge de nitrosamine :

4 k. 160 de rouge de nitrosamine en pâte (B. A. S. F.) ;

2 k. d'acide chlorhydrique à 20° Bé (30 0/0 HCl) ;

50 litres d'eau aussi froide que possible ; en été il y a même lieu d'ajouter un peu de glace.

2 k. 800 d'acétate de soude et compléter à 100 litres avec de l'eau.

L'acétate de soude, comme réserve blanche pour noir d'aniline, est employé dans le bain de composition suivante :

200 d'acétate de soude dissout dans 150 d'eau, puis empâter en chauffant avec 650 d'épaississant de british gomme.

Pour une réserve colorée, on se servira de 500 de laque colorée en couleur voulue, 150 d'eau adragante dans laquelle on a dissous 150 d'acétate de soude et 200 d'eau d'albumine 1/1.

Enfin l'acétate de soude est employé encore dans certains bains de teinture avec l'acétine.

*Acétine*. — Ce produit est aujourd'hui utilisé en grandes quantités dans l'impression sur coton, car c'est un dissolvant remarquable, soit pour couleurs basiques, soit pour colorants solubles dans l'alcool. Au vaporisage, l'acétine facilite l'oxydation des matières colorantes.

Nous donnons, ci-dessous, la composition de ce que l'on nomme en teinture un rongeant :

350 p. de poudre de zinc,

350 p. d'épaississant,

150 p. d'acétine,

150 p. de bisulfite de soude à 38° Bé.

après impression sur le tissu, préalablement passé au bain de teinture, on sèche et on vaporise pendant 10 minutes sous pression, puis on rince, on avive et on termine par un second rinçage.

(1) *Revue de Chimie Industrielle*, 1902.

L'acétine est employée dans un rongeant au sel d'étain dans les proportions suivantes :

On prépare d'abord à chaud un mélange de 550 p. d'épaississant à l'acétate d'étain, 250 p. d'acétate d'étain à 21° Bé, puis on ajoute en refroidissant 25 p. de sel d'étain, 20 p. d'acétine et 155 p. d'eau.

Enfin, à titre d'exemple, nous donnerons la formule d'une préparation dans laquelle entrent l'acétine et l'acétate de soude, comme rongeants pour protéger la fibre :

550 0,00 d'épaississant à l'acétate d'étain,
200 0/00 d'acétate d'étain à 21° Bé,
110 0/00 de sel d'étain,
40 0/00 d'acétate de soude,
30 0/00 d'acétine et
70 0/00 d'eau.

*Acétate d'ammoniaque.* — Ce composé est plutôt employé en médecine, ou sert pour la préparation de l'acétamide.

*Acétate d'alumine.* — En dehors de son emploi dans la teinture pour ce qu'on appelle couleurs vapeur et dans la teinture en rouge turc, l'acétate d'alumine sert aussi à l'imperméabilisation des tissus : on fait passer les pièces sur des cylindres en molleton qui les mouillent avec une solution de gélatine et d'acétate d'alumine, puis sur des cylindres sécheurs ; l'acide acétique de l'acétate disparaît au séchage et l'alumine reste sur la fibre.

*Acétates de fer.* — Ils sont d'un grand usage dans la préparation des encres, la teinture en noir des bois, l'impression sur étoffes, etc.

Le pyrolignite de fer est le mordant de fer le plus employé par l'imprimeur sur calicot, pour la teinture des noirs, violets, grenats, etc. ; il est également très employé pour teindre la soie en noir ou pour charger la soie grège.

Enfin, sous forme d'*acéto-nitrate de peroxyde de fer*, il est utilisé pour la teinture en noir de la soie destinée à faire la peluche des chapeaux ; ce composé de fer est alors préparé en dissolvant de la tournure de fer dans l'acide nitrique, jusqu'à ce qu'il y ait formation d'une masse pâteuse d'azotate basique de peroxyde de fer ; on recueille ce précipité et on le dissout dans l'acide acétique à chaud, en ayant soin de conserver un léger excès du précipité.

*Acétate de chrôme.* — L'acétate de chrôme en solution est employé en teinture pour le mordançage du coton. La cellulose possédant la propriété d'attirer le sesquioxyde de chrôme, par une simple immersion de plusieurs heures dans une solution alcaline d'acétate de chrôme, on prépare une solution de 100 p. d'acétate de chrôme (densité 1.115), de 100 p. de soude caustique (densité 1,33) et de 50 p. d'eau.

*Acétates de cuivre.* — Les acétates de cuivre sont employés, comme couleurs vertes, dans les peintures à l'huile et dans la teinture en noir sur laine ; ils entrent également dans la composition de certains mordants. L'acétate de cuivre est utilisé pour faire certaine liqueur nommée *vert d'eau* ou *vert préparé*, qui sert au lavis des plans ; il entre dans la fabrication des peintures pour papiers peints, des fleurs artificielles, etc., et est employé dans la préparation du *vert de schweinfurt*, qui est un acétoarsénite de cuivre, que l'on obtient en mélangeant ensemble, par parties égales, des dissolutions concentrées et bouillantes d'acétate de cuivre et d'acide arsénieux. Le verdet s'emploie en grandes quantités dans les maladies cryptogamiques.

*Acétate de plomb.* — L'acétate de plomb trouve son principal emploi dans la fabrication du jaune de chrôme ou chromate de plomb, et des laques qui en dérivent.

On rencontre dans le commerce plus de trente sortes de jaunes ayant pour base un chromate de plomb plus ou moins pur. Il en est même qui ne contiennent guère plus de 10 0/0 de sel.

Ils servent en peinture et dans les industries de l'impression ou de la teinture sur tissus.

Le jaune de chrôme pour peinture s'obtient en précipitant une solution d'acétate de plomb par un chromate alcalin. Il se présente alors sous forme d'une poudre d'un beau jaune foncé, dont la nuance peut varier suivant les conditions dans lesquelles la précipitation s'est faite.

Pour la teinture des tissus, on prépare un bain de plombite de chaux, en ajoutant 15 à 25 kilos d'acétate de plomb à un lait de chaux contenant 20 à 30 kilos de chaux et 500 litres d'eau.

*L'acétate de plomb basique* est employé pour charger la soie blanche.

Le grand défaut des couleurs à base de plomb c'est d'être vénéneuses et de noircir quand elles sont exposées à l'action de l'hydrogène sulfuré.

# CHAPITRE IV

## PRODUITS SECONDAIRES DE LA DISTILLATION DES BOIS

### Dérivés industriels du bois.

### Chloroforme.

Le chloroforme $CHCl^3$, qui aujourd'hui est devenu un produit très important à cause de ses propriétés anesthésiques, se prépare en faisant réagir le chlore sur l'esprit de bois en présence des alcalis. L'opération se fait dans un alambic d'une capacité triple du volume du liquide employé, à cause des réactions secondaires qui se forment et qui font boursoufler la masse.

Dans l'appareil, on chauffe au bain-marie 35 à 40 parties d'eau à 40°, dans laquelle on délaie 2 parties de chaux vive préalablement éteinte, et 8 parties de chlorure de chaux ; on y ajoute ensuite 1 partie 1/2 d'esprit de bois à 85°, et l'on élève rapidement la température du mélange jusqu'à ce que le chapiteau de l'appareil soit bien échauffé.

Il se produit un grand dégagement de gaz qui émulsionnent la masse et la font boursoufler ; on arrête alors le chauffage, soit en retirant le feu de dessous le bain-marie, soit en arrêtant la vapeur si le chauffage se fait par un serpentin, puis on laisse la distillation se continuer.

Vers la fin de l'opération, on réchauffe de nouveau pour terminer la réaction ; celle-ci est complète lorsque les liqueurs qui distillent n'ont plus le goût sucré.

Le produit distillé est un mélange de chloroforme, d'alcool méthylique et d'eau ; il forme dans le récipient où il est recueilli deux couches, la couche inférieure est le chloroforme légèrement coloré en jaune par du chlore qu'il tient en dissolution ; on décante, puis on lave le chloroforme avec de l'eau pour en enlever l'alcool, et ensuite par du carbonate de potasse. Il est enfin déshydraté avec du chlorure de calcium, puis rectifié sur de l'acide sulfurique concentré, qui est sans action sur le chloroforme, pour lui enlever l'odeur désagréable due à une petite quantité d'un composé chloré particulier.

On peut faire rentrer en fabrication les eaux qui surnagent dans la condensation du produit distillé dans la préparation du chloroforme.

Le chloroforme se prépare plus souvent avec l'alcool éthylique et à ce sujet MM. Laroque et Husant ont signalé que si avec 4 l. 1/2 d'alcool, on obtient 550 gr. de chloroforme par une première opération, on aura dans la suivante 640 gr. de ce produit en se servant des eaux distillées et de la même quantité d'alcool, puis 700 gr. dans une troisième opération et enfin 730 gr. dans une quatrième. Enfin on peut obtenir du chloroforme en distillant l'acétate de potasse et l'acétone en présence du chlorure de chaux.

Le chloroforme est un liquide très mobile, incolore, d'une odeur suave et éthérée lorsqu'il est pur, et de saveur légèrement sucrée ; sa densité est 1,48. Il bout à 60°8 et brûle difficilement avec une flamme fuligineuse, rougeâtre et bordée de vert ; à peine soluble dans l'eau, il s'y dissout néanmoins en quantité suffisante, pour communiquer au liquide une saveur sucrée des plus agréables. Il est très soluble dans l'alcool et l'éther ; sa solution alcoolique, versée dans l'eau, rend celle-ci laiteuse, tandis que le chloroforme pur ne donne aucun trouble avec l'eau.

De plus, le chloroforme pur ne doit ni troubler la solution de nitrate d'argent, ni coaguler l'albumine ; lorsqu'il est altéré, il détermine des rougeurs sur la peau, et devient vénéneux, s'il contient du chlore ou des huiles hydrocarbonées provenant d'une mauvaise rectification.

### Azotate de méthyle ($CH^3Azo^3$).

Cet éther nitrique de l'alcool méthylique est d'un grand emploi pour la fabrication de la méthylaniline.

Il se prépare en introduisant dans une cornue 1 partie de nitrate de potasse, sur lequel on verse un mélange de 2 parties d'acide sulfurique et 1 partie d'alcool méthylique ; la réaction s'accomplit d'elle-même, sans le concours de la chaleur ; il distille un liquide que l'on reçoit dans un réfrigérant-condenseur. La partie huileuse est ensuite lavée à l'eau, puis rectifiée au bain-marie sur un mélange de massicot et de chlorure de calcium, en ne recueillant que ce qui passe à 66°.

Dumesny et Noyer                                                    8

L'azotate de méthyle est incolore, d'une odeur faible et éthérée, de densité 1,18 à 22°. Il bout à 66° et brûle avec une flamme jaune. Très peu soluble dans l'eau, il se dissout en toutes proportions dans l'alcool et l'esprit de bois.

Chauffé à 100° avec de l'aniline, l'azotate de méthyle se transforme en azotate de méthylaniline, qui traité par une lessive de soude caustique, donne la méthylaniline que l'on distille, afin de la rendre propre à la fabrication des couleurs de méthylrosaniline.

### Acétate d'éthyle ($C^2H^5$, $C^2H^3O^2$).

L'acétate d'éthyle se rencontre tout formé dans le vin ou dans le vinaigre de vin ; il est employé en médecine et sert surtout à aromatiser les vinaigres préparés avec l'acide acétique obtenu par distillation.

Il se prépare en faisant réagir l'acide acétique sur l'alcool, mais comme l'éthérification par un acide organique se fait lentement et incomplètement, on préfère fabriquer l'acétate d'éthyle en faisant intervenir un acide minéral, comme l'acide sulfurique, que l'on fait réagir sur l'acétate de soude et l'alcool.

On introduit dans un alambic (dont le chauffage se fait par la vapeur) contenant de l'acétate de soude cristallisé, des petites portions d'acide sulfurique et d'alcool mélangés préalablement, puis on chauffe ; le liquide distille, et passant par un réfrigérant est recueilli dans un récipient.

Le produit distillé est ensuite agité avec deux fois son volume d'eau légèrement alcaline, puis on laisse déposer et l'on décante l'acétate d'éthyle qui surnage, et que l'on met à digérer sur du chlorure de calcium avant de le rectifier. Le chlorure de calcium étant soluble dans cet éther acétique, il en résulte des soubresauts dans l'appareil distillatoire qui rendent l'opération assez difficile, aussi préfère-t-on, comme l'a indiqué M. Berthelot, laver le produit brut avec une solution alcaline faible, puis, après rectification, l'agiter avec une solution saturée de sel marin, dessécher sur le carbonate de potasse et enfin rectifier à nouveau.

Les eaux de lavage contenant de l'éther acétique dissous et de l'alcool échappé à la réaction, sont soumises à une distillation fractionnée ; le liquide recueilli, contenant l'éther et l'alcool, rentre ensuite dans une nouvelle opération.

L'acétate d'éthyle, dont le point d'ébulition est de 74°, est un liquide incolore, très mobile, plus léger que l'eau ; il est d'une odeur éthérée très agréable, un peu soluble dans l'eau et très soluble dans l'alcool et l'éther.

Lorsqu'il est parfaitement sec, il peut se conserver indéfiniment sans s'altérer, tandis que lorsqu'il est humide, il se décompose peu à peu en régénérant de l'alcool et de l'acide acétique.

## Acétate d'amyle ($C^5H^{11}$, $C^2H^3O^2$).

La préparation de cet éther se fait de la même façon que celle de l'acétate d'éthyle, avec l'acétate de soude et de l'acide sulfurique, mais avec de l'alcool amylique. Le produit recueilli est lavé à l'eau, puis mis à sécher sur le chlorure de calcium et rectifié avec un peu d'oxyde de plomb.

M. Berthelot conseille de laver le produit brut obtenu, avec de l'acide acétique étendu de son poids d'eau, afin de lui enlever les traces d'alcool amylique dont il se sépare difficilement ; on fait ensuite un lavage à l'eau ; puis on sèche sur du chlorure de calcium et enfin on rectifie sur de l'oxyde de plomb.

L'acétate d'amyle est un liquide incolore, bouillant à 125° ; sa densité est de 0,0876 ; il est insoluble dans l'eau, mais soluble dans l'alcool et l'éther. Son odeur éthérée et aromatique rappelant la poire, le fait employer par les confiseurs dans certaines préparations sucrées. Il rentre également dans la composition de quelques parfums, pour leur donner une odeur plus agréable, ainsi que dans certains pétroles de luxe.

## Acétone ($CH^3COCH^3$).

*Acétone par distillation sèche de l'acétate de chaux.* — L'industrie de l'acétone est aujourd'hui d'une certaine importance par suite des nombreux emplois que ce produit a rencontrés ; non seulement on en consomme une quantité appréciable en France pour la préparation du *méthylène type Régie*, mais il est employé aussi dans la fabrication du celluloïd, de quelques vernis, etc. ; l'Angleterre en utilise également une quantité importante pour la fabrication de ses poudres de guerre ; enfin il sert à la préparation du chloroforme.

L'acétone prend naissance dans la distillation sèche des acétates et surtout, ainsi que l'a démontré Chenevix, des acétates qui renferment des oxydes difficilement réductibles. Les acétates de chaux, de baryte, sont ceux qui en fournissent dans la plus grande proportion.

En chauffant l'acétate de chaux à une certaine température, on obtient donc de l'acétone et du carbonate de chaux :

$$(C^2H^3O^2)^2Ca = CO^3Ca + CH^3COCH^3 ;$$

mais à côté de cette réaction principale, il se forme des produits secondaires, provenant des sels homologues de chaux existant dans l'acétate, et des
hydrocarbures dus à la présence des goudrons qui, au-delà de 400°, se décomposent et distillent. De plus, comme l'acétate de chaux contient souvent un
excès de chaux, celle-ci agit sur l'acétate pour former du méthane :

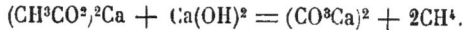

$$(CH^3CO^2)^2Ca + Ca(OH)^2 = (CO^3Ca)^2 + 2CH^4.$$

D'où une perte sur la quantité d'acétone que l'on devrait obtenir, d'après
l'acide acétique contenu dans le pyrolignite de chaux, perte augmentée de
la décomposition d'une partie de l'acétone sur les parois métalliques sur-
chauffées de la chaudière ; aussi, devra-t-on s'appliquer dans cette fabrication à obtenir un chauffage constant et une agitation puissante et régulière.

Théoriquement, 100 kilos de pyrolignite à 80 0/0 d'acétate de chaux
devraient donner 30 kilos d'acétone ; pratiquement, avec les meilleurs appareils, on n'obtient que 25 0/0 qui après rectification ne donnent que 20 kilos
d'acétone pur par 100 kilos d'acétate de chaux.

*Installation d'une fabrique d'acétone.* — Comme dans toute industrie
où l'on a recours à des condenseurs formés de serpentins entourés d'eau, il
faudra construire l'usine à proximité d'une source quelconque d'eau froide
aussi abondante que possible. Des réservoirs seront installés, en écartant
les causes d'incendie, pour recevoir les différents produits distillés et recti-
fiés. Les appareils, à distiller, générateurs de vapeur, machines, dynamos,
pompes etc., seront disposés comme dans l'installation d'une usine de carbonisation des bois.

Suivant ce que nous avons dit précédemment, la fabrication de l'acétone
consiste à distiller dans une chaudière de l'acétate de chaux à une chaleur
allant jusqu'au rouge sombre. L'acétone brute, recueillie au réfrigérant, est
additionnée d'eau pour en séparer les huiles qui viennent surnager, puis
on la soumet à une rectification qui donne de l'acétone pure, de la méthyl-
éthylacétone et autres huiles d'acétone.

La décomposition de l'acétate de chaux s'opère dans des chaudières en
fonte (fig. 53) munies d'un agitateur, comme dans la fabrication de l'acide
acétique par l'acide sulfurique. On charge dans ces appareils environ
300 kilos de pyrolignite.

Le chauffage de la cornue, qui il y a quelques années se faisait par un bain
de plomb fondu, ce qui assurait un chauffage régulier, mais avait l'inconvénient de le transformer rapidement au contact de l'air en oxyde de plomb,
se fait maintenant à feu nu. Afin d'éviter les coups de feu et toujours pour

avoir un chauffage régulier, on dispose le foyer, muni d'un autel, à une certaine distance du fond de la chaudière, ménageant ainsi une chambre de chauffe assez grande, pour éviter les trop fortes variations de température dans l'alimentation du foyer en combustible.

Une chambre à poussières devra être installée entre la chaudière et le réfrigérant, pour arrêter les poussières qui se produisent et qui pourraient obstruer le tuyau de ce dernier.

Pour une production de 1.000 kilos d'acétone par jour, on devra posséder 5 chaudières. Au-dessus des appareils est un plancher sur lequel on emma-

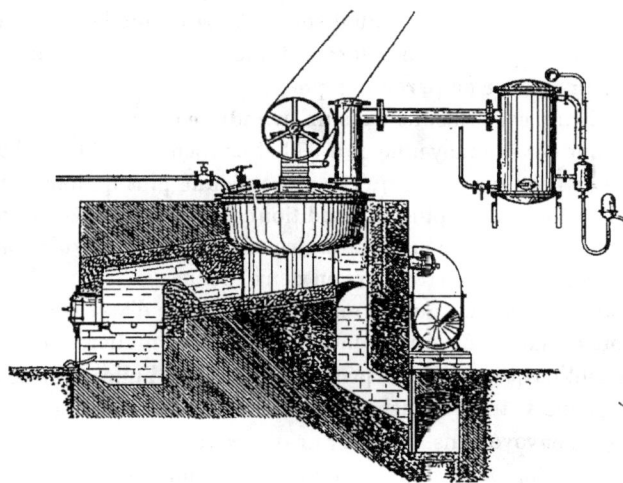

Fig. 53. — Appareil pour la fabrication de l'acétone brut.

gasine le pyrolignite de chaux, qui est ensuite chargé dans les chaudières, au moyen d'une trémie en bois portant une manche qui peut rentrer dans le trou d'homme de l'appareil. Pour les petites installations, la charge se fait directement en vidant les sacs par cette ouverture.

On commence d'abord par chauffer doucement la chaudière jusqu'au rouge cerise, puis on introduit la charge d'acétate et l'on ferme le trou d'homme en lutant le couvercle ; ensuite l'on met l'agitateur en mouvement.

Les premières vapeurs qui s'échappent sont conduites à la cheminée, car elles sont formées d'eau en majeure partie, puis au bout de quelques minutes il se produit un arrêt, qui nécessite une augmentation de chauffage, afin de commencer la distillation proprement dite de l'acétone. Les vapeurs sont

alors conduites dans le réfrigérant formé de tuyaux rectilignes, reliés extérieurement à la bâche par des coudes ; cette disposition permet de nettoyer
facilement le serpentin, qui retient toujours des poussières entraînées malgré
la chambre à poussières qui le précède. Le liquide condensé présente une
couleur plus ou moins brune, par suite des hydrocarbures qu'il contient et
de l'entraînement des poussières de sels de chaux.

Vers la fin de la distillation, le produit condensé coule goutte à goutte,
puis le col de cygne commence à se refroidir ; à ce moment on envoie dans
la chaudière de la vapeur qui entraîne une partie des gaz et dilue l'autre
partie, afin d'éviter, à l'ouverture de l'appareil qui est encore très chaud,
une inflammation subite du gaz qu'il contient. Le résidu de l'opération, qui
est sans valeur, se présente sous forme d'une poudre grise et fine, possédant encore une odeur empyreumatique.

L'acétone brute est recueillie dans un cylindre en fonte muni d'un agitateur ; elle a une densité moyenne de 0.930 et contient 60 à 30 0/0 d'acétone.
On y ajoute de l'eau jusqu'à ce qu'elle ne contienne plus qu'une proportion
de 30 0/0 d'acétone pure, puis on l'additionne de chaux éteinte et on agite
quelque temps le liquide pour saturer les acides libres ; ensuite on laisse
déposer. La solution se sépare alors en deux couches :

1° La couche inférieure qui est une solution diluée d'acétone ;

2° La couche supérieure, plus foncée par suite des matières goudronneuses qu'elle contient, se compose principalement des huiles d'acétone dont
la majeure partie se trouve ainsi séparée de la solution aqueuse. Chacun de
ces liquides est envoyé dans un réservoir différent.

La solution acétonique est ensuite distillée dans un appareil à colonne, en
ayant soin de séparer les produits de tête, qui sont légèrement colorés et
qui contiennent les aldéhydes, les amines, etc., des queues laiteuses qui
renferment les acétones supérieures.

On recueille également à part : 1° les produits qui après les têtes contiennent encore des huiles et se troublent par l'eau ; 2° ceux qui se mélangent
en toutes proportions avec l'eau, décolorent encore le permanganate en solution, et enfin 3° les plus importants comme qualité, c'est-à-dire les produits
qui ne donnent aucune réaction avec le permanganate de potasse et qui
sont livrés directement au commerce.

Les portions qui renferment des huiles sont à nouveau additionnées d'eau
pour les en séparer ; la solution contenant un peu d'acétone est renvoyée
dans les réservoirs à acétone brute pour être retraitée.

Pour purifier la fraction d'acétone décolorant le permanganate, on détermine à froid la quantité de ce sel nécessaire pour un volume donné du liquide à traiter; puis on ajoute à l'acétone le poids correspondant de permanganate, dont on fait préalablement une dissolution dans l'eau, et on rectifie de nouveau. Dans cette distillation que l'on doit faire avec soin, on recueille à part les portions d'acétone pure, qui passent de 56° à 58°, pour les besoins des fabrications du chloroforme et de l'iodoforme. L'acétone ainsi préparée marque 98 à 99 0/0.

## Traitement des goudrons.

### Distillation de la créosote brute.

Les goudrons séparés du pyroligneux brut par décantation, ainsi que ceux précipités dans la distillation de l'acide pyroligneux, constituent un mélange d'eau, d'acide pyroligneux, d'hydrocarbures saturés, soit liquides,

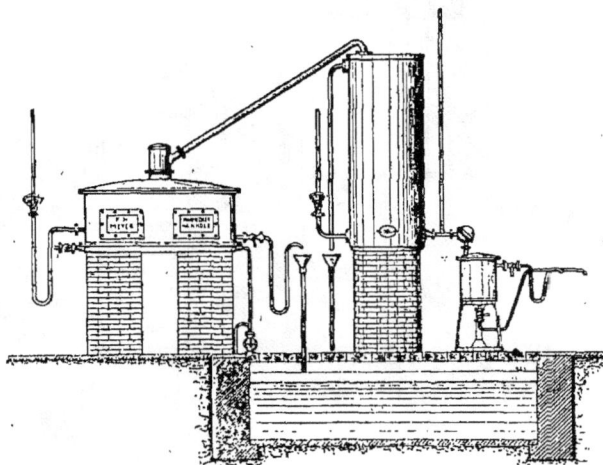

Fig. 54. — Appareil chauffé à la vapeur pour la dishydration du goudron à travail continu.

soit solides comme la paraffine, de composés de la série aromatique comme la benzine, le toluène, de phénols carboliques et crésyliques, ainsi que de naphtaline.

Lorsqu'on recherche simplement à débarrasser le goudron de son eau et des produits légers pour le livrer au commerce, on emploie une chaudière en cuivre chauffée par un serpentin (fig. 54 , dans laquelle on opère la distillation avec précautions pour éviter un débordement des goudrons ; il distille de l'eau entraînant l'acide acétique, l'alcool et également les huiles légères, jusqu'à ce que le distillat coule goutte à goutte. On recueille ainsi de 20 à 25 0/0 de produits distillés.

Le goudron est ensuite soutiré de l'appareil, en le faisant passer par un réfrigérant, avant de l'emmagasiner dans des barils.

Suivant que les goudrons proviennent de la carbonisation partielle du bois, ou de la distillation en vase clos, ils possèdent des propriétés différentes qui varient encore avec la nature du bois distillé.

Lorsqu'on veut distiller entièrement les goudrons, en vue d'en retirer les huiles phénoliques (ou créosote brute)et le brai, on soumet le goudron brut

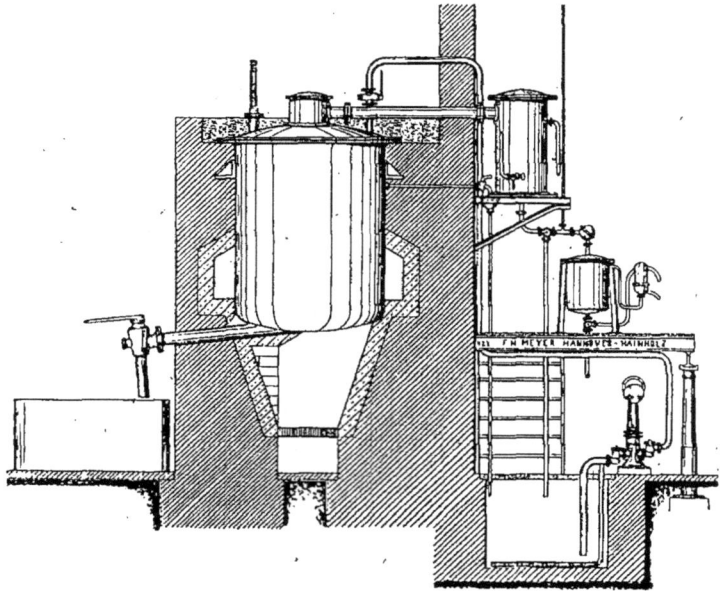

Fig. 55. — Cornue en fonte pour la distillation du goudron.

à une distillation dans des chaudières en fonte semblables à celles employées pour les résidus de pétrole, mais de plus petites dimensions : 1 mètre de diamètre sur 2 mètres de hauteur (fig. 55).

Ces chaudières sont cylindriques, à fond concave ; elles portent à la partie inférieure une tubulure, munie d'un robinet de vidange pour le brai, protégée de l'action du feu par une petite voûte en maçonnerie, et de dimensions suffisantes pour éviter toutes difficultés dans l'écoulement du brai. Les robinets en fer forgé conviennent très bien pour cet usage.

Le couvercle surmonté d'un dôme, le col de cygne et tout ce qui s'en suit, sont généralement en cuivre. A la suite du réfrigérant est un siphon qui fait fonction de fermeture liquide, pour permettre aux gaz non condensables de s'échapper au dehors, ou d'être aspirés par une pompe, qui les envoie dans un gazomètre, d'où ils sont sortis par une tuyauterie spéciale pour être brûlés dans les foyers des appareils.

La chaudière étant chargée d'environ 1.000 kilos de goudrons, on chauffe la masse assez rapidement jusqu'à ce que le couvercle en cuivre commence à tiédir, puis on modère le feu et on attend que les premières portions distillées apparaissent à la sortie du réfrigérant, afin d'éviter tout débordement du goudron de l'appareil. Les produits distillés sont reçus dans un séparateur (fig. 56), sorte de caisse en fonte portant une cloison verticale qui oblige

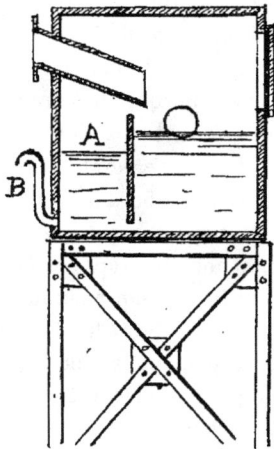

Fig. 56. — Séparateur.

la partie aqueuse à se séparer des huiles. Tous ces produits sont fractionnés en diverses catégories, suivant qu'ils contiennent à la fois de l'alcool et de l'acide acétique, de l'acide acétique seul et enfin de la créosote brute.

La distillation dure de 12 à 15 heures, suivant les produits que l'on veut obtenir. De la quantité de goudrons en distillation, on recueille en moyenne :

1° entre 110° et 120°, 100 à 150 litres d'un mélange d'eau, d'acide, d'alcool et d'huiles légères de densité 0,700 à 0,800.

2° Au-dessus de 120° jusqu'à 230°, on recueille 200 à 300 litres d'huiles lourdes ; ces huiles tiennent en créosote 10 à 15 0/0, si le goudron provient de la distillation des bois durs (chêne, charme, hêtre), et 6 à 7 0/0 seulement, dans le cas des bois tendres (bouleau, tremble, châtaignier).

Le résidu de la chaudière, environ 6 0/0, constitue le brai de bois, qui, à la température de la fin de la distillation (260-280°), est très fluide mais inflammable à l'air ; on le laisse donc refroidir quelques heures dans la chaudière avant de l'en sortir. Le brai est ensuite reçu soit dans des étouffoirs, soit dans des barils à pétrole sciés par le milieu, que l'on remplit directement et que l'on livre ainsi au commerce ; on peut aussi couler le brai dans un bac plat de refroidissement, qui, pour éviter que le produit ne s'enflamme à l'air, est recouvert d'une tôle possédant seulement une ouverture pour l'arrivée du brai liquide ; après refroidissement, le brai est cassé, puis mis en tonneaux

Le brai obtenu dans la distillation des goudrons sert non seulement pour la fabrication des agglomérés, comme le brai des usines à gaz, mais il est encore employé à la fabrication de l'asphalte artificiel, de certains vernis et enduits, comme le calfat utilisé dans la marine.

Quant aux huiles lourdes de goudron, du hêtre principalement, elles sont la source de la créosote et du gaïacol.

*Purification de la créosote.* — La créosote brute est distillée à nouveau dans un alambic, pour en séparer d'abord les 30 0/0 d'acide acétique qu'elle renferme encore, puis les portions passant entre 195° et 220° qui constituent l'acide phénique, le phénol crésylique et le crésol. L'huile obtenue étant assez colorée, on la traite par son volume d'une solution de soude caustique à 36°, dans un appareil laveur à fond conique portant à l'intérieur (fig. 57) un agitateur à hélice pour mélanger la masse, et un serpentin à vapeur pour réchauffer le liquide, de façon à séparer la plus grande partie des huiles neutres qui sont en suspension. Le phénol et la créosote se combinent à la soude. On laisse reposer quelque temps, puis on décante la solution aqueuse dans un alambic, où l'on fait ensuite arriver un courant de vapeur d'eau dans la masse pour entraîner les carbures non combinés à la soude. La vapeur est envoyée dans l'alambic jusqu'à ce qu'un échantillon, prélevé à l'intérieur, soit limpide comme de l'eau et ne blanchisse plus par une nouvelle addition d'eau. On laisse refroidir la solution et l'on décante à nouveau la partie huileuse qui surnage, puis on traite la solution

sodique par un acide minéral, comme l'acide chlorhydrique ou l'acide sulfurique, ou bien encore par l'acide carbonique qui, dans ce cas, est amené à la

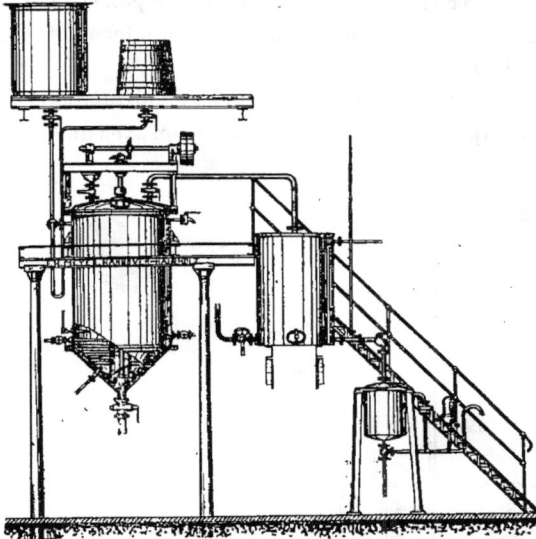

Fig. 57. — Agitateur pour le traitement des huiles de goudron et leur distillation
à la vapeur.

partie inférieure d'une colonne, pendant que la solution sodique est versée à
la partie supérieure.

La créosote ainsi mise en liberté est soumise à une distillation fractionnée, dans des chaudières en cuivre à colonne (fig. 58), afin d'obtenir une première séparation de l'acide phénique, en recueillant à part ce qui distille
entre 150° et 195°, puis le liquide passant entre 195°-220° qui est principalement de la créosote.

Cette dernière portion est rectifiée à trois reprises différentes dans des
appareils à colonne. Pour chacune des rectifications, on recueille dans les
mêmes réservoirs les produits passant entre les mêmes températures :

1° 195°-205°,
2° 205°-215°,
3° 215°-225°,

ce qui nécessite 3 réservoirs pour les produits de première rectification,
3 autres pour ceux de deuxième rectification et enfin 3 réservoirs pour ceux
de troisième rectification, dans lesquels on envoie les produits passant entre

les mêmes températures et provenant de la rectification d'un des trois liquides recueillis dans la rectification précédente.

On obtient définitivement trois liquides assez homogènes :

1° les produits recueillis entre 195° et 205° ou gaïacol à 20 0,0 ;

2° les produits recueillis entre 205 et 215° qui forment la créosote brute officinale à 80 0/0 ;

3° entre 215° et 225° la créosote de queue de distillation.

Ces produits, après une nouvelle combinaison avec une solution de soude

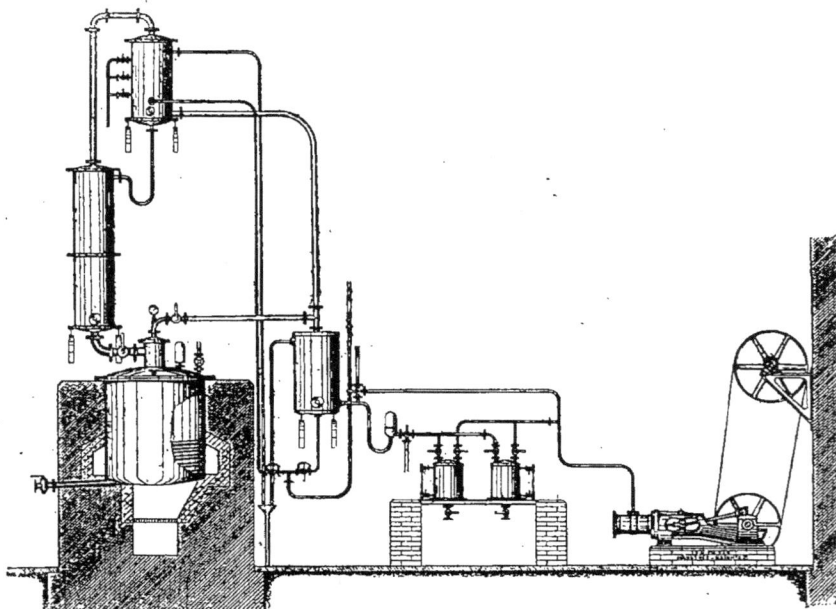

Fig. 58. — Appareil à colonne pour fractionner les huiles de goudron avec chauffage à feu nu ou à la vapeur à la pression atmosphérique ou dans le vide.

à 36°, puis une distillation par entraînement avec la vapeur d'eau et enfin une décomposition, comme il est dit précédemment, avec de l'acide sulfurique à 50 0/0, en évitant un échauffement de la masse, permettent d'obtenir des composés de première qualité.

Pour obtenir de la créosote blanche, on distille dans le vide la créosote obtenue précédemment ; on recueille une créosote jaune que l'on rectifie une seconde fois et même une troisième fois s'il est nécessaire (fig. 59).

Pour préparer le gaïacol cristallisé, on distille le gaïacol à 20 0/0, dont on sépare d'abord les monophénols, puis le liquide recueilli par la suite est mis à cristalliser dans des vases en verre placés dans une glacière où ils sont

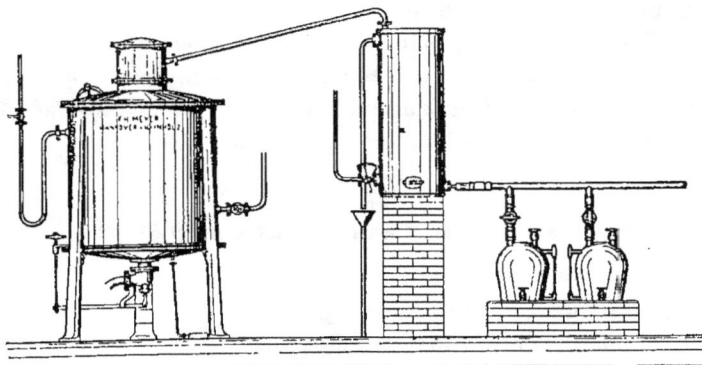

Fig. 59. — Appareil pour la distillation de la créosote pure.

soumis au froid. Les cristaux obtenus sont essorés dans une petite essoreuse émaillée.

## Utilisation des déchets de bois et des déchets de la carbonisation des bois.

### Emplois de la sciure de bois.

La sciure de bois, qui pour certaines industries est un déchet encombrant, lorsqu'on ne peut l'utiliser directement comme combustible, quoiqu'aujourd'hui l'on installe d'ingénieux foyers à grande surface de grilles disposées en gradins, peut être avantageusement mise en œuvre de bien des façons.

Lorsqu'on parvient à en réunir une quantité suffisante pour rendre nécessaire les frais d'une première installation, on la distille, comme nous l'avons vu précédemment, dans le but d'en extraire de l'esprit de bois, de l'acide acétique et de la poudre de charbon.

La fabrication de l'acide oxalique, d'après le procédé Capitaine et Herlings, celle de la glucose puis de l'alcool éthylique, en consomment également ment une certaine quantité.

La sciure de bois sert en outre à réaliser l'épuration du gaz d'éclairage et le filtrage des huiles épurées par l'acide sulfurique. Enfin, elle permet, quoiqu'elle soit difficile à agglomérer, de faire d'excellentes briquettes, en la mélangeant avec des huiles lourdes de goudron, de la colle et un résinate alcalin. En Autriche, la sciure est chauffée à sec jusqu'au moment où, avant de se gazéifier, les éléments goudronneux qu'elle renferme se séparent d'elle ; ils sont dès lors prêts à servir d'agglutinant ; aussi envoie-t-on à ce moment la sciure à la presse hydraulique qui la moule en briquettes suffisamment consistantes pour être maniées et transportées sans s'effriter.

## Fabrication de l'acide oxalique $(CO^2H)^2 2aq.$

L'acide oxalique se produit dans un grand nombre de réactions et spécialement par l'oxydation des matières organiques. L'acide nitrique sur l'alcool, le glycol, le sucre, l'amidon et la cellulose, donne de l'acide oxalique. De même, la potasse fondue agissant sur le sucre, l'amidon, l'acide pectique, la sciure de bois, produit de l'acide oxalique. C'est cette dernière réaction, indiquée par Vauquelin, puis par Gay-Lussac, que l'on utilise aujourd'hui industriellement, pour produire à très bon marché l'acide oxalique d'après l'ancien procédé Robert, Dal et Cie de Manchester, auquel il a été apporté quelques modifications.

La sciure de bois, dont on se sert pour fabriquer l'acide oxalique, est d'abord amenée à l'état de pâte, en la mélangeant avec une solution alcaline marquant 37 à 38° et formée de potasse et de soude, dans la proportion d'un équivalent du premier alcalin pour deux équivalents du second. Lorsqu'on ne veut fabriquer que de l'oxalate de potasse, il est évident qu'il ne faut se servir que d'une solution de potasse caustique.

A 100 parties de sciure de bois, on ajoute 300 à 350 parties d'alcali réel tenu en solution.

Au début de cette fabrication, la pâte obtenue était étendue en couche mince sur des plaques en fer, que l'on chauffait graduellement par dessous, en ayant soin d'agiter constamment la masse. Depuis, cette carbonisation se fait dans une cornue cylindrique horizontale, mobile autour d'un axe, dans laquelle se meut en sens inverse une vis d'archimède ; cette cornue étant chauffée au rouge sombre, la matière se gonfle et se boursoufle pendant l'évaporation, en donnant lieu à un dégagement de gaz qui sont ramenés sous le foyer.

La vis d'archimède, qui déplace continuellement le mélange de sciure et d'alcali, amène la matière carbonisée à l'autre extrémité de la cornue, d'où elle est évacuée dans des wagonnets qui la transportent vers l'atelier de lixiviation pour en extraire l'oxalate alcalin.

A cet effet, on reprend la masse carbonisée par une certaine quantité d'eau à la température ordinaire 10-20°, qui dissout les oxalates alcalins, ceux-ci étant plus solubles à froid qu'à chaud. On laisse ensuite déposer les liqueurs, puis on les décante et on les évapore à sec. On reprend à nouveau ces oxalates par de l'eau froide, et l'on porte à l'ébullition la solution que l'on traite alors par un lait de chaux, pour précipiter l'acide oxalique sous forme d'oxalate de chaux, et régénérer en même temps les alcalis caustiques qui restent dans le liquide et qui pourront par la suite servir pour une nouvelle opération.

Le précipité d'oxalate de chaux est lavé à l'eau, puis décomposé par un léger excès d'acide sulfurique afin de mettre l'acide oxalique en liberté.

Suivant *Chandelon*, il faut pour une molécule d'acide oxalique 3 molécules d'acide sulfurique. Le sel est délayé avec de l'eau en une bouillie claire, et la quantité d'acide sulfurique voulue à 15°-20° Bé est ajoutée en agitant. Après addition d'eau, on chauffe pendant quelques heures, puis on filtre pour séparer le sulfate de calcium.

La solution d'acide oxalique, après avoir été évaporée, est abandonnée à la cristallisation dans des vases en plomb ; mais, comme les cristaux d'acide oxalique ainsi obtenus, sont un peu colorés, on les purifie simplement par une nouvelle cristallisation après les avoir redissous dans l'eau.

Le résidu, laissé par le traitement à l'eau froide de la masse carbonisée, est calciné dans un four à réverbère ; il donne un mélange de carbonate de soude et de potasse, que l'on caustifie ensuite par de la chaux pour faire servir dans une nouvelle opération.

100 parties de sciure de bois donnent ordinairement 50 à 60 parties d'acide oxalique, et comme dans ce procédé les alcalis caustiques rentrent constamment dans le travail, la plus grande dépense n'est guère que celle du combustible, dont il faut environ 40 kilos pour fabriquer un kilo d'acide oxalique ; ce qui permet de préparer de l'acide oxalique à 50 0/0 meilleur marché que celui obtenu par le traitement de l'amidon ou de la mélasse par l'acide azotique.

M. Gouley, par son procédé, fait subir à la sciure de bois une purification préalable, en la lessivant par de l'eau bouillante qui en extrait les matières tannantes qu'elle peut contenir. Le rendement en serait, paraît-il, augmenté.

Le tableau ci-dessous donne la quantité d'acide oxalique obtenu d'une même quantité de bois traitée par des mélanges de potasse et de soude en poportions différentes.

| Proportions de KOII et NaOH | Température Degrés | Acide oxalique p. 100 |
|---|---|---|
| 0 : 100 | 200 à 200 | 33 14 |
| 10 : 90 | 230 | 58 36 |
| 20 : 80 | 240 à 250 | 74 76 |
| 30 : 70 | 240 à 250 | 76 77 |
| 40 : 60 | 240 à 250 | 80 57 |
| 60 : 40 | 240 à 250 | 80 08 |
| 80 : 20 | 245 | 81 24 |
| 100 : 0 | 240 à 250 | 81 23 |

L'acide oxalique $(Co^2H)^2$ cristallise avec deux molécules d'eau et fond à 98° dans son eau de cristallisation. Il se dessèche entièrement, mais très lentement, dans une atmosphère sèche.

Il est employé en très grande quantité dans l'impression sur étoffe pour enlever sur certains points, soit le mordant, soit la teinture, afin d'obtenir par l'absence de couleur sur les points imprégnés d'acide oxalique, les dessins que l'on recherche. L'acide oxalique sert également à préparer l'encre bleue avec le bleu de Prusse.

**Densités des solutions d'acide oxalique cristallisé $C^2O^4H^2 + 2H^2O$.**

| Densités à 17° | Acide oxalique 0/0 | Densités à 17° | Acide oxalique 0,0 | Densités à 17° | Acide oxaliq. 0/0 |
|---|---|---|---|---|---|
| 1.0035 | 1 | 1.0210 | 6 | 1.0385 | 11 |
| 1.0070 | 2 | 1.0245 | 7 | 1.0420 | 12 |
| 1.0105 | 3 | 1.0280 | 8 | 1.0455 | 13 |
| 1.0140 | 4 | 1.0315 | 9 | 1.0490 | 14 |
| 1.0175 | 5 | 1.0350 | 10 | 1.0525 | 15 |

## Fabrication de briquettes à l'aide du charbon de bois.

Les déchets de la carbonisation des bois, comprenant les poussiers de charbon de bois et les menus qui peuvent aussi provenir de la carbonisation des brindilles, sont employés depuis quelques années à la fabrication de petites briquettes ou du charbon moulé, nommé parfois *charbon de Paris*.

Dans la préparation des petites briquettes, on fait entrer généralement de la colle ou du brai, comme agglutinant, et du salpêtre qui en facilite la combustion.

Les résidus de charbon sont d'abord broyés et tamisés, puis triturés avec du salpêtre et une solution de colle forte à 15 0/0 (lorsqu'on emploie de la colle) dans une auge circulaire par deux meules coniques cannelées, en fonte. Lorsque dans la préparation de ces briquettes on se sert de brai gras ou de brai sec comme agglutinant, on broie ensemble le poussier de charbon, le brai et le salpêtre dans le moulin à meules, puis on réchauffe le mélange dans un malaxeur par des jets de vapeur qui pénètrent dans la masse, fondent le brai et amènent la pâte au degré voulu pour une bonne compression.

Fig. 60. — Machine à briquettes à piston horizontal.

Cette pâte est ensuite introduite dans un distributeur (fig. 60), dont les dimensions sont calculées pour ne laisser entrer dans le moule à compression que la quantité nécessaire du mélange pour en faire les briquettes que l'on passe ensuite à l'étuve. Pour cela, elles sont rangées sur des wagonnets à plateaux qui sont conduits dans un séchoir continu, disposé pour sécher progressivement : les wagonnets entrant à l'extrémité d'un long couloir en maçonnerie qui sert d'étuve, pour en sortir par la partie la plus chaude. En sens inverse de la marche des wagonnets, circule un courant d'air chauffé vers 70° par des tuyaux à ailettes.

Dans la fabrication du charbon de Paris, les déchets de charbon, humectés préalablement de 10 à 12 0/0 d'eau, sont réduits à l'état de poudre grossière ; on les triture ensuite dans l'auge d'un moulin à meules, avec environ 30 0/0 de goudron brut des usines à gaz ou bien de brai gras fondu ; certaines usines emploient même le brai sec pulvérisé. Lorsque la pâte paraît bien homogène, on la jette à la pelle dans une machine spéciale (fig. 61),

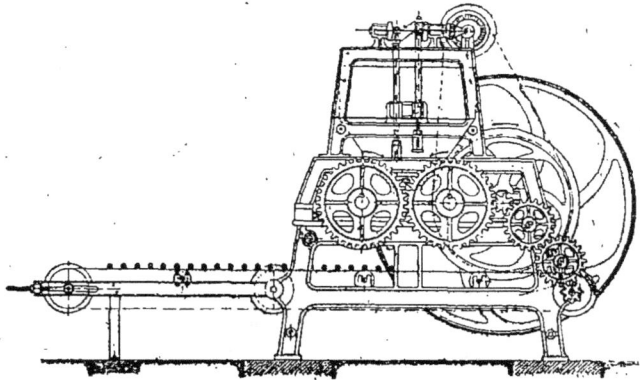

Fig. 61. — Machine à charbon de Paris et à briquettes de chaufferettes.

d'où elle sort moulée en petits cylindres sur une chaîne sans fin ; de là, on les prend pour les ranger dans des espèces de boîtes en tôle rectangulaires. Les boîtes, pleines des cylindres en pâte moulée, sont ensuite enfournées dans l'un des moufles d'un four où on leur fait subir une carbonisation ; pendant cette opération, les carbures des goudrons sont décomposés, les gaz se dégagent et s'échappent par de petits ouvreaux pratiqués dans la maçonnerie du moufle et sont ramenés dans le foyer, où ils peuvent suffire à la production de la chaleur nécessaire pour opérer la complète carbonisation du charbon moulé. Ce four à moufle peut être continu.

La carbonisation est terminée quand il ne se dégage plus de fumée par les ouvreaux pratiqués dans le moufle.

Le contenu du moufle est versé dans des étouffoirs en tôle, dont on lute les couvercles afin d'éviter toute rentrée d'air qui produirait infailliblement une consommation de combustible en pure perte ; six ou huit heures après, l'étouffement est complet et le produit est envoyé au magasin.

Le charbon de Paris, présentant l'avantage, toutes les fois qu'on n'a pas besoin d'un feu vif et rapide, de donner une température plus facilement réglable, est beaucoup employé dans les opérations de laboratoire et dans l'économie domestique.

### Fabrication du carbonate de potasse $(CO^3K^2)$.

Parmi les différentes sources que l'industrie met actuellement à profit pour fabriquer le carbonate de potasse, il en est une, celle du traitement des cendres des végétaux, qui rentre dans le cadre de notre ouvrage.

Le résidu grisâtre nommé cendres, laissé par les plantes lorsqu'on les brûle, contient du potassium qui généralement se trouve à l'état de carbonate mêlé avec des chlorures, sulfates, phosphates ou silicates des différentes bases alcalines ; un lessivage méthodique permet facilement de séparer le carbonate de potasse des autres sels.

Toutes les plantes sont loin de laisser des cendres de même composition : celles qui croissent sur le bord de la mer, contiennent surtout des sels de soude, tandis que celles de l'intérieur des terres sont plutôt riches en potasse. Quant à la quantité de cendres produites, elle est également variable suivant la provenance des plantes et la nature du sol où ces dernières ont poussé ; ainsi, les plantes herbacées laissent une plus grande quantité de résidus que les plantes ligneuses.

Ci-dessous nous donnons par 100 parties de végétal la quantité moyenne de cendre pour certains végétaux :

| | |
|---|---|
| Aune . . . . . . . . . . | 0.40-0.55 |
| Charme. . . . . . . . . | 0.60-1.30 |
| Sapin . . . . . . . . . | 0.80-1.10 |
| Chêne . . . . . . . . . | 1.80-3.30 |
| Chardons . . . . . . . . | 4.00-4.50 |
| Paille de blé . . . . . . . | 4.50-6.30 |
| Sarment de vigne. . . . . . | 4.60-7.75 |
| Tiges de pois . . . . . . . | 11.30 |
| Tiges de pommes de terre . . . . | 15.00 |

Les cendres contiennent une partie soluble formée de carbonate de potasse, de sulfate de potasse et de chlorure de potassium accompagnés de traces de silicates, et une partie insoluble composée surtout de carbonate de chaux avec un peu de phosphate et de la silice.

L'incinération des végétaux, pour l'extraction de la potasse, se pratique dans les contrées où les forêts sont abondantes et les moyens de transporter le bois difficiles, comme, par exemple, dans certaines contrées de l'Amérique. Les plantes herbacées qui couvrent les immenses steppes de la Russie, et les broussailles que fournit l'exploitation des forêts de l'Allemagne ou des Vosges, sont également une source de production des cendres potassiques.

Les plantes préalablement desséchées par une longue exposition à l'air, sont brûlées, soit dans des fosses de un mètre environ de profondeur, soit sur des aires planes, bien battues et abritées contre le vent. Leur combustion doit être lente, parce que avec un feu trop vif, une partie de la cendre serait scorifiée par la silice que les végétaux renferment. On alimente le feu jusqu'à ce que la fosse soit remplie ou jusqu'à ce qu'on ait sur l'aire plane une quantité suffisante de cendres. Celles-ci sont ensuite passées au crible avant d'être soumises au *lessivage*. — La lixiviation des cendres s'effectue, soit dans des tonneaux, soit dans des cuves en bois ayant la forme d'un tronc de cône renversé, munies d'un double fond percé de trous, reposant sur des supports qui le maintiennent à quelques centimètres au-dessus du fond, lequel porte soit une bonde, soit un robinet latéral, qui permet d'écouler la lessive dans une rigole, au-dessus de laquelle sont disposées plusieurs cuves semblables ; généralement, six cuves sont installées pour le lessivage : une cuve est en chargement pendant que l'autre est en déchargement.

Sur le faux-fond de la cuve percé de trous, recouvert d'une couche de paille, on tasse fortement les cendres humectées avec de l'eau froide, 24 heures à l'avance ; cette addition d'eau froide à la cendre sèche facilite non seulement la lixiviation ultérieure, mais augmente aussi le rendement en carbonate de potasse, le silicate de potasse se trouvant décomposé sous l'influence de l'acide carbonique de l'air en carbonate de potasse et en silice.

Les cendres, contenues dans la cuve nouvellement chargée, sont recouvertes de paille et arrosées de lessive faible provenant de la cuve dont l'épuisement est prêt d'être terminé ; un tuyau vertical, partant du double-fond et traversant les cendres, permet à l'air de se dégager pour faire place au liquide. La cuve est ainsi remplie et mise en marche ; environ 4 heures après, on procède au soutirage de la lessive qui contenant alors 30 0/0 de sels solubles est envoyée à l'évaporation. On arrête l'épuisement sur la dernière cuve que l'on laisse égoutter ; son résidu solide constitue la *charrée*, qui, par le phosphate de calcium et les matières organiques qu'elle renferme, présente une certaine valeur comme engrais ; elle est aussi employée pour la fabrication du verre de bouteilles ordinaires.

En France, dans certaines usines, on suit encore l'ancien procédé de lessivage : les cuves employées ne portent ni faux-fond, ni robinet, mais, au centre du fond est pratiquée une ouverture dans laquelle est fixé un tuyau central ouvert à ses deux extrémités, et formé de plusieurs tronçons que l'on peut séparer et retirer à volonté. Les cendres qui remplissent la cuve aux deux tiers sont mélangées intimement avec le liquide que l'on y ajoute pour le lessivage, puis on laisse reposer quelques heures. Les matières solides se déposent au-dessous d'une couche de liquide clair que l'on décante en enlevant du tuyau central le nombre de pièces suffisantes. Lorsque l'opération est terminée, on remonte le tuyau pour procéder à un deuxième lessivage, et ainsi de suite.

*Evaporation des lessives et calcination des salins.* — Les lessives sont évaporées dans des chaudières plates en tôle ou en fonte, dans lesquelles on ajoute continuellement de la lessive fraîche, jusqu'à ce qu'un échantillon du liquide se solidifie en prenant la forme cristalline. A ce moment, on modère le feu : il se dépose sur les parois de la chaudière une croûte cristalline brune qui va en augmentant au fur et à mesure que l'évaporation s'avance ; lorsqu'elle est terminée, on laisse refroidir et l'on détache au ciseau cette potasse brute de couleur brun foncé, renfermant encore 6 0/0 d'eau, et qui porte le nom de *flux*, de *salin* ou de *potasse cassée*.

Cette méthode d'évaporation détériorant assez rapidement les chaudières, par suite des coups de feu auxquels elles sont exposées, lorsque le sel adhère au fond (ce qui peut aussi entraîner une explosion), on lui préfère le procédé qui consiste à brasser constamment, au moyen d'un ringard, la liqueur dès qu'elle est à l'état pâteux ; on favorise ainsi la dessiccation et on empêche le dépôt du sel sur les parois de la chaudière. La potasse obtenue de cette façon contient alors 12 0/0 d'eau hygrométrique et est désignée dans le commerce sous le nom de *potasse brassée*.

Dans certaines usines, on sépare à l'évaporation la plus grande partie du sulfate de potasse qui accompagne le carbonate de potasse dans les lessives, en utilisant la différence de solubilité de ces deux sels. A cet effet, on concentre les lessives jusqu'au degré voulu, puis on les abandonne au refroidissement dans des cuves en bois en agitant fréquemment le liquide. La plus grande partie du sulfate de potasse se dépose en cristaux ; la solution qui surnage est ensuite décantée et évaporée à sec, comme il est indiqué précédemment.

En Allemagne, dans quelques fabriques, on se sert de trois chaudières différentes pour évaporer les lessives : on commence par réchauffer le liquide dans une première chaudière, celle la plus éloignée du foyer, puis on le passe dans la seconde chaudière où on l'amène à consistance sirupeuse, enfin on termine l'évaporation sur la sole d'un four à réverbère.

*Calcination de la potasse brute.* — La calcination à l'air a pour but de détruire toutes les matières organiques que contient et qui colorent le salin, et de faire perdre à ce produit les 6 0/0 d'eau qu'il renferme.

Elle s'effectue sur la sole d'un four à réverbère, pouvant recevoir environ 1.200 kilogrammes de potasse brute, chauffée au rouge sombre par des foyers latéraux, et munie d'une cheminée d'appel placée en avant et au-dessus de l'ouverture de la sole. On commence par chauffer les parois du four, puis on y introduit le salin en fractionnant la charge ordinairement par tiers, et en la répartissant bien uniformément sur toute la surface de la sole. Par un regard pratiqué au niveau de la sole, on brasse la matière au moyen d'un ringard, afin de faciliter la déshydratation et de favoriser l'accès de l'air qui brûle les matières organiques ; le feu est conduit lentement tout en brassant vigoureusement de manière à éviter la fusion de la masse. Le salin blanchit peu à peu et lorsque l'opération tire à sa fin, c'est-à-dire au bout de 6 heures de chauffe environ, un ouvrier écrase les morceaux au moyen d'une spatule en fer ; la potasse granulée est ensuite retirée avec un crochet et est abandonnée au refroidissement sur un espace ménagé à l'avant du four.

Les potasses ainsi obtenues sont quelques fois colorées en rouge, en jaune ou en bleu-verdâtre par de l'oxyde de fer ou de manganèse. Cette nuance est en général un caractère distinctif de son origine. Les plus belles potasses sont blanches ; on les appelle *perlasses (pearl ashes*, cendres perlées).

*Raffinage.* — Lorsqu'on veut extraire des potasses brutes le carbonate de potasse du commerce, on les traite à froid par leur poids d'eau froide ; le carbonate de potasse qui est très soluble se dissout à peu près seul, tandis que les sulfates, chlorures, etc... restent à l'état insoluble, par suite de leur peu de solubilité dans une solution de carbonate de potasse.

La liqueur décantée, puis évaporée, donne la potasse raffinée ou carbonate de potasse du commerce, qui renferme toujours un peu de carbonate de soude.

# CHAPITRE V

## PARTIE ANALYTIQUE

Nous diviserons en deux parties les procédés analytiques que nous nous proposons de présenter dans ce chapitre et qui sont employés dans l'industrie chimique des bois.

A. Analyse des matières premières ;

B. Analyse des produits commerciaux obtenus.

### A. Analyse des matières premières.

#### 1º Chaux

La chaux sert, comme on l'a vu, à la saturation du pyroligneux ; elle est également employée en petite quantité dans la rectification de l'esprit de bois.

Pour le premier emploi qui est le plus important, afin d'obtenir le meilleur rendement, la chaux doit être exempte de magnésie, puisque 100 parties d'acide acétique ne donnent que 118 parties d'acétate de magnésie, au lieu de 131 parties d'acétate de chaux. De plus, la chaux doit être presque entièrement soluble dans l'acide acétique ; par conséquent, elle ne devra contenir que peu de silice et de silicates qui, lors de la préparation du pyrolignite, augmentent la proportion des boues aux filtres-presses, qu'on ne peut évidemment songer à laver à cause des frais qui en résulteraient.

On reconnaît à première vue une grande teneur en magnésie et en silicates, à la façon dont la chaux s'éteint dans l'eau ; une analyse quantitative complète fixera d'une façon plus certaine sur la quantité des matières étrangères que contient la chaux.

L'aréomètre Beaumé plongé dans une solution préparée à raison de 100 grammes de chaux vive par litre, donnera rapidement et assez exactement la richesse d'une chaux par le tableau ci-dessous.

### Richesse du lait de chaux (CaO) à 15°C.

| Degrés Beaumé | Densités | Chaux dans 1 litre | Degrés Beaumé | Densités | Chaux dans 1 litre |
|---|---|---|---|---|---|
| 1° | 1.007 | 7 50 | 14^ | 1.108 | 137 |
| 2 | 1.014 | 16 50 | 15 | 1.116 | 148 |
| 3 | 1.022 | 26 | 16 | 1.125 | 159 |
| 4 | 1.029 | 36 | 17 | 1.134 | 170 |
| 5 | 1.037 | 46 | 18 | 1.142 | 181 |
| 6 | 1.045 | 56 | 19 | 1.152 | 193 |
| 7 | 1.052 | 65 | 20 | 1.162 | 206 |
| 8 | 1.060 | 75 | 22 | 1.180 | 229 |
| 9 | 1.067 | 84 | 24 | 1.220 | 255 |
| 10 | 1.075 | 94 | 26 | 1.200 | 281 |
| 11 | 1.083 | 104 | 28 | 1.211 | 309 |
| 12 | 1.091 | 115 | 30 | 1.263 | 339 |
| 13 | 1.100 | 126 | | | |

*Analyse quantitative* : 1° *de l'eau.* — On dessèche 10 grammes de calcaire pulvérisé, à l'étuve à 110 C. et l'on détermine la perte.

2° *Insoluble dans l'acide acétique.* — On dissout 1 gramme de chaux pulvérisée dans de l'acide acétique ; on chauffe, on filtre sur filtre taré, puis on sèche le résidu et on le pèse.

3° *Alcali total.* — Il se dose en versant, dans un lait de chaux étendu d'eau auquel on a ajouté comme indicateur quelques gouttes de tournesol ou de phénol phtaléïne, de l'acide chlorhydrique normal jusqu'à saturation complète.

5° *Magnésie.* — La quantité de magnésie contenue dans la chaux se détermine par la différence des résultats trouvés précédemment avec la chaux dosée par la méthode de Mohr, qui consiste à prendre 25 cm³ de lait de chaux à 2 gr. par litre, que l'on additionne de 25 cm³ de liqueur décinormale d'acide oxalique ; on verse ensuite de l'ammoniaque goutte à goutte jusqu'à avoir une légère alcalinité, puis on porte à l'ébullition pour que la précipitation de la chaux à l'état d'oxalate soit complète, et après refroidissement, on verse le tout dans une fiole graduée à 200 cm³, dans laquelle le volume est complété avec de l'eau. On filtre l'oxalate de chaux, on prend 100 cm³ de la liqueur que l'on additionne de 10 cm³ d'acide sulfurique concentré, puis on chauffe le tout vers 60°, et enfin, on titre au permanganate l'acide oxalique non transformé en oxalate de chaux : d'où on calcule la quantité de chaux qui est restée sur le filtre à l'état d'oxalate de chaux.

### 2º Acide sulfurique.

L'aréomètre Beaumé donnera d'abord une première indication de la richesse de cet acide, en se servant de la table donnée par Lunge et Isler (1).

L'acide sulfurique se dose par une solution normale de soude caustique, dont le titre a été préalablement vérifié en présence de la phénol phtaléïne, par exemple, par une liqueur normale d'acide oxalique pur à 63 gr. par litre, ou par une liqueur normale d'acide sulfurique monohydraté à 49 gr. par litre. On pèse 100 gr. d'acide sulfurique à essayer, dont on fait un litre avec de l'eau à la température ambiante ; puis on fait une prise d'essai de 10 cm³ ; on y ajoute quelques gouttes d'un indicateur comme la phénol phtaléïne, et l'on verse la solution normale de soude ; N étant le nombre de centimètres cubes de soude ajoutés pour faire virer l'indicateur, on aura l'acide sulfurique pour 100, en posant l'équation :

$$N \times 0.049 \times 100.$$

### B. Analyse des produits commerciaux.

### 1º Pyrolignite de chaux.

On prépare d'abord l'échantillon représentant sensiblement la moyenne du lot de pyrolignite de chaux, sur lequel on veut effectuer une analyse exacte.

Plusieurs procédés sont employés pour déterminer le titre d'un pyrolignite de chaux :

(1) Voir *Agenda du chimiste.*

1º On lessive 100 gr. de pyrolignite de chaux en le mettant en suspension avec de l'eau bouillante dans un verre ou un mortier ; on filtre, et dans la liqueur filtrée on précipite la chaux par une solution d'oxalate d'ammoniaque. Le précipité d'oxalate de chaux formé est filtré au bout de quelque temps, puis lavé et séché ; ensuite on l'humecte d'acide nitrique et on le calcine. La chaux obtenue est pesée après refroidissement ; on détermine alors par le calcul, la quantité d'acide acétique nécessaire pour saturer la chaux trouvée, en multipliant le poids de chaux par $\dfrac{120}{56} = 2.143$.

Comme par ce procédé on suppose que toute la chaux qui est dissoute dans l'eau est à l'état de pyrolignite, le résultat obtenu sera un peu trop élevé, puisque, comme nous l'avons vu précédemment, il y a de la chaux libre dans le pyrolignite.

2º On traite 100 gr. de pyrolignite de chaux par 90 gr. d'acide chlorhydrique du commerce ; on laisse les matières en contact pendant quelques heures, puis on distille dans une cornue tubulée munie d'un tube à brome et d'un réfrigérant. Lorsque la distillation de l'acide acétique paraît être terminée, on ajoute environ 100 gr. d'eau dans la cornue et l'on continue la distillation ; on répète cette addition d'eau et la distillation, tant que l'on recueille un liquide ayant une réaction acide.

Les liqueurs A provenant de la distillation sont mélangées et ramenées à un volume déterminé dont on prend 10 cm³, par exemple, pour les titrer avec une solution normale de soude. Comme de l'acide chlorhydrique ajouté en excès a distillé avec l'acide acétique, il y a lieu de faire une correction que l'on détermine par le dosage de l'acide chlorhydrique contenu dans 10 cm³ de la solution acide A ; ce titrage se fait en saturant exactement ces 10 cm³ par une solution de carbonate de soude pur exempt de chlorure ; on y ajoute ensuite quelques gouttes d'une dissolution saturée de chromate neutre de potasse, puis l'on verse avec une burette graduée une solution titrée de nitrate d'argent jusqu'à ce que la liqueur devienne rougeâtre ; tout le chlorure d'argent est alors précipité. On détermine ainsi la quantité d'acide chlorhydrique contenu dans la solution A ; d'où on déduit le poids d'acide acétique renfermé dans les 100 grammes de pyrolignite de chaux employé.

3º. — On introduit dans un ballon d'environ 500 cm³ 2 grammes de pyrolignite de chaux finement pulvérisé, puis 20 cm³ d'acide phosphorique pur à 45º Bé. Le ballon est muni d'un bouchon en caoutchouc percé de deux trous ; dans l'un passe un tube de dégagement qui conduit les vapeurs distillées dans un réfrigérant ; dans l'autre passe un tube effilé qui arrivant vers le fond du récipient amène la vapeur d'eau produite dans un autre ballon. L'acide acétique mis en liberté par l'acide phosphorique est entraîné par la vapeur d'eau, et est soigneusement condensé jusqu'à ce que le liquide qui s'écoule soit neutre au tournesol ; pour y arriver, il faut compter 8 à 10 heures pour faire l'opération et recueillir au moins un litre d'eau acide ; un titrage acidimétrique et un simple calcul donnent la richesse en acide acétique du pyrolignite de chaux essayé.

Cette méthode est aujourd'hui fréquemment employée par suite de son exactitude, tout en demandant peu de surveillance. Frésénius l'a modifiée de la façon suivante :

4°. — Dans un petit ballon à long col de 200 cm³ muni également d'un bouchon à deux trous, on introduit 5 gr. de pyrolignite de chaux et 50 cm³ d'acide phosphorique à 45° Bé. On chauffe d'abord avec précaution le mélange sans faire passer de vapeur d'eau, puis on augmente le feu que l'on réduit ensuite dès que la masse prend un aspect très pâteux ; on laisse légèrement refroidir, et l'on fait arriver la vapeur jusqu'à ce que le distillat obtenu ait atteint un volume d'environ 150 à 200 cc.

Pour titrer rapidement la *chaux* dans l'acétate, on humecte légèrement le pyrolignite d'acide nitrique, puis on calcine au moufle, on laisse refroidir et on pèse, on a ainsi la chaux totale.

### 2° Acétates autres que celui de chaux.

On dose l'acide acétique par l'un des procédés indiqués précédemment, par exemple le troisième procédé.

| Densités de la solution | Acétate de soude 0/0 | Densités de la solution | Acétate de soude 0/0 | Densités de la solution | Acétate de soude 0/0 | Densités de la solution | Acétate de soude 0/0 |
|---|---|---|---|---|---|---|---|
| 1.0058 | 1 | 1.0488 | 9 | 1.0910 | 17 | 1.1440 | 26 |
| 1.0116 | 2 | 1.0538 | 10 | 1.0966 | 18 | 1.1506 | 27 |
| 1.0174 | 3 | 1.0591 | 11 | 1.1074 | 20 | 1.1572 | 28 |
| 1.0232 | 4 | 1.0644 | 12 | 1.1134 | 21 | 1.1638 | 29 |
| 1.0292 | 5 | 1.0697 | 13 | 1.1194 | 22 | 1.1706 | 30 |
| 1.0341 | 6 | 1.0750 | 14 | 1.1254 | 23 | | |
| 1.0390 | 7 | 1.0802 | 15 | 1.1314 | 24 | | |
| 1.0439 | 8 | 1.0856 | 16 | 1.1374 | 25 | | |

Lorsqu'on est en présence d'une solution *d'acétate de soude*, la table ci-dessus donne un premier aperçu de la richesse de la solution.

Enfin si l'on désire déterminer le *plomb* total dans un *acétate de plomb*, on le dose à l'état de sulfate; il suffit simplement de calciner dans un creuset de porcelaine un poids déterminé de sel de plomb, que l'on humecte préalablement d'acide nitrique, puis de quelques gouttes d'acide sulfurique.

### 3º Titrage de l'acide acétique.

Le titrage de l'acide acétique s'effectue par dosage acidimétrique, soit en volume, soit en poids.

Le service des contributions indirectes procéde *en volume* de la façon suivante :

On verse dans une éprouvette graduée, de 250 cm³ par exemple, 50 ou 100 cm³ d'acide acétique à titrer, que l'on étend de 1, 2 ou 3 volumes d'eau suivant sa richesse ; on mélange intimement la solution dont on verse ensuite un volume déterminé dans une autre petite éprouvette spéciale graduée à fond rond, dans laquelle on ajoute aussi 2 gouttes de dissolution de phénol phtaléïne, puis on y verse doucement une solution normale de soude caustique jusqu'à ce que la coloration rose apparaisse, en ayant soin toutefois d'agiter après chaque addition de la liqueur sodique Par un simple calcul, on détermine ensuite le titre de l'acide acétique essayé.

Pour doser l'acide acétique *en poids*, on pèse exactement 50 grammes de cet acide dans une fiole jaugée de 500 cm³ ; on complète ce volume de 500 cm³ avec de l'eau distillée, puis avec une pipette graduée, on en prélève 10 cm³ que l'on verse dans un verre à expérience ; on y ajoute de la phénol phtaléïne, et au moyen d'une burette de Mohr, on verse, en agitant fréquemment, de la solution sodique décinormale jusqu'à coloration rose. Multipliant par 0, 60 le nombre de centimètre cubes de solution sodique nécessaire pour arriver à neutralisation, on obtient le poids d'acide acétique contenu dans 100 grammes.

M. Mohr a établi la table suivante qui donne la densité des mélanges d'acide acétique et d'eau.

| Acide acétique cristallisable | Densités | Acide acétique cristallisable | Densités | Acide acétique cristallisable | Densités |
|---|---|---|---|---|---|
| 100 | 1.0635 | 76 | 1.073 | 52 | 1.062 |
| 99 | 1.0655 | 75 | 1.072 | 51 | 1.061 |
| 98 | 1.067 | 74 | 1.072 | 50 | 1.060 |
| 97 | 1.068 | 73 | 1.071 | 49 | 1.059 |
| 96 | 1.069 | 72 | 1.071 | 48 | 1.058 |
| 95 | 1.070 | 71 | 1.071 | 47 | 1.056 |
| 94 | 1.0706 | 70 | 1.070 | 46 | 1.055 |
| 93 | 1.0708 | 69 | 1.070 | 45 | 1.055 |
| 92 | 1.0716 | 68 | 1.070 | 44 | 1.054 |
| 91 | 1.0721 | 67 | 1.069 | 43 | 1.053 |
| 90 | 1.073 | 66 | 1.069 | 42 | 1.052 |
| 89 | 1.073 | 65 | 1.068 | 41 | 1.0515 |
| 88 | 1.073 | 64 | 1.068 | 40 | 1.0513 |
| 87 | 1.073 | 63 | 1.068 | 39 | 1.050 |
| 86 | 1.073 | 62 | 1.067 | 38 | 1.049 |
| 85 | 1.073 | 61 | 1.067 | 37 | 1.048 |
| 84 | 1.073 | 60 | 1.067 | 36 | 1.047 |
| 83 | 1.073 | 59 | 1.066 | 35 | 1.046 |
| 82 | 1.073 | 58 | 1.066 | 34 | 1.045 |
| 81 | 1.0732 | 57 | 1.065 | 33 | 1.044 |
| 80 | 1.0735 | 56 | 1.064 | 32 | 1.042 |
| 79 | 1.0735 | 55 | 1.064 | 31 | 1.041 |
| 78 | 1.0732 | 54 | 1.063 | 30 | 1.040 |
| 77 | 1.0732 | 53 | 1.063 | 29 | 1.039 |

Lorsqu'on se trouve en présence d'un titrage d'acide acétique très coloré, de *l'acide pyroligneux* par exemple, on ne peut opérer directement. On prend alors 10 cm³ ou 10 gr. d'acide à essayer, que l'on verse dans un petit ballon sur un excès de carbonate de baryte pesé exactement; on fait bouillir, il se forme de l'acétate de baryte qui se dissout; l'excès de carbonate de baryte est filtré et lavé complètement ; le filtre et son contenu sont mis dans un verre de bohême, avec quelques gouttes de teinture de tournesol ; puis on y ajoute une solution titrée d'acide nitrique jusqu'à ce que le liquide soit acide et ne dégage plus d'acide carbonique après avoir été chauffé. On amène ensuite la solution à neutralité à l'aide d'une liqueur alcaline titrée ; on détermine ainsi le poids de carbonate de baryte qui n'a pas été dissout par l'acide acétique, d'où l'on déduit le poids de cet acide acétique contenu dans le pyroligneux.

Pour les *acides concentrés*, on fait usage des propriétés que possèdent les huiles de citron et d'œillet dans l'acide acétique L'huile de citron est dissoute facilement par l'acide à 94 0/0 dans le rapport de 1 à 10, tandis que l'huile d'œillet ne se dissout en toutes proportions qu'avec des acides plus concentrés.

Par le point de congélation, on peut encore, au moyen de la table ci-dessous, déterminer la quantité d'acide acétique pur contenu dans un acide concentré.

**Points de congélation de l'acide acétique diluée.**

| Eau ajoutée à 100 parties d'acide acétique | 0/0 d'eau contenu dans l'acide acétique | Point de congélation | Eau ajoutée à 100 parties d'acide acétique | 0/0 d'eau contenu dans l'acide acétique | Point de congélation | Eau ajoutée à 100 parties d'acide acétique | 0/0 d'eau contenu dans l'acide acétique | Point de congélation |
|---|---|---|---|---|---|---|---|---|
| 0 | 0 | + 16.7° | 5 | 4.761 | + 9.4° | 12 | 10.774 | + 2.7° |
| 0.5 | 0.497 | + 15.65 | 6 | 5.660 | + 8.2 | 15 | 13.043 | − 0.2 |
| 1 | 0.980 | + 14.80 | 7 | 6.542 | + 7.1 | 18 | 15.324 | − 2.6 |
| 1.5 | 1.477 | + 14. | 8 | 7.407 | + 6.25 | 21 | 17.355 | − 5.1 |
| 2 | 1.961 | + 13.25 | 9 | 8.257 | + 5.3 | 24 | 19.354 | − 7.4 |
| 3 | 2.012 | + 11.95 | 10 | 9.090 | + 4.3 | | | |
| 4 | 3.846 | + 10.50 | 11 | 9.910 | + 3.6 | | | |

### 4° Analyse de l'esprit de bois brut.

*Alcoométrie*. — L'emploi des alcoomètres, soit de Gay-Lussac, soit de Richter, soit de Tralles, donne directement la quantité approximative p. 0/0 de l'alcool pur contenu dans l'esprit de bois brut.

**Densités des mélanges d'eau et d'alcool contenant pour 100 volumes
$n$ volumes d'alcool absolu ($n$ = degrés Gay-Lussac).**

| Alcool 0/0 | Densités | Alcool 0.0 | Densités | Alcool 0/0 | Densités | Alcool 0/0 | Densités | Alcool 0/0 | Densités | Alcool 0/0 | Densités |
|---|---|---|---|---|---|---|---|---|---|---|---|
| 1 | 0.999 | 18 | 0.978 | 35 | 0.960 | 52 | 0.932 | 69 | 0.893 | 86 | 0.848 |
| 2 | 0.997 | 19 | 0.977 | 36 | 0.959 | 53 | 0.930 | 70 | 0.891 | 87 | 0.845 |
| 3 | 0.996 | 20 | 0.976 | 37 | 0.957 | 54 | 0.928 | 71 | 0.888 | 88 | 0.842 |
| 4 | 0.994 | 21 | 0.975 | 38 | 0.956 | 55 | 0.926 | 72 | 0.886 | 89 | 0.838 |
| 5 | 0.993 | 22 | 0.974 | 39 | 0.954 | 56 | 0.924 | 73 | 0.884 | .90 | 0.835 |
| 6 | 0.992 | 23 | 0.973 | 40 | 0.953 | 57 | 0.922 | 74 | 0.881 | 91 | 0.832 |
| 7 | 0.990 | 24 | 0.972 | 41 | 0.951 | 58 | 0.920 | 75 | 0.879 | 92 | 0.829 |
| 8 | 0.989 | 25 | 0.971 | 42 | 0.949 | 59 | 0.918 | 76 | 0.876 | 93 | 0.826 |
| 9 | 0.988 | 26 | 0.970 | 43 | 0.948 | 60 | 0.915 | 77 | 0.874 | 94 | 0.822 |
| 10 | 0.987 | 27 | 0.969 | 44 | 0.946 | 61 | 0.913 | 78 | 0.871 | 95 | 0.818 |
| 11 | 0.986 | 28 | 0.968 | 45 | 0.945 | 62 | 0.911 | 79 | 0.868 | 96 | 0.814 |
| 12 | 0.984 | 29 | 0.967 | 46 | 0.943 | 63 | 0.909 | 80 | 0.865 | 97 | 0.810 |
| 13 | 0.983 | 30 | 0.966 | 47 | 0.941 | 64 | 0.906 | 81 | 0.863 | 98 | 0.805 |
| 14 | 0.982 | 31 | 0.965 | 48 | 0.940 | 65 | 0.904 | 82 | 0.860 | 99 | 0.800 |
| 15 | 0.981 | 32 | 0.964 | 49 | 0.938 | 66 | 0.902 | 83 | 0.857 | 100 | 0.795 |
| 16 | 0.980 | 33 | 0.963 | 50 | 0.936 | 67 | 0.899 | 84 | 0.854 | | |
| 17 | 0.979 | 34 | 0.962 | 51 | 0.934 | 68 | 0.896 | 85 | 0.851 | | |

Si la température est de 15° + $n$, il faut retrancher (0, 4) $n$ degrés alcoométriques pour avoir la richesse alcoolique. Il faut les ajouter au contraire, si $t$ = 15° — $n$.

L'alcoomètre de Tralles diffère peu de celui de Gay-Lussac, il donne la richesse alcooliq. à 15°56 ; soit T le degré Tralles et D la dens. à 15°56, on a :

| T = 0 | D = 0.9991 | T = 50 | D = 0.9335 | T = 85 | D = 0.8488 |
|---|---|---|---|---|---|
| 10 | 0.9857 | 60 | 0.9126 | 90 | 0.8332 |
| 20 | 0.9751 | 70 | 0.8892 | 95 | 0.8157 |
| 30 | 0.9646 | 75 | 0.8765 | 100 | 0.7939 |
| 40 | 0.9510 | 80 | 0.8631 | | |

Pour avoir la quantité d'alcool pour 100 *en poids* ($x$), d'après la quantité en volume déterminé à l'alcoomètre (V), on prend dans la table la densité du mélange (D, et celle de l'alcool pur 0,795, et l'on effectue l'opération suivante $x = v \dfrac{0,795}{D}$.

En Allemagne, on se sert d'alcoomètres donnant le 0/0 en poids à 15°.

*Détermination de l'alcool méthylique.* — Cette sorte de dosage consiste à transformer l'alcool méthylique en iodure de méthyle que l'on pèse.

Dans un petit ballon, on dissout 22 grammes d'iode dans 5 grammes d'esprit de bois additionné de son volume d'eau ; on bouche le ballon, on agite et on laisse 10 à 15 minutes dans un bain d'eau froide pour ramener la solution à la température ordinaire, puis on ajoute 2 grammes de phosphore et on adapte le ballon à un réfrigérant ascendant. Environ un quart d'heure après, on élève peu à peu la température de l'eau jusqu'à 75°, tout en agitant de temps en temps le mélange ; on maintient le bain-marie pendant un quart d'heure, 20 minutes à cette température, puis on laisse refroidir.

On distille ensuite l'iodure de méthyle formé, on le condense par un réfrigérant descendant, et on le recueille dans une éprouvette graduée.

Ayant employé 5 cm³ d'esprit de bois, le nombre de centimètres cubes d'iodure de méthyle trouvé multiplié par 12,94 donne le volume pour 100 cm³ d'alcool méthylique.

*Détermination de l'acétone.* — Plusieurs méthodes peuvent être employées pour doser l'acétone.

*Méthode de Kramer.* — Cette méthode est basée sur la transformation de l'acétone en iodoforme, par l'iode en présence d'un alcali.

On dilue l'esprit de bois de façon qu'il contienne environ 1 0/0 d'acétone ; on fera donc un premier essai approximatif. On prend 1 cm³ de l'esprit de bois étendu d'eau, que l'on met dans un flacon bouché à l'émeri avec 10 cm³ d'une solution binormale de soude (80 gr. de soude par litre). On agite et on ajoute peu à peu 5 gr. d'une solution binormale d'iode (254 gr. d'iode par litre) ; il se forme de l'iodoforme qui est agité avec 10 cm³ d'éther exempt d'alcool qui le dissout, puis on détermine le volume de la couche éthérée et on en prend 5 cm³ qu'on laisse évaporer dans un verre de montre, placé dans un excicateur contenant de l'acide sulfurique comme corps déshydratant.

D'après le poids d'iodoforme trouvé, on en déduit la quantité d'acétone : 1 molécule d'iodoforme 394 = 1 molécule d'acétone, soit 58.

*Méthode volumétrique de Messinger.* — Ce mode de dosage est fondé sur la réaction indiquée précédemment, mais avec un excès d'iode en liqueur alcaline, que l'on dose ensuite par l'hyposulfite de soude après avoir acidulé la solution.

Les solutions employées dans cette méthode sont les suivantes :

1º Solution d iode bisublimé au 1/5 normale, soit 25 gr. 4 par litre, que l'on dissout avec le double de son poids d'iodure de potassium.

2º Solution d'hyposulfite de soude au 1/20 normale, c'est-à-dire 62 gr. 025 de sel pur séché à l'air pour 5 litres, dissout dans l'eau distillée à laquelle on a ajouté 15 cm³ de lessive de soude.

Ces deux solutions doivent être rigoureusement exactes, c'est-à-dire que 1 cm³ de solution d'iode doit correspondre à 4 cm³ de solution d'hyposulfite.

3º Solution de soude caustique obtenue en dissolvant 1 kilo de soude caustique en plaques pour 10 litres.

4º Solution d'acide sulfurique formée de 275 cm³ d'acide sulfurique à 66º additionné d'eau distillée pour faire 5 litres.

5º Empois d'amidon obtenu en délayant 5 grammes d'amidon dans 500 cm³ d'eau distillée ; on fait bouillir environ une heure, puis on complète à 1 litre avec de l'eau salée.

Pour obtenir de bons résultats, le produit à analyser doit contenir environ 0,5 0/0 d'acétone.

Avec une pipette graduée à deux traits, on prendra par exemple 20 cm³ du liquide à analyser que l'on versera dans un ballon jaugé à 1 litre, et contenant déjà une certaine quantité d'eau distillée ou d'eau exempte de nitrites ou de matières organiques. On complètera à un litre, puis on agitera vigoureusement pour rendre le liquide bien homogène.

Dans un flacon de 250 cm³ bouché à l'émeri, et contenant déjà 30 cm³ de solution de soude binormale, on verse 20 cm³ de la solution diluée dont on veut titrer l'acétone ; après avoir mélangé, on y ajoute 55 cm³ de la solution d'iode au 1/5 mesurés avec une burette ; agiter à nouveau et laisser réagir 15 à 20 minutes. Au bout de ce temps, on ajoute 35 cm³ d'acide sulfurique normal, et on titre l'iode mis en liberté avec la solution d'hyposulfite de soude que l'on verse avec une burette graduée jusqu'à ce que la solution soit décolorée presque complètement ; à ce moment, on ajoute 4 à 5 cm₃ d'empois d'amidon et on continue à verser l'hyposulfite de soude jusqu'à complète décoloration.

Soit N le nombre de centimètres cubes d'hyposulfite employé, $\frac{N}{4}$ correspondra à l'iode en excès, d'où on en déduit l'iode entré en combinaison avec l'acétone. Cette quantité d'iode multipliée par 0,6073 donne le pour 100 d'acétone contenue dans le liquide à doser.

On fait généralement deux essais parallèles, l'un avec un méthylène type, obtenu en ajoutant 25 0/0 d'acétone pure à de l'alcool méthylique pur, l'autre avec le méthylène à essayer. Lorsqu'on manquera de pratique pour ces sortes de dosages, il sera bon de faire les essais en double.

Ce procédé est employé dans les laboratoires du Ministère des Finances.

*Méthode de Denigès* (1). — Reposant sur la propriété que possède l'acétone de donner avec le sulfate de mercure en excès un précipité cristallisé dont la formule est

$$[(SO^4Hg)^2 \; 3HgO]^3 4 \; CO(CH^3)^2$$

qui séché à 110° devient :

$$[SO^4Hg)^2 \; 3HgO \; CO(CH^3)^4$$

### Dosage de l'alcool allylique.

Le procédé qui est employé pour le dosage de l'alcool allylique est basé sur la propriété que possède l'alcool allylique de donner un produit d'addition avec le brôme : une molécule d'alcool allylique absorbe deux atomes de brôme.

La solution de brôme employée contient 7 gr. 3 de brôme par litre et est préparée avec 2 gr. 447 de brômate de potasse et 8 gr. 719 de bromure de potassium, tous deux séchés à 100°, dont on fait 1 litre.

On en prend 100 cm³ que l'on additionne de 20 cm³ d'acide sulfurique à 1,29 de densité, auxquels on ajoute l'esprit de bois jusqu'à coloration persistante.

### Détermination des impuretés dans le méthylène.

Le mode de dosage employé est celui de Röse, qui consiste à noter l'augmentation de volume d'une quantité voulue de chloroforme agité avec le méthylène, en présence d'une solution de bisulfite de soude.

L'appareil employé est un tube à boules (fig. 62) dont la partie infé-

(1) *Journal de Pharmacie et de Chimie*, 1899 (IX. 7).

rieure d'une capacité de 55 cm², est graduée en dixièmes de centimètre cube de 50 à 55 centimètres cubes. On verse dans ce tube, au moyen d'une burette à deux traits, 50 cm³ de chloroforme pur à 15°C, puis un mélange de 25 cm³ du méthylène à essayer et 60 cm³ d'eau distillée ; on agite le tout fortement, et on laisse déposer dans un bain d'eau froide à 15°, puis on note l'augmentation de volume de la solution chloroformique.

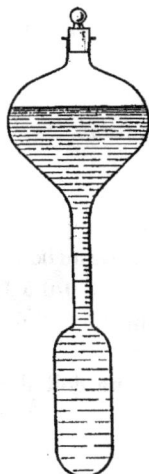

Fig. 62. — Tube de Röse.                Fig. 63.

*Dosage des éthers dans les méthylènes.* — Cette analyse se fait par une saponification à la soude, en employant 20 cm³ de méthylène que l'on introduit dans un ballon de 200 gr , avec 50 c m³ de soude caustique demi-normale et quelques gouttes de solution alcoolique de phénol-phaleïne à 1 0/0. Le ballon est monté sur un réfrigérant ascendant, et est porté à l'ébullition pendant une 1/2 heure, puis on titre la soude en excès par de l'acide sulfurique demi-normal.

Les produits saponifiables sont calculés en acétate de méthyle au moyen de la formule

$$(50 - N) \times 0,3894 \times 5$$

N étant le nombre de centimètres cubes d'acide sulfurique employé.

### 5° Essai de l'alcool méthylique pur.

1° L'alcool méthylique doit marquer 99 0/0 à l'alcoomètre, soit 0,7995 de densité à 15° ;

2° Il est indispensable qu'il ne renferme pas plus de 0,7 0/0 d'acétone déterminés par la méthode de Kramer ;

3° A la distillation, il doit passer 95 0/0 entre deux degrés consécutifs du thermomètre ;

4° Avec le double de son poids d'acide sulfurique à 66°, il doit donner tout au plus une couleur jaune clair ;

5° Il doit rester incolore avec un excès de soude caustique ;

6° 5 cm³ d'alcool pur ne doivent pas décolorer immédiatement 1 cm³ de permanganate de potasse à 1 gr. par litre.

### 6° Essai de l'acétone.

1° L'acétone doit être limpide et claire ;

2° Elle doit se mélanger à l'eau en toutes proportions, et la solution ne doit ni se troubler, ni donner de précipité même au bout d'un certain temps ;

3° L'acétone doit être neutre et marquer 98,5 0/0 à 15° C à l'alcoomètre ;

4° A la distillation, il doit passer au moins 95 0/0 de liquide jusqu'à 58° de température ;

5° Une solution de chlorure de mercure ne doit donner aucun trouble avec l'acétone ;

6° L'acétone ne doit pas contenir plus de 0,1 0/0 d'aldéhyde que l'on détermine par réduction d'une solution préparée avec 30 gr. de nitrate d'argent, 30 gr. de soude caustique et 200 gr. d'ammoniaque (à 0, 9) pour un litre ; on prend 10 cm³ d'acétone que l'on additionne de son volume d'eau, et 2 cm³ de la solution d'argent ; on laisse 1/4 d'heure dans l'obscurité, puis on essaie par le sulfhydrate d'ammoniaque s'il y a du nitrate d'argent en excès ; sinon, c'est que l'acétone contient plus de 0,1 0/0 d'aldéhyde ;

7° Par l'essai iodimétrique de Messinger on doit obtenir au moins 98 0/0.

### 7° Essai de la créosote.

La créosote de hêtre étant la plus recherchée, on lui substitue souvent dans le commerce des produits impurs, et quelquefois même le phénol ordinaire ; parfois elle est mélangée d'alcool ou de matières huileuses (huiles fixes et volatiles).

On doit rejeter toute créosote qui, versée goutte à goutte dans l'eau, ne tombe pas au fond, ou qui s'y trouble après une légère agitation.

Pour distinguer l'acide phénique de la créosote ou reconnaître son mélange avec cette dernière, on peut employer l'un des procédés suivants :

1° En mélangeant volumes égaux de créosote et de glycérine, on n'obtient pas la dissolution de cette dernière, tandis que le phénol s'y dissout complètement et n'est plus précipité par addition d'eau ;

2° L'ammoniaque ne dissout pas la créosote, tandis qu'à chaud il dissout partiellement l'acide phénique ;

3° La solution alcoolique de perchlorure de fer légèrement ammoniacale, colore la créosote en vert et l'acide phénique en brun, (cette réaction permet de retrouver 1 partie de créosote dans 500 parties d'acide phénique) ; la solution aqueuse de perchlorure de fer ajoutée à la créosote ne se modifie pas comme nuance, tandis qu'elle devient bleue avec le phénol (Frisch).

Pour retrouver de petites quantités d'acide phénique dans la créosote, on fait bouillir quelques gouttes de cette dernière avec 6 à 8 centimètres cubes d'acide azotique, jusqu'à ce qu'il ne se dégage plus de vapeurs rutilantes, puis, on ajoute au liquide refroidi une solution de potasse. S'il s'y produit immédiatement un précipité jaune de picrate de potasse, c'est qu'il y a formation d'acide picrique, au moyen de l'acide phénique existant dans la créosote.

Pour retrouver l'*alcool* mêlé à la créosote, on peut distiller et recueillir les premiers produits condensés ; ou bien, additionner le produit suspect de 6 fois son poids d'huile d'amandes douces ; s'il y a seulement 0,4 d'alcool, le mélange devient et reste opaque après agitation.

Les *huiles fixes* ou *volatiles* se retrouvent aisément. En versant un peu de liquide sur du papier, il s'y formera une tache, qui reste transparente à froid s'il y a des essences, et ne change pas d'aspect après l'action de la chaleur, s'il y a des huiles fixes. En ajoutant à un poids connu de créosote soupçonnée, une quantité suffisante d'acide acétique, on pourra isoler les matières grasses qui sont insolubles dans l'acide, alors que la créosote s'y dissout.

### 8° Analyse du carbonate de potasse.

*Humidité.* — On dessèche 10 grammes du produit sur un bec de gaz jusqu'à ce qu'il ne se dégage plus d'eau, et on détermine la perte de poids.

*Résidu insoluble.* — On dissout 10 grammes de carbonate de potasse dans de l'eau chaude, on filtre sur un filtre taré, puis on complète avec les eaux de lavage à 500 cm³ ; ensuite le filtre est desséché, incinéré et le résidu insoluble pesé.

*Alcalinité.* — Sur 50 cm³ de la solution précédente, on détermine l'alcalinité en carbonate de potassium par une liqueur d'acide normal, en présence de la teinture de tournesol.

*Degré pondéral.* — D'après Gay-Lussac, on prépare une solution d'acide sulfurique :

<blockquote>
Acide sulfurique à 66°. . . . . . 100 grammes<br>
Eau distillée pour amener le volume à 1 litre.
</blockquote>

On pèse une demi-molécule de $K^2O$, soit 48 gr. 07 de potasse à essayer, que l'on dissout dans la quantité d'eau nécessaire pour faire 500 cm³. On prend 50 cm³ de ladite solution que l'on additionne de tournesol, on chauffe et on y verse la liqueur acide au moyen d'une burette divisée en centimètres cubes.

1/2 centimètre cube $= 1$ 0/0 de potasse $K^2O$ dans l'échantillon : c'est le degré pondéral.

*Degré alcalimétrique* ou essai Descroisilles.

La liqueur sulfurique est la même que précédemment. On pèse 5 grammes de sel de potasse que l'on dissout dans l'eau et que l'on chauffe, puis on y verse, en présence du tournesol, de la liqueur acide jusqu'à saturation, au moyen d'un *alcalimètre* portant 100 divisions, dont chacune équivaut à 0 gr. 500 de liqueur d'épreuve. Le nombre de divisions indique le degré alcalimétrique

Pour la conversion d'un titre alcalimétrique en titre pondéral et vice versa, on peut employer les tables ci-dessous :

| Pondéral | Alcalimétrique | Pondéral | Alcalimétrique | Pondéral | Alcalimétrique |
|---|---|---|---|---|---|
| 1 | 1 04 | 9 | 9 36 | 45 | 46 81 |
| 2 | 2 08 | 10 | 10 40 | 50 | 52 01 |
| 3 | 3 12 | 15 | 15 60 | 55 | 57 21 |
| 4 | 4 16 | 20 | 20 80 | 60 | 62 41 |
| 5 | 5 21 | 25 | 26 | 65 | 67 61 |
| 6 | 6 24 | 30 | 31 20 | 70 | 72 81 |
| 7 | 7 28 | 35 | 36 41 | 75 | 78 01 |
| 8 | 8 32 | 40 | 41 61 | 80 | 83 21 |

| Alcalimétrique | Pondéral | Alcalimétrique | Pondéral | Alcalimétrique | Pondéral |
|----------------|----------|----------------|----------|----------------|----------|
| 1 | 0 96 | 9 | 8 65 | 45 | 43 26 |
| 2 | 1 92 | 10 | 9 61 | 50 | 48 07 |
| 3 | 2 88 | 15 | 14 42 | 55 | 52 88 |
| 4 | 3 85 | 20 | 19 23 | 60 | 57 68 |
| 5 | 4 81 | 25 | 24 03 | 65 | 62 49 |
| 6 | 5 77 | 30 | 28 84 | 70 | 67 30 |
| 7 | 6 73 | 35 | 33 65 | 75 | 72 10 |
| 8 | 7 69 | 40 | 38 46 | 80 | 76 94 |

*Dosage de la soude dans les potasses.* — 1° Par le procédé de Graeger : qui consiste à dissoudre une prise d'essai de 6 gr. 911 dans 100 cm³ d'eau, à recueillir et peser les matières insolubles, puis à doser volumétriquement dans une portion de la liqueur les acides sulfurique et chlorhydrique combinés ; on les transforme par le calcul en sels de potassium, et on en conclue par différence le poids des carbonates alcalins purs.

On procède ensuite au titrage du carbonate à l'aide d'une solution normale d'acide nitrique (63 gr. $AzO^3H$ par litre), correspondant à 69 gr. de $Co^3K^2$. Le rapport des carbonates est donné par la table ci-dessous.

| $Co^3K^2 + Co^3Na^2$ | Acide normal | | $Co^3K^2 + Co^3Na^2$ | Acide normal | |
|---|---|---|---|---|---|
| 1 gr. + 0,00 exige | 14 cc. | 47 | 0,45 + 0,55 exige | 16 cc. | 89 |
| 0,95 + 0,05 | 14 | 69 | 0,40 + 0,60 | 17 | 11 |
| 0,90 + 0,10 | 14 | 92 | 0,35 + 0,65 | 17 | 33 |
| 0,85 + 0,15 | 14 | 14 | 0,30 + 0,70 | 17 | 55 |
| 0,80 + 0,20 | 15 | 35 | 0,25 + 0,75 | 17 | 76 |
| 0,75 + 0,25 | 15 | 57 | 0,20 + 0,80 | 17 | 97 |
| 0,70 + 0,30 | 15 | 79 | 0,15 + 0,85 | 18 | 19 |
| 0,65 + 0,35 | 16 | 01 | 0,10 + 0,90 | 18 | 40 |
| 0,60 + 0,40 | 16 | 23 | 0,05 + 0,95 | 18 | 62 |
| 0,55 + 0,45 | 16 | 45 | 0,00 + 100,00 | 18 | 84 |
| 0,50 + 0,50 | 16 | 67 | | | |

La quantité de soude contenue dans une potasse peut encore se déterminer par différence, la potasse étant dosée par l'un des procédés ci-dessous.

*Dosage de la potasse.* — Trois procédés différents peuvent être employés :

1° Procédé au chloroplatinate ;

2° Procédé à l'acide perchlorique de Schloesing ;

3° Dosage volumétrique de la potasse de A. Carnot.

1° *Procédé au chloroplatinate.* — On prend 5 gr. de carbonate de potasse que l'on dissout dans de l'eau additionnée d'acide chlorhydrique ; on y ajoute un excès d'eau de baryte, on filtre et on lave le précipité de sulfate, silicate et phosphate de baryte. Dans la solution, on fait passer un courant d'acide carbonique, et on termine en portant à l'ébullition, de façon à décomposer le bicarbonate de baryte qui s'est formé et qui est soluble, puis on filtre.

La liqueur, additionnée d'acide chlorhydrique, est évaporée dans une capsule à 40-50 cm³, puis on y ajoute goutte à goutte du chlorure de platine, et l'on évapore avec précaution au bain-marie jusqu'à ce que la masse soit pâteuse ; on retire du feu et on ajoute un mélange d'alcool et d'éther formé de 9 parties d'alcool à 85°, 1 partie d'éther à 65° ; on triture le tout pendant quelque temps pour laver le chloroplatinate de potasse formé qui est insoluble dans ce liquide, et on filtre sur filtre taré et sec.

Cette méthode demandant beaucoup de soins, on lui préfère la suivante qui est plus rapide.

Elle consiste à faire immédiatement le chloroplatinate. On prend 1 gr. de carbonate de potasse que l'on dissout dans un peu d'eau et d'acide chlorhydrique ; on concentre la solution, puis on y ajoute de la solution de chlorure de platine à 10 gr. pour 100 cm³, jusqu'à ce qu'il n'y ait plus de précipitation, et on évapore ; si le résidu devient blanc sur les bords, cela indique qu'il n'y a pas assez de chlorure de platine, dans ce cas, il faut faire une nouvelle addition de cette liqueur. Ensuite, on ajoute du mélange d'alcool et d'éther, et l'on filtre dans un tube à boule (fig. 63) sur du coton de verre ; on lave à l'alcool éthéré jusqu'à ce qu'il n'y ait plus de platine dans les eaux de lavage (coloration rose par l'iodure de potassium).

On sèche le tube à l'étuve, puis on y fait passer à l'intérieur un courant d'hydrogène, afin de transformer les sels de platine en platine métallique que l'on pèse :

$$Pt \times 0,4786 == K^2O$$

Dans cette opération, il y a lieu de chauffer légèrement le tube pour favoriser la réduction ; on doit alors avoir soin d'incliner légèrement le tube et d'attendre que celui-ci soit plein d'hydrogène avant d'y approcher une flamme.

On détermine, par un autre essai, l'acide sulfurique nécessaire pour transformer le carbonate de potasse en sulfate, on déduit ensuite le carbonate de potasse pur par calcul.

*Dosage de la potasse par le procédé Schloesing.* — On dissout 5 gr. du sel dans 40 cc. d'eau et de l'acide nitrique, on évapore à sec, puis on reprend par 20 cc. d'acide nitrique et 20 cc. d'eau, et on filtre ; à la liqueur claire on ajoute de l'ammoniaque en excès pour précipiter le fer et l'alumine ; on filtre et lave le précipité. Les liqueurs sont recueillies dans une fiole graduée à 100 cm³ que l'on complète avec de l'eau. On prend 20 cm³ auxquels on ajoute un léger excès de nitrate de baryum qui précipite l'acide phosphorique et l'acide sulfurique. La liqueur filtrée est évaporée presque à sec, puis reprise par 5 cc. d'acide nitrique et évaporée de nouveau ; ce traitement est répété encore deux fois. Après la dernière opération, on ajoute 15 cc. d'acide perchlorique à 10 0/0, et on chauffe pour chasser l'excès d'acide.

L'acide perchlorique se prépare en traitant à chaud le perchlorate d'ammonium par l'eau régale. La réaction se fait dans un ballon de verre. On a ainsi un mélange d'acide perchlorique et d'acide nitrique contenant un peu d'acide chlohrydrique. Ce mélange est soumis à une évaporation lente au bain de sable ; l'acide chloryhdrique est complètement expulsé, ainsi qu'une partie de l'acide nitrique. On cesse de chauffer lorsqu'il se produit des vapeurs blanches d'acide perchlorique.

Après avoir chassé l'excès d'acide perchlorique ajouté au sel de potasse, on humecte la masse de quelques gouttes d'eau, puis on lave à l'alcool à 85⁰ pour dissoudre les perchlorates autres que celui de potassium qui se sont formés en même temps. Le perchlorate de potasse est recueilli sur un petit filtre, lavé à l'alcool à 85⁰, puis dissout par l'eau chaude ; on évapore à sec la solution, on pèse, et le poids de perchlorate trouvé multiplié par 0,3393 donne le taux de potasse $K^2O$.

*Dosage volumétrique de la potasse par le procédé Carnot.* — Cette méthode est basée sur la réaction qui se produit lorsqu'on met en présence un sel de potassium avec un sel de bismuth et un hyposulfite ; il se forme un hyposulfite double, parfaitement défini, de potassium et de bismuth, soluble dans l'eau, mais précipité sous la forme d'une poudre jaune par l'addition d'alcool.

Pour le dosage, si l'on a par exemple à essayer un chlorure de potassium, on prend 5 grammes de matière, on les dissout dans 3 ou 4 cm³ d'eau, on ajoute 10 cm³ d'une liqueur de chlorure de bismuth, 10 cc. d'hyposulfite de chaux et 160 cm³ d'alcool ; le précipité jaune se forme. Au bout de 10 minutes, on filtre, on lave à l'alcool ; on redissout le précipité par l'eau chaude, et on dose l'hyposulfite qu'il contient.

A cet effet, à la solution on ajoute 5 cc. d'acide chlorhydrique et quelques gouttes d'empois d'amidon. On verse une dissolution titrée d'iode, jusqu'à ce que la couleur bleue caractéristique de l'iodure d'amidon se produise.

La dissolution d'iode est titrée de telle façon que 1 cc. = 0,91 de potasse, en opérant sur du carbonate pur.

L'opération doit se faire très rapidement, l'hyposulfite double de potassium et de bismuth étant très altérable.

La solution de chlorure de bismuth se prépare en traitant 100 gr. de sous-nitrate de bismuth par l'acide chlorhydrique, et en chauffant doucement. On laisse refroidir, on ajoute de l'alcool concentré, et après repos, on filtre, puis on amène le volume de la solution à 1 litre.

La solution d'hyposulfite de calcium est à 200 gr. par litre.

La liqueur d'iode est préparée avec 56 gr. 96 d'iode pur et environ 75 gr. d'iodure de potassium par litre : 1 cc. de cette liqueur correspond exactement à 0 gr. 01 de $K^2O$.

# DEUXIÈME PARTIE

## FABRICATION D'EXTRAITS DIVERS

---

### CHAPITRE PREMIER

#### EXTRAIT DE CHATAIGNIER

Généralités sur les bois de châtaignier. — Leur richesse en tannin. — Prix actuels du bois en France et en Corse. — Déboisement. — Rendement en extraits des différentes provenances. — De l'eau à employer pour la diffusion ou macération des bois. — Des jus et extraits divers de châtaignier. — Tableaux d'analyses et composition.

Le châtaignier est un arbre de la famille des cupulifères. Il croît en Savoie, en Auvergne, en Périgord, en Provence, en Bretagne, en Corse, un peu dans le nord de l'Espagne et en Italie (1), où partout il commence à disparaître, ainsi que nous le démontrerons plus loin.

Le bois de châtaignier a une certaine importance au point de vue du tannin qu'il renferme. C'est Michel, de Lyon, qui découvrit, en 1818, la présence du tannin dans le châtaignier ; c'est lui aussi, qui proposa ce bois pour le tannage des cuirs forts.

Le bois de châtaignier destiné au tannage ou à la fabrication des extraits pour tannerie ne doit contenir ni bois pourri, ni bois mort sur plante, ni

---

(1) Voir pour ce pays, le remarquable ouvrage intitulé : *Monografia del Castagno, suoi caratteri varietà, coltivazione, prodotti e nomici*, par LEPETIT, DOLLFUS & GANSSER, 1902.

branches de moins de 10 cm. de diamètre au petit bout, ni petites racines courantes. Ces réserves ne s'appliquent pas au bois destiné à la fabrication d'extraits ou gallique pour teinture.

Le stère de bois de châtaignier sec pèse de 340 à 385 kilogs. Nous attirerons l'attention des fabricants d'extraits de bois et des tanneurs, consommateurs de bois de châtaigniers (qui apporte pendant le tannage des cuirs, son contingent de matières pectiques, résinoïdes et amylacées, utiles à un bon rendement), sur l'importance qu'il y a, d'exiger toujours des fournisseurs des livraisons de bois de châtaignier sain, et de rejeter impitoyablement le bois pourri ou ferrugineux-pourri, comme impropre à un rendement normal, ou de ne l'admettre qu'avec un fort rabais : ce bois avarié ne pouvant s'employer qu'à la fabrication du gallique pour teinture, la décoloration des jus provenant de la macération de ce bois pourri étant difficile et coûteuse.

*Analyses diverses de bois de châtaigniers :*

*Echantillon* n° 1. — Bois sain du midi de la France (Gard) :

| | |
|---|---:|
| Matières tannantes solubles. | 7,40 |
| Non-tannins. | 1,90 |
| Eau. | 54,25 |
| Ligneux. | 36,45 |
| Total. | 100,00 |

Total des solubles : 9,30 0/0.

*Echantillon* n° 2. — Bois sain du Lyonnais et du Dauphiné :

| | |
|---|---:|
| Matières tannantes solubles. | 6,10 |
| Non-tannins. | 1,50 |
| Eau. | 53,20 |
| Ligneux. | 39,20 |
| Total | 100,00 |

Total des solubles : 7,60 0/0.

*Echantillon* n° 3. — Bois pourri (même provenance que l'échantillon n° 1) :

Matières tannantes solubles. . . . . . .     2,80
Non-tannins. . . . . . . . . . . . .     1,10
Eau . . . . . . . . . . . . . . .     63,28
Ligneux . . . . . . . . . . . . .     32,82

                    Total . . . . .     100,00

Total des solubles : 3,90 0/0.


*Echantillon n° 4.* — Bois pourri (même provenance que l'échantillon n° 2) :

Matières tannantes solubles. . . . . . .     3,40
Non-tannins. . . . . . . . . . . . .     1,00
Eau. . . . . . . . . . . . . . .     64,24
Ligneux. . . . . . . . . . . . .     31,36

                    Total . . . . .     100,00

Total des solubles : 4,40 0/0.


En ramenant la teneur en eau à 54 0/0, celle en matières tannantes est alors de 4,08 0/0.

La pourriture aurait donc pour effet d'insolubiliser une forte proportion des matières primitivement solubles.

Quant au prix du bois de châtaignier, nous dirons que depuis 5 ans, il ne fait que croître, en raison directe de sa rareté et pour les raisons que nous exposerons plus loin.

En 1900, les extracteurs du Midi et de l'Ardèche le payaient déjà 14 à 15 francs la tonne sur pied-d'œuvre, aujourd'hui les mêmes fabricants le paient 17 à 18 francs : ce prix augmentera encore, puisque les châtaigneraies disparaissent de jour en jour, et que le paysan est obligé d'éloigner ses coupes jusqu'à des endroits où le prix d'exploitation de la tonne de bois passe de 2 à 5 francs.

En Corse, les fabricants d'extraits achètent le bois de châtaignier au stère (environ 460 kgs) à raison de 9 fr. 50, soit plus de 20 francs la tonne.

Le bois fraîchement abattu renferme 68 0/0 d'eau ; le bois vert abattu depuis 3 mois 55 0/0 ; le bois écorcé 40 à 45 0/0.

Le bois est mis ordinairement à sécher en tas variant de 200 à 500 tonnes, et le stock est fait pour la consommation d'une année à l'autre ; il perd, en moyenne, après ce laps de temps, 20 0/0 d'eau et n'en renferme plus alors que 33 à 35 0/0.

Le bois de châtaignier vert, à 75 0/0 d'eau, sur tronc, contient 4 0/0 de tannin ; le bois ordinaire, à 40 0/0 d'eau, en contient 6 0/0 ; et le bois complètement sec, 8 0/0.

Les racines de châtaignier contiennent 7 0/0 de tannin ; l'écorce en renferme 3 0/0.

Pendant la dessiccation du châtaignier, une partie du tannin se résinifie. Les bois de châtaignier du Nord sont moins riches que ceux du Midi, et ceux de l'Ouest moins riches que ceux de l'Est.

Quant au châtaignier de la Corse, sa richesse en tannin atteint en moyenne 10 0/0.

Le bois de châtaignier donne 4,74 à 5,71 0/0 de cendres. Celles-ci contiennent 70 à 80 0/0 de chaux, 5 0/0 de potasse et 4 0/0 d'acide phosphorique. Sa densité est égale à 0.588.

La question actuellement intéressante et qui devrait préoccuper les fabricants d'extraits et les nombreux paysans pour lesquels le châtaignier joue un grand rôle : c'est le reboisement des châtaigneraies disparues et de celles qui disparaissent rapidement, les usines d'extraits étant nombreuses et ne se souciant pas de leurs approvisionnements futurs, pas plus que le paysan qui arrache sans se préoccuper de l'avenir, ne voyant dans ce déboisage que la source du gain immédiat.

### La disparition du châtaignier en France.

#### Les causes et le remède.

Lors de la discussion du budget de 1904, l'honorable M. Pedebidou a à deux reprises, signalé au ministre de l'agriculture la disparition du châtaignier, et a demandé aux Pouvoirs Publics de prendre des mesures pour apporter un remède à cette situation désastreuse. « La disparition du châtaignier, disait-il, exerce la plus fâcheuse influence sur le régime des cours d'eau ; la dénudation des pentes provoque la torrentalité, avec ses conséquences néfastes pour la navigation des rivières ».

Ce n'est pas tout : le châtaignier est une essence des plus précieuses, dont la culture offre des ressources considérables à un grand nombre de départements. En dehors de ses fruits qui constituent un élément important dans l'alimentation, il donne du bois pour la confection des cercles de tonneaux, des échalas, des merrains ; par la trituration, il fournit des extraits tanniques dont l'usage se répand de plus en plus.

Arbre essentiellement rustique, le châtaignier s'accommode des terrains les plus ingrats (1). Sa disparition constituerait un véritable désastre.

Aussi, de vives inquiétudes se sont-elles produites au sujet de la crise qui sévit sur cet arbre.

Une enquête a été ouverte par la direction générale des Eaux et Forêts, sur les causes de destruction et sur les moyens d'y remédier. En voici les conclusions :

Les causes de destruction du châtaignier sont de deux sortes : 1º La première consiste dans la maladie du châtaignier qui elle-même affecte deux formes bien distinctes.

L'une n'est autre chose que la maladie d'épuisement ou de décrépitude, qui règne dans un grand nombre de châtaigneraies, dont les arbres sont âgés, que les cultivateurs affament en leur enlevant la couverture de feuilles vertes, seul engrais du sol, et qu'ils mutilent en cassant et arrachant les branches, afin de se procurer du bois de chauffage et des feuilles pour la nourriture du bétail.

Cette maladie n'a aucun genre épidémique et frappe les arbres isolément.

Pour y porter remède, il suffit de faire cesser les pratiques qui l'engendrent, de conserver avec soin la couverture morte du sol, de restreindre les abus de la vaine pâture, et enfin d'aménager ou d'exploiter rationnellement les châtaigniers, abattant les vieux et les remplaçant par des jeunes.

La seconde maladie qui est la véritable maladie du châtaignier, l'encre ou pied (2), s'attaque à tous les arbres sans distinction, jeunes ou vieux, vigoureux ou décrépits. Elle a un caractère nettement épidémique, qui lui a valu le nom de phylloxéra dans certaines régions. Le siège de cette affection est dans les racines, et l'origine en est due à un champignon parasite nouveau, le *mycelophagus castanae*.

Cette maladie a été signalée dans 27 départements ; dans dix d'entre eux, elle n'a pas encore fait de ravages appréciables ; huit présentent une étendue dévastée de moins de 50 hectares ; dans les cinq suivants : Dordogne, Gard, Ille-et-Vilaine, Morbihan, Lot, la surface oscille entre 200 et

(1) CHATIN (AD.). Le châtaignier, étude sur les terrains qui conviennent à sa culture. *Bull. de la Soc. bot.* pag. 198-1870.

(2) DE SEYNES (J.). De la maladie des châtaigniers appelée maladie de l'encre. *Comice agricole de l'arrondissement du Vigan*, septembre 1889.

500 hectares. Enfin la dévastation n'atteint pas 1.000 hectares dans les Hautes-Pyrénées, mais elle dépasse ce chiffre dans les Basses-Pyrénées, la Corrèze, et la Haute-Vienne (1).

L'étendue dévastée s'élève à environ 10.000 hectares, sur une surface totale de 350.000 à380.000 hectares de châtaigneraies, non compris les taillis de cette essence (environ 100.000 hectares).

On n'a pas encore trouvé une méthode économique et pratique de combattre cette maladie, le seul moyen d'enrayer la propagation du mal consiste à arracher les arbres attaqués.

Il existe encore deux autres maladies qui s'attaquent au châtaignier : la jaunisse et le javart(2) ; mais elles sont heureusement peu répandues, et d'ailleurs n'entraînent que rarement la mort des sujets contaminés.

2º La cause de destruction de beaucoup la plus importante consiste dans le déboisement des châtaigneraies, en vue de la fabrication des extraits tanniques.

L'usage des extraits tanniques tend de plus en plus à se substituer à celui des écorces de chêne dans l'industrie du tannage. Le bois de châtaignier, dont la richesse en tannin est de 4 à 8 0/0, fournit en France la plus grande quantité de ces extraits.

En présence du nouveau débouché qui assure aux bois de cette essence des prix de vente rémunérateurs, trop souvent les propriétaires pour réaliser un gain immédiat, n'hésitent pas à arracher leurs châtaigniers non âgés.

Ils sont invités à procéder à ces destructions par une grande quantité d'usines destinées à la fabrication des extraits tanniques, qui se sont établies sur de nombreux points du territoire, et dont les besoins vont toujours grandissants.

C'est surtout depuis 12 ans que la multiplication de ces usines a été rapide. En 1875, il n'en existait que 7 ; aujourd'hui, il y a en France 26 usines exploitant le châtaignier pour la production de l'extrait tannique. A ces usines, il convient d'ajouter celle de Genève (Suisse), qui s'alimente en majeure partie de bois français.

On peut estimer à 450.000.000 de kilos la consommation actuelle de ces 26 usines en bois de châtaignier, produisant les extraits pour une valeur

---

(1) DELACROIX. La maladie des châtaigniers en France, *Bull. de la soc. mycol. de France*, t. XIII, 4ᵉ fasc. 1897.

(2) PAILLEUX (ED.). — La maladie des châtaigniers dite le Javart, *Journ. d'agric. prat.*, p. 139-1893.

de 22 à 24 millions de francs ; l'hectare de châtaignier portant en moyenne 100 arbres qui peuvent fournir 375 tonnes de bois, on voit que la consommation des usines à extraits représente la disparition de 1.200 hectares de châtaigneraies par an.

Cette destruction est particulièrement intense en Corse, où elle porte sur un minimum de 200 hectares par an. Dans chacun des départements du Gard, du Lot, de la Dordogne, de la Corrèze, de la Haute-Vienne, de la Creuse et d'Ille-et-Vilaine, l'étendue des surfaces de châtaigneraies déboisées jusqu'à présent dépasse 1.000 hectares ; elle est de 500 à 1.000 hectares dans les Basses-Pyrénées, la Lozère (1), Saône-et-Loire, Indre-et-Loire, Loire-Inférieure, Morbihan, et les Côtes-du-Nord (2) ; enfin elle atteint 200 hectares dans la Sarthe, l'Allier, le Rhône, l'Isère, la Savoie, la Haute-Savoie, et les Hautes-Pyrénées.

Contre l'imprévoyance des propriétaires qui provoque cet état de chose désastreux, l'Administration se trouve désarmée. Aucune disposition législative ne permet de limiter le droit du propriétaire, d'user et d'abuser de ses châtaigneraies, sauf dans les cas, très rares, prévus par la loi relative à la police des défrichements.

Mais le devoir de l'administration est d'éclairer les populations rurales sur la gravité de la situation, et de leur faire comprendre l'intérêt qu'elles ont à la conservation et à l'exploitation rationnelle de leurs châtaigneraies. Des instructions formelles ont été adressées aux préfets, aux agents des eaux et forêts, aux professeurs d'agriculture, pour qu'ils usent de tous les moyens en leur pouvoir pour faire pénétrer, à ce sujet dans les campagnes, des idées de prudence et de sage prévoyance.

D'autre part, là où les destructions sont consommées, il y a lieu de chercher à encourager la reconstitution des châtaigneraies par des plantations.

A cet effet, des mesures ont été prises dès cette année, pour que des médailles et des primes soient décernées dans les concours agricoles en vue de récompenser les travaux de cette nature.

Tout en approuvant l'initiative prise dans l'espèce par l'Administration des forêts, nous croyons toutefois qu'en présence de la destruction systématique de nos châtaigneraies pour les usines à extraits tanniques, il con-

(1) Cmé. Rapport sur les maladies des châtaigniers dans les Cévennes. *Bull. du minist. de l'Agric.*, n° 7, an XIV, octobre 1895.

(2) Rapport sur la maladie des châtaigniers en Bretagne. *Bull. du minist. de l'Agric.*; n° 8-1894.

Dumesny et Noyer                                             11

viendrait peut-être de prendre des mesures plus radicales, pour enrayer ou limiter cette destruction.

Le meilleur moyen d'inciter les propriétaires à reconstituer leurs châtaigneraies par des plantations, ne serait-il pas en définitive, de les faire bénéficier de primes, qui seraient à la charge des usines elles-mêmes ? Il suffirait pour cela de taxer d'un impôt spécial, d'ailleurs peu élevé, les 0/0 kilos d'extrait tannique, produit par les vingt-six usines actuellement existantes.

Néanmoins, afin de sauvegarder dans une certaine mesure les intérêts de la tannerie, et des industries aujourd'hui très prospères qui s'y rattachent, il semblerait y avoir lieu par conséquent de frapper de droits d'entrée plus élevés, les produits de provenance étrangère destinés à la tannerie.

Une proposition de loi, déposée le 6 juillet 1889 par MM. Dunaine et Hubert, répondait en quelque sorte à cet objet, puisqu'elle tendait à modifier notre tarif général des douanes, en ce qui concerne les bois de teinture de provenance étrangère (bois de quebracho et autres). Cette proposition de loi n'est jamais venue en discussion. Nous croyons devoir la signaler aux intéressés.

Voici d'ailleurs, en ce qui concerne la Corse, un compte rendu du 9 septembre 1901 exposé d'une façon compétente, sur *Le déboisement des châtaigneraies de la Corse* de M. Donati, professeur spécial d'Agriculture à Bastia :

« La question que j'ai l'honneur de traiter devant vous, est assurément la plus importante de toutes celles qui intéressent non seulement l'économie rurale, mais toute l'économie de la Corse.

La destruction des châtaigneraies par les entrepreneurs qui approvisionnent les usines d'acide tannique se poursuit dans de telles conditions, que nous croyons de notre devoir de faire connaître, avec les avantages que la culture du châtaignier présente pour nos populations, les causes de ce déboisement et ses conséquences immédiates, tant au point de vue de l'alimentation qu'à celui de la climatologie et de l'avenir de l'agriculture. Ces arbres, qui recouvrent 30.000 hectares de terrains en côteaux, ont toujours joué un grand rôle dans toutes les périodes critiques de l'histoire de la Corse ; au temps où ses habitants combattaient pour leur indépendance, ils leur procuraient leurs moyens d'existence ; actuellement même, pendant que la misère étend de plus en plus ses ravages dans les campagnes, ils constituent la principale ressource des cultivateurs qui ont renoncé à la culture du sol.

Par sa richesse en éléments nutritifs, la farine de châtaignes constitue un aliment complet ; les analyses récentes de M. Balland, pharmacien principal de 1ᵣₑ classe, donnent sur ce point des indications très précises.

Un lot de châtaignes du Piémont, qui sont celles qui ressemblent le plus aux châtaignes de la Corse, a donné, à l'analyse, la composition suivante :

Matières azotées . . . . . . . . . . .     5,98
— grasses. . . . . . . . . . .     3,78
— sucrées et amylacées . . . . . .     86,82

Si nous comparons ces chiffres avec ceux d'une analyse de blé Dattel qui est très répandu, analyse qui nous est également donnée par M. Balland, nous serons surpris de voir combien est grande l'analogie entre ces deux produits :

Matières azotées . . . . . . . . . .     10,53
— grasses . . . . . . . . . .     1,44
— sucrées et amylacées . . . . . .     84,28

La teneur des châtaignes en éléments nutritifs se rapproche beaucoup de celle du blé, et cela explique comment nos populations des montagnes peuvent se nourrir, depuis un temps immémorial, presque exclusivement de bouillies et de gâteaux de farine de châtaignes. Cela nous indique aussi tout le parti que l'on pourrait tirer de ces fruits, dans des situations graves, pour l'alimentation des villes et des campagnes.

Le bois de châtaignier n'est pas moins précieux pour les besoins domestiques : exploité en taillis de 5 à 6 ans, il sert à faire des paniers, des fourches, des manches de fouets, des manches d'outils ; il est utilisé comme le micocoulier et l'osier dans le midi de la France ; à mesure qu'il grandit, il sert comme échalas et comme bois de clôture ; employé comme pièces de charpente, sa durée égale celle du chêne ; transformé en madriers, en planches, en planchons, il sert à tous les usages du charronnage, de la menuiserie, de l'ébénisterie, et même, exposé au vent, au soleil et à la pluie, sans être protégé par aucun enduit, sa durée est illimitée ; débité sous forme de douvelles, il sert à faire d'excellents vaisseaux, de toutes dimensions, pour la conservation du vin ; comme bois mort, il est également très utile, car c'est un excellent bois de chauffage pour les fours, aussi bien que pour les cheminées d'appartement.

Les soins nécessités pour la venue et l'entretien de ces plantes, ainsi que pour la récolte des fruits, sont presque nuls. Généralement l'arbre est constitué par un sauvageon âgé de 7 à 8 ans, venu naturellement et greffé sur place ; il pousse ainsi tant bien que mal, entouré de maquis, jusqu'au moment où il commencera à produire, c'est-à-dire jusqu'à la quinzième ou à la vingtième année. A ce moment, le maquis sera défriché tout autour de la plante, et dès lors le terrain sera nettoyé tous les ans, pour permettre la cueillette des châtaignes.

Un châtaignier peut atteindre de très grandes dimensions, on en rencontre beaucoup qui mesurent 6 et 7 mètres de circonférence et 25 ou 30 mètres de hauteur.

La valeur de ces plantes est basée sur leurs dimensions et sur la qualité des fruits : elle varie de 20 à 50 francs, il en est pour lesquelles elle dépasse 100 francs, mais celles-ci constituent l'exception. Le rendement par pied atteint facilement 10 et 12 0/0 de cette somme.

La récolte est faite, généralement, par les propriétaires eux-mêmes et, dans ce cas, elle ne nécessite pas de grands frais, car, sauf le fauchage des fougères et du maquis qui est fait par les hommes, à moments perdus, la cueillette est effectuée par les femmes et par les enfants.

Quand les propriétaires ont recours à des ouvriers embauchés pour toute la récolte, ceux-ci sont rétribués en nature, soit au tiers, soit à la moitié. Ils sont tenus en retour, de procéder, dès le mois de septembre, au nettoyage des châtaigneraies, de débiter et de transporter le bois destiné à alimenter les foyers des séchoirs, de cueillir les châtaignes, de les transporter et de les faire sécher.

La récolte nécessite environ 2 mois de travail ; la cueillette commence du 15 au 20 octobre, pour finir fin novembre ; la décortication est effectuée dès que les châtaignes sont suffisamment sèches pour être portées au moulin.

On a donc raison de dire que le châtaignier est un arbre providentiel ; aussi le vide que la disparition de ces plantes créera dans les campagnes sera irréparable.

L'influence de ce déboisement sur le climat du pays ne sera pas moins désastreuse. Actuellement, tout le monde se plaît à vanter le climat de la Corse : la ville d'Ajaccio lui doit la faveur dont elle jouit comme station d'hiver ; mais il est à redouter qu'il n'en soit plus de même, quand les coteaux et les sommets des montagnes seront dégarnis ; car il est reconnu que ce sont les forêts et les bois qui rendent les climats plus doux, moins variables, plus constants.

D'autre part, l'existence de ces forêts est intimement liée à la prospérité

de l'agriculture : ce sont elles qui régularisent le cours des torrents ; elles
retardent la fonte des neiges, et les eaux pénétrant lentement dans le sol le
transforment en d'immenses réservoirs qui céderont leur trop-plein dans
les ruisseaux, même au cours de l'été, au fur et à mesure des besoins
de l'agriculture. C'est ce qui explique la régularité du débit des cours d'eau
qui prennent naissance sur des coteaux boisés, tandis que sur les terrains
dénudés, les eaux roulent impétueuses en ravinant le sol, entraînant la
terre et le gravier, provoquant dans les plaines des inondations qui dévas-
tent les récoltes et faisant des ravages considérables. En outre, les torrents
qui proviennent de ces coteaux sont très abondants en hiver, et se dessèchent
dès les premières chaleurs de l'été.

Les cultivateurs de l'arrondissement de Bastia ont eu un avant-goût de
ce qui les attend, dans la nuit du 4 août 1899, où les eaux des fleuves
d'Alesani, du Fiumalto, du Golo et du Bevinco sont sorties de leur lit et ont
fait des dommages considérables.

Ces inondations récentes ne peuvent, il est vrai, être imputées au déboisement ; mais ces catastrophes, qui, jusqu'à présent, ne se renouvelaient
qu'à des intervalles assez éloignés, deviendront plus fréquentes par suite
de la destruction des châtaigneraies (1). Ces faits ont d'ailleurs été vérifiés
pour les grands fleuves de la France : le Rhône, la Loire et le Rhin, dont
les crues les plus désastreuses ont été attribuées au déboisement des
montagnes (2).

Il serait malheureux que les populations de la Corse, déjà si éprouvées
par la crise économique qui pèse sur ce pays plus lourdement que partout
ailleurs, eussent à faire, à leur tour, cette triste expérience dont la conséquence la plus immédiate serait l'abandon des parties basses constituées
par les alluvions des fleuves ; ces terres étant les plus fertiles et les seules
dont la culture soit encore rémunératrice.

Il est un point de vue également très important qu'il nous est permis
d'envisager, c'est celui d'éventualités qui laisseraient la Corse livrée à ses
seules ressources. Une expérience toute récente, une simple grève de porte-
faix (3), a risqué mettre les populations aux abois ; qu'arriverait-il, en cas

(1) Il est à craindre que le ruissellement ne soit plus grand sous la châtaigneraie
à fruits soigneusement débroussaillée mais claire, que sur le sol couvert de maquis
denses sans châtaigniers.

(2) Les inondations des 16 et 18 octobre, postérieures au Congrès et produites
non par le débordement des fleuves, mais par des torrents provenant de terrains
déboisés, ont démontré combien nos appréhensions étaient fondées. — F D.

(3) La grève de Marseille.

de guerre, si ce pays était privé pendant de longs mois des importations du dehors ? On nous dit que l'administration de la Guerre se préoccupe, par mesure de prévoyance, de créer des approvisionnements ; ne serait-il pas préférable de conserver à la Corse ses cultures en terre, comme les châtaigneraies qui sont à la portée de chaque famille, et dont les fruits peuvent, dans des situations graves, suffire aux premiers besoins de la population.

On ne peut contester la gravité de ce déboisement ? Il est vrai que dans certaines localités, on s'est contenté d'éclaircir les châtaigneraies et que, d'autre part, les souches tiennent encore au sol ; mais les vides sont déjà nombreux, leur superficie augmente de jour en jour, et la misère consécutive des mauvaises récoltes venant en aide aux entrepreneurs, il est facile de prévoir la date à laquelle ce déboisement sera complet.

Les 2 usines qui extraient l'acide gallique(1) (ou extraits de châtaignier pour tannerie) du bois de châtaignier et qui existent actuellement dans l'arrondissement de Bastia absorbent 140 tonnes de bois par jour, correspondant à 30 ou 40 plantes, soit à près d'un hectare de châtaigneraie. Il faut y ajouter le bois qui est exporté et celui qui sera absorbé par une 3e usine en voie de construction, et l'on verra qu'en moins de 50 ans les châtaigneraies de la Corse auront vécu.

Les Sociétés d'Agriculture et le Conseil général se sont émus de cette situation, et ont sollicité des mesures exceptionnelles visant les propriétaires qui se permettraient de détruire leurs plantations ; mais ces vœux portaient atteinte au droit de propriété et ils n'ont eu aucune suite.

Il est urgent, cependant, de trouver un remède à cet état de choses, tout en conciliant les droits des propriétaires avec l'intérêt public.

Les châtaigneraies en côteaux peuvent être divisées en 2 catégories : celles qui ont été déboisées et qui se sont transformées en maquis, et celles qui sont encore intactes.

Rien ne serait plus simple que de faire bénéficier les premières de la loi de 1860 (2), qui rend le boisement obligatoire sur les terrains en pente et sur le sommet des montagnes, en les exemptant de tout impôt pendant 30 ans (3). Cet avantage amènerait les propriétaires eux-mêmes à solliciter le passage de leur maquis sous le régime forestier et à reconstituer leurs châtaigneraies. Ils conserveraient tous leurs droits sur les nouvelles, sauf celui de coupe qui serait soumis au contrôle de l'Administration des forêts.

(1) Depuis 1901, 2 usines nouvelles fonctionnent.
(2) Abrogée par la loi du 4 avril 1882.
(3) Art. 226 du Code forestier.

Pour ce qui est des châtaigneraies encore entières ou en voie d'exploitation et qu'il importerait de conserver, il conviendrait également de les passer sous le régime forestier, tout en respectant, nous le répétons, le droit des propriétaires. Actuellement, les entrepreneurs coupent tous les arbres ; tout tombe sous la hache aveugle du bûcheron, les plus jeunes aussi bien que les vieux tronçons, qu'ils abandonnent en grande partie sur le sol, comme impropres à leur industrie, et ces terrains sont ensuite livrés aux incursions du bétail.

Les agents des forêts auraient pour mission de désigner les arbres à conserver parmi les plus jeunes et les plus vieux, de manière à rendre ces coupes moins dommageables au point de vue du boisement et d'assurer la replantation des parties déboisées. En échange de ce droit de contrôle, les propriétaires bénéficieraient de l'exemption de l'impôt pendant 30 ans. A l'expiration de ce délai, l'Etat conserverait son droit et les propriétaires ne pourraient plus couper ou éclaircir leurs châtaigneraies qu'autant que l'intérêt de la culture l'exigerait.

Ces mesures sont d'ordre administratif, nous nous contentons de les indiquer. Il en est d'autres, d'ordre cultural, qui relèvent plus spécialement de nos attributions et qui auraient pour effet de combattre le déboisement des côteaux, en rendant la culture du châtaignier plus rémunératrice.

Il est un fait connu : c'est que le déboisement a commencé et se poursuit activement, principalement dans les localités où le prix de revient des récoltes est le plus élevé, soit par suite de l'infériorité des châtaignes et de leur bas prix, soit par suite du défaut de main-d'œuvre. Dans les régions où les châtaignes se vendent fraîches, et là où elles donnent une farine de bonne qualité, les propriétaires se dessaisissent plus difficilement de leurs arbres, et les entrepreneurs y traitent encore peu d'affaires. Si donc il était possible de diminuer ce prix de revient, tout en améliorant la qualité des produits, il est certain que les propriétaires céderaient moins facilement leurs plantes. C'est le problème que nous avons essayé de résoudre, en modifiant le système de séchage en usage qui est des plus défectueux ».

Nous ne suivrons pas plus loin l'auteur de cette communication importante, de façon à rester exclusivement sur le terrain du châtaignier, mais nous ajouterons qu'elle confirme pleinement la situation actuelle des châtaigneraies en France, et avec un Inspecteur des Eaux et Forêts (1) autorisé en la matière, nous nous imposerons la thèse suivante :

(1) M. Teissier.

*Le châtaignier va disparaître en France, si l'industrie des extraits-tanniques continue à tirer sur lui à boulets rouges.*

Cette disparition du châtaignier sera un immense malheur au point de vue local, eu égard à l'alimentation des paysans, et un désastre au point de vue général en augmentant encore la surface dénudée en montagne. — De plus, la disparition du châtaignier entraînera la ruine de l'industrie des extraits de châtaignier.

Il existe en France des quantités considérables de taillis particuliers et communaux (1), peuplés de chênes et exploités à des révolutions courtes, dont le revenu tombe à rien avec l'avilissement des prix des écorces. — Ces taillis aménagés à 20 ans, avec réserve de 300 baliveaux par hectare, pourraient à la révolution suivante fournir 300 chênes de 40 ans pouvant fournir 50 tonnes de troncs tortueux évidemment, impropres à l'œuvre, car les calcaires du Midi ne peuvent allonger le fût des chênes, mais ayant poussé baignés de lumière, susceptibles d'alimenter des usines d'extraits.

Pour cela, il y a lieu de substituer à l'extrait de châtaignier celui de chêne ; or, nous savons qu'en tannerie, sauf pour le tannage du « lissé », l'extrait de chêne, bien fabriqué, à l'instar des usines hongroises, trouverait immédiatement un gros débouché, suffisant, dès le début, à alimenter plusieurs usines d'extrait de chêne, qui trouveraient alors elles-mêmes à s'approvisionner en bois de chêne, d'une façon, pour ainsi dire, indéfinie, justement en appliquant le système de reboisement facile, indiqué plus haut.

D'autre part, nous avons, par des documents ou tableaux dressés par M. Mangin dans son relevé de la statistique de 1902, établi quelle pouvait être actuellement la quantité existante de châtaigniers en France ; or, il faut compter :

90.000 hectares plantés en taillis de châtaigniers ;

350.000 hectares de châtaigneraies.

Si l'on admet qu'en moyenne 50 châtaigniers représentent 1 hectare de châtaigneraie et que le poids moyen d'un arbre livré à l'exploitation est d'environ 2.000 kgs. la totalité des châtaigniers en France sera représentée par la formule :

350.000 hectares à 50 pieds = 17.500.000 arbres, ou en kgs, 17.500.000 arbres à 2.000 kgs. = 35.000.000.000 kgs.

Comme les usines françaises d'extraits (voir chapitre IV) consomment annuellement environ 450.000.000 de kgs, (certaines usines travaillant

(1) Environ 2.800.000 hectares.

dimanches et fêtes, il faut compter une consommation annuelle de 500.000 tonnes) le stock actuel, que nous venons d'évaluer, sera donc épuisé dans :

$$35.000.000.000 : 500.000.000 = 75 \text{ ans} ;$$

cela en supposant que cette quantité fut disponible ; or, nombre de châtaigniers sont conservés comme arbres à fruits, d'autres pour des raisons quelconques, et enfin certains poussent à des endroits inexploitables ; cette quantité que nous appellerons « facteur de réserve » est difficile à évaluer, et rend perplexe pour le calcul de la vitalité des usines actuelles.

Il serait si facile d'affirmer cette vitalité par un peu de reboisement, puisqu'il suffirait, d'après nos chiffres, de replanter par hectare et par an : 50 arbres (chaque arbre s'accroît de 0 m³ 050 par an) soit environ 1.500 kgs par hectare ; les 350.000 hectares pouvant ainsi très facilement produire sans s'appauvrir 525.000 tonnes par an.

Nous concluerons donc que pour maintenir la prospérité actuelle des usines d'extraits, il suffirait que chaque gros châtaignier enlevé fut remplacé par deux jeunes plants — c'est une affaire de 400.000 plants chaque année, que l'Etat ou les départements pourraient donner en subventions gratuites — chose facile à organiser.

Enfin, d'après d'autres estimations (sur les Savoies), il faudrait admettre une production annuelle moyenne de 4 m³ 6 à l'hectare, soit plus de 900.000 tonnes par an.

Dans tous les cas, le remède au déboisement des châtaigneraies est facile à apporter, si l'on tient compte de ce qui précède, et si les bonnes volontés agissent immédiatement contre cet état déplorable de choses.

## Rendement des bois de châtaigniers.

Le rendement des bois de châtaigniers, en extrait 25°, varie évidemment avec chaque essence traitée ; il est aussi fonction de son état hygrométrique, de l'endroit et du lieu où ils ont poussé (1) : les bois du Midi étant plus riches que ceux du Nord, voire même du Centre, de même que ceux d'un même pays mais ayant poussé au midi sont plus riches que ceux exposés au nord.

S'il était possible, pratiquement, de procéder à cette sélection, l'industrie des tannins y gagnerait beaucoup, malheureusement avec le déboisement

(1) FLICHE et GRANDEAU, *De l'influence de la composition chimique du sol sur la végétation du châtaignier : Ann. de Chim. et de Phys.* 5ᵉ série, vol. III, 1876.

actuel, il n'est même plus possible d'y songer : il faut accepter le « tout-venant ».

On peut néanmoins donner un rendement moyen d'une usine bien installée et perfectionnée, et où la fabrication est contrôlée avec soin, en tablant sur 450 kilos de bois de châtaignier à 40 0/0 d'humidité, c'est-à-dire après un an de chantier, ou 550 kilos à 55-60 0/0 d'humidité, pour produire 100 kilos d'extrait à 25° Bé.

Ce rendement peut être industriellement assuré, soit que l'on adopte la marche intensive, c'est-à-dire, obtenir d'une installation donnée, le maximum de production ; soit que l'on emploie la marche rationnelle, qui consiste à s'imposer le maximum de rendement, en tirant d'abord la quintessence du jus contenu dans les boues de décantation (par nos procédés exposés plus loin), et par une extraction plus méthodique du bois aux autoclaves ou aux cuves à air libre.

En principe, nous préconisons cette méthode rationnelle, parce qu'elle assure des bénéfices supérieurs à ceux que fournit la méthode intensive, qui laisse trop à désirer au point de vue extraction et richesse tannique de l'extrait produit.

Nous verrons d'ailleurs bientôt que plusieurs usines ont déjà accepté la méthode rationnelle, laquelle, quoique produisant moins que celle intensive, à égalité de puissance d'appareillage et de matériel, donne une plus large compensation par la qualité et la richesse de l'extrait obtenu, tout en conservant le même rendement.

### Rendements de différents bois de châtaigniers par la méthode rationnelle.

| | Provenance et qualité du bois traité | Rendement en extrait 20° 0/0 de bois | Rendement en extrait 25° 0/0 de bois |
|---|---|---|---|
| 50 0/0 Lyonnais, 50 0/0 Dauphiné | Branches sèches . . . . . | 31,7 0/0 | 24,8 0/0 |
| | Branches vertes . . . . . | 31,5 — | 24,0 — |
| | Racines sèches . . . . . | 39,0 — | 31,0 — |
| | Racines fraîches . . . . . | 42,0 — | 33,0 — |
| | Racines et branches. . . . | 35,9 — | 28,0 — |
| | Bois écorcé (bûches). . . . | 35,0 — | 28,0 — |
| | Bois en bûches de la Corse . | 44,0 — | 35,0 — |
| | Bois écorcé du Gard. 40 0/0 d'humidité . . . . . . | 32,5 — | 26,0 — |

Tous ces essais ont été effectués sur un minimum de 20 tonnes de bois ou racines, et en employant la macération à 7 lavages et la récupération des boues suivant notre système.

La pression de coction a été uniforme pour tous les essais, c'est-à-dire 1,5 kilo maximum pour tous les bouillons.

Le titre des bouillons a oscillé de 4º3 à 5º Bé.

### De l'eau à employer pour la diffusion ou macération des bois et écorces.

Etant donné l'importance de cette question et vu le travail autorisé en la matière effectué par M. Nihoul, directeur de l'Ecole de Tannerie de Liège ; sur l'influence des eaux employées à la macération ou à l'extraction du tannin des bois ou des écorces dans l'industrie des Tannins ou de la Tannerie, nous n'hésitons pas à le publier *in-extenso*, d'autant plus qu'il confirme pleinement les résultats indutriels que nous avons obtenus dans cette industrie spéciale des tannins.

### Note sur les transformations qui se produisent dans les infusions de matières tannantes

#### Par Ed. Nihoul et L. Van de Putte (1)

Dans un travail antérieur (2), nous avons démontré que les pertes en tannin, produites pendant l'extraction des matières tannantes par les solutions salines, étaient le plus souvent indépendantes de l'augmentation des matières insolubles. En d'autres termes, ce n'est pas par suite de la formation de tannates insolubles qu'il y a diminution des matières assimilables par la poudre de peau dans les conditions de l'analyse des tannins. Nous avons constaté que ces pertes proviennent partiellement ou en totalité de la transformation du tannin en non-tannin, ce dernier restant en solution dans l'infusion et traversant le filtre de poudre de peau sans y être retenu.

Dans quelques cas cependant, il s'est produit manifestement un précipité de tannate alcalino-terreux qui certainement a majoré la perte. D'autre

---

(1) Communication faite à la séance de la Section de Liège du 12 novembre 1903.
(2) Ed. Nihoul et L. Van de Putte, *Influence des chlorures et des sulfates renfermés dans les eaux naturelles sur l'extraction des matières tannantes. (Bull. assoc. belge des chimistes*, 1903, nᵒˢ 8, 9 et 10, pp. 298 et suiv).

part, nous avons constaté que le plus souvent les infusions obtenues claires se troublaient assez rapidement après la filtration, même les infusions obtenues au moyen d'eau distillée. Le fait n'est pas nouveau d'ailleurs en ce qui concerne ce dernier point. Le Dr Paessler attribue même à ces précipitations qui se forment à la longue dans les liqueurs tannantes destinées à l'analyse, les erreurs en tannin que l'on obtient, quand on fait usage pour la détermination de l'extrait total des dernières parties de liquide passées à la filtration (1).

Dans le cas où l'extraction se pratique à l'usine pour la fabrication des jus, on emploie non pas l'eau distillée, mais l'eau de la tannerie, eau de puits le plus souvent, par conséquent chargée de matières minérales. Il n'y aurait rien d'impossible, dans ce cas, à ce que les matières en solution interviennent pour modifier la solubilité de ces tannins peu solubles, auxquels Paessler attribue les phénomènes de précipitation qui se produisent dans les infusions destinées à l'analyse. Dans le cas des eaux dures, la précipitation est particulièrement abondante et se produit très rapidement après la filtration. Nous avons voulu vérifier si le dépôt ainsi formé était dû à des matières assimilables par la peau, et dans l'affirmative, quelles pouvaient être les pertes de tannin occasionnées de ce chef dans les jus. On conçoit l'importance de la question, car dans ce cas le phénomène aurait pour résultat d'augmenter encore les pertes en tannin signalées dans notre travail précité. En effet, la rapidité de la précipitation doit faire admettre que la plus grande partie de ces tannins insolubles échappe à l'action de la peau et se dépose au fond des cuves ou à la surface des cuirs sans les pénétrer.

L'étude de cette question nous a conduit à vouloir vérifier d'abord ce qui se passe quand on fait l'extraction à l'eau distillée, et nous sommes arrivés à déterminer une cause bien plus importante que celle invoquée par notre collègue le Dr Paessler aux pertes en tannin que subissent les infusions tanniques conservées pendant quelque temps. Ce sont les résultats de cette étude que nous communiquons aujourd'hui, réservant pour une future publication nos essais pratiqués avec les eaux de tannerie.

Trois matières tannantes industrielles : l'écorce de chêne, l'écorce de pin et le sumac, furent analysées par la méthode de l'Association internationale des chimistes des industries du cuir, et donnèrent les compositions renfermées dans la colonne I de nos tableaux ci-après.

(1) *Deutsche Gerber-Zeitung*, 1901, nos 132 à 142 ; *Bull. assoc. belge des chimistes*, 1901, pp. 115-123.

## TABLEAU 1

### Essais relatifs à l'écorce de chêne.

| | I | II | | III | | IV | | V | |
| --- | --- | --- | --- | --- | --- | --- | --- | --- | --- |
| | Infusion normale | Infusion normale diluée de moitié | | Même solution trois jours après | | Idem plus thymol | | Idem stérilisée | |
| | | | D | | D | | D | | D |
| Extrait total . . . . . . . . . | 20 13 | — 19 70 | — 0 43 | 18 80 | — 1 33 | 20 03 | — 0 10 | 19 82 | — 0 31 |
| Cendres de l'extrait total . . . . | 0 89 | 0 83 | — 0 06 | 0 98 | + 0 09 | 1 10 | + 0 21 | 1 03 | + 0 14 |
| Extrait organique. . . . . . . | 19 24 | 18 87 | — 0 37 | 17 82 | — 1 42 | 18 93 | — 0 31 | 18 79 | — 0 45 |
| Non-tannin total . . . . . . . | 5 31 | 5 17 | — 0 14 | 4 52 | — 0 79 | 5 43 | + 0 12 | 5 96 | + 0 65 |
| Cendres du non-tannin . . . . . | 0 76 | 0 79 | + 0 03 | 0 86 | + 0 10 | 0 91 | + 0 15 | 0 96 | + 0 20 |
| Non-tannin organique. . . . . . | 4 55 | 4 38 | — 0 17 | 3 66 | — 0 89 | 4 52 | — 0 03 | 5 » | + 0 45 |
| Matières totales fixées par la peau. | 14 82 | 14 53 | — 0 29 | 14 28 | — 0 54 | 14 60 | — 0 22 | 13 86 | — 0 96 |
| Matières minérales fixées par la peau. . . . . . . . . . . . | 0 13 | 0 04 | — 0 09 | 0 12 | — 0 01 | 0 19 | + 0 06 | 0 07 | — 0 06 |
| Tannin. . . . . . . . . . . . | 14 69 | 14 49 | — 0 20 | 14 16 | — 0 53 | 14 41 | — 0 28 | 13 79 | — 0 90 |
| Eau . . . . . . . . . . . . . | 10 35 | » | » | » | » | » | » | » | » |
| Matières insolubles . . . . . . | 69 52 | » | » | » | » | » | » | » | » |

## TABLEAU II

### Essais relatifs à l'écorce de pin.

| | I<br>Infusion<br>normale | II<br>Infusion normale<br>diluée de moitié | | III<br>Même solution<br>trois jours après | | IV<br>Idem<br>plus thymol | | V<br>Idem<br>stérilisée | |
|---|---|---|---|---|---|---|---|---|---|
| | | | D | | D | | D | | D |
| Extrait total. . . . . . . . . | 27 62 | 26 89 | — 0 73 | 25 62 | — 2 00 | 25 73 | — 1 89 | 26 14 | — 1 48 |
| Cendres de l'extrait total. . . . | 0 35 | 0 60 | + 0 25 | 0 71 | + 0 36 | 0 74 | + 0 39 | 1 12 | + 0 77 |
| Extrait organique . . . . . . . | 27 27 | 26 29 | — 0 98 | 24 91 | — 2 36 | 24 99 | — 2 28 | 25 02 | — 2 25 |
| Non-tannin total. . . . . . . . | 4 47 | 4 69 | + 0 22 | 4 34 | — 0 13 | 4 09 | — 0 38 | 5 28 | + 0 81 |
| Cendres du non-tannin. . . . . | 0 20 | 0 31 | + 0 11 | 0 45 | + 0 25 | 0 53 | + 0 33 | 0 93 | + 0 73 |
| Non-tannin organique . . . . . | 4 27 | 4 38 | + 0 11 | 3 89 | — 0 38 | 3 56 | — 0 71 | 4 35 | + 0 08 |
| Matières totales fixées par la peau. | 23 15 | 22 20 | — 0 95 | 21 28 | — 1 87 | 21 64 | — 1 51 | 20 86 | — 2 29 |
| Matières minérales fixées par la peau. . . . . . . . . . . . . | 0 15 | 0 29 | + 0 14 | 0 26 | + 0 11 | 0 21 | + 0 06 | 0 19 | + 0 04 |
| Tannin . . . . . . . . . . . . | 23 00 | 21 91 | — 1 09 | 21 02 | — 1 98 | 21 43 | — 1 57 | 20 67 | — 2 33 |
| Eau. . . . . . . . . . . . . | 12 48 | » | » | » | » | » | » | » | » |
| Matières insolubles. . . . . . . | 59 90 | » | » | » | » | » | » | » | » |

## TABLEAU III

### Essais relatifs au sumac.

| | I | II | | III | | IV | | V | |
|---|---|---|---|---|---|---|---|---|---|
| | Infusion normale | Infusion normale diluée de moitié | | Même solution trois jours après | | Idem plus thymol | | Idem stérilisée | |
| | | | D | | D | | D | | D |
| Extrait total . . . . . . . . | 35 54 | 34 83 | − 0 71 | 35 32 | − 0 22 | 35 14 | − 0 40 | 33 25 | − 0 29 |
| Cendres de l'extrait total. . . . | 2 50 | 2 47 | − 0 03 | 2 54 | + 0 04 | 2 63 | + 0 13 | 2 93 | + 0 43 |
| Extrait organique . . . . . . . | 33 04 | 32 36 | − 0 68 | 32 78 | − 0 26 | 32 51 | − 0 53 | 32 32 | − 0 72 |
| Non-tannin total. . . . . . . | 16 63 | 16 80 | + 0 17 | 17 91 | + 1 28 | 17 21 | + 0 58 | 17 64 | + 1 01 |
| Cendres du non-tannin. . . . . | 2 46 | 2 35 | − 0 11 | 2 48 | + 0 02 | 2 48 | + 0 02 | 2 66 | + 0 20 |
| Non-tannin organique . . . . . | 14 17 | 14 45 | + 0 28 | 15 43 | + 1 26 | 14 73 | + 0 56 | 14 98 | + 0 81 |
| Matières totales fixées par la peau. | 18 91 | 18 03 | − 0 88 | 17 41 | − 1 50 | 17 93 | − 0 98 | 17 61 | − 1 30 |
| Matières minérales fixées par la peau. . . . . . . . . . . | 0 04 | 0 12 | + 0 08 | 0 06 | + 0 02 | 0 15 | + 0 11 | 0 27 | + 0 23 |
| Tannin . . . . . . . . . | 18 87 | 17 91 | − 0 96 | 17 35 | − 1 52 | 17 78 | − 1 09 | 17 34 | − 1 53 |
| Eau. . . . . . . . . . . . | 8 67 | » | » | » | » | » | » | » | » |
| Matières insolubles. . . . . . | 55 79 | » | » | » | » | » | » | » | » |

On fit ensuite l'extraction des matières tannantes renfermées dans ces trois matières premières, au moyen de l'appareil de Koch (1), en se servant d'eau distillée et en opérant sur :

27 grammes d'écorce de chêne ;

17 gr. 8 d'écorce de pin ;

17 gr. 5 de sumac.

Les dernières parties des infusions furent concentrées de manière à obtenir pour chaque matière un litre d'infusé.

Les solutions furent ensuite filtrées de façon à obtenir un filtrat limpide, et l'on rejeta de chacune les 100 premiers centimètres cubes passés à la filtration, pour se mettre, dans une certaine mesure, à l'abri des erreurs occasionnées par l'absorption du tannin par le papier-filtre. Du restant on préleva après homogénisation quatre portions de 150 cc., et on les soumit aux traitements suivants :

1° A la première on ajouta 150 cc. d'eau distillée et on fit l'analyse du mélange. On obtint de cette façon les chiffres renfermés dans la colonne II.

2° A la deuxième on ajouta également 150 cc d'eau distillée, mais le mélange ne fut soumis à l'analyse que trois jours après. Les résultats obtenus figurent dans la colonne III.

3° La troisième partie de l'infusion fut également additionnée de 150 cc. d'eau distillée et conservée pendant trois jours, avant d'être soumise à l'analyse, mais on ajouta dès le début dans le flacon un petit morceau de thymol, afin d'éviter les fermentations ; les chiffres fournis par l'analyse sont rapportés dans la colonne IV.

4° La quatrième portion fut également mise à l'abri de l'action des microbes par stérilisation. On opéra comme suit :

Le liquide introduit dans un matras jaugé de 30 cc. fut additionné de 100 cc. d'eau distillée seulement. Le flacon fut bouché par un tampon d'ouate préalablement flambé par son passage dans la flamme d'un bec Bunsen. Le contenu du flacon fut porté à l'ébullition trois jours de suite pendant deux ou trois minutes. Le troisième jour, on ajouta de l'eau distillée jusqu'à la marque à froid, puis on soumit le liquide à l'analyse ; celle-ci fournit les résultats rapportés dans la colonne V.

La première colonne donne les résultats de l'analyse dans les conditions normales de la méthode de l'Association internationale, tandis que dans

---

(1) Ed. Nihoul. *L'analyse des matières tannantes et le rendement en tannerie* (*Bulletin scientifique de l'Association des Ecoles spéciales de Liège*, 1903, n°* 2 et suiv.).

tous les autres essais, les infusions tanniques furent comme on le voit diluées de moitié.

Chose particulière, aucune de ces solutions ne s'est troublée après trois jours de repos. Ce fait laisse supposer que les dépôts obtenus antérieurement sont dus à des tannins peu solubles, qui dans nos cas sont tenus en solution grâce à l'excès de dissolvant.

Considérons ce qui se passe pour chaque matière tannante :

*Écorce de chêne.* — L'extrait total a diminué de la colonne I à la colonne II, et cette diminution affecte à la fois le non-tannin organique et le tannin, celui-ci un peu davantage.

Cette diminution s'accentue dans la colonne III, affectant par contre surtout le non-tannin, ce qui démontre que des transformations chimiques se sont produites dans la liqueur tannante pendant les trois jours de repos de la solution.

Ces transformations ne se sont pas produites en présence de thymol, ce qui semblerait devoir les faire attribuer à l'action des micro-organismes ; la colonne IV, en effet, accuse des pertes peu sensibles.

Par contre, la perte en tannin réapparaît dans la colonne V et dépasse même la perte subie par la liqueur abandonnée à elle-même pendant trois jours, elle est de près de 1 0/0. Il est à remarquer que d'autre part la quantité de non-tannin a dans ce cas augmenté de près de 0,5 0/0. Cette destruction partielle de tannin, au profit du non-tannin, est un phénomène déjà constaté par Parker et Procter (1) ; il est dû à l'action de la chaleur sur la solution tannique. C'est une des principales raisons qui ont dicté le mode d'extraction des matières tannantes, dans le procédé de l'Association internationale des chimistes des industries du cuir.

On constate de plus que les matières minérales en solution ont augmenté par le séjour de l'infusion tannique dans le matras. Cette augmentation est vraisemblablement due à l'action de l'infusion sur le verre ; nous avons eu l'occasion de signaler le même fait à propos de l'analyse des cuirs (2).

*Écorce de pin.* — Les pertes en extrait total et en extrait organique constatées à propos du chêne, se représentent pour le pin, mais avec plus d'intensité, et chose particulière dans le cas du pin, ni la solution additionnée de thymol (colonne IV), ni la solution stérilisée n'échappent à la perte. Il serait donc impossible, dans ce cas, de faire intervenir les organismes inférieurs pour expliquer le phénomène. Les pertes les plus sensibles en extrait total

(1) *Journ. of the Soc. of. the Industry.* 1895, p. 635.
(2) *Étude chimique du cuir (Revue universelle des mines,* etc. 1901-1902, t. LVI).
**Dumesny et Noyer** 12

et en extrait organique se présentent pour les colonnes III et IV; peut-être pourrait-on invoquer des actions diastasiques pour les expliquer. La présence de diastases dans les infusions est dans tous les cas possible, car la très grande partie des matières extractibles sont obtenues à une température inférieure à 50°.

L'action de la chaleur nécessitée pour la stérilisation a, comme dans le cas précédent, occasionné une perte en tannin au profit du non-tannin.

Quant aux gains subis par les matières minérales, ils se retrouvent pour l'écorce de pin comme pour l'écorce de chêne.

*Sumac.* — Cette matière tannante présente une allure plus passive que les précédentes. En effet les diminutions en extrait total et en extrait organique sont fort peu sensibles. C'est à l'action de la chaleur (colonne V, solution stérilisée) que le produit se montre le plus sensible en ce qui concerne l'extrait organique.

Ici, comme dans le cas de l'écorce de chêne et de l'écorce de pin, les pertes en tannin des solutions additionnées de thymol sont moindres que celles des solutions similaires dont les compositions sont figurées dans les colonnes III et V :

Quant aux matières minérales, elles sont ici encore en augmentation et sont en rapport avec la durée du contact avec le verre du flacon et la température à laquelle l'infusion a été soumise.

Comme *conclusions générales* à tirer de nos essais, on peut énoncer :

1o La dilution des infusions destinées à l'analyse est pernicieuse au point de vue de l'exactitude des résultats, l'extrait total et l'extrait organique étant inférieurs pour les solutions diluées. Si l'on met en comparaison les colonnes I et II, on peut constater que les pertes en extrait organique affectent surtout le tannin. Il en résulte que la clause proposée par le professeur Procter, au Congrès de Paris, est parfaitement justifiée et que, pour que les résultats obtenus par des chimistes différents sur la même matière première soient concordants, il est indispensable qu'ils opèrent sur des infusions de teneur en tannin sensiblement la même :

De plus, dans deux cas sur trois, c'est uniquement le tannin qui est influencé par cette circonstance, la perte en extrait organique étant, même pour le pin et le sumac, légèrement inférieure à la perte en tannin. On pourrait peut-être voir dans ce fait *une action directe de l'eau sur la matière tannante*, qui serait plus facilement entraînée par la vapeur d'eau pendant l'évaporation ; on sait que le fait existe pour bien des matières organiques non volatiles, telles que le sucre, la glycérine, etc.

Notons qu'une autre cause est très probablement intervenue dans nos pertes en tannin : la durée de la filtration de l'infusion primitive. Le Dr Paessler a constaté (*loc. cit.*) en effet, que dans la filtration des infusions tanniques, le tannin déterminé dans le filtrat après le passage de 400 à 500 centimètres cubes était en légère diminution, par suite de la précipitation de tannin peu soluble. La perte obtenue de ce chef, constatée sur l'extrait total, est relativement minime et n'atteint que 0,3 0/0. Il arrive même que certaines matières tannantes, comme le mangrove, par exemple, ne donnent pas de perte dans ces conditions. Nous nous demandons d'ailleurs si les pertes obtenues sont dues à la précipitation de tannins peu solubles ou au même phénomène que nous avons constaté dans les recherches précédentes.

Dans tous les cas, les différences entre les pertes en tannin renfermées dans la colonne II, d'une part, et dans les colonnes III et IV de l'autre, démontrent que ces phénomènes de précipitation ne peuvent intervenir qu'en une faible mesure dans les pertes constatées.

2° Ces précipités, que l'on obtient parfois dans les infusions, quand on opère suivant les règles de l'Association internationale, qui se sont dissous à chaud et qui se reprécipitent à la longue à froid, restent en solution quand on augmente la quantité de dissolvant.

3° Une troisième conclusion à tirer de nos expériences est la nécessité de soumettre immédiatement à l'analyse les infusions tanniques, si l'on veut éviter des erreurs dans la détermination du tannin. Des faits analogues viennent d'être observés par notre collègue le Dr Paessler sur des jus obtenus au moyen d'extrait de Myrobolam (1). On pourrait peut-être trouver là l'explication de ce fait, qu'un même extrait tannique, analysé à des époques différentes, donne souvent des résultats légèrement différents.

4° Enfin, il faut éviter de chauffer trop fort pendant l'extraction. À notre avis, il serait même bon que l'Association internationale précisât davantage les règles établies à ce sujet.

Les considérations précédentes ne seront peut-être pas sans utilité à la suite des légers différends survenus au sein de la section allemande (2) de l'Association internationale, concernant l'analyse des extraits tanniques.

(1) *Ueber das Verhalten von Myrobolanen-Extrakten bei der Aufbewahrung unter verschiedenen Verhältnissen.* (Deutshe Gerber-Zeitung.)
(2) *Eollegium*, 1903, n°s 70, 80, 81, et 82.

### Action des matières salines sur les infusions et les extraits tanniques

Nous avons vu (1) toute l'importance qu'il y a pour le tanneur et le fabricant d'extraits tanniques à employer pour l'extraction des matières tannantes l'eau la plus pure possible, la moins chargée des matières salines.

Depuis quelques années, l'emploi des extraits pour le tannage s'est généralisé en Belgique, au point que plusieurs industriels ne font usage que de ces produits et ont complètement abandonné l'emploi de l'écorce de chêne et même des tannins exotiques. Il n'est donc pas sans intérêt de rechercher quelle peut être l'influence des eaux de tannerie sur les solutions de matières tannantes, d'autant plus que cette question nous permettra de vérifier si réellement il faut voir, dans les pertes en tannin signalées dans notre précédent travail, l'intervention des phénomènes osmotiques.

Nous avons signalé déjà (2) la formation de précipités plus ou moins abondants qui se produisent au bout de quelque temps dans les infusions obtenues au moyen d'eaux dures. Suivant la quantité de sels en solution dans l'eau, la précipitation est plus ou moins abondante et plus ou moins rapide. Rappelons à ce propos les résultats obtenus sur le sumac dans notre première étude sur ce sujet (3).

« Dans l'essai avec le sumac, le liquide passa trouble à la filtration pendant assez longtemps, quoique nous nous servions du filtre n° 605 extrafort de la firme Schleicher et Schüll. Ce ne fut qu'après le passage de plus de 100 cc. que le liquide fut propre à être employé pour le dosage du non-tannin.

« Ces phénomènes s'accentuèrent pour les eaux V et VI. Lors du sumac, la filtration fut extrêmement difficile, et nous avons constaté que le liquide obtenu clair par son passage à travers le filtre 605 extra-fort, se troubla tout de suite après, au point qu'il fut nécessaire de le refiltrer sur un second filtre, sur lequel on le fit passer deux fois. Ce fait explique la diminution de la teneur en extrait total obtenue par l'analyse.

Les eaux de tannerie, dont il est fait mention dans ce passage, donnaient un résidu fixe par litre de 842 milligrammes pour la première, 1.843 et 2.070,5 milligrammes pour les deux autres (c'est-à-dire les eaux V et VI).

Les pertes au feu, non compris l'anhydride carbonique, n'étant dans ces derniers cas, que de 76 et 37,5 milligrammes, le résidu fixe était donc pres-

---

(1) *Bulletin de l'association belge des chimistes*, 1903, n°* 8, 9, 10.
(2) *Idem*, 1903, n° 11.
(3) *Collegium*, 1902, p. 89.

que exclusivement formé de matières minérales. Le dosage de la chaux avait donné respectivement 276,4 et 458 milligrammes, le chlore 395 mgr. 5 et 465 mgr. 5, l'acide sulfurique 270 et 338,3 milligrammes, les deux eaux renfermaient l'une et l'autre de fortes quantités de chlorure de calcium.

Le précipité formé dans les infusions de sumac, obtenues au moyen de ces eaux, fut abondant au point de faire tomber l'extrait organique de 33,96 à 18,42, et le tannin de 23,02 à 2,11, résultats désastreux évidemment pour le tanneur et qui nous étonnèrent nous-mêmes.

Dans nos recherches sur l'influence des chlorures et des sulfates, nous avons signalé la réapparition de ces précipités, qui, en raison de la faible teneur de nos solutions, ne se sont formés qu'après quelque temps, mais cependant assez rapidement pour que, dans le cas où ses dépôts seraient formés de matières tannantes, celles-ci échappent à peu près complètement au tannage, puisqu'elles se déposent soit au fond des bains, soit à la surface des cuirs.

En outre, il y a lieu de s'assurer si des réactions chimiques ne peuvent pas au bout d'un certain temps s'établir entre les matières tannantes et les sels en présence, de façon à faire tomber la teneur en matières assimilables par la poudre de peau.

Dans les essais suivants, nous nous sommes bornés à étudier l'action du chlorure de calcium, du sulfate de soude et du bicarbonate de magnésie. A cet effet, nous avons préparé des infusions de matières tannantes dans l'eau distillée à une concentration double de la concentration normale, c'est-à-dire de la concentration prescrite par l'Association internationale des chimistes des industries du cuir. Nous avons opéré, comme dans les essais précédents, sur les écorces de chêne et de pin, et sur le sumac.

Le litre d'infusion fut dans chaque cas, divisé en quatre parties de 250 cc. A la première portion, on ajouta 250 cc. d'eau distillée, à la seconde un égal volume d'eau tenant en solution 0,1 0/0 de chlorure de calcium, à la troisième le même volume d'une solution à 0,1 0/0 de sulfate sodique, à la quatrième, de même en volume égal, une solution à 0,1 0/0 de bicarbonate de magnésie. Le premier vase renfermait donc une infusion dans l'eau distillée ramenée aux conditions normales de concentration, le second une infusion normale dans de l'eau renfermant 0,5 0/00 de chlorure calcique ; le troisième, de même dans de l'eau, renfermant 0,5 0/00 de sulfate de soude, et enfin dans le quatrième se trouvait la matière tannante en solution dans de l'eau chargée de bicarbonate de magnésie dans la proportion de 0 5 0/00.

Les liqueurs ainsi ramenées, au point de vue des concentrations, aux conditions imposées pour l'analyse, furent abandonnées en flacons fermés, pendant trois jours à la lumière en présence de thymol, puis filtrées et analysées par la méthode de l'Association internationale des chimistes des industries du cuir.

Les mêmes expériences ont été répétées sur un certain nombre d'extraits tanniques industriels, choisis parmi les plus employés. Nous avons soumis à nos essais l'extrait de quebracho, l'extrait de châtaignier et l'extrait de mimosa D.

Les colonnes n° 1 des tableaux suivants indiquent les résultats de l'analyse sur l'infusion normale; les colonnes II correspondent aux solutions de chlorure calcique, les colonnes III au sulfate de soude, et les colonnes IV au bicarbonate de magnésie.

Parmi les trois matières salines employées, il y en a deux qui, après calcination, perdent de leur poids ; il en résulte que les matières minérales retrouvées dans les cendres, tant de l'extrait total que du non-tannin, seront plus faibles que celles qui viennent augmenter les teneurs des infusions en extrait total et en non-tannin.

C'est ainsi, par exemple, que dans l'extrait total on retrouve le chlorure de calcium avec ses six molécules d'eau de cristallisation, tandis que c'est du chlorure de calcium anhydre qui se trouve dans les cendres de cet extrait. Ce fait amènerait, dans le calcul ordinaire des résultats, une majoration fictive de l'extrait organique. Toutefois. il ne faut pas perdre de vue que cette cause d'erreur se retrouve intégralement dans la détermination du non-tannin et de ses cendres. C'est ce qui fait que dans notre précédent travail sur l'action des sels dans l'extraction des matières tannantes, nous n'en avons pas tenu compte.

Le sulfate de soude perd son eau de cristallisation à 100°; or, comme l'extrait total et le non-tannin ont subi pour leur dessiccation une température de 105°, ce sel doit donc se retrouver intégralement dans les cendres.

Quant au bicarbonate de magnésie, il semble qu'il doive se transformer complètement en carbonate neutre par évaporation de sa solution et en oxyde par calcination.

Nous avons cru utile néanmoins de soumettre à un essai préliminaire les solutions salines de même concentration, mais non mélangées aux infusions tanniques ; 500 cc. de ces solutions évaporés à sec, puis calcinés, nous ont donné des résultats dont les moyennes sont indiquées dans le petit tableau suivant :

| | CaCl² aq | Na²SO⁴ aq. | Mg (HCO³)² |
|---|---|---|---|
| Résidu fixe à 105° . . . . . . | 0ᵍʳ365 | 0 ᵍʳ 260 | 0ᵍʳ253 |
| Cendres . . . . . . . . . . . | 0 244 | 0 2593 | 0 114 |

La dessiccation parfaite a été finie à l'étuve à 105° jusqu'à concordance de pesées, et la calcination a été maintenue sensiblement pendant le même laps de temps comme lors de la détermination des cendres dans l'analyse des liqueurs tanniques.

Afin de pouvoir plus facilement comparer nos résultats, nous avons défalqué les matières salines en solution, des pesées qui nous ont fourni l'extrait total et le non-tannin total.

En ce qui concerne les cendres, nous avons fait suivre le résultat obtenu, du résultat calculé sur les données précédentes et sur les cendres des infusions normales dans l'eau distillée, c'est-à-dire donc que les chiffres qui figurent sous la rubrique « cendres calculées » ont été obtenus en ajoutant aux cendres indiquées dans le petit tableau précédent, les cendres de matière tannante soumise à l'essai.

L'extrait organique a été obtenu en soustrayant de l'extrait total, d'abord les chiffres correspondant aux résidus fixes du tableau précédent, et ensuite les cendres de l'extrait total obtenues sur l'infusion à l'eau distillée. Nous n'avons pas fait usage des cendres, obtenues comme nous venons de le dire, d'une part à cause des différences qui existent entre les résidus fixes et les cendres de ces matières salines, et ensuite parce que ces cendres sont sujettes à de légères variations.

C'est ainsi que le chlorure de calcium, calciné longtemps à haute température, renferme de la chaux caustique, et la quantité de chaux est d'autant plus forte que la calcination a été plus rapide. Il en résulte des pertes de poids, qui suivant la teneur et la composition des cendres de la substance tannante en présence, peuvent parfois devenir suffisamment sensibles pour altérer dans une certaine mesure l'exactitude des résultats de l'analyse. Si, d'autre part, la calcination n'a pas été poussée suffisamment loin, comme le chlorure calcique subit quand on le chauffe, successivement la fusion aqueuse, puis la fusion ignée, il peut arriver que du carbone soit emprisonné dans la masse fondue et ne brûle alors qu'avec une extrême difficulté. On peut faire de cette façon une erreur en sens inverse de la précédente. Si ces deux erreurs se produisent dans le même essai, l'une pour les cendres de l'extrait total, l'autre pour les cendres du non-tannin, les résultats de l'analyse peuvent donc être assez profondément altérés.

Le sulfate sodique, peut comme le précédent, conduire à des incorrections. En règle générale, il subit le phénomène de fusion avant la combustion complète du carbone, et une partie de celui-ci ne peut brûler, d'où résultat trop élevé ; d'autre fois, il peut, surtout quand on chauffe un peu longtemps et à haute température, être tout au moins partiellement réduit par ce carbone, sans compter que d'autres réactions chimiques peuvent se passer avec les cendres des matières tannantes en présence. Nous avons fait à ce sujet les quelques observations suivantes :

*a*) A peu près 1/2 litre de solution de sulfate de soude à 0,5 0/00 fut évaporé, le résidu calciné donna comme cendres 0 gr. 2584 ;

*b*) Les cendres furent mouillées de 50 centimètres cubes d'infusion de pin. Après évaporation et calcination on obtint 0 gr. 2536 au lieu de 0 gr. 2584 + 0 gr. 0027 = 0 gr. 2611 ;

*c*) Ces dernières cendres furent mouillées à leur tour de 50 cc. d'infusion de chêne. Après évaporation et calcination, on trouva 0 gr. 2572 au lieu de 0 gr. 2611 + 0 gr. 0083 = 0 gr. 2694 ;

*d*) On imbiba ce nouveau résidu calciné de 50 cc. d'infusion de sumac et l'on obtint 0 gr. 2778 au lieu de 0 gr. 2694 + 0 gr. 0152 = 0 gr. 2846.

C'est à-dire que les cendres dues au sulfate de soude tombèrent :

Après l'action de l'infusion de pin, à 0 gr. 2509 ;

Après l'action de l'infusion de chêne, à 0 gr. 2462 ;

Après l'action de l'infusion de sumac elles remontèrent à 0 gr. 2516.

Notons que dans les conditions de l'analyse, ces cendres auraient pu descendre en dessous de ces chiffres, parce qu'on opérait sur dix fois moins de sulfate de soude.

Quant au bicarbonate de magnésie, il donne de l'oxyde par calcination, mais le départ de l'anhydride carbonique est rarement complet. De plus, il semble que le bicarbonate ne se transforme pas complètement en carbonate dans les conditions du dosage de l'extrait total et du non-tannin, les matières organiques en présence empêchant partiellement sa décomposition complète à la température de 105°.

Au reste, on pourra voir dans nos tableaux que les cendres réelles et les cendres calculées, sont rarement représentées par les mêmes nombres.

Nous avons cru devoir, autant que possible, éviter toute cause d'erreur, parce que les pertes en tannin dans les présents essais sont loin d'être aussi élevées que dans nos travaux sur l'influence des matières salines dans l'extraction des tannins.

### Première série d'essais.

*Action des sels sur les infusions de matières tannantes.*

*Action sur l'écorce de chêne* (tableau 1). — Les résultats de nos essais démontrent que les sels de chaux et de magnésie ont sensiblement altéré la teneur en extrait total ainsi que celle en extrait organique.

Le trouble formé a donc été plus abondant dans les infusions chargées de ces matières salines. Toutes les liqueurs avaient néanmoins précipité au bout du troisième jour ; mais il semble que dans le cas de l'eau distillée et de la solution de sulfate sodique, la précipitation soit due tout simplement à des causes physiques, tandis que pour les deux autres sels, c'est plutôt une cause chimique qui a occasionné les pertes en extrait.

Les non-tannins, total et organique, se sont comportés d'une façon tout autre. C'est ainsi que le chlorure de calcium semble ne pas les avoir influencé, et il en résulte que la perte constatée en tannin est due uniquement, dans ce cas, à une précipitation.

. Le sulfate sodique, tout en occasionnant une légère perte en tannin, a provoqué une augmentation proportionnelle du non-tannin, de façon qu'ici la perte en tannin est d'ordre chimique, le sel ayant pour effet de transformer une partie du tannin en non-tannin soluble.

Quant au bicarbonate de magnésie, il a occasionné une perte en extrait organique qui se répartit entre le tannin et le non-tannin, le dernier des deux ayant surtout été affecté par la matière saline.

*Action sur l'écorce de pin* (tableau II). — Tout comme pour le chêne, l'extrait total et l'extrait organique ont diminué dans les infusions additionnées de chlorure calcique et de bicarbonate de magnésie.

Le chlorure de calcium et le bicarbonate de magnésie ont occasionné des pertes très sensibles en tannin. Remarquons que dans les deux cas, indépendamment d'une précipitation de la matière tannante, il y a eu de part et d'autre transformation partielle du tannin en non-tannin soluble, comme le démontrent les augmentations du non-tannin organique dans les colonnes II et IV. Il y a donc eu dissociation partielle de la matière tannante ou réaction du tannin avec la matière saline pour donner naissance à des composés non assimilés par la peau dans les conditions de l'analyse.

## TABLEAU I

### Essais relatifs à l'écorce de chêne.

| Les teneurs sont rapportées à un litre d'infusion | I Infusion normale | II Idem renfermant 0,5 0/00 de CaCl² | | III Idem renfermant 0,5 0/00 de Na²SO⁴ | | IV Idem renfermant 0,5 0/00 de Mg (HCO³)² | |
|---|---|---|---|---|---|---|---|
| Extrait total (matières salines défalquées) | 4.988 | 4.760 | − 0.228 | 4.950 | − 0.038 | 4.834 | − 0.154 |
| Cendres de l'extrait total (y compris les matières salines) | 0.166 | 0.582 | + 0.416 | 0.706 | + 0.540 | 0.386 | + 0.220 |
| Cendres de l'extrait total calculées | 0.166 | 0.654 | + 0.488 | 0.686 | + 0.520 | 0.394 | + 0.228 |
| Extrait organique réel | 4.822 | 4.394 | − 0.228 | 4.784 | − 0.038 | 4.668 | − 0.152 |
| Non-tannin total (matières salines défalquées) | 1.630 | 1.618 | − 0.012 | 1.750 | + 0.120 | 1.528 | − 0.102 |
| Cendres du non-tannin (y compris les matières salines) | 0.126 | 0.656 | + 0.530 | 0.678 | + 0.552 | 0.324 | + 0.158 |
| Cendres du non-tannin calculées | 0.126 | 0.614 | + 0.488 | 0.646 | + 0.520 | 0.354 | + 0.228 |
| Non-tannin organique réel | 1.504 | 1.492 | − 0.012 | 1.624 | + 0.120 | 1.402 | − 0.102 |
| Matières totales fixées par la peau | 3.358 | 3.142 | − 0.216 | 3.200 | − 0.158 | 3.306 | − 0.052 |
| Tannin | 3.318 | 3.102 | − 0.216 | 3.160 | − 0.158 | 3.266 | − 0.052 |
| Tannin perdu pour 100 parties de tannin | 0.00 | 6.51 | | 4.79 | | 1.56 | |

TABLEAU II

Essais relatifs à l'écorce de pin.

| Les teneurs sont rapportées à un litre d'infusion | I Infusion normale | II Idem renfermant 0,5 0/00 de CaCl² | | III Idem renfermant 0,5 0/00 de Na²SO⁴ | | IV Idem renfermant 0,5 0/00 de Mg(HCO²)2 | |
|---|---|---|---|---|---|---|---|
| Extrait total (matières salines défalquées) | 4.212 | 3.936 | — 0.276 | 4.234 | + 0.022 | 3.970 | — 0.242 |
| Cendres de l'extrait total (y compris les matières salines) | 0.054 | 0.372 | + 0.318 | 0.522 | + 0.468 | 0.370 | + 0.316 |
| Cendres de l'extrait total calculées | 0.054 | 0.542 | + 0.488 | 0.574 | + 0.520 | 0.282 | + 0.228 |
| Extrait organique réel | 4.158 | 3.882 | — 0.276 | 4.180 | + 0.022 | 3.916 | — 0.242 |
| Non-tannin total (matières salines défalquées) | 0.790 | 0.916 | + 0.126 | 0.940 | + 0.150 | 0.958 | + 0.168 |
| Cendres du non-tannin (y compris les matières salines) | 0.038 | 0.648 | + 0.610 | 0.586 | + 0.548 | 0.232 | + 0.194 |
| Cendres du non-tannin calculées | 0.038 | 0.526 | + 0.488 | 0.558 | + 0.520 | 0.266 | + 0.228 |
| Non-tannin organique réel | 0.752 | 0.878 | + 0.126 | 0.902 | + 0.150 | 0.904 | + 0.152 |
| Matières totales fixées par la peau | 3.422 | 3.020 | — 0.402 | 3.294 | — 0.128 | 3.012 | — 0.410 |
| Tannin | 3.406 | 3.004 | — 0.402 | 3.278 | — 0.128 | 3.012 | — 0.394 |
| Tannin perdu pour 100 parties de tannin | 0.00 | 11.80 | | 3.90 | | 11.56 | |

## TABLEAU III

Essais relatifs au sumac.

| Les teneurs sont rapportées à un litre d'infusion | III Infusion normale | II Idem renfermant 0,5 0/00 de CaCl² | | IV Idem renfermant 0,5 0/00 de Na²SO⁴ | | IV Idem renfermant 0,5 0/00 de Mg(HCO³)2 | |
|---|---|---|---|---|---|---|---|
| | | | D | | D | | D . |
| Extrait total (matières salines défalquées. . . . . . . . . . . . . . | 5.868 | 5.888 | + 0.020 | 5.996 | + 0.128 | 5.878 | + 0.010 |
| Cendres de l'extrait total (y compris les matières salines). . . . . . | 0.304 | 0.566 | + 0.262 | 0.862 | + 0.558 | 0.582 | + 0.278 |
| Cendres de l'extrait total calculées . . | 0.304 | 0.792 | + 0.488 | 0.824 | + 0.520 | 0.532 | + 0.228 |
| Extrait organique réel . . . . . . . | 5.564 | 5.584 | + 0.020 | 5.692 | + 0.128 | 5.574 | + 0.010 |
| Non-tannin total (matières salines défalquées. . . . . . . . . . . . | 2.654 | 2.610 | — 0.044 | 2.836 | + 0.182 | 2.762 | + 0.108 |
| Cendres du non-tannin (y compris les matières salines). . . . . . . . . | 0.354 | 0.744 | + 0.390 | 0.886 | + 0.532 | 0.508 | + 0.154 |
| Cendres du non-tannin calculées . . . | 0.354 | 0.842 | + 0.488 | 0.874 | + 0.520 | 0.582 | + 0.228 |
| Non-tannin organique réel. . . . . | 2.300 | 2.256 | — 0.044 | 2.482 | + 0.182 | 2.408 | + 0.108 |
| Matières totales fixées par la peau. . | 3.214 | 3.278 | + 0.064 | 3.160 | — 0.054 | 3.116 | — 0.098 |
| Tannin . . . . . . . . . . . . . . | 3.264 | 3.308 | + 0.044 | 3.210 | — 0.054 | 3.166 | — 0.098 |
| Tannin perdu pour 100 parties de tannin. . . . . . . . . . . . . . | 0.00 | 0.00 | | 1.65 | | 3.00 | |

Le tannin du chêne n'a présenté rien de semblable, car on peut voir dans le tableau I que les non-tannins des colonnes II et IV sont, surtout dans cette dernière, en diminution. Le tannin du chêne paraît donc moins sensible à ces transformations que le tannin du pin.

Quant au sulfate sodique, il s'est comporté d'une façon assez semblable à celle des essais relatifs à l'écorce de chêne ; légère augmentation de non-tannin, diminution proportionnelle de tannin. Le trouble formé dans l'infusion saline a été moindre que celui formé dans l'infusion à l'eau distillée, car l'extrait organique et l'extrait total sont en légère augmentation. Le rôle chimique du sulfate de soude dans la transformation du tannin en non-tannin soluble, reçoit donc encore ici une confirmation.

*Action sur le sumac* (tableau III). — La précipitation a été sensiblement la même dans les quatre essais. Notons cependant que dans l'infusion renfermant du sulfate de soude, elle a été moins prononcée que dans les autres liquides, voir même que dans l'infusion additionnée d'eau distillée. Il en résulte que l'extrait total et l'extrait organique sont représentés par des chiffres qui s'écartent peu les uns des autres.

Le chlorure de calcium semble n'avoir eu aucune influence sur l'infusion du sumac.

Le sulfate sodique a produit une perte en tannin relativement faible pendant qu'il occasionnait une augmentation en non-tannin trois fois plus forte. On serait tenté de conclure de ce fait que la légère action dissolvante du sulfate sodique sur le précipité formé à l'eau distillée, porte plutôt sur le non-tannin que sur le tannin, d'autant plus que le même fait se retrouve pour le pin (voir tableau II) quoique dans une moindre mesure.

Quant au bicarbonate de magnésie, son action est plus sensible, et la matière saline, sans provoquer d'augmentation de trouble, donc de précipité de la matière tannante, ou de l'un ou l'autre de ses constituants, a déterminé une perte en tannin à peu près équivalente à l'augmentation constatée en non-tannin organique. Il semble donc, dans le cas du sumac, se comporter uniquement de façon chimique en transformant le tannin en non-tannin soluble.

## CONCLUSIONS

I. — Il résulte des essais précédents que les matières salines peuvent se comporter de façons diverses vis-à-vis des infusions de matières tannantes ;

*a*) Ou bien, elles n'ont pas d'action fort sensible : c'est le cas pour le sumac.

*b*) Ou bien, elles provoquent une perte en tannin sans augmenter le trouble qui se produit toujours dans les infusions, même quand l'extraction a été faite à l'eau distillée.

C'est, par exemple, le cas du sulfate de soude dans les infusions de chêne et de pin. Il est difficile d'expliquer avec certitude cette action du sulfate sodique. La perte constatée peut être due à une transformation partielle du tannin en matière non assimilable par la peau, tout aussi bien qu'à une combinaison de la substance tannante avec la matière saline, combinaison qui ne serait pas retenue par la poudre de peau. On pourrait même admettre que le sulfate de soude modifie les propriétés osmotiques de la peau, qui ne serait plus capable de retenir la totalité du tannin. Nous ferons observer cependant, à l'encontre de cette manière de voir, que nous n'avons dans aucun cas constaté de trace de tannin dans le liquide ayant traversé le filtre de Procter. D'ailleurs, comme nous le verrons plus loin, le sulfate de soude se comporte de tout autre façon avec l'extrait de quebracho, dans les solutions concentrées duquel il ne provoque pas de perte en tannin.

*c*) Ou bien, elles amènent une perte en tannin tout en majorant la quantité de précipité formé. C'est le cas des sels de chaux et de magnésie, qui néanmoins peuvent également, suivant le cas, se comporter comme le sulfate sodique en transformant partiellement le tannin en non-tannin soluble. Le trouble n'est d'ailleurs pas toujours dû uniquement à un précipité de tannin, mais dans certains cas du non-tannin est aussi entraîné.

D'une façon générale, on peut dire que les matières salines, en solution dans les eaux naturelles, accentuent encore après l'extraction, les pertes déjà subies pendant cette dernière, soit qu'elles précipitent du tannin, soit qu'elles amènent sa transformation partielle en matières non assimilées par la poudre de peau. Ajoutons que par un contact plus prolongé des matières salines avec les infusions tanniques, on peut conclure que les pertes en tannin deviennent souvent encore plus notables, si l'on en juge par les précipités qui sont survenus dans la suite, dans les liqueurs claires ayant servi pour l'analyse.

Voici les constatations faites sur ces liqueurs quinze jours après les essais précédents :

1° Les solutions de chêne se sont troublées toutes, sauf le n° 2 au chlorure de calcium, qui présentait des traces de végétations micéliennes.

2° Les solutions de pin se sont conservées limpides, sauf le n° 2.

3° Les solutions de sumac sont de même restées limpides, sauf le n° 4, qui présentait un dépôt abondant.

Toutes les infusions renfermant du bicarbonate de magnésie étaient fortement foncées, même l'infusion de sumac.

II. — Avant de tirer la seconde conclusion qui découle de nos expériences, comparons les pertes en tannin subies dans ces dernières avec celles que nous avons constatées précédemment, lors de l'étude de l'action des matières salines sur l'extraction des tannins.

En nous basant sur les résultats consignés dans ce dernier travail, nous avons calculé par interpolation les pertes en tannin correspondant à nos solutions à 0,5 0/00 de chlorure calcique, de sulfate de soude et de bicarbonate de magnésie. D'un autre côté, nous avons rapporté les résultats de nos expériences actuelles à 100 parties de matières tannantes employées. Nous avons obtenu de cette façon le tableau suivant où sont figurés, dans la rangée horizontale correspondant à la lettre A, les teneurs en tannin obtenues quand on ajoute la matière saline à l'infusion préalablement préparée dans l'eau distillée, et, dans la rangée horizontale correspondant à la lettre B, les teneurs en tannin obtenues quand on fait l'extraction avec la solution saline.

## TABLEAU IV

| Les teneurs sont indiquées 0/0 en poids de matières tannantes | I Infusion à l'eau distillée | II Idem en présence de 0,5 0/00 de CaCl² | | III Idem en présence de 0,5 0/00 de Na²SO⁴ | | IV Idem en présence de 0,5 0/00 de Mg(HCO³)2 | |
|---|---|---|---|---|---|---|---|
| | | | D | | D | | D |
| Tannin du chêne { A .. | 12.02 | 11.24 | — 0.78 | 11.56 | — 0.46 | 11.73 | — 0.29 |
| { B .. | — | 9.04 | — 2.98 | 10.48 | — 1.54 | 8.15 | — 3.87 |
| Tannin du pin { A .. | 19.13 | 17.59 | — 1.54 | 18.63 | — 0.50 | 17.00 | — 2.13 |
| { B .. | — | 15.10 | — 4.03 | 15.72 | — 3.41 | 16.04 | — 3.09 |
| Tannin du sumac { A .. | 18.66 | 18.69 | + 0.03 | 18.35 | — 0.31 | 18.10 | — 0.56 |
| { B .. | — | 16.40 | — 2.26 | 17.12 | — 1.54 | 15 54 | — 3.12 |

La colonne verticale I correspond, comme dans les trois tableaux précédents, aux résultats obtenus par l'eau distillée ; la colonne verticale II correspond aux infusions de chlorure calcique, la colonne III à celles de sulfate de soude, et la colonne IV indique les chiffres obtenus en présence de bicarbonate de magnésie.

Comme on le voit, les différences entre les chiffres consignés dans les rangées A et B sont considérables, les pertes en tannin qui se sont manifestées dans les essais précédents étant bien inférieures à celles que nous avons obtenues dans nos expériences relativement à l'action des sels sur l'extraction.

Cela peut être dû à deux causes :

1⁰ Le fait que l'absence de cellules végétales renfermant les matières tannantes n'a pu provoquer les phénomènes d'osmose, et par suite les actions électrochimiques auxquelles nous avons rapporté précédemment les pertes en tannin.

2⁰ Le fait que la chaleur a été employée lors de l'extraction des tannins, et que par conséquent, les matières salines ont pu réagir à chaud d'une façon plus active qu'à température ordinaire.

Il est bien certain que la chaleur intervient dans les résultats, ceux-ci devant varier suivant que l'on opère à froid ou à chaud. Notre première étude, sur l'action des eaux de tannerie belges dans l'extraction, l'a bien montré, mais il faut noter que c'est surtout dans le phénomène d'osmose que la chaleur intervient. C'est pour favoriser cette osmose que les diffuseurs sont chauffés, tant dans l'industrie sucrière que dans la fabrication des extraits tanniques.

En l'absence de cellules végétales, elle doit avoir une influence secondaire, si l'on en juge par les résultats consignés dans le paragraphe suivant, à propos de l'extrait de quebracho. Cet extrait a été dissous à chaud, et par conséquent, les matières salines auraient pu réagir à température relativement élevée. Or les pertes en tannin sont de même ordre que dans les essais précédents. Le sulfate sodique même n'a eu aucune action, pas plus que dans nos essais du tableau III, relatifs au sumac.

Nous trouvons donc, dans cette comparaison de résultats, une confirmation à l'explication que nous avons donné plus haut des pertes en tannin, pertes que nous avons surtout rapportées à des phénomènes d'ordre électrochimique.

Une conclusion pratique à tirer de là, c'est que quand on se sert d'une eau chargée de matières minérales pour l'extraction des tannins, on a tout avantage à opérer sur des matières tannantes moulues le plus finement possible, si l'on veut entraver la destruction du tannin.

N'oublions pas toutefois que plus la moulure est fine, plus il y a de cellules déchirées, et plus par conséquent le quotient de pureté du jus diminue.

Or, on ne connaît pas encore d'une façon bien certaine l'influence de cette donnée en tannerie.

### Deuxième série d'essais.

*Action des eaux salines sur les extraits tanniques.*

La tannerie employant actuellement en grande quantité les extraits tanniques, il n'est pas sans intérêt de chercher à savoir quelle peut être l'action des eaux salines dans la mise en solution de ces extraits.

Nous avons soumis aux expériences précédentes les deux espèces de produits les plus communément employés, c'est-à-dire l'extrait de quebracho et l'extrait de châtaignier. Nous avons également étudié l'extrait de mimosa D, fabriqué par la firme Lepetit Dollfus et Gansser, de Milan. On sait que cet extrait, très décoloré, est complètement soluble dans l'eau froide et donne des résultats tout à fait supérieurs dans le tannage. Nous avons tenu à savoir quelle pouvait être l'action des eaux salines sur cet extrait à cause de la quantité relativement considérable de cendres qu'il laisse à l'incinération, quantité supérieure même à celle des matières minérales employées dans nos essais.

*Extrait de quebracho.* — L'extrait de quebracho a été soumis à trois séries d'expériences :

1° Dans la première, nous sommes parti d'un poids de matière tel que la solution devait avoir une concentration double de la concentration normale réclamée par l'analyse. La dissolution du produit s'est faite dans l'eau distillée bouillante, puis, après avoir fait passer la prise d'essai dans le matras jaugé, nous avons continué à verser dans ce dernier de l'eau bouillante jusqu'aux trois quarts de son volume, et abandonné au refroidissement lent après avoir ajouté les solutions de matières salines en volume suffisant pour avoir le liquide total à la concentration de 0,05 0/0. Chaque liqueur fut analysée le troisième jour, après filtration et sans la diluer préalablement d'un égal volume d'eau, c'est-à-dire, somme toute, en nous plaçant en dehors des conditions imposées par l'Association internationale des chimistes des industries du cuir. Les résultats obtenus figurent dans le tableau I (A). Ils accusent, comme on voit, une perte pour cent de tannin, de 8,6 en ce qui concerne l'eau chargée de chlorure de calcium, et de 4,8 0/0 en ce qui concerne l'eau chargée de bicarbonate magnésique. Nous avons observé que le liquide ayant traversé le filtre de Procter dans le premier cas (colonne II) renfermait de petites quantités de tannin, ce qui nous amène à dire que cette perte de 8,6 0/0 est exagérée. De plus, chose singulière, nous avons constaté que le sulfate de soude, au lieu de provoquer une perte en tannin, donne au contraire, une augmentation de matières assimilables Devant ces deux faits, nous avons cru nécessaire de refaire une seconde série d'essais.

2° — Dans cette deuxième série, nous avons procédé un peu différemment. La même quantité de substance fut pesée et dissoute ou tout au moins délayée avec le moins possible d'eau tiède, transvasée dans le matras jaugé, puis additionnée d'eau froide, et enfin, des matières salines à mettre en solution. L'opération a donc été dans ce cas plutôt faite à froid, tandis qu'elle s'est faite à chaud dans le premier cas. De plus, les liqueurs filtrées après trois jours furent diluées d'un volume égal d'eau distillée avant de passer sur la poudre de peau. Les résultats des analyses figurent dans le tableau I (B).

On peut constater que la perte produite par les sels de magnésium est sensiblement la même, tandis que, comme nous l'avions prévu, la perte due aux sels calciques a diminué. Nous devons faire observer toutefois que la liqueur obtenue claire par filtration a précipité au bout de quelques jours.

Quant à l'action du sulfate de soude, chose curieuse, elle s'est manifestée absolument de la même façon que dans le premier cas. Dans les deux essais, les matières retenues par la poudre de peau ont augmenté d'à peu près 0,6 0/0. Ce fait, coïncidant avec une diminution notable des cendres du non-tannin, comparativement aux cendres de l'extrait total, nous amène à croire qu'une partie de la matière saline a été retenue par la poudre de peau. Comme, d'autre part, le même fait ne se retrouve pas dans le tableau II, qui donne les résultats d'analyses faites sur une solution d'extrait de quebracho de concentration normale, on pourrait peut-être conclure à une combinaison possible entre les matières salines et le tannin de quebracho, combinaison que retiendrait la peau et qui se produirait en présence d'un excès de tannin. C'est peut-être à des faits semblables qu'il faudrait attribuer les fortes teneurs en cendres que l'on trouve généralement dans les cuirs tannés au quebracho.

Il semble résulter de la comparaison des deux tableaux que l'action de la chaleur pour la mise en solution de l'extrait est préjudiciable à la solubilisation du tannin, dont la teneur se rapproche dans le second cas de la teneur trouvée sur la solution normale (voir tableau II).

L'action prolongée de la chaleur, au lieu d'amener plus de matière en solution, provoque au contraire dans l'eau pure et dans l'eau chargée de sulfate

**TABLEAU I** (A)

Premiers essais relatifs à l'extrait de quebracho (Solution deux fois normale).

| Les teneurs sont indiquées pour 100 parties en poids de l'extrait mis en œuvre | I Infusion doublement normale | II Idem renfermant 0,5 0/00 de CaCl² | | III Idem renfermant 0,5 0/00 de Na²SO⁴ | | IV Idem renfermant 0,5 0/00 de Mg(HCO³)² | |
|---|---|---|---|---|---|---|---|
| | | | D | | D | | D |
| Extrait total (matières salines défalquées). . . . . . . . . . . . . | 42.250 | 41.120 | — 1.130 | 42.350 | + 0.100 | 41.530 | — 0.720 |
| Cendres de l'extrait total (y compris les matières salines). . . . . . . | 1.325 | 2.850 | + 1.525 | 3.875 | + 2.550 | 2.580 | + 1.255 |
| Cendres de l'extrait total calculées . . | 1.325 | 3.765 | + 2.440 | 3.925 | + 2.600 | 2.465 | + 1.140 |
| Extrait organique réel. . . . . . . | 40.925 | 39.800 | — 2.125 | 41.025 | + 0.100 | 40.205 | — 0.720 |
| Non-tannin total (matières salines défalquées) . . . . . . . . . . . | 5.100 | 7.200 | + 2.100 | 4.575 | — 0.525 | 6.190 | + 1.090 |
| Cendres du non-tannin (y compris les matières salines). . . . . . . . . | 1.425 | 2.100 | + 0.675 | 2.225 | + 0.800 | 3.875 | + 2.450 |
| Cendres du non-tannin calculées . . . | 1.425 | 3.865 | + 2.440 | 4.025 | + 2.600 | 2.565 | + 1.140 |
| Non-tannin organique réel . . . . . | 3.675 | 5.775 | + 2.100 | 3.150 | — 0.525 | 4.770 | + 1.095 |
| Matières totales fixées par la peau. . | 37.150 | 33.920 | — 3.230 | 37.775 | + 0.625 | 35.340 | — 1.810 |
| Tannin . . . . . . . . . . . . . . | 37.250 | 34.025 | — 3.225 | 37.875 | + 0.625 | 35.435 | — 1.815 |
| Tannin perdu pour 100 parties de tannin. . . . . . . . . . . . . . | 0.00 | 8.6 | | 0.00 | | 4.86 | |

**TABLEAU I (B)**

**Premiers essais relatifs à l'extrait de quebracho** (Solution deux fois normale).

| Les teneurs sont indiquées pour 100 parties en poids de l'extrait mis en œuvre | I Infusion doublement normale | II Idem renfermant 0,5 0/00 de CaCl² | | III Idem renfermant 0,5 0/00 de Na²SO⁴ | | IV Idem renfermant 0,5 0/00 de Mg(HCO³)2 | |
|---|---|---|---|---|---|---|---|
| | | | D | | D | | D |
| Extrait total (matières salines défalquées) | 44.77 | 38.30 | — 6.47 | 43.50 | — 1.20 | 40.29 | — 3.48 |
| Cendres de l'extrait total (y compris les matières salines) | 1.25 | — | — | — | — | — | — |
| Cendres de l'extrait total calculées | 1.25 | — | — | — | — | — | — |
| Extrait organique réel | 43.52 | 37.05 | — 6.47 | 42.25 | — 1.20 | 39.04 | — 3.48 |
| Non-tannin total (matières salines défalquées) | 5.2 | 1.40 | — 3.80 | 3.35 | — 1.85 | 2.49 | — 2.71 |
| Cendres du non-tannin (y compris les matières salines) | 1.05 | — | — | — | — | — | — |
| Cendres du non-tannin calculées | 1.05 | — | — | — | — | — | — . |
| Non-tannin organique réel | 4.15 | 0.35 | — 3.80 | 2.30 | — 1.85 | 1.44 | — 2.71 |
| Matières totales fixées par la peau | 39.57 | 36.90 | — 2 67 | 40.15 | + 0.58 | 37.80 | — 1.77 |
| Tannin | 39.37 | 36.70 | — 2.67 | 39.95 | + 0.58 | 37.60 | — 1.77 |
| Tannin perdu pour 100 parties de tannin | 0.00 | 6.78 0/0 | | 0.00 | | 4.50 | |

## TABLEAU II

Seconds essais relatifs à l'extrait de quebracho (Solution normale).

| Les teneurs sont indiquées pour 100 parties en poids de l'extrait mis en œuvre | I Infusion normale | II Idem renfermant 0,5 0/00 de CaCl² | | III Idem renfermant 0,5 0/00 de Na²SO⁴ | | IV Idem renfermant 0,5 0/00 de Mg(HCO³)2 | |
|---|---|---|---|---|---|---|---|
| | | | D | | D | | D |
| Extrait total (matières salines défalquées) | 45.04 | 42.50 | − 2.54 | 43.90 | − 1.14 | 43.19 | − 1.85 |
| Cendres de l'extrait total (y compris les matières salines) | 2.30 | 3.50 | + 1.20 | 6.25 | + 3.95 | 4.20 | + 1.90 |
| Cendres de l'extrait total calculées | 2.30 | 7.18 | + 4.88 | 7.50 | + 5.20 | 4.58 | + 2.28 |
| Extrait organique réel | 42.74 | 40.20 | − 2.54 | 41.60 | − 1.14 | 40.89 | − 1.85 |
| Non-tannin total (matières salines défalquées) | 5.85 | 4.85 | − 1 00 | 5.45 | − 0.40 | 6.19 | + 0.34 |
| Cendres du non-tannin (y compris les matières salines) | 1.90 | 6.75 | + 4.85 | 6.55 | + 4.65 | 4.05 | + 2.15 |
| Cendres du non-tannin calculées | 1.90 | 6.78 | + 4.88 | 7.10 | + 5.20 | 4.18 | + 2.28 |
| Non-tannin organique réel | 3.95 | 2.95 | − 1.00 | 3.55 | − 0.40 | 4.79 | + 0.34 |
| Matières totales fixées par la peau | 39.19 | 37.65 | − 1.54 | 38.45 | − 0.74 | 37.00 | − 2.19 |
| Tannin | 38.79 | 37.25 | − 1.54 | 38.05 | − 0.74 | 36.60 | − 2.19 |
| Tannin perdu pour 100 parties de tannin | 0.00 | 3.97 | | 1.91 | | 5.64 | |

sodique, au bout de quelques jours, des précipitations qui diminuent l'extrait total et l'extrait organique. Par contre, c'est l'inverse qui se présente pour les eaux chargées de sels alcalino-terreux.

Un autre fait plus important, qui ressort de ces essais, est l'augmentation du non-tannin provoquée dans ces dernières liqueurs par l'action de la chaleur. Au contraire, quand la mise en solution s'est faite à froid, une partie du non-tannin est précipitée par les sels alcalino-terreux. Ce fait a une importance, relativement au quotient de pureté des jus.

3° La troisième série d'essais (tableau II) a été faite en se plaçant dans les conditions normales au point de vue de la concentration des solutions.

Les diminutions de l'extrait total et de l'extrait organique sont dans le même ordre que dans les deux séries d'essais précédents, c'est-à-dire que la précipitation a été la moins forte dans les solutions chargées de sulfate sodique, et la plus forte dans celles qui renferment du chlorure de calcium.

La teneur en tannin, trouvée dans le cas d'une solution de concentration normale, se rapproche de celle figurée dans le tableau précédent. Enfin, le sulfate de sodium n'amène aucune augmentation de matières assimilables par la peau, elle occasionne au contraire une légère perte, de même ordre que celles que nous avons constatées pour les infusions de matières tannantes.

*L'extrait de châtaignier* (tableau III) est surtout sensible au bicarbonate de magnésium, qui semble agir plutôt physiquement, car il ne produit aucune augmentation sensible du non-tannin organique. Les autres matières salines, au contraire, agissent chimiquement, surtout le sulfate de soude. Notons cependant que ces sels agissent aussi par précipitation, comme le démontrent les diminutions en extrait organique. L'action du sulfate sodique est tout à fait spéciale, car elle ne se retrouve semblable pour aucun autre extrait. Au reste, nous croyons que dans bien des cas, le mode de fabrication de l'extrait doit intervenir dans ces changements de composition.

La perte occasionnée par le bicarbonate de magnésie, si forte déjà, se serait accrue encore avec le temps, car le liquide obtenu clair par filtration présentait quinze jours après, un dépôt assez abondant. On peut constater aussi que les cendres du non-tannin sont moitié moindres de celles de l'extrait total. Il semblerait donc ici qu'une partie de la combinaison du tannin avec le sel soit retenue par la poudre de peau, de façon que la perte en tannin réel serait en réalité encore plus forte que ne l'indiquent nos chiffres.

*Mimosa D.* — Le mimosa D est entièrement soluble à froid dans l'eau.

**TABLEAU III**

Essais relatifs à l'extrait de châtaignier.

| Les teneurs sont indiquées pour 100 parties en poids de l'extrait mis en œuvre | I Infusion normale | II Idem renfermant 0,5 0/00 de CaCl² | | III Idem renfermant 0,5 0/00 de Na²SO⁴ | | IV Idem renfermant 0,5 0/00 de Mg(HCO³)2 | |
|---|---|---|---|---|---|---|---|
| | | | D | | D | | D |
| Extrait total (matières salines défalquées) | 37.332 | 35.441 | — 1.891 | 35.989 | — 1.343 | 34.667 | — 2.665 |
| Cendres de l'extrait total (y compris les matières salines) | 0.803 | 2.810 | + 2.007 | 3.723 | + 2.920 | 2.445 | + 1.642 |
| Cendres de l'extrait total calculées | 0.803 | 5.683 | + 4.880 | 6.003 | + 5.200 | 3.083 | + 2.28 |
| Extrait organique réel | 36.529 | 34.638 | — 1.891 | 35.186 | — 1.343 | 33.864 | — 2.665 |
| Non-tannin total (matières salines défalquées) | 9.855 | 10.402 | + 0.547 | 10.804 | + 0.949 | 10.030 | + 0.175 |
| Cendres du non-tannin (y compris les matières salines) | 0.839 | 4.088 | + 3.249 | 3.942 | + 2.?03 | 1.094 | + 0.255 |
| Cendres du non-tannin calculées | 0.839 | 5.719 | + 4.880 | 6.039 | + 5.200 | 3.119 | + 2.280 |
| Non-tannin organique réel | 9.016 | 9.5635 | + 0.547 | 9.965 | + 0.949 | 9.121 | + 0.175 |
| Matières totales fixées par la peau | 27.477 | 25.039 | — 2.438 | 25.185 | — 2.292 | 24.637 | — 2.840 |
| Tannin | 27.513 | 25.074 | — 2.439 | 25.221 | — 2.292 | 24.672 | — 2.841 |
| Tannin perdu pour 100 parties de tannin | 0.00 | 8.86 | | 8.31 | | 10.31 | |

## TABLEAU IV

### Essais relatifs à l'extrait de mimosa D.

| Les teneurs sont indiquées pour 100 parties de l'extrait mis en œuvre | I Infusion normale | II Idem renfermant 0,5 0/0 de CaCl² | | III Idem renfermant 0,5 0/0 de Na²SO⁴ | | IV Idem renfermant 0,5 0/00 de Mg(HCO³)² | |
|---|---|---|---|---|---|---|---|
| | | | D | | D | | D |
| Extrait total (matières salines défalquées) . . . . . . . . . . . . . . | 48.44 | 46.70 | — 1.74 | 48.50 | + 0.06 | 48.39 | — 0.05 |
| Cendres de l'extrait total (y compris les matières salines) . . . . . . . | 6.44 | 9.60 | + 3.16 | 12.10 | + 5.66 | 9.30 | + 2.86 |
| Cendres de l'extrait total calculées . . | 6.44 | 11.32 | + 4.88 | 11.64 | + 5.20 | 8.72 | + 2.28 |
| Extrait organique réel . . . . . . . . | 42.00 | 40.26 | — 1.74 | 42.06 | + 0.06 | 41.95 | — 0.05 |
| Non-tannin total (matières salines défalquées) . . . . . . . . . . . . | 10.55 | 12.50 | + 1.95 | 11.40 | + 0.85 | 12.19 | + 1.64 |
| Cendres du non-tannin (y compris les matières salines). . . . . . . . . | 6.30 | 11.40 | + 5.10 | 12.15 | + 5.85 | 8.85 | + 2.55 |
| Cendres du non-tannin calculées . . . | 6.30 | 11.18 | + 4.88 | 11.50 | + 5.20 | 8 58 | + 2.28 |
| Non-tannin organique réel. . . . . . | 4.25 | 6.20 | + 1.95 | 5.10 | + 0.85 | 5.89 | + 1.64 |
| Matières totales fixées par la peau . . | 37.89 | 34.20 | — 3.69 | 37.10 | — 0.79 | 36.20 | — 1.69 |
| Tannin . . . . . . . . . . . . . . . | 37.75 | 34.06 | — 3.69 | 36.96 | — 0.79 | 36.06 | — 1.69 |
| Tannin perdu pour 100 parties de tannin. . . . . . . . . . . . . . | 0.00 | 9.74 | | 2.08 | | 4.46 | |

Il n'a donné (tableau IV) de précipité, ni avec le sulfate de soude, ni avec le bicarbonate de magnésie ; le chlorure de calcium seul a donné un trouble.

Indépendamment de cette action physique, les matières salines ont toutes les trois réagi chimiquement. Le sulfate de soude n'a produit qu'une légère perte en tannin, en amenant une augmentation proportionnelle du non-tannin. Son action est analogue sur toutes les matières examinées à part l'extrait de châtaignier. Ce fait n'est pas sans intérêt, car il semble présager que l'épuration ordinaire des eaux séléniteuses peut donner de bons résultats pour la mise en solution des extraits tanniques. Les sels de magnésium, ou tout au moins le bicarbonate, ont aussi peu d'influence, mais il n'en est pas de même des sels calciques, qui se comportent vis-à-vis de l'extrait de mimosa à peu près comme vis-à-vis de l'extrait de châtaignier, en réagissant à la fois physiquement et chimiquement. Après quinze jours, les trois solutions claires de mimosa étaient encore parfaitement limpides.

Ce qu'il y a de curieux, c'est que les matières minérales, que renferme cet extrait, semblent n'avoir aucune espèce d'influence sur sa composition, soit que ces matières minérales soient constituées par des sels inertes, tels que le sulfate de soude par exemple, soit qu'elles existent en combinaison avec les matières organiques. Dans cette dernière éventualité, elles ne sont, dans tous les cas, pas retenues par la poudre de peau, comme le démontrent les cendres de non-tannin.

En résumé, on peut donc dire que, dans nos essais, les extraits tanniques examinés se sont comportés à peu de chose près, vis-à-vis des matières salines, comme les infusions de matières tannantes. Les pertes sont faibles, relativement à celles qui se produisent pendant l'extraction de ces dernières. De plus on observe peut-être un peu moins de régularité pour les extraits tanniques, mais il est probable que les procédés de fabrication de ces extraits entrent également en ligne de compte.

(*Laboratoire de chimie industrielle de l'Université de Liège*).

## Des jus et extraits divers de châtaignier.

### Tableaux d'analyses et compositions.

Industriellement, il faut en moyenne, 1.300 à 1.400 kgs de jus de la composition suivante, qui titre ordinairement 3°8 à 4°5 Bé, pour obtenir 100 kgs d'Extrait de châtaignier à 25°, soit un rendement de 13 à 14 0/0.

Analyse-type d'un jus ou bouillon de châtaignier :

| | |
|---|---:|
| Matières tannantes solubles. | 3,92 |
| Non-tannins. | 2,36 |
| Eau | 93,47 |
| Insolubles | 0,25 |
| Total. | 100,00 |

Total des solubles : 6,28 0/0.

Analyse d'un Extrait de châtaignier 25°, de fabrication rationnelle d'une usine traitant un mélange de bois provenant du Lyonnais, du Charollais et du Dauphiné :

| | |
|---|---:|
| Matières tannantes solubles. | 29,20 |
| Non-tannins. | 10,00 |
| Eau | 60,60 |
| Insolubles | 0,20 |
| Total. | 100,00 |
| Résidu sec | 0,2 |
| Densité à 18°C. | 1,207 |
| Titre aréométrique. | 25°2 |

Extrait bien clarifié, assez décoloré et troublant à peine à l'eau froide, même après repos prolongé de la solution.

Analyse de l'Extrait de châtaignier 25° fabriqué à l'usine de Génolhac (Gard), de MM. Ausset et Hermet :

| | |
|---|---:|
| Matières tannantes solubles. | 29,25 |
| Non tannins. | 13,16 |
| Eau | 57,42 |
| Cendres | 0,17 |
| Total. | 100,00 |

Extrait très fluide, décoloré, très soluble à l'eau froide.

Analyse de l'Extrait de châtaignier 25°, de l'usine de MM. Roubin et Cie à Lalevade d'Ardèche :

| | |
|---|---:|
| Matières tannantes solubles. | 28,38 |
| Non-tannins. | 10,69 |
| Eau | 60,11 |
| Cendres | 0,82 |
| Total. | 100,00 |

Extrait bien clarifié et décoloré, très soluble à l'eau froide, fabriqué exclusivement avec les bois de l'Ardèche.

Analyse d'Extrait de châtaignier 30°, de la Société des Produits chimiques de Saint Chamond (Loire).

| | |
|---|---|
| Matières tannantes solubles. | 34,30 |
| Non-tannins. | 15,80 |
| Eau | 48,90 |
| Insolubles | 1,00 |
| Total. | 100,00 |

Extrait assez décoloré, troublant légèrement à l'eau froide et déposant rapidement par repos.

Cette usine traite un mélange de bois du Lyonnais, de l'Auvergne et du Vivarais.

Analyse d'un Extrait de châtaignier 30°, d'une usine corse :

| | |
|---|---|
| Matières tannantes solubles | 36,00 |
| Non-tannins. | 14,00 |
| Eau | 48,70 |
| Insolubles | 1,30 |
| Total | 100,00 |

Clarifié mais peu décoloré, trouble à l'eau froide avec un dépôt assez abondant par repos.

Analyse d'un Extrait de châtaignier 20° (Gallique pour teinture) fabriqué, ainsi que nous l'avons vu avec du bois non-écorcé et les bouillons bruts concentrés au sortir de la macération qui s'opère à 2 kgs. de pression :

| | |
|---|---|
| Matières tannantes. | 19,60 |
| Non-tannins. | 12,20 |
| Eau | 66,30 |
| Insolubles | 1,90 |
| Total | 100,00 |

Cet extrait, en troublant abondamment à l'eau froide et même à l'eau chaude, donne une solution fortement brune, ce qui n'a d'ailleurs aucune importance, ce produit étant destiné à la teinture ou à la fabrication de désincrustants pour chaudières à vapeur.

Analyse d'un extrait sec de châtaignier fabriqué en concentrant à 45° de l'extrait 25°, dans un appareil rotatif dans le vide :

| | |
|---|---:|
| Matières tannantes solubles . . . . . . . . | 43,00 |
| Non-tannins. . . . . . . . . . . . . | 37,70 |
| Eau . . . . . . . . . . . . . . . | 19,00 |
| Insolubles . . . . . . . . . . . . . . | 0,30 |
| Total . . . | 100,00 |

Très soluble à l'eau où il donne seulement un léger trouble.

# CHAPITRE II

## DU MATÉRIEL ET APPAREILLAGE
## POUR LE TRAITEMENT DES BOIS DE CHATAIGNIER

Chaufferie. — Systèmes de générateurs à vapeur. — Conduite et entretien. — Foyers et fours gazogènes divers. — Cheminées. — Machines à vapeur. — Découpeuses. — Elévateurs à godets. — Transporteurs.

*Chaudières à 2 bouilleurs avec ou sans réchauffeurs.* — Pour les usines d'extraits, nous préconiserons le système à grandes réserves d'eau et de vapeur, à rendement économique permettant de placer des grilles à grande section pour l'adaptation de fours gazogènes brûlant les déchets ou copeaux de bois épuisés.

La figure 64 représente une chaudière de ce genre.

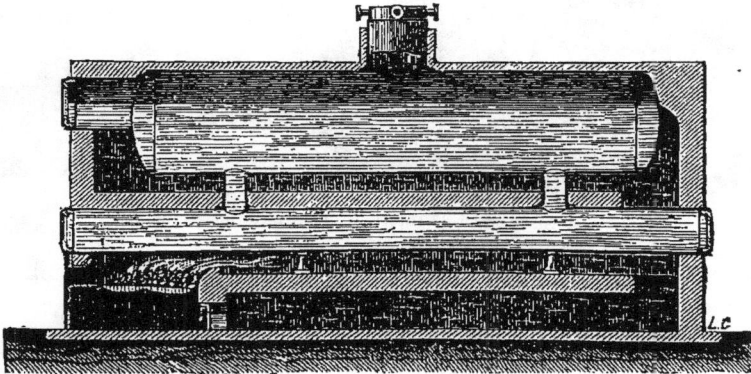

Fig 64. — Chaudière à 2 bouilleurs.

*Chaudières multibouilleurs avec réchauffeurs.* — Système à très grandes réserves d'eau et de vapeur, permettant d'utiliser des quantités très variables de vapeur sans inconvénient. Chauffage méthodique, nettoyage facile. Très bon rendement calorifique. Se recommande pour les grandes usines de tannerie et fabriques d'extraits, en permettant aussi l'adaptation spéciale des fours gazogènes brûlant la tannée ou les copeaux de bois épuisé à 55 où 60 0/0 d'humidité.

La figure 65 représente une chaudière de ce genre dont les têtes des bouilleurs et des réchauffeurs sont exécutées en tôle d'acier embouti.

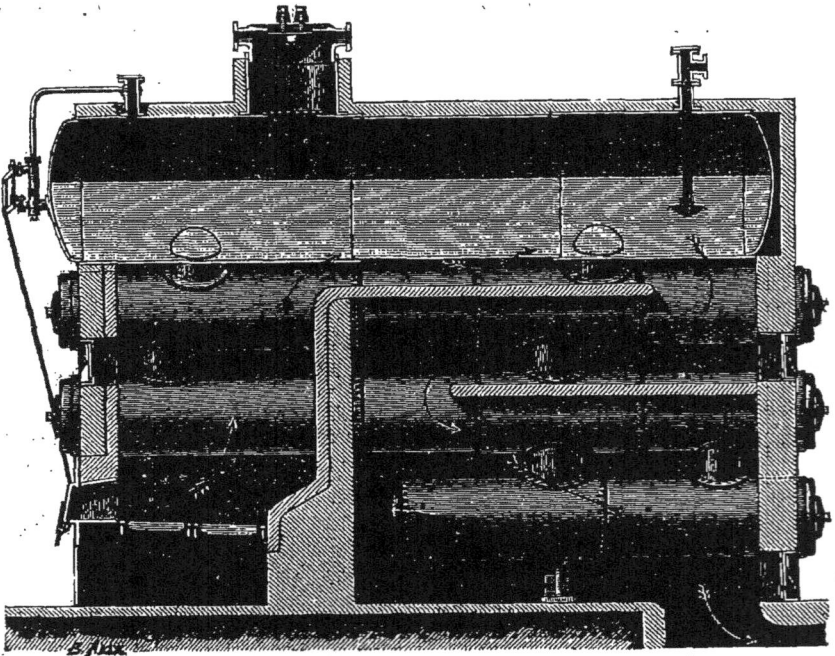

Fig. 65. — Chaudière à multi-bouilleurs.

D'une façon générale, en marche normale, la chaudière à bouilleurs, vaporise environ 14 kgs par mq. de surface de chauffe.

*Chaudières à foyers intérieurs, avec tubes Galloway.* — Enfin nous indiquons fig 66 un type de ce genre qui est celui qui convient le mieux dans une usine d'extraits et dont l'utilisation calorifique des gaz chauds est maximum avec un rendement évaporatoire énorme (1).

(1) Les ateliers Bonnet-Spazin de Lyon, se sont créés une juste réputation, dans la construction de ces systèmes de générateurs à vapeur. J. N.

## Conduite des chaudières.

Dans le cas de trois chaudières n° 1, n° 2 et n° 3, dont une en repos.

*Roulement des chaudières et nettoyages.* — Il faut changer de chaudière tous les deux mois, de telle façon que chacune reste en fonctionnement pendant quatre mois consécutifs. Chaque fois que l'on change de chaudière, c'est-à-dire, tous les deux mois en temps normal, il faut aussitôt que la chaudière est froide, la vider, la détamponner, la visiter intérieurement, gratter le tartre si besoin est, nettoyer les carneaux de fumée, la retamponner et la remplir a nouveau pour la mettre en état de fonctionner le plus rapidement possible, dans le but de parer à tout accident aux autres chaudières.

Fig. 66. — Chaudière à 2 foyers intérieurs cylindriques avec tubes Galloway dans les foyers.

*Extractions.* — Si les eaux sont fortement calcaires, il faut faire chaque matin une extraction à chaque chaudière pour enlever la boue dans les bouilleurs. Chaque extraction doit être d'environ 20 centimètres d'eau (1).

Pour procéder à une extraction à une chaudière, il suffit d'ouvrir le robinet de vidange de l'un des bouilleurs du bas, de laisser baisser le niveau de 10 centimètres, de fermer ce robinet et ouvrir le robinet de vidange de l'autre bouilleur pour faire baisser le niveau de 10 centimètres encore et fermer ce robinet.

*Niveau d'eau.* — Le niveau de l'eau doit toujours être maintenu le plus

(1) *Le Paratartre*, J. Noyer supprime radicalement les incrustations.

près possible du trait marqué *niveau d'eau* sur les appareils. Il ne doit pas descendre plus bas, ni remonter plus haut de 10 centimètres, en dessus ou en dessous du niveau normal.

Si par accident, le niveau d'eau descendait plus bas, et surtout s'il arrivait qu'on ne voit plus l'eau dans le tube en verre, la chaudière est en danger d'explosion. Dans ce cas, il faut immédiatement alimenter la chaudière et fermer complètement le registre pour ne plus chauffer.

Si le niveau de l'eau monte plus haut que 10 centimètres en dessus du niveau normal, et surtout si l'eau rempli complètement le tube, il risque beaucoup de se produire des entraînements d'eau et de faire sauter les cylindres des machines à vapeur. Dans ce cas il faut immédiatement arrêter l'alimentation et faire une extraction à la chaudière pour ramener l'eau à son niveau normal.

Ces deux cas sont les fautes les plus graves d'un chauffeur ; elles peuvent provoquer l'explosion des chaudières ou des machines à vapeur.

Chaque matin, le chauffeur doit manœuver tous les robinets des niveaux d'eau, aussi bien que ceux qui sont sur la monture en fonte que ceux qui servent à purger. Cette précaution est nécessaire pour éviter que ces robinets se collent et qu'on ne puisse plus les manœuvrer au moment subit où un tube de niveau vient à se casser.

*Pression.* — Le chauffeur est chargé de la manœuvre des registres pour faire monter la pression ou l'arrêter suivant les indications du manomètre.

Il doit chaque matin monter sur les chaudières et lever doucement et très peu à la main chacune des soupapes de sûreté pour les faire souffler. Cette précaution nettoie le siège des soupapes et empêche qu'elles se collent, ce qui peut arriver lorsqu'elles ne soufflent presque jamais.

Lorsque la pression monte au-dessus du timbre et que les soupapes soufflent fortement, il faut :

Fermer les registres principaux ;

Alimenter un peu plus rapidement les chaudières à condition cependant que le niveau de l'eau ne se trouve pas déjà trop élevé.

Et s'entendre avec le conducteur des autoclaves ou des machines à vapeur pour leur faire prendre un peu plus de vapeur si possible pendant un moment jusqu'à ce que la pression soit revenue à son chiffre normal.

Le chauffeur doit réparer de suite toutes les fuites qui se produisent dans les presse-étoupes de toute la robinetterie des chaudières.

## Pompes alimentaires et robinetterie des chaudières.

La vanne de prise de vapeur, sur la nourrice des chaudières qui alimente les pompes alimentaires, doit être entièrement ouverte.

*Mise en marche.* — Pour mettre une pompe en marche, il faut d'abord ouvrir les deux robinets de purge du cylindre à vapeur (ils doivent d'ailleurs être ouverts depuis l'arrêt précédent), puis, ouvrir très peu la vanne de vapeur sur la pompe pour purger l'eau de condensation contenue dans le tuyau et le cylindre.

Lorsqu'il ne sort plus d'eau par les robinets purgeurs, on les ferme et on augmente l'ouverture de la vanne de vapeur jusqu'à ce que la vitesse de la pompe soit atteinte.

*Vitesse de la pompe.* — Il faut faire fonctionner une seule pompe constamment à une vitesse réduite sans jamais l'arrêter. Cette manière de faire a pour avantage de conserver beaucoup les pompes et produit une meilleure vaporisation des chaudières.

Lorsque pour tenir l'eau aux chaudières on est obligé de faire marcher une pompe à une vitesse assez grande, mais qui ne doit jamais atteindre les 80 à 90 courses, c'est un signe que le piston à eau a beaucoup de jeu dans son cylindre, il faut alors le démonter pour refaire sa garniture (1).

*Arrêt de la pompe.* — Pour arrêter la pompe, on ferme la vanne de vapeur complètement, et on ouvre les robinets purgeurs du cylindre à vapeur.

*Joints de la pompe.* — 1° Les joints des fonds des cylindres et de la cloche à air du refoulement, doivent être faits avec une feuille de papier épaisse ou de caoutchouc mince découpée avec soin.

2° La garniture du piston à eau doit être faite avec du chanvre suiffé pour eau froide, bronze pour eau chaude.

3° La garniture des presse-étoupes, des tiges de pistons, doit être faite avec du cordonnet d'amiante fin. Ces presse-étoupes doivent être serrés aussi peu que possible et juste pour éviter les fuites de vapeur.

*Visite du tiroir.* — Si la pompe ne marche pas convenablement, cela provient généralement du tiroir. Il y a lieu dans ce cas de le visiter, mais il ne faut pas enlever la boîte à tiroir ; il faut le nettoyer, ainsi que son

---

(1) Pour parer à l'alimentation intermittente, on adopte aujourd'hui l'alimentateur automatique Koerting dont la marche normale et constante est une véritable mesure de sécurité. J. N.

Dumesny et Noyer                    14

logement, mais on *ne doit jamais le limer. Le tiroir doit être replacé dans le sens où il a été retiré.*

*Graisseur.* — Le graisseur doit toujours être ouvert, et le pointeau qui donne le débit de l'huile, toujours réglé au même repère de façon à ce qu'il s'écoule à peu près deux gouttes d'huile par minute. Il faut soigner attentivement ce graissage, car la conservation et le bon fonctionnement de la pompe en dépendent.

*Vannes d'alimentation sur la nourrice de la bâche.* — Il doit toujours y avoir sur la nourrice d'alimentation au moins une vanne ouverte, même lorsque les pompes sont arrêtées.

Lorsqu'on veut changer de chaudière, on ouvre d'abord la vanne de la nouvelle chaudière, on ferme ensuite celle de l'ancienne, ou bien on fait ces deux mouvements ensemble.

Il faut s'assurer de temps en temps que les clapets montés sur le refoulement des pompes sur la nourrice en fonte, et ceux placés sur les réchauffeurs battent convenablement.

On doit sentir au choc qu'ils produisent, chaque pulsation de la pompe à vapeur. S'il n'en était pas ainsi pour l'un d'eux, ce serait preuve qu'il est engagé et demande à être visité et nettoyé.

*Surface de chauffe de générateurs à vapeur à adopter dans les usines d'extraits.* — Notre expérience de plusieurs années, acquise dans diverses usines de tannins, nous permet d'affirmer que :

1° la surface de chauffe des générateurs à vapeur est toujours représentée par :

5 mq. dans le cas d'une usine possédant un Double-effet,

4 mq. dans le cas d'une usine possédant un Triple-effet,

dans les deux cas, par tonne de bois traitée.

### Foyers et fours gazogènes divers.

*Four gazogène Bonnet-Spazin.* — Ce système, représenté par la fig. 67. est en somme le four Faye perfectionné par l'addition d'une véritable chambre de combustion B, placée à l'arrière du foyer A, d'une armature façade qui permet le réglage facile de l'allure de chauffe, et de regards G.

Dans son application à brûler les mauvais combustibles, tels que : déchets de bois ou copeaux épuisés des usines de tannins, la tannée des usines de tannerie, le lignite, la tourbe, etc., il ne faut pas perdre de vue que le four désigné est un système « Gazogène » avec sa chambre de combustion, sa

grille et ses trémies E d'introduction méthodique des mauvais combustibles à brûler, qui indiquent clairement que l'ensemble du système requiert
une distillation de ces mauvais combustibles, laquelle produit des gaz

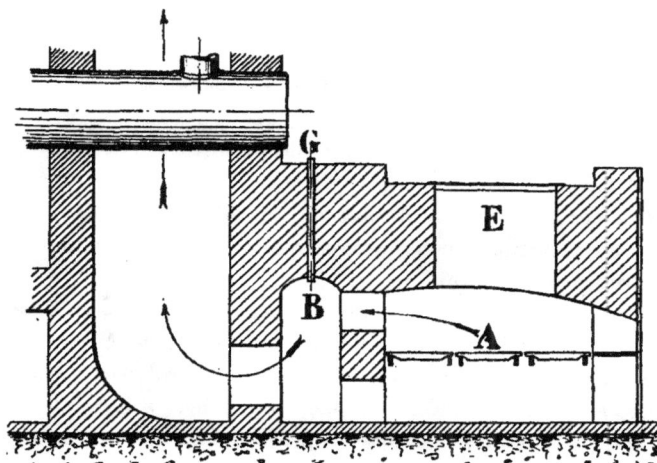

Fig. 67. — Foyer gazogène Bonnet-Spazin.

inflammables qui viennent brûler dans cette chambre de combustion avec
une intensité qui développe une quantité de calories telle que peu de foyers
de ce genre produisent, car on peut compter que, pratiquement :

1 kilog de copeaux épuisés, à 60/62 0/0 d'humidité, fournit 1 kilog 400
de vapeur.

- Il faut donc noter que ce foyer utilise d'autant mieux le ligneux, qu'il le
distille ; que sa conduite en est rationnelle, en excluant de sa marche toute
addition de charbon, parce qu'alors celui-ci paralyse la distillation en provoquant la combustion des copeaux déjà sur la grille et dans la masse
ligneuse, de sorte que, une partie des gaz combustibles est déjà brûlée avant
son admission à la chambre de combustion, ce qui diminue l'intensité de
chauffe des bouilleurs des chaudières, sous lesquelles ce système de four
est appliqué, en diminuant la longueur des flammes qui doivent lécher
environ la moitié desdits bouilleurs.

En outre, l'admission du charbon provoque la formation des mâchefers
qui viennent coller sur la grille, ce qui exige un décrassage trop fréquent,
des rentrées d'air et tous les inconvénients inhérents à l'emploi de tout
autre combustible que les copeaux épuisés, dans ce cas spécial.

Pratiquement, ce système de four gazogène demande pour fonctionner normalement 3,5 décimètres carrés de surface de grille par mètre carré de surface de chauffe de chaudière (3 mq. 5 par 100 mq. de surface de chauffe).

De plus, il faut que dans toutes les parties des chaudières la section des carneaux ne soit pas inférieure du 1/7 au 1/8 de la surface de la grille.

### Fonctionnement des foyers gazogènes.

Si la maçonnerie du four est neuve, il faut la faire sécher en entretenant un feu doux de bois pendant plusieurs jours.

Allumer le four en procédant de la façon suivante :

Fermer presque complètement le registre principal de la chaudière pour éviter une trop grande aspiration d'air.

Disposer sur la grille une première couche de combustible facile à enflammer, tels que paille. copeaux de menuiserie, papier. Mettre par dessus cette couche de menus branchages bien secs, et par dessus encore quelques bûches de bois sec (1). On peut jeter ces bûches, soit par les gueulards, soit par les trémies. Lorsque la grille est garnie, on bouche les trémies avec des tôles.

Mettre le feu à la couche de dessous en plusieurs endroits à la fois, fermer les portes de cendrier et ouvrir un peu les gueulards.

On ferme les gueulards lorsque la surface tout entière de la grille est enflammée, et on ouvre en même temps un peu les cendriers.

De temps en temps on jette par les gueulards des bûches de bois toujours sec, au fur et à mesure que les précédentes brûlent, et on entretient ainsi le feu.

Il faut chauffer de cette façon avec des bûches le plus fortement possible, jusqu'à ce que la voûte du four et la chambre de combustion soient rouge-vif.

On peut s'il est besoin, lever le registre principal, mais généralement très peu, pour activer la combustion.

Lorsque la chambre de combustion est bien chaude à sa température normale, on découvre l'une des trémies des bords et on la charge de copeaux, en ayant soin de prendre de préférence des copeaux un peu secs.

On entretient le feu avec des copeaux par la première trémie, et des

---

(1) Dans les usines d'Extraits, on dispose toujours d'une réserve de copeaux épuisés secs pour parer aux allumages ou aux relèvements d'allure des foyers. J. N.

bûches par ailleurs, pendant une demi-heure environ, et lorsque cette première trémie est bien enflammée, on fait la même opération à l'autre trémie de bord, puis ensuite à la trémie du milieu s'il en existe au four.

Lorsque toutes les trémies sont alimentées aux copeaux, on doit ouvrir un
peu plus le registre principal.

Le foyer est ainsi allumé. La bonne réussite de cette opération dépend
surtout de la mise en chaleur de la maçonnerie, ce qui détermine de suite
la distillation et l'inflammation des copeaux. Il ne faut donc pas craindre
de chauffer fortement le four avec des bûches avant d'y faire descendre les
copeaux.

### Règles pour la marche des fours.

Les règles *approximatives* pour le fonctionnement normal des fours, sont
les suivantes :

Il faut que les copeaux recouvrent toujours les trémies pour éviter absolument les rentrées d'air par ces trémies.

Ces copeaux doivent descendre continuellement et régulièrement. Il faut
s'assurer de temps en temps qu'il ne se forme pas de voûtes ou espaces
vides qui empêchent la descente. Ne se servir que de barres de bois comme
ringard.

Les portes de cendriers doivent être ouvertes plus ou moins, les portes
de gueulards fermées, les papillons de ces dernières ouverts généralement.
Les tubes de regard généralement fermés.

On règle l'allure du foyer par l'ouverture du registre, mais d'une façon
générale, il doit être peu ouvert.

Ces règles ne sont qu'approximatives, elles peuvent varier suivant le
tirage des cheminées ou le degré d'humidité du bois. Les tubes regard abou-
tissant dans la chambre de combustion permettent de se rendre compte de
l'intensité du feu, et servent à l'accès du complément d'oxygène nécessaire
pour que les gaz soient enflammés dans cette partie du foyer.

Lorsque la grille est propre, ce qui existe surtout au moment de la mise
en route, il faut ouvrir très peu le registre, fermer les papillons des gueulards, et n'ouvrir les cendriers qu'à moitié, car dans ce cas la combustion
est trop active sur la grille, la distillation est trop rapide et les gaz ne
s'enflamment pas.

Lorsque la grille commence à être encrassée, il faut lever un peu plus
le registre, ouvrir de plus en plus les cendriers, ouvrir les papillons des

gueulards, et au besoin, entrebailler l'une des portes de gueulard pour admettre de l'air au-dessus de la grille. Cette dernière précaution est surtout utile lorsque la grille est beaucoup encrassée.

Lorsque la marche du foyer est bonne, on ne doit voir aucune fumée sortant de la cheminée, et dans la chambre à gaz, le feu doit être rouge clair et sans flamme ni buée.

Il peut arriver quelquefois que l'on ait besoin d'activer le feu d'un four pour remonter la pression. Pour cela, on doit pousser le pique-feu ou la pelle sur la grille en dessous du combustible pour décoller les scories qui obstruent l'arrivée d'air, et augmenter en même temps un peu l'ouverture du registre principal.

*Feu pour la nuit.* — Pour tenir le feu couvert pendant la nuit, il faut bien bourrer les trémies en faisant descendre le plus de combustible possible avec un ringard en bois. Il faut ensuite piétiner sur ces trémies et faire au-dessus de chacune d'elles un monticule sur lequel on piétine également pour tasser les copeaux. On ferme presque complètement le registre principal juste de façon que la fumée ne sorte pas par le dessus du four. On ferme complètement les gueulards et les cendriers. Le garde de nuit doit s'assurer à toutes ses visites que le feu ne gagne pas le combustible qui est sur le four et que la pression des chaudières n'augmente pas.

Le matin, pour remettre le feu en activité, il faut ouvrir le registre principal à sa hauteur normale, ouvrir les cendriers comme d'habitude et passer le pique-feu ou la pelle sous la grille pour faire tomber les cendres qui se sont formées pendant la nuit et qui encombrent la grille.

*Décrassage des grilles.* — La grille met huit ou dix jours environ pour s'encrasser, de telle sorte que le décrassage complet ne doit se faire qu'au bout de ce temps. On opère ce décrassage par portion, en le faisant sur une trémie tous les 4 ou 6 jours par exemple.

Pour décrasser on opère de la façon suivante :

On piétine sur le bois recouvrant la trémie à décrasser pour former une voûte et arrêter la descente du combustible ; on laisse se consumer le bois qui reste sur la grille, ce qui demande environ 10 minutes, et on nettoie la portion correspondante de la grille. Pendant ce temps, on active un peu la descente du bois sur les trémies voisines, et aussitôt le décrassage de la trémie achevé, on recouvre la partie propre de la grille avec le combustible enflammé de la trémie voisine, puis lorsque le feu a repris sa marche normale, on fait descendre le bois comme auparavant par toutes les trémies, en ringardant à travers la voûte formée au début.

Il faut choisir, pour faire un décrassage, un moment où la pression est élevée et où la consommation de vapeur est la plus faible dans les différents services de l'usine.

*Nettoyage des cendriers et de la chambre de chauffe.* — Chaque matin, il faut enlever complètement toutes les cendres qui sont dans les cendriers. Après le nettoyage, il faut remplir d'eau à pleins bords la cuvette des cendriers

On doit deux ou trois fois par jour et par nuit, remplir d'eau cette cuvette de façon à ce que les cendres soient toujours noyées au fur et à mesure qu'elles tombent de la grille.

Après chaque décrassage de grille ou de portion de grille, il faut emporter les crasses au dehors et non pas les mettre en tas dans la chambre de chauffe.

Cette chambre de chauffe doit toujours être propre, et le devant des façades bien dégarnis pour que l'on puisse manœuvrer très facilement les portes des cendriers.

### Four Godillot.

Pour la combustion des mauvais combustibles : tannée ou copeaux de bois épuisés, le foyer à combustion méthodique de Godillot nous paraît tout indiqué pour ce but ; aussi allons-nous résumer la description de ce système qui a reçu de nombreuses applications, soit en Tannerie, soit dans l'Industrie des Tannins.

Pour obtenir, dans un foyer industriel, une combustion parfaite, et conséquemment économique, il convient d'amener sur la grille, en la répartissant régulièrement, la quantité d'air nécessaire pour brûler le combustible qu'elle supporte. On conçoit, dès lors, que lorsqu'on veut utiliser, comme combustibles, des tannées humides, des copeaux imprégnés d'eau ou des résidus de fabriques d'extraits, les plus grandes grilles ordinaires soient insuffisantes, chaque chargement bouchant les interstices livrant passage à l'air et éteignant presque les parcelles en ignition.

Prenons comme exemple de la pauvreté de ces matières les copeaux, résidus de la fabrication des extraits de bois de châtaignier.

Ces copeaux, sortant de la décoction, renferment 66 0/0 d'humidité et 34 0/0 de ligneux (cellulose), la capacité calorifique du ligneux étant la moitié de celle de la houille, 4.000 calories au lieu de 8.000, on peut remplacer les 34 ligneux par 17 de houille.

Ainsi, cette matière peut être comparée à un combustible hypothétique renfermant 17 de houille et 66 d'humidité, soit, en ramenant le total à 100, 20 0/0 de houille et 80 0/0 d'humidité.

On conçoit que, pour brûler de semblables matières, la grille ordinaire soit tout à fait insuffisante.

En outre, les mauvais combustibles tiennent beaucoup de place, le tableau ci-après donne, pour diverses matières, une idée de l'encombrement qu'elles produisent :

| Humidité 0/0 | Puissance calorifique | Poids de 1 mc. | Poids de mat. équival. à 1.000 k. de charbon | Volume de mat. équival. à 1.000 k. de charbon |
|---|---|---|---|---|
| | | *Tannée humide.* | | |
| 68 | 800 | 500 k. | 1.000 k. | 20 mc. |
| | | *Tannée essorée.* | | |
| 52 | 1.400 | 330 k. | 5.700 k. | 17 mc. |
| | | *Copeaux (fabriques d'extraits).* | | |
| 62 | 1.200 | 500 k. | 6.600 k. | 13 mc. |
| | | *Sciure humide.* | | |
| 40 | 2.000 | 300 k. | 4.000 k. | 14 mc. |
| | | *Bagasse humide (déchets de canne à sucre).* | | |
| 55 | 1.500 | 150 k. | 5.300 k. | 35 mc. |
| | | *Cossettes (déchets de cannes traités par diffusion).* | | |
| 60 | 1.100 | 200 k. | 7.300 k. | 36 mc. |
| | | *Copeaux secs (Chêne).* | | |
| 14 | 3.200 | 260 k. | 2.500 k. | 10 mc. |
| | | *Balles de riz.* | | |
| 12 | 3.300 | 140 k. | 2.400 k. | 17 mc. |
| | | *Déchets de lin.* | | |
| 29 | 2.600 | 260 k. | 3.200 k. | 12 mc. |
| | | *Tourbe.* | | |
| 65 | 2.000 | 600 k. | 4.500 k. | 10 mc. |

La dernière colonne du tableau représente les volumes équivalents à 1 tonne de houille. Ainsi, pour remplacer une tonne de charbon, il faut brûler 20 mc. de tannée humide, 35 mc. de bagasse, ou 13 mc. de copeaux épuisés.

Pour arriver à ce résultat, M. Godillot a imaginé une grille pavillon en forme de demi-cône. Elle est formée de barreaux horizontaux demi-circulaires, dont le diamètre va en diminuant de la base au sommet. Ces barreaux se recouvrent comme des lames de persiennes, de façon à retenir les parcelles les plus fines, tout en laissant à l'air l'espace nécessaire pour pénétrer.

Le chargement à main de ces énormes masses étant trop onéreux, l'alimentation mécanique se fait au moyen d'une hélice en fonte à augets croissants.

Les ligneux présentent des fragments irréguliers, filamenteux ; la tan-

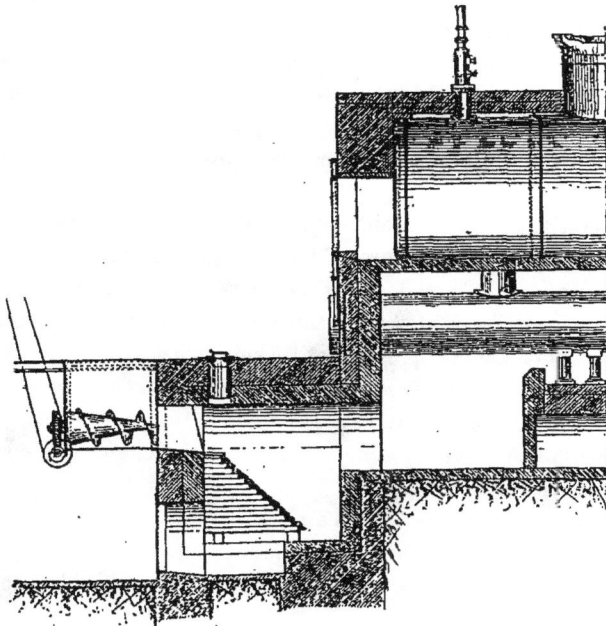

Fig. 68. — Four Godillot appliqué à une chaudière semi-tubulaire.

née, la bagasse, etc., s'écoulent difficilement aussi, pour que les parcelles descendent sûrement dans les filets de l'hélice et ne puissent s'y bourrer, l'âme de l'hélice, au lieu d'être cylindrique, a-t-elle la forme d'un cône dont la pointe est dirigée vers la sortie, l'intervalle entre les filets de l'hélice (augets) présentant une capacité allant en croissant ; de cette façon, l'hélice peut puiser de la matière sur toute la longueur de la trémie, au fond de laquelle elle tourne.

La fig. 68 représente l'installation de MM. Luc et Patin, fabricants d'Extraits de chêne à Nancy, où on brûle des copeaux à 62 0/0 d'humidité.

La matière à brûler est versée dans la trémie de chargement.

L'hélice à auget croissant, l'amène au sommet de la grille pavillon, elle se dessèche, s'échauffe, s'enflamme, descend sur la pente du cône tout en formant une couche mince, au fur et à mesure que se consume le combustible qui est en dessous ; finalement, elle arrive sur la grille horizontale où la combustion s'achève et où les cendres s'accumulent.

On les retire facilement par les portes latérales ménagées à cet effet.

La marche du foyer est tout à fait régulière. L'installation de MM. Luc et Patin comprend 7 foyers, chauffant 500 mq. de surface de chauffe ; l'économie réalisée a été de 18 tonnes par jour.

1 kg. de tannée essorée à 55 0/0 d'humidité, ne vaporise guère, dans les appareils ordinaires, que 450 gr., tandis que, dans des essais faits par M. Compère, ingénieur-directeur de l'Association parisienne des Propriétaires d'appareils à vapeur, sur les appareils Godillot, on a obtenu 1.700 grammes.

M. Godillot a fait aux Etablissements Gondolo, à Nantes, une installation semblable pour 6 générateurs (500 mq. de surface de chauffe) ; également à la Compagnie de Fives-Lille, à l'usine de Di Vono-Pringo (Java), aux Etablissements Trystam et Cie à Dunkerque, avec le même succès.

Les avantages de l'appareil sont les suivants :

1º Elévation des matières pauvres au rang de combustible industriel ;

2º Meilleure combustion ;

3º Régularité de la marche, ce qui évite les chances de coup de feu et permet de régler le tirage ;

4º Suppression des rentrées d'air ;

5º Simplification du rôle du chauffeur ;

6º Fumivorité complète, même pour les combustibles les plus fumeux.

### Cheminées.

*Cheminées en briques.* — Une usine de tannerie a avantage à posséder une cheminée en briques avec garniture à la base et au sommet ; elle devra porter un paratonnerre, et son intérieur sera muni d'échelons d'accès, parce que ce genre d'industrie ne demande pas une grande régularité de pression aux générateurs à vapeur, même si elle utilise sa tannée comme combustible, en employant le four gazogène qui demande comme section de cheminée : 64 décimètres carrés ou 900 nm. de diamètre au sommet par 100 mq. de surface de chauffe de générateurs.

*Cheminée à tirage forcé système Prat*(1). — Les usines d'extraits, dont le rendement et la marche constante de fabrication sont fonction de la pression de vapeur, ont plutôt intérêt à installer une cheminée à tirage forcé ou mécanique (système Prat) qui consiste à envoyer dans un appareil spécial, désigné sous le nom de « transformateur de pression », un courant d'air sous pression, fourni par un ventilateur situé hors du circuit des gaz à entraîner, et qui détermine par son écoulement, un courant induit qui entraîne les gaz de la combustion.

Ce transformateur peut être placé, soit dans l'intérieur d'une cheminée pour en accroître le tirage, qui peut passer de 2 à 25 mm., soit directement sur le carneau principal, où se réunissent les gaz de la combustion, en faisant alors lui-même l'office de cheminée.

La fig 69 représente, en coupe, le principe de ce système qui a d'ailleurs reçu, depuis 1896, de nombreuses applications, et dont l'ensemble comprend :

1º Un ventilateur centrifuge soufflant placé hors du circuit des gaz de la combustion, afin d'éviter à la fois son oxydation par l'acide sulfureux, son encrassement par la suie, et son échauffement par des gaz à température généralement élévée ;

2º Un transformateur de pression formant cheminée ;

3º Une conduite de vent, avec papillon de réglage, reliant le ventilateur au transformateur.

Ces appareils, en vue de leur utilisation maximum, sont calculés et construits sur des bases pratiques qui permettent d'obtenir :

1º La meilleure utilisation du fluide pulseur ;

2º Le libre écoulement des gaz appelés.

On peut dire que le tirage à travail constant (qui peut être réalisé avec une force motrice d'environ 1 0/0 de celle produite par les chaudières, au moyen du simple ventilateur placé hors du circuit des gaz de la combustion,

(1) Aujourd'hui remplacé avantageusement par le système Sturtevant. J. N.

avec le transformateur de pression approprié à l'orifice équivalent à desser-
vir) et à dépression auto-variable qui en résulte, a non-seulement une
grande puissance d'aspiration, pouvant permettre son utilisation à tous les
degrés d'intensité de combustion, tout en rendant la chauffe facile et éco-

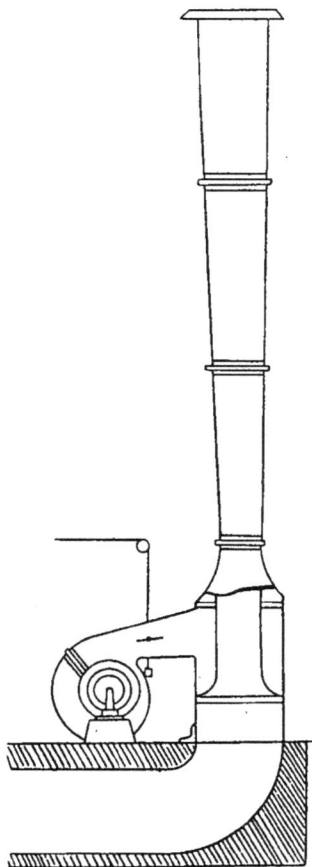

Fig. 69. — Tirage mécanique d'un Foyer.

nomique, mais encore qu'il offre une supériorité réelle de fonctionnement
sur les ventilateurs aspirant ou refoulant directement les gaz de la combustion.

Que ce système de tirage « par entraînement » conserve sa supériorité, tant au point de vue des frais d'établissement que du fonctionnement, même sur les cheminées ordinaires à tirage naturel.

Ainsi, nous indiquerons qu'une usine d'extraits, traitant 60 tonnes de bois par 24 heures, demandant par conséquent : 240 mq. de surface de chaudières et 8,4 mq. de grille (dans le cas d'un four gazogène), exigera par suite une cheminée à tirage naturel d'environ 30 mètres de hauteur et de 1 m. 400 de diam. (1 mq. 5 de section), laquelle sera remplacée par une cheminée « à tirage mécanique », du système Prat (1) de 10 mètres de hauteur seulement.

Dans le cas d'un foyer Godillot (Grille pavillon) et pour une chaudière de 100 mq. de surface de chauffe : il faut compter comme section à donner à la cheminée, 62 déc. q. de section ou 880 mm. de diamètre.

*Machine à vapeur.* — Nous nous contenterons d'indiquer que le choix d'une machine à vapeur, dans le cas d'une usine d'extraits, n'a pas grande importance : la vapeur d'échappement étant invariablement et totalement utilisée au chauffage des appareils évaporatoires, et pour la concentration des jus tanniques.

Néanmoins, il sera toujours bon d'adopter un système horizontal, de préférence à condensation et détente variable par le régulateur, tournant de 60 à 100 tours. Cette disposition permet d'abord un fonctionnement sûr et constant, en même temps que la facilité de marche économique soit à échappement, soit le cas échéant, à condensation.

La figure 70 représente le type Robatel Buffaud et Cie de Lyon, dont la marche régulière, la construction solide, la conduite simple, l'installation facile et l'entretien nul l'ont fait adopter dans beaucoup d'usines.

### Machines à vapeur.

*Entretien.* — S'assurer régulièrement avant chaque mise en marche des machines à vapeur, qu'aucun ouvrier n'est occupé aux transmissions et qu'il n'a été laissé aucun outil, ni matériel quelconque pouvant provoquer un accident.

Arrêter les machines à vapeur, de préférence au point mort avant, de façon à avoir la tige du piston complètement sortie du cylindre.

Pour mettre une machine en marche il faut :

1º Ouvrir en grand la vanne de prise de vapeur sur la nourrice des chau

---

(1) Ou mieux Sturtevant.

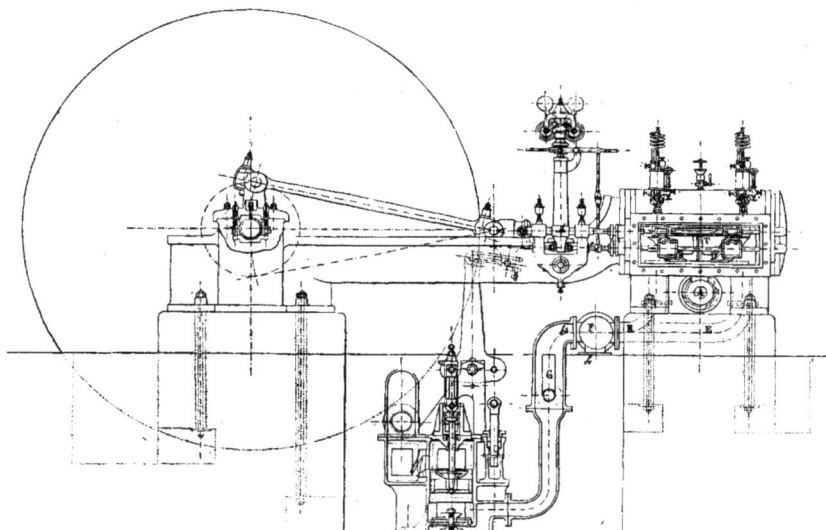

Fig. 70. — Machine à vapeur à condensation. Type Robatel, Buffaud et Cⁱᵉ.

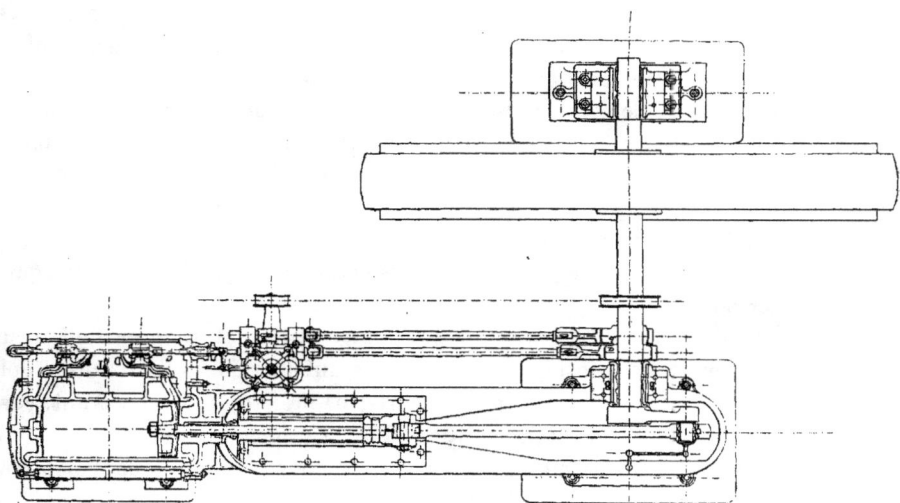

Fig. 70 *bis*. — Plan.

dières, mais très lentement, surtout si la conduite est froide de façon à la réchauffer progressivement et éviter les coups d'eau.

2° Mettre la machine au point mort avant, si elle n'y est pas déjà ; ouvrir les robinets purgeurs de la boite à vapeur et du cylindre, à l'avant et à l'arrière.

3° Ouvrir lentement la vanne de vapeur sur la machine, pour réchauffer et purger la partie arrière du cylindre.

4° Fermer la vanne de vapeur, faire tourner à bras la machine pour la mettre au point mort arrière, et ouvrir de nouveau la vanne de vapeur pour réchauffer et purger l'avant du cylindre.

Pendant l'opération de réchauffage du cylindre, il faut remplir le graisseur d'huile, graisser toutes les articulations qui ne possèdent qu'un trou de graissage, et régler les graisseurs automatiques à débit visible.

5° Lorsque le cylindre est complètement chaud et le graissage effectué, fermer la vanne de la machine, mettre cette dernière à bras à son point de départ, c'est-à-dire, dépassant un peu l'un ou l'autre des ses points morts, et ouvrir la vanne progressivement jusqu'à ouverture complète à mesure que a machine prend sa vitesse.

Laisser les robinets purgeurs ouverts entièrement pendant les deux premières minutes de la marche, puis les fermer.

Pour arrêter une machine, il faut fermer lentement la vanne de vapeur sur la machine, ainsi que les graisseurs automatiques. La machine doit être arrêtée à l'un de ses points morts, de préférence à celui avant, et si elle ne vient pas dans cette position, il faut l'y amener à bras.

S'assurer avant la mise en route des machines à vapeur que le papillon du ballon d'échappement est ouvert à l'air libre si l'appareil à évaporer ne fonctionne pas.

Pour le graissage des machines, il faut employer la valvoline pour le cylindre et la boîte à tiroir (huile épaisse et noirâtre), et pour les mouvements : paliers, bielle, excentrique, régulateur, etc... l'huile de transmissions de bonne qualité.

S'assurer à tout moment que les graisseurs compte-gouttes fonctionnent toujours parfaitement, et tenir bien propres les verres des graisseurs des cylindres et des boîtes à tiroir pour vérifier toujours le débit de l'huile.

Les machines doivent être tenues très propres. Les parties polies nettoyées chaque jour, les parties brutes bien essuyées.

Lorsque le mécanicien constate un échauffement dans l'un des organes de la machine, il doit forcer le graissage de cet organe, le surveiller bien attentivement, et si l'échauffement persiste, avertir le contre-maître qui ordonnera au besoin l'arrêt de la machine et la visite de l'avarie.

## Transmissions générales

Toutes les transmissions doivent être graissées chaque matin et chaque soir.

A chaque arrêt, on doit effectuer la visite des transmissions pour s'assurer qu'aucun palier ne chauffe. Aussitôt qu'on s'aperçoit qu'un des paliers a des tendances à chauffer, il faut le surveiller attentivement et activer son graissage jusqu'au prochain arrêt. Au besoin, arrêter de suite et enlever le chapeau pour s'assurer qu'il n'y a aucun grippage sur le coussinet ou l'arbre ; dans le cas où il y aurait trace de grippure, l'enlever immédiatement avant de remettre en route, et avoir soin de nettoyer les graisseurs, les trous de graissage et les pattes d'araignée des coussinets.

*Poulies fixes.* — Pour toutes les poulies en deux pièces, s'assurer très fréquemment que tous les boulons sont entièrement serrés à bloc, et que les clavettes ne prennent pas de jeu. Si on s'aperçoit qu'un ou plusieurs boulons sont desserrés, arrêter de suite la transmission et resserrer ces boulons. Resserrer les clavettes aussitôt qu'il en est besoin.

*Poulies folles.* — Il faut en même temps que l'on visite les paliers, visiter les poulies folles, mettre de la graisse dans leur graisseur, et s'assurer qu'elles ne chauffent pas. Si l'une vient à chauffer, il faut arrêter la transmission, activer le graissage de la dite poulie et remettre en route. Si l'échauffement persiste, ce qui est signe de grippure, il faut démonter la transmission qui porte cette poulie, enlever la grippure, nettoyer le graisseur, les trous de graissage et les pattes d'araignée de la bague.

## Tuyauterie et robinetterie générales.

Chaque service ayant sa vanne spéciale de prise de vapeur sur la nourrice des chaudières, cette vanne doit être entièrement ouverte lorsque le service correspondant fonctionne, et complètement fermée s'il est arrêté.

Lorsqu'on ouvre une vanne sur les chaudières, il faut le faire très lentement. Ne donner tout d'abord qu'un filet de vapeur pour réchauffer le tuyau dans toute sa longueur, et ouvrir ensuite progressivement pour éviter les coups d'eau qui risquent de faire sauter les joints et de crever les tuyaux.

Toutes les vannes et tous les robinets doivent être tenus constamment en parfait état de fonctionnement ; les presse-étoupes et les joints bien étanches.

On doit signaler et réparer toute fuite de suite, si petite soit-elle, aussitôt qu'elle se produit.

Les joints des tuyaux et des robinets de vapeur doivent être faits avec de la feuille de caoutchouc de première qualité de 4 à 5 m/m d'épaisseur, avec une insertion de toile laiton.

Les garnitures des presse-étoupes des vannes et robinets doivent être faits avec du cordonnet d'amiante de la grosseur voulue, et ces presse-étoupes doivent être serrés le moins possible, juste ce qu'il faut pour empêcher toute fuite de vapeur.

Avoir bien soin dans tous les robinets de serrer les boulons des presse-étoupes bien également pour ne pas les faire coincer.

### Elévateurs et transporteurs.

*Elévateur. — Chaine « Ewart ».* — Ce système, se compose (fig. 71 et 72)

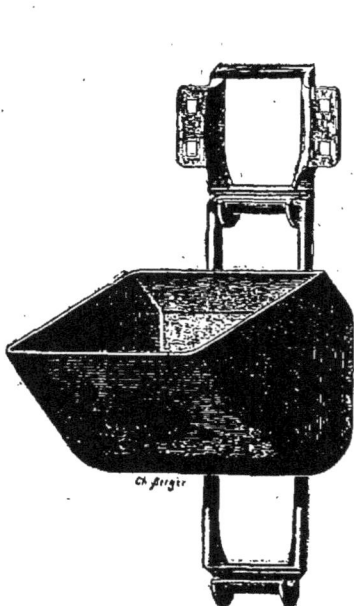

Fig. 71. — Chaînes « Ewart ».          Fig. 72. — Chaînes « Ewart » accouplées.

de maillons que l'on peut assembler et détacher à volonté. Les maillons sont généralement rectangulaires, trois des côtés sont cylindriques et le quatrième est formé par un crochet.

Cette chaîne est en fonte malléable d'une qualité toute spéciale. Tous les maillons sont rigoureusement calibrés, par conséquent interchangeables, ce qui assure le fonctionnement régulier en même temps que la plus grande facilité pour allonger et raccourcir la chaîne à volonté sans perte de temps.

La chaîne « Ewart », malgré qu'elle soit en métal, n'est pas, à effort égal, plus lourde qu'une courroie, dans beaucoup de cas, elle peut être plus légère.

*Chaîne système « Harrison »*. — La chaîne « Harrison » se compose de maillons fermés et de maillons ouverts de jonction. La figure 73 représente suffisamment le mode d'assemblage de la chaîne.

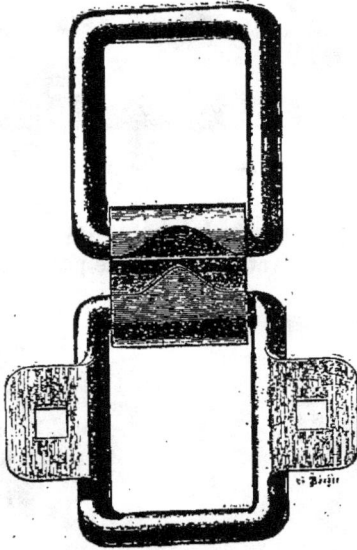

Fig. 73. — Chaîne « Harrisson ».

Comme la chaîne « Ewart », la chaîne « Harrison » en acier trouve son application dans les élévateurs, transporteurs etc., mais elle est plus particulièrement indiquée dans les appareils comportant de grands efforts, où les conditions de résistance de la fonte nécessiteraient l'emploi de 2 chaînes

« Ewart » accouplées, tout au moins d'une chaîne renforcée, par conséquent plus lourde.

La chaîne « Harrison » a été fabriquée tout d'abord en fonte, la forme
simple et régulière des maillons a permis ensuite d'en attaquer la fabrication en acier coulé ; ce qui l'a placée au premier rang des chaînes à maillons détachables.

Aujourd'hui, la maison Burton fils, de Paris, qui s'est spécialisée dans
ce genre de construction, fabrique cette chaîne, en acier estampé, ce qui a
augmenté encore sa durée et sa résistance à la rupture.

*Supports-tendeurs. Cuvettes en fonte.* — Les figures 74 et 75 indiquent

Fig. 74. — Support-tendeur.

ces accessoires qui complètent avec les chaînes et les godets en tôle d'acier
emboutis, l'ensemble d'un élévateur représenté par la figure 76.

Fig. 75. — Cuvettes en fonte.

*Transporteurs.* — Ces appareils qui reçoivent ordinairement les copeaux

de bois ou les écorces moulues des éléva'eurs, sont formés d'une toile sans
fin, en coton, de dimensions correspondantes au débit des élévateurs ; de
2 rouleaux ou tambours en acier : l'un transmetteur de vitesse, l'autre
récepteur, et de quelques rouleaux d'angle sur la longueur afin de guider

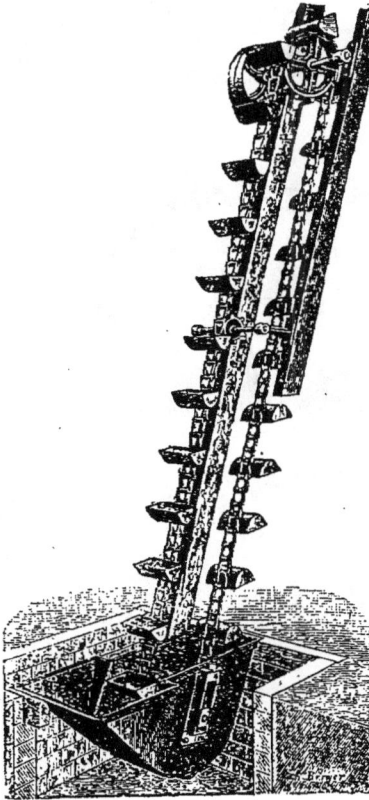

Fig. 76. — Élévateur.

les bords de la toile. On peut aussi munir un transporteur, d'un chariot
mobile qui permet de déverser les copeaux ou écorces, en un point quelconque du grenier à bois dans les usines d'extraits, ou du magasin à écorces
triturées dans les tanneries.

Les figures 77 et 78 représentent ces deux applications.

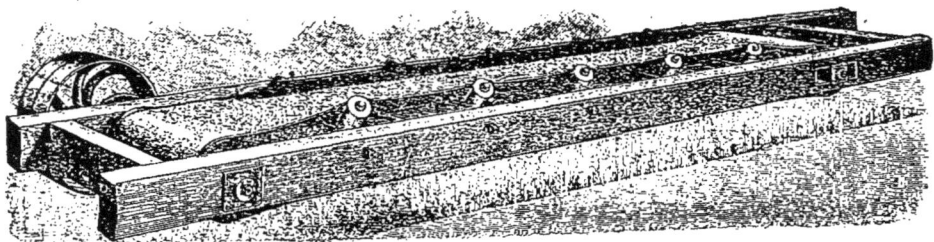

Fig. 77. — Transporteur.

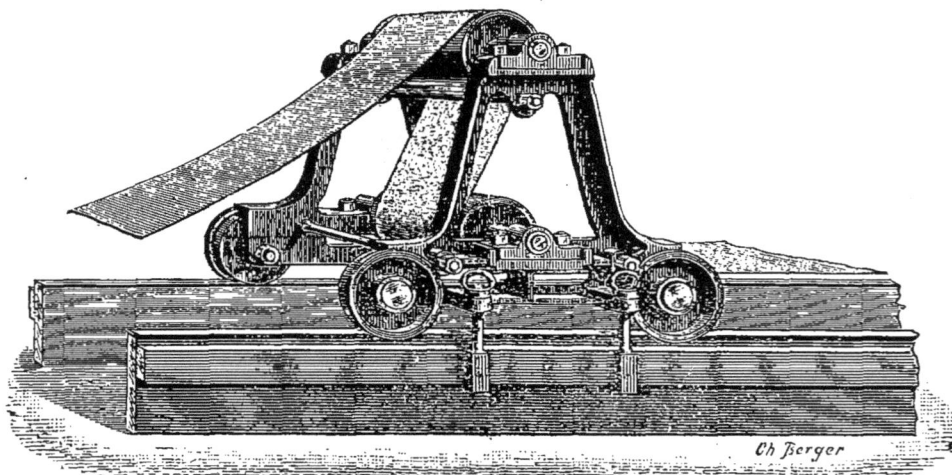

Fig. 78. — Chariot mobile de transporteur.

## Grenier à copeaux.

Les hommes affectés au remplissage des autoclaves doivent employer tous les moyens pour faire cette opération le plus rapidement possible. — Ils doivent commencer à faire tomber, dès que le signal est donné par le conducteur de la batterie.

Pendant le temps qui s'écoule entre deux remplissages, ils doivent accumuler le plus de bois possible sur l'ouverture de l'autoclave qui devra être rempli le premier.

Il ne faut pas que les copeaux séjournent plus de trois ou quatre jours dans le grenier, car ils risquent de fermenter. Il faut donc tous les quatre jours au moins, vider ce grenier en amassant tous les copeaux qui se trouvent aux endroits éloignés.

Les hommes doivent enlever soigneusement tous les morceaux de fer petits ou gros qui peuvent être mêlés aux copeaux. *Il ne doit jamais entrer dans les autoclaves, aucun morceau de fer, si petit soit-il.*

### Découpeuses.

Nous ne citerons comme machines industrielles, que celles à grand débit et par conséquent tournant entre 350 et 450 tours-minute ; celles à faible vitesse (100 tours-minute) avec long couloir et poussoir mécanique, étant aujourd'hui presque complètement abandonnées, comme absorbant

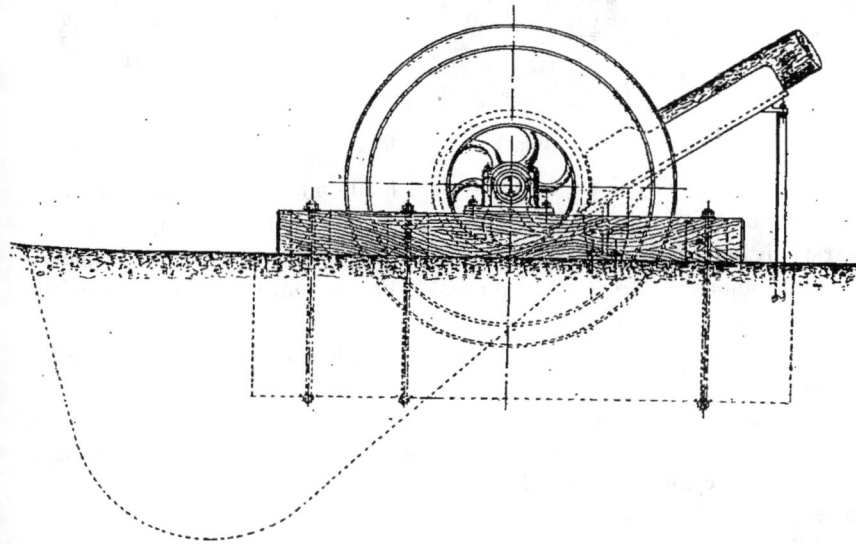

Fig. 79. — Coupeuse à grand débit.

beaucoup de force motrice (par suite de la pression de la bûche exercée contre les parois du tourteau, jouant ainsi le rôle d'un véritable frein) sans qu'il y ait compensation de par le rendement.

Nous ajouterons que pour la même puissance absorbée, une coupeuse à tourteau angulaire, à grande vitesse, telle que la fig. 79 la représente, a un débit deux fois supérieur à celui de la coupeuse à poussoir mécanique.

La coupeuse à grande vitesse et à débit intensif est d'ailleurs très simple, ses organes se réduisent à : (Voir les fig. 79 et 79 *bis*.

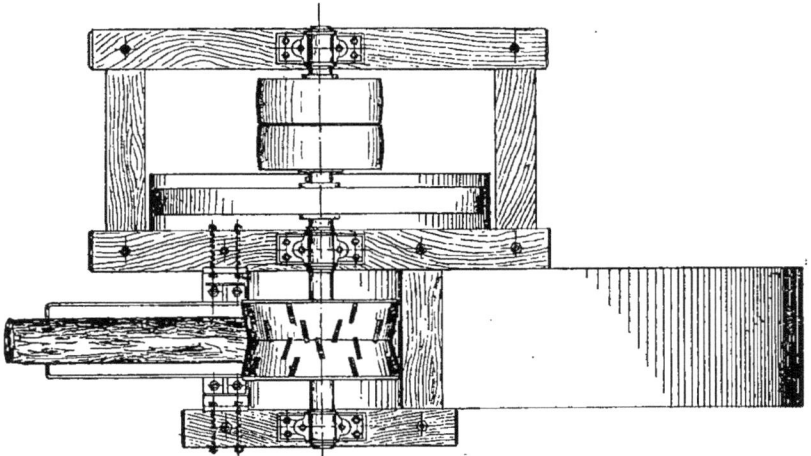

Fig. 79 *bis*. — Plan.

1° 1 tourteau angulaire en fonte de 7 à 800 mm. de diam. ménagé de lumières ou baies recevant les couteaux ou lames d'acier, dont le nombre varie suivant la puissance de la coupeuse et qui se fixent au moyen de boulons ou goujons renforcés à écrous : c'est la partie dont la construction doit être d'une robustesse à toute épreuve ;

2° 1 arbre en acier traversant au centre ledit tourteau et sur lequel il est fortement fixé ;

3° 3 paliers-graisseurs avec coussinets en bronze ;

4° 1 couloir incliné en fonte (de réception des bûches) et son éperon ou enclume qui épouse la forme de l'angle du tourteau, ce qui facilite le coupage ;

5° 2 poulies : folle et fixe (1) ;

6° 1 volant en fonte ;

le tout protégé par un chapeau en tôle d'acier, et monté sur 3 longrines en chêne, entretoisées et tirefonées, lesquelles reposent sur un massif en béton-

(1) Sauf à adopter le manchon d'embrayage Burton.

ciment au bas duquel est ménagé une fosse de réception des copeaux et où puise l'élévateur à godets, décrit précédemment.

Une découpeuse débitant 2.250 kgs-heure de bûches d'environ 25 cent. de côté absorbe de 20 à 25 HP.

En marche normale, la bûche une fois placée dans le couloir suffisamment incliné, doit être appelée mécaniquement par les lames du tourteau : l'ouvrier découpeur ne doit être occupé qu'à introduire la bûche dès que la précédente est « avalée ».

Nous ne parlerons des hachoirs et broyeurs d'écorces que pour mémoire : les systèmes étant nombreux et décrits dans quelques ouvrages de tannerie (1) et les catalogues illustrés des maisons françaises et allemandes de construction de machines pour tannerie tels que : Bérendorf, Allard, Moenus, Sté de Durlach, etc.

### Instructions pour les coupeuses et élévateurs.

*Mise en route.* — Avant la mise en route d'une coupeuse, on doit s'assurer qu'il y a de l'huile dans les trois paliers.

On doit commencer par mettre en marche l'élévateur ; pour cela, il faut un homme au débrayage de l'élévateur et un à la chaîne à godets, ce dernier doit tirer sur la chaîne pour aider à la mise en mouvement, surtout s'il y a du bois dans la fosse, ce qui risque de caler les godets et brûler la courroie.

Ensuite, on met la coupeuse en marche en poussant lentement la courroie de la poulie folle sur la poulie fixe (2).

Il faut embrayer la courroie progressivement et non d'un seul coup.

Avant de mettre les bûches dans la coupeuse, il faut attendre que le tourteau ait pris sa vitesse et que l'élévateur ait complètement dégarni la fosse à copeaux. Lorsque ces deux conditions sont remplies, on peut mettre les bûches.

Il faut autant que possible alterner les grosses et les petites bûches. Si par suite de la grosseur d'une bûche la coupeuse ralentit, il faut attendre qu'elle ait repris sa vitesse avant de mettre la bûche suivante.

Pendant la marche, si l'élévateur vient à s'arrêter, il faut cesser de suite

---

(1) *La Tannerie*, L. Meunier et C. Vaney, 1903.
(2) Il est préférable d'adopter l'embrayage à friction.

de mettre des bûches et ne remettre cet élévateur en marche qu'après s'être assuré de la cause de son arrêt. Suivant cette cause, informer le contremaître.

*Arrêt.* — Pour arrêter, on cesse d'abord de mettre du bois, on débraye la courroie en laissant marcher l'élévateur jusqu'à ce que la fosse à copeaux soit complètement dégarnie. On en profite pour nettoyer autour des coupeuses et enlever les copeaux qui ont rejailli du tourteau ou qui sont tombés des élévateurs. Après cela on débraye l'élévateur.

Il ne faut jeter aucun copeau dans la fosse, lorsque son élévateur ne marche pas.

*Graissage et échauffement.* — Il faut mettre de l'huile dans les graisseurs des paliers au moins toutes les deux heures, et il faut s'assurer très souvent pendant la marche que les paliers n'ont aucune tendance à l'échauffement anormal.

Si l'un des trois paliers, particulièrement celui du milieu, atteint une température assez chaude ayant des tendances à augmenter, il faut graisser abondamment d'abord, arrêter la coupeuse un instant pour laisser refroidir les paliers et remettre en marche.

Si l'échauffement se produit encore, c'est signe de grippage. Il faut alors arrêter la coupeuse, retirer son arbre pour dégager les paliers échauffés, et gratter les coussinets au grattoir aux points qui sont rayés. Polir également la portée de l'arbre pour enlever toute trace de grippure s'il en existe. Nettoyer soigneusement les graisseurs et remettre l'arbre en place. Faire tourner les coupeuses à blanc pendant une demi-heure, par exemple, et ne remettre du bois que si on ne constate pas de nouvel échauffement.

A chaque arrêt de transmission des coupeuses, il faut donner un tour de serrage aux graisseurs des poulies folles et garnir ces graisseurs chaque jour avec la graisse spéciale.

*Affûtage des couteaux.* — Les couteaux doivent être affûtés très régulièrement de façon que le tranchant soit parfaitement droit et d'équerre au côté.

*Mise en place et réglage des couteaux.* — Les couteaux doivent tous être placés de la même façon et doivent tous déborder le tourteau de 4 à 5 m/m. Il faut toujours se servir du gabarit préparé à cet effet et le suivre bien exactement.

Avoir soin de serrer énergiquement les écrous de fixation des couteaux.

*Réglage de l'enclume ou éperon du couloir.* — L'enclume doit être solidement boulonnée au couloir et celui-ci peut varier comme position au moyen des boulons à rainure qui le fixent à la traverse du bâti. Il faut régler cette position pour que le jeu entre l'enclume et le tourteau soit de 7 à 8 m/m bien régulièrement sur toute sa longueur.

*Entaillage de l'enclume.* — Lorsque le biseau de l'enclume est arrondi par le frottement du bois, il faut la retailler pour amener ce biseau à angle vif. Ce travail se fait au burin.

Lorsque par le retaillage on est arrivé à raccourcir l'enclume de telle façon qu'on ne peut plus assez rapprocher le couloir pour n'avoir que 7 m/m de jeu entre le tourteau et l'enclume, il faut changer cette dernière.

## Extraction. — Appareils à diffusion.

### Cuves en bois.

L'industrie des tannins qui, à ses débuts, employait ce genre d'extracteurs, aura avantage à les perpétuer encore pour les trois raisons que nous avons exposées précédemment : obtention d'un bon rendement, clarification facile et décoloration peu coûteuse, richesse tannique élevée.

Comme durée, des cuves construites en pitchpin du Nord, avec douelles de 78 mm. d'épaisseur, résisteront aussi longtemps que des autoclaves en cuivre : nous avons eu sous la main des cuves de ce genre, qui après 15 années de service, démontées et déplacées trois fois, ont continué d'assurer une extraction de sumac et de mimosa, sans que leur étanchéité fut compromise par la suite.

L'usine Gondolo, de réputée mémoire, n'a-t-elle pas débuté avec des cuves en bois ? dont une certaine disposition a fait l'objet de son Brevet du 2 juin 1880. D'ailleurs cette importante usine, qui traitait jusqu'à 300 tonnes de bois en 24 heures, ne possédait-elle pas de nombreuses batteries de cuves en bois pour assurer cette fabrication, et dont le catalogue du matériel et appareillage de 1903 fait encore mention ?

Nous dirons même qu'actuellement 5 usines françaises et quelques autres de l'étranger, utilisent encore, avec succès, ce genre d'extracteurs rationnels.

Nous préconisons d'autant plus ce système (1), qu'installé suivant nos données, il offre tous les avantages d'une batterie d'autoclaves en cuivre,

(1) Les usines qui fabriquent des extraits autres que ceux du châtaignier ont tout intérêt à employer exclusivement des cuves en bois. J. N.

(sauf leur valeur intrinsèque) sans en avoir aucun des inconvénients et pour les raisons suivantes :

1° Avec une batterie de cuves en bois, on ne dépense pas plus de vapeur (sinon moins) qu'avec une batterie d'autoclaves ;

2° La batterie de cuves en bois offre sur celles en cuivre, sécurité absolue ;

3° L'installation d'une batterie de cuves en bois, comme frais de premier établissement, coûte moins cher et demande moins d'entretien qu'une batterie d'autoclaves, parce que la pression des jus demande une robinetterie spéciale, coûteuse et qui fuite rapidement ;

4° La conduite d'une batterie de cuves en bois, quoique plus importante, qu'une batterie d'autoclaves, est plus simple et plus méthodique ;

5° Le rendement en extrait 25° p. 0/0 de bois traité et obtenu avec une batterie de cuves en bois, est égal, sinon supérieur, à celui fourni par une batterie d'autoclaves ;

6° En cuves à air libre, et chauffées à 100° C. les jus ou bouillons obtenus sont moins colorés et contiennent moins d'insolubles (constitués par la poussière de bois mécaniquement entraînée, des matières pectiques et résinoïdes), par conséquent plus rapidement clarifiables et ensuite plus facilement décolorables, que dans le cas de jus ou bouillons provenant d'extraction, sous pression obligatoire, des autoclaves ;

7° Enfin, et c'est la grosse question, après avoir démontré la supériorité qu'offre l'extraction des bois à air libre, et en cuves en bois : ce système permet l'obtention d'extraits de richesse tannique élevée, laquelle dépasse toujours de 2 0/0 minimum, celle d'extraits obtenus par extraction de bois en autoclaves, la température fonction de la pression, qui atteint dans ces appareils 1 k. 5 minimum (équivalant à 127° C.), détruisant par ce fait seul, une notable quantité de tannin.

A ce sujet, il nous suffit de mettre en parallèle, le tableau résumant les essais du professeur Eitner, autorisé en la matière, et dont les résultats confirment pleinement notre thèse.

Les substances mises en expérience ont été placées dans un autoclave et soumises pendant 2 heures à des températures de :

120° correspondant à une pression de 1 atmosphère.

133° correspondant à une pression de 2 atmosphères.

151° correspondant à une pression de 4 atmosphères.

164° correspondant à une pression de 6 atmosphères.

Les résultats de ces expériences sont consignés dans le présent tableau qui indique : en A, la quantité d'extrait sec pour 100 parties de substances

| Substances tannantes | A : extrait 0/0 | | | | B : Tannin | | | | C : Non-tannins | | | |
|---|---|---|---|---|---|---|---|---|---|---|---|---|
| | Pression en atmosphères | | | | Pression en atmosphères | | | | Pression en atmosphères | | | |
| | 1 | 2 | 4 | 6 | 1 | 2 | 4 | 6 | 1 | 2 | 4 | 6 |
| Ecorce de jeunes pins . . . . . . | 29 06 | 32 76 | 31 54 | 30 72 | 16 24 | 12 92 | 8 58 | 6 49 | 12 82 | 19 82 | 22 96 | 24 23 |
| » de chêne . . . . . . . . | 22 14 | 23 79 | 23 88 | 24 04 | 11 07 | 7 99 | 5 62 | 3 22 | 13 07 | 15 80 | 13 26 | 20 82 |
| » de cajota. . . . . . . . | 40 54 | 41 41 | 33 14 | 26 38 | 21 45 | 21 45 | 11 41 | 2 27 | 13 79 | 20 00 | 21 73 | 24 11 |
| » de mimosa . . . . . . . | 42 10 | 45 » | 43 52 | 41 33 | 31 61 | 30 75 | 29 98 | 26 60 | 11 49 | 13 54 | 14 25 | 14 73 |
| » d'Hemlock . . . . . . . | 13 70 | 14 07 | 13 73 | 12 70 | 9 30 | 8 34 | 4 50 | 2 13 | 4 40 | 5 73 | 8 20 | 11 60 |
| » de saule . . . . . . . . | 9 16 | 14 95 | 17 49 | 19 39 | 4 80 | 3 16 | 1 59 | 1 59 | 5 » | 10 15 | 15 90 | 17 80 |
| Myrobolans . . . . . . . . . . | 41 73 | 44 19 | 45 88 | 44 12 | 25 02 | 23 02 | 14 52 | 12 49 | 16 12 | 21 17 | 31 46 | 31 63 |
| Algarobilles . . . . . . . . . . | 68 62 | 63 06 | 49 25 | 48 85 | 36 44 | 24 04 | 8 37 | 8 47 | 32 18 | 39 04 | 40 88 | 40 38 |
| Divi-divi. . . . . . . . . . . . | 69 40 | 64 72 | 55 96 | 46 56 | 45 12 | 33 14 | 18 08 | 14 93 | 24 28 | 31 58 | 37 26 | 31 63 |
| Valonées. . . . . . . . . . . . | 49 23 | 50 70 | 47 79 | 41 45 | 29 97 | 27 28 | 24 78 | 18 92 | 19 26 | 23 42 | 23 41 | 22 53 |
| Galles . . . . . . . . . . . . | 45 24 | 43 87 | 41 43 | 39 90 | 29 32 | 27 08 | 23 78 | 17 73 | 15 92 | 16 78 | 17 65 | 18 25 |
| Sumac. . . . . . . . . . . . | 43 38 | 52 33 | 51 10 | 47 48 | 22 85 | 22 70 | 11 27 | 8 87 | 20 53 | 29 63 | 30 83 | 30 61 |
| Bois de chêne . . . . . . . . . | 9 76 | 10 96 | 23 60 | 24 81 | 6 44 | 6 50 | 5 52 | 2 57 | 3 32 | 4 46 | 18 08 | 22 34 |
| » de quebracho. . . . . . | 23 91 | 24 38 | 25 39 | 26 23 | 21 05 | 21 50 | 18 42 | 13 60 | 2 86 | 2 88 | 6 96 | 12 63 |
| Tannin . . . . . . . . . . . | 100 12 | 100 59 | 100 16 | 92 79 | 94 76 | 85 55 | 63 49 | 39 14 | 5 46 | 15 04 | 36 67 | 53 05 |

tannantes examinées ; en B, la proportion de tannin que renferme cet extrait sec ; enfin en C, la proportion de non-tannin dans le même résidu.

De ces essais il découle que :

1° Les richesses en extrait qui croissent de 0 à 2 atms. à 2 exceptions près, décroissent ensuite pour la plupart ou se maintiennent entre 2 et 4, pour tomber beaucoup en général entre 4 et 6 atms.

2° Dans tous les cas, le tannin, pour 100 parties de matières traitées, baisse rapidement quand l'on passe de 1 à 6 kgs.

3° Entre 1 et 2 kgs et par conséquent entre 120 et 133°, la diminution en tannin est généralement assez faible, surtout dans le cas des écorces de cajota, de mimosa, des bois de chêne et de quebracho ; au contraire, pour l'algarobilla, le dividivi, le myrobolam, la perte en tannin est considérable.

4° Les non-tannins de la colonne C augmentent toujours avec la pression, grâce à la transformation des tannins en non-tannins d'une part, et à la solubilisation de substances par suite de leur hydratation, d'autre part.

Chargés dernièrement de la mise au point d'une usine d'extraits de châtaignier située dans le Gard, en portant la production journalière de 2.500 kgs à 6.500 kgs d'extrait à 25°, nous avons pu établir la différence de richesse tannique sur les 2 extraits qui étaient alors fabriqués : l'un provenant d'une batterie de 6 cuves, à air libre accusait une moyenne de 30/31 0/0 de matières tannantes, constatée sur une durée de fabrication de plus d'un mois et une production journalière de 2.500 kgs à 25° ; tandis que la batterie d'autoclaves (où la pression de coction oscillait de 0,5 à 1 kg) dont la production journalière atteignait 4.000 kgs d'extrait 25°, sa moyenne de richesse tannique n'a jamais dépassée 28,5 0/0.

En effet, d'après de nombreuses analyses effectuées sur ces 2 qualités d'extraits, une différence de 2 0/0 minimum a toujours été en faveur de celui fabriqué en cuves à air libre.

Ces essais industriels, basés sur ces données, permettent de maintenir nos précédentes conclusions, sans crainte d'être démentis.

### Batterie de cuves en bois.

La fig. 80 représente notre disposition pour une batterie de 16 cuves en bois de 12.000 litres de capacité et pouvant contenir 3.000 kgs de bois répondant ainsi à tous les desideratas d'une extraction rationnelle.

Nous ajouterons qu'avec notre système (1), la surface de chauffe nécessaire aux chaudières, sera toujours représentée par 4 mq. et par tonne de bois traité, dans une usine disposant d'un triple-effet : c'est dire que possédant cette installation, non seulement, on ne brûlera pas un kilo de charbon, mais on aura un excédent de copeaux, suffisant, pour l'allumage des foyers après un arrêt quelconque (hebdomadaire par exemple).

Cette batterie est munie de sa tuyauterie et robinetterie à raccords qui per-

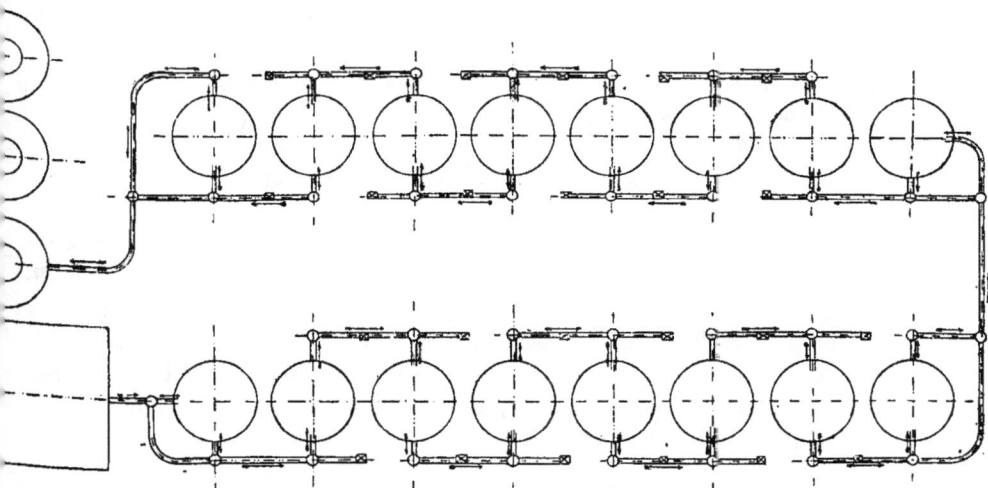

Fig. 80. — Batterie de cuves en bois. Système J. Noyer.

mettent de fonctionner en marche rationnelle avec la facilité d'isolement de chaque cuve.

Les passages des jus ou bouillons s'effectuent, soit par la charge de ceux-ci refoulés dans une cuve située en élévation, soit à l'aide d'une pompe centrifuge (2) en bronze, raccordée aux cuves par 2 collecteurs : un de vidange, commun aux passages, et l'autre de refoulement commun à l'eau d'alimentation.

Chaque cuve est aussi munie de son chauffage à vapeur, de 2 tampons bronze de déchargement ; la partie supérieure est fermée par un couvercle à cheminée pour l'évacuation des buées, au dehors, et enfin d'un niveau d'eau spécial.

(1) Cette disposition est recommandée surtout dans les usines exotiques, où le matériel métallique est coûteux, et qui fabriquent des extraits avec des matières tannantes qui gagnent à être traitées en « vase ouvert ». J. N.

(2) Dynamo-pompe Limb.

La partie inférieure de chaque cuve, est à double fond et avec un dispositif à circulation constante, afin d'accélérer la macération par le lavage rapide des copeaux de haut en bas.

### Cuves en cuivre « à air libre ».

Nous ne donnons la préférence aux cuves en « pitchpin » que par raison d'économie ; autrement, on peut également substituer celles-ci à celles en cuivre.

Aucun avantage industriel ne résidant dans cette substitution, nous ne nous y arrêterons pas.

### Autoclaves ou extracteurs en cuivre.

Pratiquement, une usine d'extraits peut fonctionner avec une batterie d'extraction composée de 4, 5 ou 6 autoclaves, dont la capacité utile est ordinairement de 10 à 11.000 litres, c'est-à-dire pouvant contenir de 3.500 à 4.000 kgs de copeaux de bois, et fournir de 5.500 à 6.000 litres de bouillon ; nous dirons une fois pour toutes, que, pour qu'une affaire de tannin soit de nos jours intéressante, il faut que sa base de traitement atteigne 60 tonnes de bois en 24 heures.

### Mise en batterie.

La fig 81 montre une batterie de 5 autoclaves avec ses collecteurs d'amenée d'eau, de vapeur et de passage des jus, ainsi que leur robinetterie : tous sont affectés à la macération du châtaignier, et dans le cas d'une batterie de 6 autoclaves, le 6e, isolé, sert à la fabrication directe du quebracho ou de tout autre extrait mixte, dont nous reparlerons au chapitre 7 : Extrait de quebracho.

Ces autoclaves de la contenance précédemment indiquée, ont comme dimensions :

hauteur totale . . . . . . . . . . . . . . . . . . . 4,600
— de la partie cylindrique. . . . . . . . . . . . . 3,500
diamètre extérieur. . . . . . . . . . . . . . . . . 1,850

l'épaisseur de la planche de cuivre les composant est ordinairement de 8 à 9 m/m.

Par journée de 24 heures, on procède à la vidange de 15 à 16 autoclaves; comme il faut déduire du temps de coction « d'une cuite », celui nécessaire au débourrage et à la charge d'un autoclave : il reste environ 15 à 20 minutes

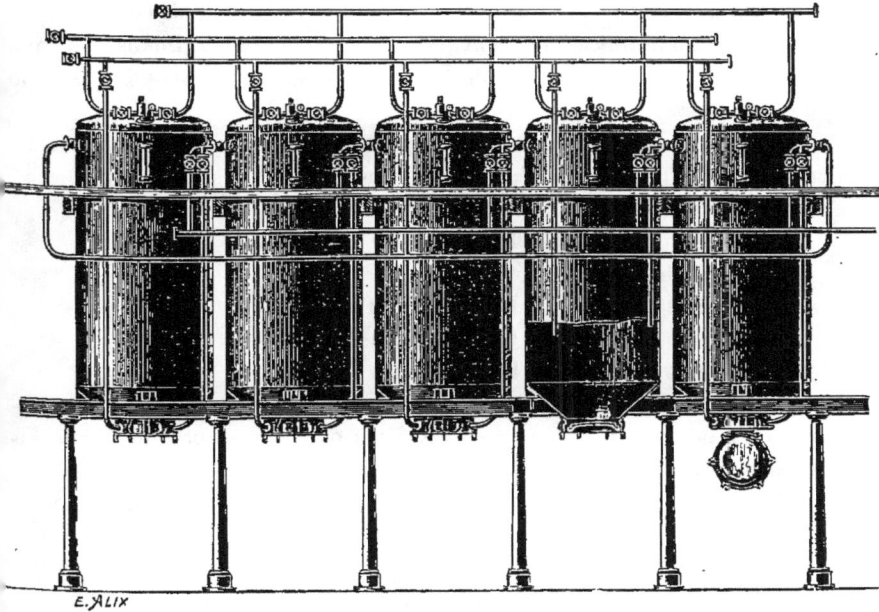

Fig. 81. — Batterie de 5 Autoclaves en cuivre.

comme temps de coction réelle de la charge de copeaux d'un autoclave.

Cette marche, nous l'appellerons intensive et ne la préconiserons nullement parce que la rapidité des passages est telle qu'elle oblige à une pression, qui atteint, dans presque toutes les usines qui l'emploie, kgs 2, et parce qu'elle entraîne alors fatalement aux inconvénients que nous avons déjà signalés.

Ainsi, une usine traitant 60 tonnes de bois, avec cette marche : donnera un rendement en bouillon 3°8, ne dépassant guère 1.350 litres par tonne de bois traité, correspondant, avec la perte inhérente à cette fabrication, au rendement maximum de 19 kgs d'extrait 25° p. 0/0 kgs de bois sec (40-45 0/0 d'eau).

Dumesny et Noyer                                         16

**Marche à suivre dans le fonctionnement des autoclaves dans la marche intensive à 5 eaux donnant 9 lavages.**

Les 5 autoclaves étant supposés numérotés de 1 à 5, de façon que les tuyaux de communication soient disposés pour déverser de 1 dans 2, 2 dans 3, etc..., 5 dans 1, chaque autoclave est vidé successivement dans l'ordre de ces numéros.

Si nous prenons la série des opérations au moment où l'on vient d'effectuer le déchargement de l'un des autoclaves, le n° 2 par exemple, voici dans quel état les cuves doivent se trouver :

N° 1 pleine de bois et de bouillon venu de 5.

N° 2 vide de bois et de bouillon.

N° 3 pleine de bois et de bouillon venu de 2.

N° 4 pleine de bois et de bouillon venu de 3.

N° 5 pleine de bois et de bouillon venu de 4.

Dans la batterie, tous les robinets sans exception sont fermés (sauf peut-être celui de vapeur de la cuve n° 3 si l'eau n'est pas encore chauffée suffisamment et si la pression n'a pas encore atteint 1 k. 500).

Voici dans quel ordre les opérations, au nombre de douze, se succèdent :

1° Chargement de 2.

2°, 3°, 4°, 5° Passage de 1 sur 2, 5 sur 1, 4 sur 5, 3 sur 4.

6° Eau neuve sur 3.

7° Vidange au collecteur de 2 dès l'achèvement de l'alimentation de 3.

8°, 9°, 10°, 11° Passage de 1 sur 2, 5 sur 1, 4 sur 5, 3 sur 4.

12° Déchargement de 3, chargement de 3.

On procède de la façon suivante à ces 12 opérations :

1° *Chargement de la cuve n° 2.* — Fermer le tampon inférieur.

Introduire le bois par le tampon supérieur.

Pendant ce temps donner un peu de vapeur pour tasser les copeaux, fermer cette arrivée de vapeur lorsqu'elle s'échappe avec force par le tampon supérieur.

Achever de remplir la cuve, et fermer le tampon supérieur.

2° *Passage du bouillon de 1 sur 2.* — Dans la cuve 1 la pression doit être de 1 k. à 1 k. 500. Ouvrir le robinet d'échappement de vapeur de 2 pour permettre l'évacuation de l'air.

Ouvrir la communication de 1 à 2.

Le bouillon est refoulé de 1 dans 2, son niveau monte dans le tube, et arrivé à la hauteur normale, ce qui indique que le passage est terminé, on est obligé de compléter la quantité de liquide en empruntant au n° 5 pour parfaire à la succion produite par le bois neuf ; fermer le robinet de communication.

Fermer l'échappement.

Ouvrir la vapeur pour chauffer, la pression monte et lorsqu'elle est arrivée à 1 k. 500, fermer le robinet de vapeur.

3° *Passage du bouillon de 5 sur 1.* — On fait ce passage pendant l'opération de chauffage de la cuve 2 ; il s'opère comme pour 1 sur 2.

4° et 5° *Passage du bouillon de 4 sur 5 et de 3 sur 4.* — Comme ci-dessus.

6° *Alimentation en eau neuve de la cuve n° 3.* — Robinet de communication fermé.

Robinet de vapeur fermé.

Robinet d'échappement ouvert.

Robinet d'eau ouvert.

Remplir d'eau jusqu'à 10 centimètres en dessous du sommet du niveau d'eau, et fermer l'alimentation d'eau.

Ouvrir la vapeur pour faire chauffer et monter la pression à 1 k. 500, fermer au moment où cette pression est atteinte.

7° *Vidange au collecteur de la cuve n° 2.* — Cette opération se fait aussitôt finie l'alimentation de la cuve n° 3.

Dans cette cuve la pression doit être encore 1 k. à 1 k. 500.

Ouvrir au collecteur le robinet de communication.

Le jus est refoulé dans la cuve à bouillon.

Fermer le robinet de communication.

8°, 9°, 10°, 11° *Passage du bouillon de 1 sur 2, 5 sur 1, etc.* Ces passages s'opèrent comme ci-dessus.

12° *Déchargement de la cuve n° 3.* — Son bouillon vient d'être passé dans la cuve 4.

Le robinet de communication est fermé ainsi que tous les autres.

La pression est encore à 0 k. 500 environ.

Purger le couvercle du tampon de vidange par le robinet.

Ouvrir complètement l'échappement de vapeur.

La pression tombe et lorsqu'elle est à 0, ouvrir le tampon supérieur puis ouvrir le tampon inférieur de vidange.

Débourrer et décharger le bois.

On ouvre le tampon supérieur avant même que la pression soit arrêtée à 0, la vapeur qui reste dans la cuve aide à cette ouverture.

On ouvre le tampon inférieur presque en même temps, sans attendre la tombée complète de la pression.

Toutes les opérations de déchargement et de chargement, ne doivent pas prendre plus de 25 minutes avec des hommes bien exercés (pour des cuves de 10 mètres cubes).

Nous sommes revenus à ce moment au point de départ ; c'est au tour du n° 4 à être déchargé et les cuves sont dans l'état suivant :

N° 1 pleine de bouillon venu de 5.

N° 2 pleine de bouillon venu de 1.

N° 3 vide de bois et de bouillon. On va la charger.

N° 4 pleine de bois et de bouillon venu de 3. On va opérer encore un passage et on la remplira d'eau neuve avant de la décharger.

N° 5 plein de bouillon venu de 4.

Les opérations recommencent dans le même ordre que ci dessus, en changeant de une unité les numéros des cuves.

On voit, par l'observation de la marche ci-dessus, que : On met de l'eau neuve sur la cuve qui est la première à être déchargée.

On envoie au collecteur, c'est-à-dire, au réservoir des bouillons, le jus qui vient de passer sur du bois neuf. C'est ce jus qui titre de 3 à 5° Bé.

Pour opérer le passage des bouillons, on ouvre le robinet de condensation, on ouvre l'échappement de la cuve qui reçoit, on ferme la communication et l'échappement, on ouvre la vapeur et on la ferme lorsque la pression atteint 1 k. 500, pour ne plus la rouvrir ensuite qu'au passage suivant.

Le bouillon est donc chauffé chaque fois qu'il change de cuve.

## Marche intensive à 7 bouillons.

Dans ce cas, il suffit que la batterie soit pourvue de deux collecteurs : eau commune aux jus et vapeur pour que la marche normale des manœuvres soit celle indiquée par le tableau ci-dessous :

| Marche des manœuvres | | | Durée | N° des autoclaves | Titre des bouillons |
|---|---|---|---|---|---|
| Vme Ttre | 7e | Eau sur 7e. / Passé. / En pression. / A passer sur 6e. / Passé. | | 4 | |
| Vme Ttre | 6e | 6e en pression. / A passer sur 5e. / Passé. | | 5 | |
| Vme Ttre | 5e | 5e en pression. / A passer sur 4e. / Passé. | | 1 | |
| Vme Ttre | 4e | 4e en pression. / A passer sur 4e. / Passé. | | 2 | |
| Vme Ttre | 3e | 4e en pression. / A passer sur 3e. / Passé. | | 3 | |
| Vme Ttre | 2e | 3e en pression. / A passer sur 1er. / Passé. | | 4 | |
| Vme Ttre | 1er | 1er en pression. / A monter. / Monté. | | 5 | |

En adoptant la marche portée au tableau précédent, on voit que le rapport existant au moment de la charge du bois neuf (pour 1er bouillon) est 2, 4, 6, chiffres représentant les 2e, 4e et 6e bouillon, attendant que le 1er bouillon soit sur bois neuf, à ce moment le rapport est 1, 3, 5, 7 chiffres représentant les 1er, 3e, 5e et 7e bouillon, dernier qui précède la vidange des copeaux de l'autoclave qui ont bien été épuisés 7 fois.

On peut avec cette marche faire un nombre quelconque de « bouillons » mais le défaut de surchauffe réside toujours au moment des passages, et la pression accusée au manomètre atteint 1 k. 5.

Avec cette marche et si l'on s'impose un nombre raisonnable d'autoclaves « à débourrer » en 24 heures, tout en épuisant à 1/10 le tannin contenu dans le bois, on obtient facilement 22 à 23 0/0 de rendement avec du bois sec (40/45 0/0 d'eau), correspondant à 1.650 litres de bouillon 3°8, par tonne de bois traité.

Dosage du tannin dans les divers bouillons passant successivement sur les copeaux de châtaignier :

| | |
|---|---|
| 1er bouillon . . . . . . . . . . . . . | 3,80 0/0 |
| 2e — . . . . . . . . . . . . . | 2,05 — |
| 3e — . . . . . . . . . . . . . | 1,23 — |
| 4e — . . . . . . . . . . . . . | 0,83 — |
| 5e — . . . . . . . . . . . . . | 0,42 — |
| 6e — . . . . . . . . . . . . . | 0,35 — |
| 7e — . . . . . . . . . . . . . | 0,08 — |

Essais industriels faits sur des mélanges de bois écorcé du Dauphiné du Vivarais et Lyonnais, à parties égales, et sur des lots importants de bois du Gard.

Sur 100 parties de tannin dissoutes, les divers bouillons enlèvent les quantités suivantes :

| | |
|---|---|
| 1er bouillon . . . . . . . . . . . . | 43,37 0/0 |
| 2e — . . . . . . . . . . . . | 23,44 — |
| 3e — . . . . . . . . . . . . | 14,04 — |
| 4e — . . . . . . . . . . . . | 9,47 — |
| 5e — . . . . . . . . . . . . | 4,79 — |
| 6e — . . . . . . . . . . . . | 3,99 — |
| 7e — . . . . . . . . . . . . | 0,90 — |

Donc épuisement suffisant avec 7 lavages.

Lessivage supplémentaire continué sur le 7e bouillon :

| | |
|---|---|
| 8e bouillon . . . . . . . . . . . . | 0,003 0/0 |
| 9e — . . . . . . . . . . . . | 0,002 — |

ce qui démontre que la marche à 8 lavages, et à fortiori 9, est inutile, pour une extraction industrielle.

Les copeaux de châtaignier épuisés et sortant des autoclaves contiennent 65/66 0/0 d'humidité : c'est-à-dire que les bois de châtaignier traités à 50 0/0 d'humidité absorbent à la macération 15 à 16 0/0 d'eau.

C'est à cette teneur qu'ils sont brûlés au four gazogène, à l'exclusion absolue de tout autre combustible pour la production totale de vapeur d'une usine d'extraits.

Certaines usines ont essayé de dessécher à l'aide d'un séchoir cylindrique et mécanique (dont le principe est celui des fours à étages automatiques à pyrites) en utilisant les chaleurs perdues des foyers, ce qui enlève au bois environ 40 0/0 d'eau, ce système étant donné la force motrice perpétuelle absorbée (12 HP) et les frais de premier établissement assez coûteux (20.000 francs) ne donne pas une compensation suffisante dans les calories récupérées par suite de l'enlèvement des 40 0/0 d'eau contenue dans les copeaux épuisés, attendu qu'il existe des foyers gazogène simples, ne demandant ni force motrice, ni gros entretien, utilisant ce mauvais combustible à son état hygrométrique ordinaire et en fournissant 1 k. 4 de vapeur par kilo de copeaux brûlé.

D'autre part, les essais industriels effectués pour l'utilisation de ces déchets de bois à la fabrication de l'acide acétique et du méthylène n'ont donné et ne peuvent donner aucun bon résultat, parce que ces copeaux sont obligatoirement à dessécher, et fournissent un rendement inférieur au bois ordinaire traité pour la distillation, en acide acétique et méthylène.

Ceux qui ont monté des installations d'après les Brevets de la Treber Trocknung ou Fischer, savent aujourd'hui à quoi s'en tenir sur la valeur industrielle desdits procédés.

Nous avons également procédé à de nombreux essais industriels sur l'utilisation de ces déchets de bois, à la fabrication de la pâte à papier, sans qu'aucun n'aie pu fournir un résultat appréciable.

### Système divers d'autoclaves.

Les fig. 82 et 83 indiquent les diverses formes d'autoclaves en usage dans les usines de tannins, celle de la fig. 83 est la plus généralement employée, parce qu'elle présente de par sa base tronconique et son système de collerette-crépine circulaire en bronze (Système Bonnet-Spazin de Lyon), avec tampon de 800 m. de diamètre, de sérieux avantages, que nous avons constatés nous-mêmes dans une usine dont nous étions les conseils.

Ces divers appareils sont évidemment construits tout en bronze et cuivre

pour les parties en contact avec les jus, les armatures, charnières et chevalet de fermeture des tampons, étant en acier ou fer forgé.

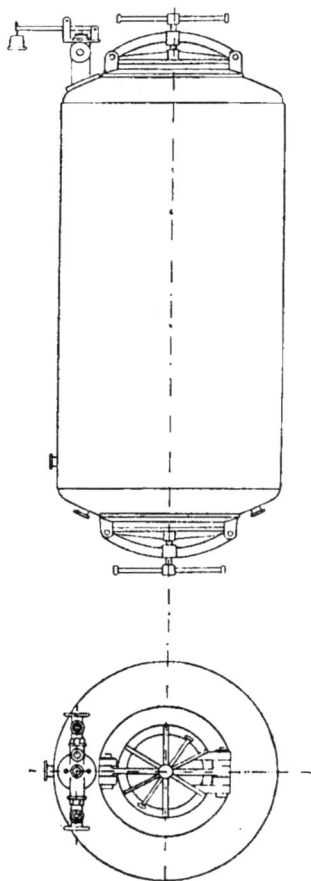

Fig. 82. — Autoclave avec fond
emboutis.

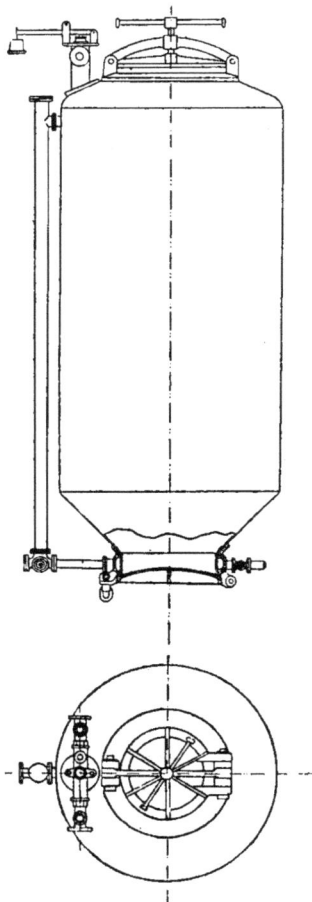

Fig. 83. — Autoclave à fond tronconique
et dispositif Bonnet-Spazin.

## Réservoir-condenseur-réchauffeur. Système J. Noyer.

Aux échappements de vapeur successifs des autoclaves et aux moments
des passages, il y a lieu de condenser cette vapeur afin de ramener à la
macération la quantité totale d'eau condensée.

A l'ancien système, fig. 84, qui consistait à faire passer ces vapeurs d'échappement, à travers un serpentin immergé dans la bâche d'alimenta-

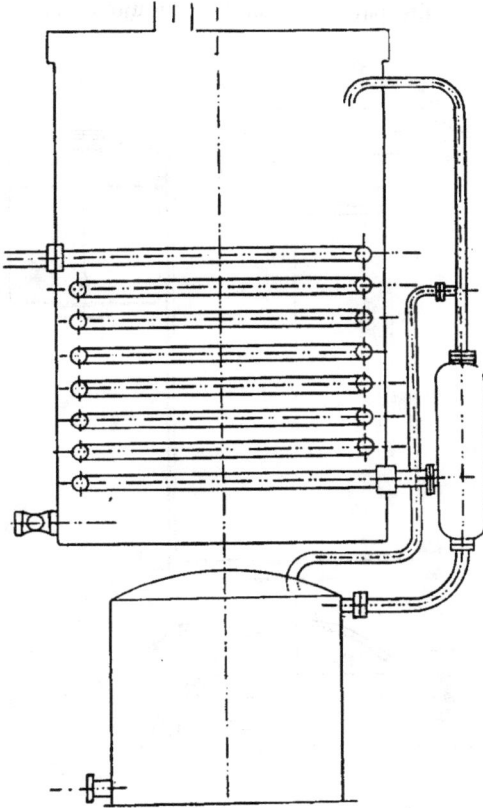

Fig. 84. — Réservoir-condenseur à serpentin, ancien système.

tion d'eau des autoclaves, nous avons installé notre système indiqué par la fig. 85.

Nous l'avons établi ainsi, parce que industriellement, et dans ce cas spécial, la condensation par serpentin est matériellement imparfaite, attendu qu'on oblige de la vapeur échappant à plus de 1 k., 5 *à se condenser rapidement* à travers un serpentin qui baigne constamment dans l'eau chaude, et dont les spires sont toujours plus ou moins incrustées, et alors, ou il faut une surface de serpentin énorme, qui dans le cas d'une usine de

60 T. aurait plus de 21 mq. (quelques constructeurs comptent 0 mq., 35 par tonne de bois traité, ce qui est bien insuffisant) et encore insuffisants car 10 0/0 de la vapeur s'échappe sur la toiture en pure perte (sans compter les dégâts produits par ces projections toujours tanniques) ; de plus,

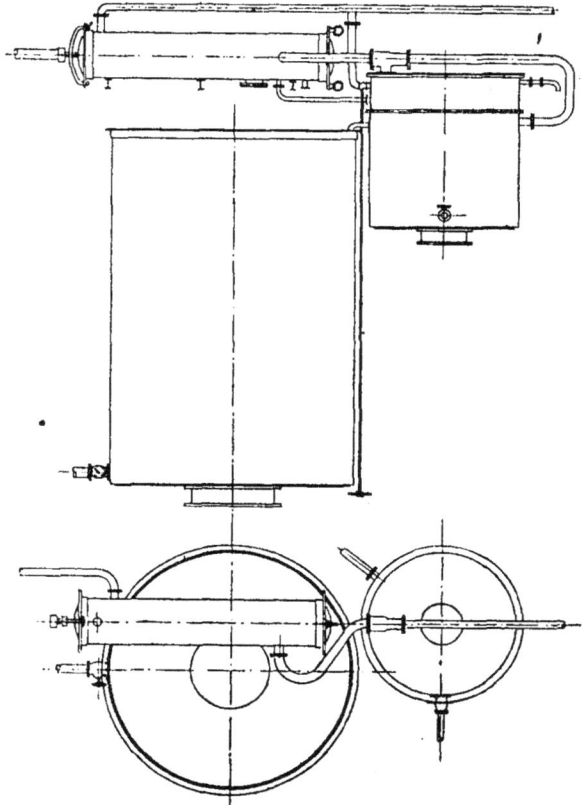

Fig. 85. — Réservoir-condenseur-réchauffeur. Système J. Noyer.

cette surface en raison de la quantité de vapeur à condenser demanderait une quantité d'eau froide telle qu'elle ne pourrait être totalement utilisée.

D'autre part, l'échappement de ces vapeurs à travers un serpentin se fait par à-coups, et par l'usage il se perce assez rapidement, demande un nettoyage fréquent si l'on veut lui conserver son maximum de surface réfri-

gérante ; aussi, est-ce pour toutes ces raisons, que nous avons établi et
appliqué dans trois usines françaises, notre système de réservoir-condenseur-
réchauffeur dont l'emploi a donné pleine satisfaction.

Notre appareil ainsi que le montre la figure 85, se compose 1° d'un réchauffeur tubulaire dont la surface est basée sur l'importance de l'usine d'extraits, mais qui ne saurait en aucun cas excéder 10 mq , il est muni en
outre de tubulures qui le mettent en relation d'une part, avec le collecteur
d'échappement des autoclaves ; d'autre part, avec le réservoir-condenseur proprement dit, composé d'une bâche en cuivre avec calendre sur
laquelle est fixé un émulseur de notre construction, le tout d'une capacité
d'environ 1.000 litres.

Cet appareil, ainsi combiné, se place au niveau supérieur de la bâche
d'alimentation dans laquelle il déverse l'eau de condensation.

Pour établir l'avantage qu'il procure, nous dirons simplement qu'en
dehors de l'eau qu'il réchauffe à 95-98° C. (sans compter celle disponible
50-55° C qui n'ayant pas eu de contact avec les vapeurs tanniques, peut
servir à l'alimentation des chaudières) il condense d'une façon presque
absolue, la totalité des vapeurs d'échappement d'une batterie d'autoclaves
de 60 tonnes, dont la quantité d'eau condensée se chiffre par 12 ou 14.000
litres qui rentre en travail à la macération avec un complément d'eau
ordinaire qui sert justement à la propre condensation, par émulsion, des
vapeurs d'échappement, sans aucune crainte de contre pression ni de
retours d'eau aux autoclaves.

Toutes les tubulures et tampons de notre appareil ont été prévues démontables facilement et rapidement afin de procéder à quelque visite ou nettoyage à n'importe quel moment et sans aucun arrêt de l'usine, de façon
aussi à conserver à l'appareil sa puissance de condensation constante.

### Bâche ou cuve à bouillons.

Soit que l'on adopte la batterie de cuves en bois ou celle d'autoclaves, les
jus ou bouillons de châtaignier sont refoulés de ces appareils, par un collecteur spécial, à une bâche en cuivre, dite des « bouillons », dont la capacité
utile représente largement le volume de bouillon d'une cuve ou d'un autoclave, et dont le fond est placé sensiblement au niveau supérieur desdites
batteries, de façon à ce que ces jus ou bouillons chauds arrivent par différence de niveau aux réfrigérants.

### Réfrigération des jus ou bouillons.

Un point important dans la fabrication des Extraits, c'est la réfrigération aussi parfaite que possible (nous dirons même que la température des
jus refroidis, ne devrait jamais dépasser 18° C.)

Quelques usines ne disposent pas d'eau en quantité suffisante parce que
souvent elle est mal utilisée, d'autre part sa température dépasse presque
toujours 18° C. que nous admettrons comme base et nous dirons qu'elle est
suffisante parce que les bouillons pourront toujours être refroidis à un degré
voisin de cette température : il suffira d'utiliser l'eaude la réfrigération à
la condensation des vapeurs des appareils évaporatoires.

Comme la quantité d'eau froide utile à la condensation des vapeurs des
appareils évaporatoires, est toujours sensiblement 1 fois 1/2 supérieure à celle
nécessaire à la réfrigération totale des jus, il s'en suit forcément que la température de ces jus sera voisine de celle de l'eau initiale, puisqu'elle traverse les réfrigérants avant son admission à la condensation.

Le point important est de conserver journellement dans un grand état
de propreté, les faisceaux tubulaires composant le système de réfrigération
et dont la meilleure position est celle verticale ; le bord supérieur des élé·
ments doit être à environ 500 mm. au-dessus du niveau le plus élevé des
cuves de traitement, de sorte que, toute pompe est supprimée tout en laissant la facilité de nettoyer à n'importe quel moment l'un quelconque des
éléments composant l'ensemble du système de réfrigération représenté par
la fig. 86.

### Réfrigérants tubulaires.

Comme notre ouvrage doit se maintenir dans un cadre industriel, expo-
sant les derniers systèmes employés et les plus perfectionnés, nous ne parlerons pas des réfrigérants de construction ancienne, à serpentin verticaux
ou horizontaux, le plus souvent immergés dans un bassin où circule l'eau
utile à la condensation, ou dans un canal desservant l'usine, parce que cette
disposition verticale ou horizontale est toujours fermée au nettoyage fréquent ou au contrôle, par conséquent impossibilité matérielle d'obtenir un
bon rendement, vu les dépôts boueux et incrustations formées à l'intérieur
et à l'extérieur des tubes composant le serpentin (que rien ne peut nettoyer
en marche, pas plus la vapeur que l'on fait circuler à l'arrêt), et qui abaisse

son rendement jusqu'à 50 0/0, d'où inutilisation de la surface réfrigérante.

Nous n'exposerons donc que celui qui paraît nous avoir donné jusqu'à présent les meilleurs résultats (voir la fig. 86) tant au point de vue puissance de réfrigération, sous le plus petit volume afin d'être peu encombrant, qu'à celui de la facilité de nettoyage des faisceaux tubulaires les composant.

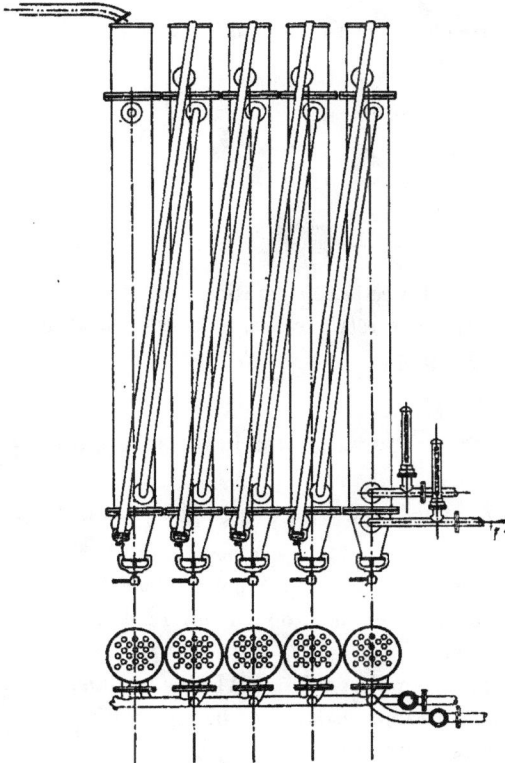

Fig. 86. — Réfrigérants tubulaires.

Ainsi que le montre le croquis, ces réfrigérants sont verticaux et composés de 5 éléments avec faisceau tubulaire dont la surface réfrigérante intérieure est calculée suivant la quantité de jus ou bouillon à refroidir de 100° C. à $n$. degrés ($n$ étant la température de l'eau froide dont dispose l'usine).

Il faut pour une réfrigération normale, c'est-à-dire dans les conditions indiquées plus haut, et pour refroidir les jus de 100° C. à 18 ou 20°, en supposant l'eau froide disponible, à cette température, et d'après notre expérience personnelle : 1,2 mq. à 1,5 mq. de surface réfrigérante de ce système, par tonne de bouillon à 100° C.

Nous donnons, ci-dessous, les différences de température observées sur un bouillon, traversant 5 éléments au sortir de la cuve à bouillon où sa température est de 100° C.

Températures observées sur le bouillon arrivant :

| | | | | | |
|---|---|---|---|---|---|
| 1° | à la « cuve à bouillons » | . | . . . . . | 100° C. |
| 2° | au 1er réfrigérant | . | . . . . . . . . | 92 — |
| 3° | 2e — | | . . . . . . . | 40 — |
| 4° | 3e — | | . . . . . . . | 27 — |
| 5° | 4e — | | . . . . . . . | 19 — |
| 6° | 5e — | | . . . . . . . | 15 — |

L'eau qui servait à cette réfrigération avait 15° C. et était naturellement utilisée, au sortir des réfrigérants, à la condensation des vapeurs d'un triple-effet de 150 mq.

### Filtration des jus. Décantation.

Les jus refroidis, et au sortir des réfrigérants, et suivant la qualité d'extrait de châtaignier à fabriquer, sont soumis soit à la filtration directe, au moyen de filtres-presses, du type représenté par la fig. 87, soit à la décantation en cuves en bois ou en cuivre dont la capacité atteint 200 à 500 hectolitres.

Les filtres-presses, qui conviennent le mieux, dans ce cas spécial, sont « à chambres avec cadres intercalaires en bois de 800 mm. de côté » (13 chambres et 12 cadres intercalaires).

Une toile en coton, à tissu spécial, sert de séparation entre une chambre et un cadre, et représente environ 73 décimètres carrés de surface filtrante, soit 10 mq. pour un filtre de ce genre.

Industriellement, et en observant les tours de main concernant la marche, la conduite de ces appareils et le lavage de leurs toiles, leur rendement ou débit normal est de 110 litres de filtrat clair, par heure et par mètre carré de surface filtrante, en partant de jus bruts et refroidis vers 16°, même en tenant compte des temps d'arrêt et de mise en marche après leur nettoyage qui a lieu suivant la qualité des bois traités toutes les 4 ou 5 heures.

Par ce procédé, on forme de véritables tourteaux pâteux qui garnissent l'espace intercalaire, ils sont formés de poussière de bois mécaniquement entraînée et de matières pectosiques et résinoïdes. Les jus ou bouillons, ainsi

87. — Filtre-presse avec plateaux et cadres intercalaires pour la filtration mécanique des jus tanniques.

traités, sont donc débarrassés d'une grande quantité de matières insolubles, ce qui permet pratiquement l'obtention d'extraits de châtaignier 25° ou 30°, presque solubles à l'eau froide, et qui donnent au tanneur entière satisfaction.

Les tourteaux pâteux ou consistants contenant 6 à 7 0/0 de tannin sont repris dans une cuve *ad hoc* et traités par l'eau chaude (en barbottage); ils fournissent à nouveau, des bouillons de 4 à 5 B°, qui concentrés à 20° donnent du gallique pour teinture.

Les jus ou bouillons filtrés abandonnent 1 à 1,5 0/0 de tourteaux, ceux-ci traités comme ci-dessus produisent 20 0/0 (de leur poids) de gallique 20°, en laissant au fond de la cuve à traitement une masse noirâtre, semi-dure, résineuse, qui représente environ 20 0/0 du poids des tourteaux.

### Clarification mécanique.

Malgré qu'en employant la filtration on obtienne des jus clairs susceptibles de fournir des extraits solubles à froid, il n'en reste pas moins établi que ce mode de clarification est assez coûteux, de par la force motrice nécessaire aux pompes de compression, de par la main-d'œuvre (4 ouvriers pour 2 filtres-presse clarifiant 50.000 litres de bouillon) et surtout l'usure des toiles, aussi, avons-nous cherché à remplacer ces appareils par une essoreuse-décanteuse dont le principe de clarification est basé sur la force centrifuge.

Ce système avait déjà été exposé et essayé par la Société civile des études sur la fabrication perfectionnée des extraits tanniques (Brevets n° 161 958 et 165.140-1884) sans qu'il ait jamais donné de résultats industriels, la façon d'opérer étant croyons-nous peu appropriée au genre de liquide à clarifier, de plus l'appareil employé n'était pas à jet continu, d'où rendement insuffisant.

Ayant donc repris ces essais sous un jour nouveau et avec d'autres données, nous avons été amenés à adopter le dispositif représenté schématiquement par la fig. 88 ; il a répondu pleinement à nos espérances par le rendement industriel fourni par heure de :

1.000 litres de jus clair, en partant de bouillons refroidis et décolorés (immédiatement après traitement) ;

600 litres de jus clair en partant de « boues de décantation ».

D'après les résultats qui précède, nous pouvons donc assurer que cette question intéressante est résolue industriellement et, à cet effet, nous avons employé l'essoreuse-décanteuse de MM. Robatel, Buffaud et Cie, les constructeurs de Lyon, qui se sont créés justement une spécialité dans ce genre, et que nous avons été bien aise d'utiliser pour la clarification des jus tanniques, en nous servant de leur dispositif spécial qui permet seul d'atteindre ce but.

### Décantation en cuves.

Ce mode de clarification en cuves, qui est encore aujourd'hui généralement employé dans les usines d'extrait, consiste simplement à recevoir les jus ou bouillons refroidis et décolorés, soit au nitrate de plomb, soit au sang, soit par tout autre procédé, dans de grandes cuves d'une contenance de 200

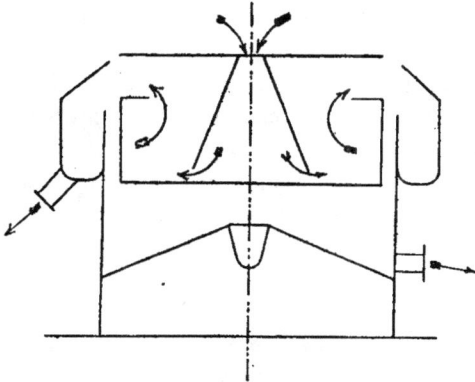

Fig. 88. — Essoreuse-décanteuse.

à 500 hectolitres et à les y laisser en dépôt, quelques jours, avant leur concentration aux appareils évaporatoires.

Durant ce laps de temps, variable suivant le procédé de décoloration employé et la fabrication de chaque usine, les jus de châtaignier se débarrassent par précipitation ou coagulation de leurs matières colorantes, pectosiques et résinoides (sans compter le tannin précipité) : lesquelles se déposent à l'état de « boues » dans le fond des cuves, en quantité telle, que souvent leur volume atteint le 1/5 ou le 1/6 des bouillons décantés.

Ainsi, par le traitement au nitrate de plomb, une cuve contenant 20.000 litres de bouillon 4° Bé, après 4 ou 5 jours de décantation, fournira environ 4.000 litres de « boues ».

Quoique l'on puisse disposer une batterie de cuves de façon à simplifier le service de décantation et la filtration de ses « boues », ce mode d'opérer conservera toujours une infériorité notable sur la clarification mécanique des jus, que nous venons de décrire.

Enfin, nous ajouterons que pratiquement, et en moyenne, il faut compter de 4 à 5 m³ de cuve par tonne de bois traité, pour obtenir une décantation normale.

Quelques usines d'extraits remettent indéfiniment en travail et à la macération ces « boues » : nous ne saurions trop critiquer cette façon de récupérer le tannin y contenu ; les inconvénients qui subsistent dans ce réemploi sont loin d'être atténués par la compensation que l'on croit trouver dans cette récupération :

1° Parce que l'extrait correspondant produit ainsi, échappe au contrôle ;

2° Parce que ces « boues » (véritables résidus) contiennent trop d'impuretés pour être repassés en macération, les jus obtenus en sont souillés indéfiniment ; demandant par conséquent une quantité de décolorant plus grande, ils sont plus difficiles à clarifier et fournissent des extraits de qualité médiocre et irréguliers ;

3° La tuyauterie où circule ces jus s'incruste et s'obstrue rapidement.

Aussi, indiquerons-nous pour supprimer ces graves inconvénients et obtenir la quintescence du jus contenu dans ces « boues », le procédé de filtration mécanique (1).

### Filtration mécanique des boues.

Dans deux usines d'extraits qui possédaient déjà une batterie de cuves de décantation et pour éviter ce réemploi funeste et indéfini des « boues » en macération : nous avons eu l'occasion de résoudre ce problème, par la filtration mécanique et en employant le système de filtre-presse que nous avons vu servir à la filtration des jus bruts et refroidis.

En observant les mêmes détails, on arrive fatalement à un bon résultat, lequel atteint 25 litres de filtrat clair par heure et par mètre carré de surface filtrante. Dans ce cas spécial, le débit ou rendement du filtre-presse est 4 fois moindre que dans le cas de filtration de jus bruts et refroidis ; ceci s'explique si l'on observe que la teneur en tourteaux des boues est de 10 0/0, tandis qu'elle n'est que de 1 à 1,5 0/0 de jus brut.

Néanmoins, quoique ce rendement paraisse faible sur celui fournit par les jus bruts, il est d'autant plus appréciable si l'on considère que 100 kgs de « boues », fournissent 00 kgs de jus clair et 10 kgs de tourteaux : c'est donc presque un maximum d'utilisation de ces résidus qui ont embarrassés et embarrassent encore certaines usines.

Si les tourteaux pâteux ou consistants ne sont pas traités ainsi que nous

---

(1) Nous ajouterons que par raison de salubrité publique et pour éviter la contamination des eaux de rivière ou d'incommoder les voisins, les usines de Tannins doivent supprimer toute évacuation de résidus ou d'eaux residuaires, plus ou moins souillées de tannin, impropres à la végétation, quand elles ne contiennent pas des matières organiques provenant du traitement des jus par le « sang » ou des produits chimiques quelconques. Nous pouvons affirmer que dans une usine employant nos nouveaux procédés, tous ces inconvénients sont supprimés. J. N.

l'avons exposé précédemment, pour en retirer le gallique 20° y contenu, ils sont alors desséchés dans des bassines de fonte « à cheval » sur les galeries ou carneaux des chaudières afin d'utiliser la chaleur perdue des foyers ou fours gazogènes brûlant les copeaux épuisés : d'où dessiccation économique.

Ces tourteaux pâteux contiennent environ 80 0/0 d'humidité ; à l'état sec, ils n'en contiennent plus que 5 0/0 et peuvent être brûlés en mélange avec les copeaux épuisés.

Dans un échantillon de tourteaux desséchés ainsi et provenant de la filtration de « boues » de jus décolorés au nitrate de plomb, nous avons trouvé à l'analyse :

$$\text{Plomb.} \ldots \ldots \ldots \ldots \ldots 5,5 \ 0/0$$
$$\text{Humidité.} \ldots \ldots \ldots \ldots 5,9 -$$

Une expérience de dessiccation complète de ces tourteaux déjà desséchés a démontré qu'ils contiennent 70 0/0 de matières combustibles ou réductibles.

Données résumant ce qui précède sur la filtration des jus et le traitement des tourteaux :

| | |
|---|---|
| Poids de jus brut filtré par heure et par mq. de filtre . | 110 kilos. |
| — en boues, brut filtré par heure et par mq. de filtre. | 25 — |
| Teneur en tourteaux des jus bruts . . . . . . . | 1,5 0/0 |
| — en boues des jus bruts et décolorés . . . . . | 20 0/0 |
| — en jus clair des boues. . . . . . . . . | 90 0/0 |
| — en tourteaux des boues de décantation . . . | 10 0/0 |
| — en humidité des tourteaux pâteux . . . . | 80 0/0 |
| — en tourteaux secs des tourteaux pâteux . . . | 20 0/0 |
| — en gallique 20° des tourteaux pâteux. . . . | 20 0/0 |

## Clarification mécanique des boues.

Enfin et suivant les quelques indications que nous avons fourni précédemment, nous estimons que la clarification mécanique des « boues », au moyen du système d'essoreuse décanteuse indiqué par la disposition schématique de la fig. 88, est préférable à tout autre et pour les mêmes raisons qui l'ont fait s'imposer sur le système de filtration des jus.

D'ailleurs, le rendement en jus clarifié est de 600 litres par heure avec une main-d'œuvre plus réduite et pas d'usure de toiles puisque ledit appareil fonctionne suivant le principe de la force centrifuge, que la formation des tourteaux a lieu sur le pourtour du panier plein en cuivre, et que le jus clarifié est décanté, à jet continu, par la partie supérieure dudit panier.

Voici d'ailleurs les avantages qu'il fournirait en l'adoptant dans une usine qui traiterait 60 tonnes de bois, avec un volume de bouillon atteignant sensiblement 90.000 litres en 24 heures.

1° 4 appareils de 1 m. 200 de diam. de ce genre, remplaceraient une batterie de décantation de 5.000 hectolitres ;

2° Les 4 appareils-décanteurs demanderont seulement 30 mq. de surface d'encombrement, quand la batterie de décantation en demande 300 mq. ;

3° Le coût approximatif de 4 appareils-décanteurs atteindra 16.000 francs quand celui d'une batterie de décantation est de 35.000 francs, non compris les frais de construction du bâtiment destiné à la recevoir ;

4° Les jus étant clarifiés dès refroidissement ou traitement, peuvent être concentrés immédiatement : on n'est plus tributaire ainsi du service de décantation en cuves qui oblige à une réserve constante et au séjour de jus, surtout en été, essentiellement fermentescibles, cause évidente de perte de tannin.

### Décoloration.

*Procédés divers.* — Depuis 1879, la série des brevets pris et ayant traits à la décoloration des jus tanniques, est longue, nombre de substances et de produits chimiques ont été, à tort ou à raison, mis à contribution tels que :

1° Bisulfites et acide sulfureux (1880). Brev. n° 136.046 ;

2° Sang ou albumine (1879-1892). Brev. n°ˢ 130.625 et 223.951 ;

3° Acide oxalique et alumine (1883) Brev. n° 155.842 ;

4° Noir animal (1883). Brev. n° 157.153 ;

5° Sels haloïdes ou oxygénés avec addition d'acides minéraux ou organiques (1884). Brev. n° 161.433 ;

6o Acide sulfureux gazeux sous pression (1884). Cert. d'addit. Brev. n° 155.026 ;

7o. Hyposulfite d'alumine (1884). Brev. n° 163.189 ;

8° Chlorure de baryum (1884). Brev. n° 163.521 ;

9° Caséine avec traitement préalable des bois par l'acide sulfurique ou chlorhydrique (1886). Brev. n° 174.972 ;

10° Nitrate de plomb. Brev. all. 56.304 ;

11° Acide lactique (1899). Brev n° 290.159 ;

12° Drèches de blé, orge, maïs ou de riz ; tourteaux de graines oléagineuses, etc. (1895-1897). Brev. n°ˢ 242.041 et 269.628.

Nous laisserons ces procédés comme tous impropres à une bonne fabrication d'extrait, parce que nous estimons que la tannerie peut et doit se soustraire à des livraisons plus ou moins en rapport avec son tannage qui exige
des extraits régulièrement et loyalement fabriqués : or les extraits ainsi
diversement décolorés, ne sont pas une garantie pour les tanneurs qui les
emploient après avoir souvent eu des inconvénients qui leur sont souvent
seuls imputables.

A l'appui de ce qui précède, nous indiquerons seulement la perte en
extrait et par suite en tannin, qui résulte de la décoloration des bouillons
par le procédé « au sang » (un des plus rationnels) et qui à l'instar du col-
lage des vins, entraîne, en même temps que du tannin, les matières pectiques résinoïdes et colorantes des jus : ainsi, 40.000 kgs de bouillon traité
par une solution de sang *Bourgeois* (à 6°5 Bé et 7,5 kgs par 1.000 kgs de
jus 4°), qui devraient donner pratiquement 6.400 kgs, ne donnent réellement
que 5.760 kgs, soit une perte de 10 0/0 en extrait ou 16 0/0 sur le poids
des bouillons qui ne titrent plus que 3°,6, après traitement, soit 0°4 de
chute.

Quant au procédé « au nitrate » c'est encore pis : parce que la formation
d'acide nitrique libre détruit ultérieurement encore, quantité notable de
tannin, par suite de réactions secondaires (en présence de cet acide) à la concentration des jus aux appareils évaporatoires, favorisées par la chaleur de
cette opération, sans compter l'usure par corrosion desdits appareils produite par la présence de l'acide nitrique après un temps plus ou moins long.

Nous avions pensé à neutraliser cette réaction acide, par une addition
de carbonate de chaux précipité pur, mais le remède était plutôt aggravant
qu'utile à la décoloration même des jus ainsi traités.

Ce qui démontre encore le bien fondé de nos dires, quant à la décoloration des extraits, c'est que nombre de tanneurs anglais et allemands consomment depuis longtemps déjà des extraits bruts ou simplement clarifiés (par un
des procédés mécaniques indiqués précédemment), qui leur offrent d'abord
plus de régularité dans les livraisons composant leurs marchés importants, et
surtout une richesse tannique supérieure, par suite, rendement élevé du cuir.

La décoloration de l'avenir n'est plus dans l'emploi des produits chimiques, ni dans les procédés plus ou moins compliqués : la tannerie est industrie déjà trop complexe pour les supporter, elle exige et elle exigera, envers
et contre tout des extraits purs, de natures bien déterminées, de richesses
tanniques élevées, et solubles à l'eau froide, en somme de compositions aussi
régulièrement constantes que possible.

En outre, nous indiquerons comme procédé de décoloration curieux et qui a fait l'objet du brevet n° 318. 523 (8 févier 1902) celui de M. Peyrusson, avec certificat d'addition n° 318.523.467, où le breveté spécifie que son procédé tel qu'il est décrit dans son brevet principal, repose particulièrement sur l'action de présence de l'étain, appliqué au cours de la préparation des jus et extraits tanniques et tinctoriaux, dans le but de prévenir la coloration grise de ceux-ci.

Ainsi en traitant le bois de châtaignier dans un digesteur quelconque en présence de feuilles d'étain, on peut constater que le bois lui-même est resté blanc tandis que le même bois traité de la même façon, mais sans étain, prendra une teinte grise et même brune.

Enfin, nous citerons comme brevet récemment pris, celui du Dr. Georg. Klenk, pour un procédé de décoloration des jus tanniques par le sulfate d'alumine et le bisulfite de soude.

Voici le mode opératoire indiqué :

Ajouter aux bouillons chauds venant des extracteurs, une solution de sulfate d'alumine, dans une cuve munie d'agitateur (la quantité à employer dépend du degré du jus) ; après le mélange de ces deux liquides y ajouter du bisulfite de soude 38/40° q. s., en remuant constamment.

La réaction est celle-ci :

$$Al^2(SO^4)^3 + 6NaHO\ SO^2 = Al^2(OH)^6 + 3Na^2SO^4 + 6SO^2$$

Proportions moyennes à employer :

| | |
|---|---|
| Jus 4° . . . . . . . . . . . | 5.000 litres |
| $Al^2(SO^4)^3$ solide. . . . . . . . . | 4 kilos |
| NaHO $SO^2$ 38/40°. . . . . . . . | 15 à 20 — |

Ce procédé est applicable aux extraits de quebracho, mimosa, hemloch, sumac, sapin ou pin, chêne, châtaignier et autres.

Le jus ainsi traité, est décoloré par l'hydrate d'alumine à l'état naissant qui agglutine les particules résinoïdes du jus pour tomber avec elles au fond de la cuve, précipitées à la façon de l'albumine du sang.

De plus, l'acide sulfureux naissant, qui s'échappe durant la concentration du jus, a un effet décolorant intense.

On obtient ainsi après refroidissement des bouillons traités : refroidis à 20-25° C., décantés et concentrés, des extraits solubles à l'eau froide. Ils possèdent et retiennent une réaction acide en donnant au cuir une belle couleur jaune clair; ils ne diffèrent que légèrement et quelquefois pas du tout de celle produite par le tannage au chêne. Enfin, la couleur donnée au cuir par ces extraits est permanente et n'est pas exposée à changer sous l'influence ordinaire de l'atmosphère.

Malgré les côtés intéressants de ces procédés de décoloration, nous maintiendrons l'opinion que nous avons émise plus haut, et nous ajouterons qu'ils sont tous désavantageux, et pour le fabricant d'extrait, et pour le tanneur : le premier, perd, quel que soit le procédé employé, de 2 à 3 0/0 de tannin, au préjudice du rendement en extrait, et cette teneur manque au deuxième, tout en ne modifiant nullement la couleur de ses cuirs ; en effet, nous pouvons affirmer que nous avons eu l'occasion de procéder à des essais importants de tannage de cuirs divers, où nous avions employé des extraits décolorés (soit au sang, soit au nitrate), tous les cuirs tannés avec ces extraits, ont été plus teintés que ceux fournis par d'autres extraits bien clarifiés ; ceci, quoique la coloration d'une solution à 1 0/0 d'extrait décoloré, fut moins foncée qu'une solution d'extrait clarifié.

Et d'ailleurs, la tannerie de l'avenir sera celle qui utilisera les procédés de « tannage mixte » avec, comme adjuvants, les extraits loyalement fabriqués et judicieusement employés : l'opinion de l'éminent chimiste anglais M. Procter est formelle à cet égard.

Si l'on veut donner aux extraits fabriqués, cette solubilité qui leur convient, il faut faire appel alors à des produits d'une neutralité parfaite, produits que la tannerie a déjà employés sans qu'ils aient jamais donnés aucun inconvénient ; aussi, nous étant inspirés de ces conditions rigoureuses, avons-nous appliqués pour la solubilisation des extraits de châtaignier et de chêne, l'emploi du borax ou borate de soude.

Nous relaterons ici l'emploi de ce produit en tannerie : « le borax peut servir à beaucoup d'usages dans les industries du tannage et du corroyage, son rôle le plus important est d'adoucir l'eau au travail de rivière, de nettoyer et de conserver les peaux, d'éviter la perte de leur gélatine et de rendre ainsi le cuir plus lourd, plus solide ; il empêche les fosses de devenir malpropres et putrides, c'est l'agent le plus efficace et le plus inoffensif que l'on puisse trouver pour le rinçage et le nettoyage préliminaires des peaux avant la mise en cuve.

Avec un kilog. on peut adoucir environ 1.000 litres des eaux généralement employées. Des eaux particulièrement dures exigent une quantité un peu plus importante. La dissolution se fait dans l'eau bouillante et on verse dans une cuve en remuant vigoureusement ».

C'est donc à la suite d'essais importants et répétés que nous avons été amenés à l'adopter comme solubilisant dans les extraits clarifiés, suivant les procédés mécaniques que nous avons déjà indiqués : l'usine où nous avons d'ailleurs mis au point cette question intéressante, continue à l'employer sur une fabrication de 7.000 kgs par jour, et nous savons d'autre part que les tanneurs qui le consomment en ont entière satisfaction.

A la dose minime où il est incorporé, il n'entre dans la composition desdits extraits que pour solubiliser la faible teneur d'insolubles et les rendre ainsi solubles à froid.

Additionné aux jus et à un certain moment de la fabrication, il ne produit ni réaction, ni aucun précipité de quelque nature que ce soit.

### Fabrication des Extraits de châtaignier 25°, 30° Bé, ou à l'état sec.

*Concentration ou évaporation des bouillons de châtaignier.* — Les jus ou bouillons traités, c'est-à-dire clarifiés suivant les procédés que nous venons d'indiquer, vont directement, d'une cuve recevant ces jus, aux appareils évaporatoires, représentés dans quelques usines par un double-effet, dans d'autres et mieux par un triple-effet qui constitue, à notre avis, l'appareil devant être employé de préférence (nous verrons plus loin les divers systèmes en usage dans les usines de tannins).

Ainsi que nous l'avons dit, il faut compter que des jus à 3°,8 fournissent 13 à 14 0/0 d'extrait 25° ou 86 à 87 0/0 d'eau à évaporer ; sachant d'autre part que la tonne de bois traitée fournit en moyenne de 1.350 à 1.650 litres de bouillon suivant la marche adoptée, il sera facile d'après ces bases, de déterminer la puissance évaporatoire à donner aux appareils destinés à la concentration des bouillons de notre usine-type dont la consommation en 24 heures est de 60 tonnes, et que nous indiquerons d'ailleurs ultérieurement.

On alimente donc ces appareils (formés de 2 ou 3 corps) d'une façon constante, et nous pouvons dire qu'il est même possible de les alimenter d'une façon automatique, de manière à supprimer le conducteur de ces appareils.

Un triple-effet évaporant 20 litres-heure d'eau et par mq. il s'en suit qu'il fournira la quantité correspondante d'extrait 25°, soit 2,7 kgs.

Dans la 3e caisse, on peut donc compter que ce débit horaire tombera à 2 k. 1, en fabriquant de l'extrait 30°.

Quant à la dépense de vapeur et toujours dans le cas d'un triple-effet, il faut compter 7 kgs pour l'évaporation de 20 litres d'eau par mq. et par heure, enfin si l'on adopte un réchauffeur de jus précédent la 1re caisse de cet appareil, on peut réduire sensiblement cette consommation et dire que cette évaporation de quantité d'eau demande vraisemblablement la quantité de vapeur correspondante à 1 kg. de charbon ou à 5 kgr. de copeaux épuisés.

Quoique ce rendement paraisse satisfaisant et suffise à la marche normale et constante d'une usine de tannins, nous exposerons au chapitre II, le système Kestner dont le rendement est bien supérieur.

La 3e caisse du triple-effet est ordinairement munie d'un vide-sirop ou d'une pompe à extrait spéciale, qui permet l'appareil en marche, d'évacuer les extraits lorsqu'ils ont atteints, soit 25°, soit 30° : extraits qui sont mis en cuves-magasin où ils refroidissent naturellement, dernière opération après laquelle ils peuvent être logés en fûts pétroliers pour être ensuite expédiés.

Nous dirons que ces extraits, une fois mis en cuves, gagnent à y être laissés se déposer quelques jours ; les épais qui s'y déposent ne peuvent qu'altérer la qualité : il vaut mieux reprendre ces dépôts et les traiter avec les boues des jus et clarifiés ensemble, ils peuvent ensuite être remis à la concentration.

*Extrait sec.* — On peut, au moyen du simple-effet rotatif indiqué au chapitre II, pousser plus loin la concentration du 30° et l'amener à l'état sec (nous avons indiqué sa composition) : il faut alors, pour en produire 100 kgs employer 210 kgs d'extrait 25° ou 170 kgs à 30°, en dépensant 3 à 4 kgs de vapeur. Son prix de revient est alors fixé à environ 25 francs les 0/0 kgs pour 45 0/0 de tannin.

*Dissolution des extraits secs.* — Pour faire dissoudre l'extrait sec, ne vous servez pas d'eau trop froide, et même si vous voulez une dissolution parfaite chauffez la jusqu'à 60° C. ou davantage.

Brisez les pains à faire dissoudre, et suspendez les morceaux dans un panier d'osier, à la partie supérieure du liquide. Laissez la dissolution s'accomplir d'elle-même jusqu'à disparition complète de l'extrait solide.

Si l'on place le pain d'extrait au fond du liquide, il est impossible d'obtenir une bonne dissolution d'un extrait sec, alors même qu'on l'agiterait continuellement avec un bâton.

Dans cette façon d'opérer, nous ne comprenons que les extraits solubles à froid, préparés suivant nos indications, les extraits renfermant une teneur d'insolubles élevée (plus de 5 0/0) demandant à être solubilisés dans un appareil *ad hoc* et que nous décrirons plus loin, à propos des extraits secs de quebracho.

*Marche de l'usine.* — Il est indispensable pour la bonne marche d'une usine d'extraits qu'elle soit soumise à un contrôle rigoureux de jour et de nuit, aussi présentons-nous ici une feuille de fabrication et son annexe de contrôle, qui permettent de suivre journellement et à n'importe quel moment la fabrication.

Ces documents servent d'ailleurs de base à une comptabilité serrée, d'où les erreurs deviennent pour ainsi dire impossibles à commettre sans que d'une part ou d'une autre elle soit accusée par les inventaires trimestriels auxquels une industrie de ce genre doit être astreinte.

**Feuille de Fabrication N°    du    1905. — Extraits de chêne et de châtaignier.**

| Chêne | Lot et temps de chantier | Bois traité | | Nombre de cuves ou autoclaves | Extrait produit déduction faite de 3 0/0 de déchet | | Décoloration | | Nombre d'ouvriers | | Bois consommé pour l'allumage du foyer | Décantation Mouvement des cuves |
|---|---|---|---|---|---|---|---|---|---|---|---|---|
| Quantité | | Qualité Proven. | Quantité | | Qualité | Quantité | Nitrate | Sang | Fabrica-tion | Frais génér. | | N° des cuves BR    BP |
| Report | | | | jour : | | | | | | | | 1 2 3 4 5 6 7 8 9 10 |
| | | | | nuit : | | | | | | | | |
| | Totaux | | | | | | | | | | | |

| Ventes | | | | | | | | Bois en chantier | | Extrait en magasin | Observations |
|---|---|---|---|---|---|---|---|---|---|---|---|
| | Extrait 25° clarifié soluble | Extrait 25° décoloré | Extrait 25° spécial | Extrait 30° clarifié | Extrait 30° décoloré | Chêne 25° clarifié | Galique 20° pour teinture | Stock | Consom-mation | 25° C. 25° D. 25° S. 30° | |
| Report | | | | | | | | | | | Réparations urgentes. |
| | | | | | | | | | | Chêne 25° G    20° | |
| Totaux | | | | | | | | | | | Le Chimiste, chef de fabrication |

## Feuille Annexe N⁰    du     1905.

### Contrôle.

| | | Observations. Réparations | Jour | | | Nuit | | |
|---|---|---|---|---|---|---|---|---|
| Moyenne des tableaux afférents à chaque service et signés des contre-maîtres ou chefs de Poste. | 1 | Pression moyenne aux chaudières. | | | | | | |
| | 2 | Titre moyen des bouillons. | | | | | | |
| | 3 | Nombre de cuites du triple-effet. | | | | | | |
| | 4 | Température moyenne de l'eau d'alimentation des chaudières. | | | | | | |
| | 5 | Température moyenne de l'eau d'alimentation des autoclaves ou cuves. | | | | | | |
| | 6 | Température moyenne de l'eau des réfrigérants. | | | | | | |
| | 7 | Température moyenne de l'eau de condensation. | | | | | | |
| | 8 | Température moyenne des bouillons refroidis. | | | | | | |
| | 9 | Température moyenne des gaz chauds. | | | | | | |
| | 10 | Allure des foyers. | | | | | | |
| | 11 | Tirage en m/m. au ventilateur, ou à la cheminée. | 1 | 2 | 3 | 1 | 2 | 3 |
| | 12 | Vide moyen aux trois caisses en m/m. | | | | | | |
| | 13 | Température moyenne des 3 caisses °C. | | | | | | |
| | 14 | Poids d'extrait 25 ou 30° fabriqué cuve N°. | | | | | | |
| | 15 | Tannin 0/0 de bouillon moyen. | | | | | | |
| | A | »     d'extrait 25°. | | | | | | |
| | B | »     »     30°. | | | | | | |
| | C | »     »     Gallo sumac. | | | | | | |
| | D | »     »     Quebracho. | | | | | | |
| | E | »     »     Spécial 25°. | | | | | | |
| | F | »     »     Chêne 25°. | | | | | | |
| | | Tannin 0/0 du bois traité. Lot N°. | | | | | | |
| | | Humidité     »     » | | | | | | |

*Le Chimiste, chef de fabrication.*

## Appareils évaporatoires à vapeur directe.

Après la remarquable « Étude sur les différents systèmes d'évaporation des lessives » (Industries de la soude et de la savonnerie) de M. P. Kienlen (1) : nous nous proposons à notre tour, de passer en revue les différents appareils évaporatoires utilisés dans l'industrie importante des « Tannins », pour la concentration des jus ou bouillons tanniques de : 4° à 25° ou 30° Bé, titre aréométrique auquel les extraits sont commercialement vendus.

## Concentration par chauffage indirect : Chaudière à serpentin-Chenaillier.

Comme dans cette industrie, l'emploi de la vapeur directe pour la concentration des jus, soit en « chaudière à serpentin », soit en « Chenaillier », oxyde et détruit du tannin par la température trop élevée de la vapeur (150° C. à 5 Kgs Pon) traversant ce genre d'appareils, à air libre ; de plus, comme il faudrait leur donner des dimensions encombrantes tout en consommant une quantité de vapeur exagérée, nous n'en parlerons que comme

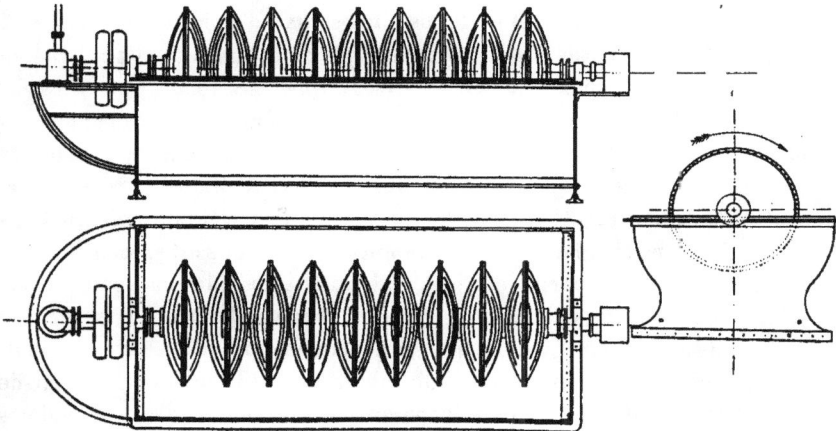

Fig. 89. — Évaporateur « Chenaillier ».

mémoire et indiquerons seulement l'appareil à lentilles, dit Chenaillier (fig. 89), que l'on pourrait à la rigueur employer pour l'évaporation des

(1) *Moniteur scientifique*, Dr Quesneville, 1898.

jus destinés à la fabrication d'extraits bruts de châtaignier (gallique 20°
pour teinture) ou de campêche ou d'autres extraits secs tinctoriaux.

Nous ajouterons simplement qu'un appareil « Chenaillier » dépense
25 Kgs de vapeur-heure et par mètre carré quand un simple effet dépense
seulement 1 k. 100, un double effet 0 k. 720, un triple effet 0 k. 360, pour
évaporer la même quantité d'eau.

## Appareils évaporatoires sous pression réduite.

C'est à l'industrie sucrière que l'on doit le premier appareil basé sur le
principe de l'abaissement du point d'ébullition d'un liquide à la pression
atmosphérique, en amenant ce liquide à l'état de vapeurs sous une pression
moindre que celle de l'atmosphère.

L'ingénieur Howard, en 1813, introduisit dans les raffineries de sucre
anglaises le premier appareil de ce genre, en employant en outre pour la
production du vide un condenseur barométrique à contre-courant et une
pompe à air sec.

Plus tard, le constructeur Derosne lança des appareils analogues mais
à condenseur par surface et où le jus dilué servait d'agent réfrigérant.

Enfin, le principe de l'utilisation multiple de la chaleur fut appliqué en
Amérique, par Rillieux en 1830, puis en Europe vers 1850.

Depuis cette époque, de nombreux perfectionnements y ont été apportés
par Tischbein, Robert, Degrand, Walkhoff, Cecil et Derosne, mais, le
mérite de leur propagation dans l'industrie sucrière française revient surtout à MM. Cail et Cie, et plus récemment à la société de constructions
Fives-Lille sans compter la maison Bonnet-Spazin qui s'est spécialisée dans
la construction d'appareils destinés à l'industrie des Tannins depuis 1877.
Leur principe consistait déjà à utiliser la chaleur latente qui se dégage
du liquide que l'on évapore, et qui est généralement perdue dans les chaudières à chauffage indirect ou à air libre, en l'utilisant au chauffage de
nouvelles quantités de liquide à évaporer, dans une ou plusieurs chaudières
consécutives communiquant entre elles.

Nous indiquerons des dispositions de simple, double et triple effet
employées dans l'industrie des Tannins, et leur utilisation maximum tant
au point de vue de la quantité d'eau évaporée par heure, qu'à celui de
l'économie de vapeur à réaliser, toutes proportions gardées, leur assurant
ainsi un haut rendement.

### Simple effet.

Ce type, le plus simple, comprend une chaudière close (appelée en pratique caisse) dans laquelle on détermine une diminution de pression par raréfaction de l'air à la sortie des vapeurs de cette chaudière.

La vapeur de chauffage (d'échappement des machines ou provenant directement des générateurs de vapeur) est dirigée dans la chambre à vapeur de la chaudière. La calandre est pourvue de 2 plaques tubulaires en bronze horizontales percées d'orifices dans lesquels viennent se fixer, par dudgeonnage, les tubes d'un faisceau tubulaire présentant ainsi une grande surface de chauffe.

On détermine, de cette façon, autour de ce faisceau tubulaire une chambre isolée (chambre de chauffe) occupée par la vapeur, le jus à évaporer se trouvant à l'intérieur des tubes.

(Nous ferons remarquer qu'il serait plus normal, de faire passer la vapeur à l'intérieur des tubes, à l'instar d'un réchauffeur tubulaire, et de faire circuler le jus à évaporer tout autour, à l'extérieur ; toutefois la pratique a démontré que l'inverse doit avoir lieu, en vue de la facilité du nettoyage des tubes qui s'incrustent à la longue, demandant par conséquent à être nettoyés par brossage, pour conserver au faisceau tubulaire son maximum de puissance évaporatoire).

La vapeur pénétrant dans la chambre de chauffe s'y condense en abandonnant sa chaleur latente au jus à évaporer, celui-ci entre en ébullition sous la pression réduite et fournit par conséquent une nouvelle quantité de vapeur.

L'eau de condensation de la vapeur de chauffage dans la chambre de chauffe est éliminée par un tuyau de purge, et en général par l'intermédiaire d'un purgeur automatique empêchant le passage de la vapeur, il sert à l'alimentation des générateurs.

Les vapeurs provenant de l'ébullition du jus sont condensées dans un condenseur par surface placé en avant de la pompe à air, à la sortie de la chaudière et fournissent une quantité correspondante d'eau chaude que l'on utilise à la macération des bois.

Dans le cas d'un condenseur barométrique ou par injection, ces vapeurs mélangées à l'eau de condensation sont évacuées au canal en pure perte, aussi préconiserons-nous l'emploi exclusif d'un condenseur par surface dans les 3 cas : simple, double et triple effet parce que nous estimons (ainsi que nous l'avons vu précédemment chap. I) que dans une usine de tannins, le maximum de rendement et la richesse tannique élevée des extraits produits sont obtenus par l'emploi d'une eau aussi pure que possible, dans la macération des bois. Les eaux condensées des appareils évaporatoires sont donc indiquées de rigueur, et à défaut du système à condensation par surface pour les recueillir, une pompe spéciale, dite des eaux condensées s'impose, soit en Double, soit en Triple effet.

*Installation d'un « Simple-effet »*. — Cet appareil, peu employé aujourd'hui dans les usines de tannins, a été décrit, dans sa simplicité, en 1888 par Othon Petit (1), aussi reproduirons nous ici un appareil de ce genre

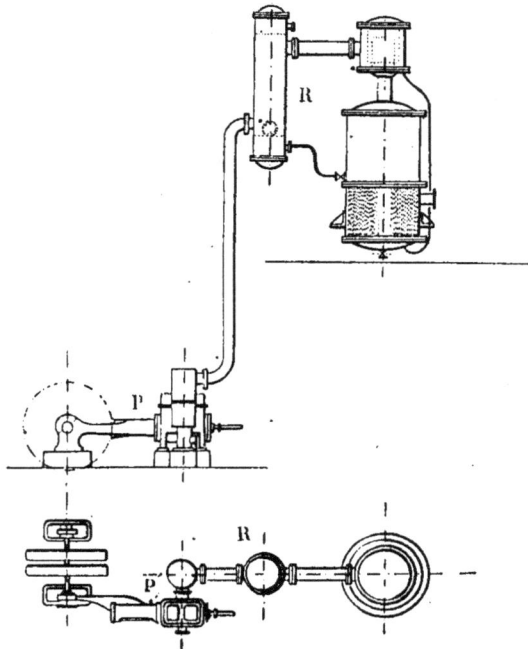

Fig. 90. — Simple effet avec réchauffeur et sa pompe.

plus perfectionné (fig. 90) combiné avec un réchauffeur de jus R et une pompe à air humide P.

(1) *Des Emplois chimiques du bois dans les Arts et l'Industrie*, par Othon Petit 1888.

Cette disposition convient spécialement pour les tanneries d'une certaine importance et qui voudraient concentrer, soit des jus de diffusion d'écorces ou de macération de bois dans une batterie de cuves en bois, soit des jus faibles régénérés de leur « train de cuves » après traitement et clarification, fabriquant ainsi facilement et économiquement des gros jus (de 12° à 15° Bé) qui servent alors à remonter ceux en travail.

Nous donnerons ici le détail de cette installation qui comprend :

1° Une caisse A, de 20 mètres carrés de surface de chauffe, capable d'évaporer 1.000 litres d'eau à l'heure.

Cet appareil est établi entièrement en cuivre et bronze dans les parties en contact avec le jus, et est constitué par : une calandre tubulaire de 1 m. de diamètre, hauteur entre plaques tubulaires 0 m. 770, épaisseur 5 m/m., fond en 6 m/m ; une calandre supérieure, diamètre 1 m., hauteur 1 m , épaisseur 5 m/m., fond en 6 m/m ; un ballon de sureté V de 600 $\times$ 600, épaisseur 3 m/m., fonds en 4 m/m ; deux plaques tubulaires en bronze de 16 m/m. d'épaisseur ; un faisceau tubulaire comprenant 162 tubes en cuivre électro de 50 m/m. de diamètre extérieur, épaisseur 2 m/m., une tubulure en cuivre d'arrivée de vapeur sur le faisceau tubulaire ; une tubulure en cuivre de départ de vapeur sur le ballon de sûreté ; une tubulure et un tuyau de 35 m/m. de diamètre pour le retour des bouillons entraînés ; cercles de joints en fer ; supports en fonte.

Il est muni en outre de sa robinetterie et des accessoires suivants :

1 robinet bronze de 40 m/m. pour l'arrivée de bouillon.

1    »      »      à 3 voies de 10 m/m. pour vidange de l'extrait et des eaux de lavage.

1 tubulure, tout bronze, de purge des eaux condensées. Appareil de niveau d'eau. Indicateur de vide. Robinet d'air. Robinet à beurre.

Robinet d'eau de lavage. Eprouvette de prise d'essai.

Tampons de trou d'homme en bronze, de 400 m/m. de diamètre.

Lunettes rondes de 100 m/m

Robinet d'évacuation des gaz incondensables.

Cet appareil complet pèse environ 1.625 kgs.

La pompe à air P' desservant ce « simple effet », avec son condenseur C entièrement cuivre et bronze aux parties en contact avec les vapeurs tanniques, capable de condenser 1.000 kgs de vapeur à l'heure, est actionnée à volonté par courroie ou, par moteur direct.

*Réchauffeur de jus.* — Ainsi que nous l'avons fait remarquer et comme d'ailleurs le montre la fig. 90, le jus à concentrer traverse le faisceau tubulaire d'un réchauffeur (fig. 91) en cuivre, formé d'une calandre cylindrique de 2.000 × 400, 2 plaques tubulaires en bronze, 1 tampon supérieur, 1 tampon inférieur. Le faisceau tubulaire est formé de 37 tubes en cuivre de 40 × 45, représentant 8 mètres carrés de surface.

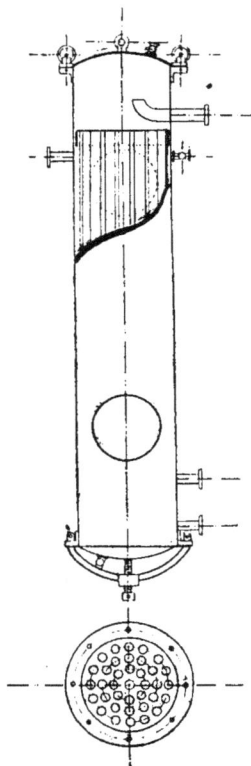

Fig. 91. — Réchauffeur de jus.

Une tubulure d'arrivée de jus pour la chambre de distribution et une tubulure de vidange à la chambre de réception des dépôts, complètent le dit appareil où le jus arrive entre 15° à 20° C. pour en sortir entre 50 et 55° C., température où l'amènent les vapeurs du simple effet, en circulant autour du faisceau tubulaire du réchauffeur avant leur entrée au condenseur et à la pompe à air.

Cet appareil réalisera donc une notable économie de vapeur qu'on peut évaluer à 9-4, 5-3 0/0 en triple, double ou simple effet.

## Simple effet rotatif.

Comme appareil simple effet, nous placerons ici, un modèle de MM. Bonnet, Spazin et Cie, constructeurs à Lyon, où le faisceau tubulaire est animé d'un mouvement de rotation. Ce système où le jus à concentrer circule autour des tubes de vapeur, est spécialement employé pour la fabrication des extraits secs de châtaignier, quebracho, campêche, ou autres extraits secs.

Il remplace avantageusement le système « Chenaillier » décrit précédemment.

Il se compose (fig. 92) essentiellement d'une calandre horizontale en cuivre, munie d'un double fond et surmontée d'un dôme servant de vase de sûreté, à l'intérieur duquel se trouve un brise-mousses ; 2 fonds ou emboutis en cuivre percés d'un trou central, fermant ses 2 extrémités.

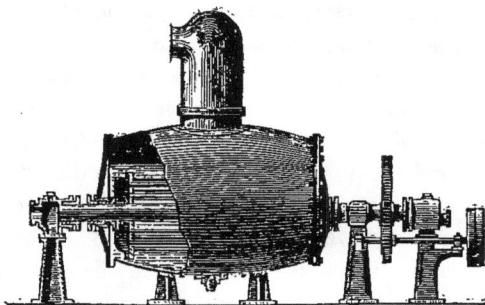

Fig. 92. — Appareil à concentrer rotatif, horizontal.

A l'intérieur un faisceau tubulaire formé de tubes en cuivre 2 m/m. d'épaisseur 40 × 45, dont les extrémités sont dudgeonnées dans les orifices de 2 plaques tubulaires en bronze de 18 à 20 m/m. d'épaisseur.

Un arbre creux central traverse d'un bout à l'autre tout le système et reçoit la vapeur qui se distribue dans tous les tubes et entre les plaques tubulaires et les emboutis du faisceau tubulaire, d'où la vapeur condensée se purge par le double fond pour être ensuite évacuée.

Le faisceau tubulaire tourne sur 2 presse-étoupes, lesquels sont fixés au centre des emboutis de la calandre ; les extrémités de l'arbre creux reposent encore sur 2 chaises à presse-étoupes, l'un servant à l'arrivée de la vapeur, l'autre servant de purge à l'eau condensée évacuée par la rotation du faisceau tubulaire et la pression de la vapeur qui l'oblige à passer dans le double-fond, d'où elle s'échappe pour être utilisée à l'alimentation des chaudières.

## « Double effet »

Ce type comprend 2 chaudières verticales closes communiquant entre elles et dans lesquelles on détermine une diminution de pression par raréfaction de l'air à l'extrémité du système. La vapeur de chauffage, à l'instar du « Simple effet », pénétrant dans la chambre de chauffe de la 1ʳᵉ chaudière. s'y condense en abandonnant sa chaleur latente au liquide à évaporer, celui-ci entre en ébullition sous une pression légèrement réduite et fournit, par conséquent, une nouvelle quantité de vapeur. Cette vapeur est utilisée au chauffage du faisceau tubulaire de la 2ᵉ chaudière (caisse) en communication avec la 1ʳᵉ, elle produit l'ébullition de nouvelles quantités de liquide sous une pression réduite, déterminée par raréfaction de l'air dans cette dernière chaudière, à l'aide d'une pompe spéciale.

De nouvelles quantités d'eau se condensent dans la chambre de chauffe de la 2ᵉ chaudière (2ᵉ caisse) ; les vapeurs provenant de l'ébullition du jus de cette chaudière, sont condensées dans un condenseur par surface ou par injection placé en avant de la pompe à air, à la sortie de la 2ᵉ caisse, après avoir traversé le faisceau tubulaire d'un réchauffeur de jus.

La chambre de chauffe de la 2ᵉ caisse peut être en relation avec une pompe à eaux condensées (qui servent à la macération des bois), une pompe centrifuge, par exemple, qui les refoule au réservoir condenseur d'alimentation des cuves ou autoclaves.

La fig. 93 montre un double effet de 90 mq. de surface de chauffe capable d'évaporer 2.250 litres-heure avec condenseur barométrique, pompe à eaux condensées et pompe à air sèche actionnées en tandem par moteur direct.

Le vase de sûreté figuré, est du système à chicanes multiples perforées, il donne d'assez bons résultats comme brise-mousses dans l'évaporation des jus de chêne par exemple, qui moussent beaucoup.

Nous ferons remarquer que l'augmentation des effets n'a pas pour résultat, comme on serait tenté de le croire, une augmentation de production du système, mais simplement une diminution de dépense de vapeur, ainsi que de la consommation d'eau pour la condensation.

De plus, le nombre des effets avec lesquels il convient de travailler, ne dépend pas autant de certains cas particuliers, comme en « soudière » ou en « sucrerie » : notre pratique en la matière nous permet d'assurer qu'une usine de tannins qui veut marcher économiquement, c'est-à-dire employer uniquement ses copeaux de bois épuisé comme combustible (l'emploi du charbon indiquerait d'ailleurs une fabrication anormale, mauvaise disposition du matériel et appareillage, ou insuffisance de perfectionnements), il lui suffit d'être pourvue d'un triple effet perfectionné.

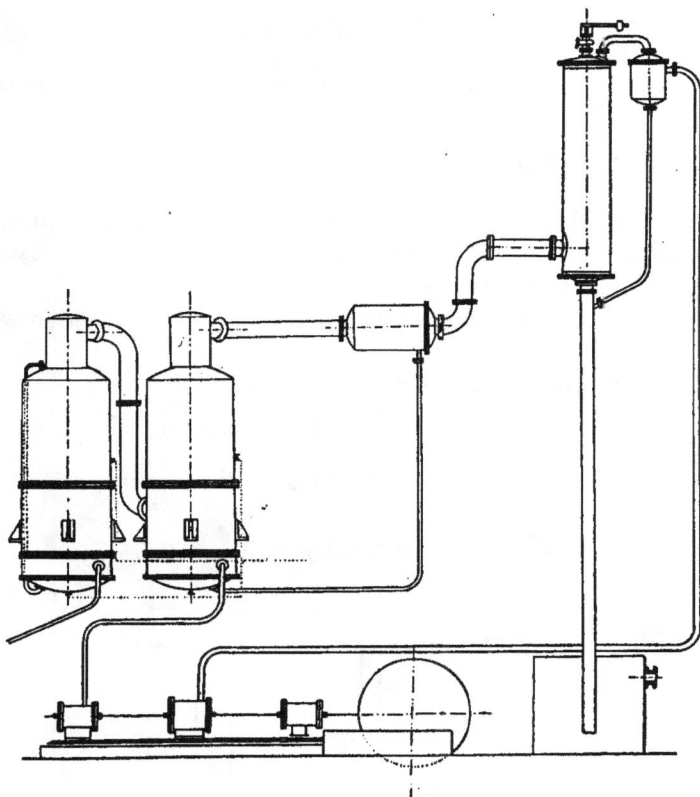

Fig. 93. — « Double-effet » avec son condenseur barométrique et ses 2 pompes actionnées en tandem par moteur direct.

## Théorie du triple effet.

Supposons la vapeur de chauffage dans la première caisse à 100° et le liquide arrivant dans cette première caisse à sa température d'ébullition, soit 84° (Voir fig. 94).

La vapeur de chauffage est condensée à 84°. Elle abandonne une quantité de chaleur de :

Ch. lat. 84°, 496,3 + 40,200 + 16 = 552,50 calories par kg. de vapeur.

Le bouillon de la première caisse est vaporisé à la température de 84°. Pour vaporiser un kg. d'eau à cette température, il faut une quantité de chaleur de :

$$507,12 + 39,04 = 546,16$$

Donc 1 kg. de vapeur condensée dans la 1re caisse peut vaporiser :

$$\frac{552,50}{546,16} = 1 \text{ kg. } 015 \text{ de liquide dans cette caisse.}$$

La vapeur de la première caisse à 84° se condense dans la deuxième à 73°.

Chaque kg. de cette vapeur transformée en eau à 73° abandonne : 546,16 + 11 = 557 calories 16.

Le bouillon admis dans la deuxième caisse a une température de 84° et se transforme en vapeur à 73°.

Il demande pour cela une quantité de chaleur de :

$$546,16 - 11 = 535 \text{ calories } 16.$$

Donc un kg. de vapeur condensée dans la deuxième caisse vaporise

$$\frac{557}{535} = 1 \text{ kg. } 039 \text{ de liquide dans cette caisse.}$$

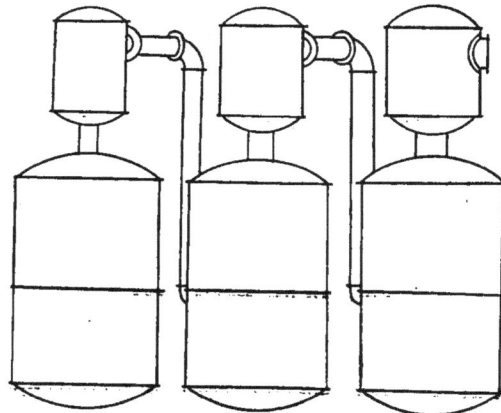

1re Caisse          2e Caisse          3e Caisse
vides 35-40 cm.     50-85 cm.          60-67 cm.
                    Fig. 94.

La vapeur de la deuxième caisse produite à 73°, se condense dans la troisième en eau à 54°.

Un kg. de cette vapeur à 73° transformée en eau à 54° abandonne une chaleur de : 550,6 + 19 = 569 calories.

Le bouillon admis dans la troisième caisse possède 73° et il est réduit en vapeur à 54°.

Il lui faut pour cela, par kg. une chaleur de :

$$550,6 - 19 = 531,6 \text{ calories.}$$

Donc un kg. de vapeur condensée dans la troisième caisse vaporise :

$$\frac{569,6}{530,6} = 1 \text{ kg. } 071 \text{ d'eau dans cette caisse.}$$

En résumé, un kg. de vapeur entrant à 100° dans la première caisse produit un kg. d'eau condensée à 84°.

1 kg. 015 de vapeur dans la première caisse, qui se transforment en 1 kg. 015 d'eau condensée à 73° en produiront : 1,015 × 1,030 = 1 kg. 050 de vapeur dans la deuxième caisse qui se condensent en 1 kg. 050 à 54°, lesquels produisent 1,050 × 1,070 = 1 kg. 125 de vapeur dans la troisième caisse qui s'en va au condenseur.

Donc en finale :

1 kg. de vapeur à 100° a provoqué l'évaporation de :

| | | |
|---|---|---|
| 1,015 d'eau dans la première caisse | | |
| 1,050 » » deuxième caisse | | |
| 1,125 » » troisième caisse | | |

Au total : 3,190

*Balance des chaleurs.* — On avait au début :

1 kg. de vapeur à 100° contenant . . . . . 636 calories
3 kgs 190 de bouillon à 84°. . . . . . . 336 »
Au total . . . . 972 calories

On retrouve à la fin de l'opération :

1 k. d'eau à 84° possédant. . . . . . . . 84 calories
1,015 » 73° » . . . . . . . . 74 »
1,050 » 54° » . . . . . . . . 56 »
1,125 de vapeur 54° » . . . . . . . 698 »
912 calories

### Poids d'eau évaporée par caisse d'un triple effet.

L'évaporation d'une caisse est proportionnelle à la surface de chauffe, proportionnelle à la différence de température entre la vapeur et le liquide. Elle est dépendante de l'état des tubes et de la densité du liquide en raison de sa résistance au mouvement de circulation. Négligeons provisoirement ces deux derniers éléments.

$$\begin{array}{lll} \text{Première caisse} & 1 \ \text{m}^2 \\ \text{Deuxième } \text{»} & 1 \ \text{m}^2 \\ \text{Troisième } \text{»} & 1 \ \text{m}^2 \end{array}$$

Admettant une température de 100° à la vapeur de chauffage et un vide de 65 cm. à la troisième caisse donnant 54°.

Différence totale $100 - 54 = 46°$.

Partageant cette différence en trois, soit 15,3, nous devrons régler l'appareil pour avoir une température de :

$100 \quad\ -15,3 \ = 84°67$ à la 1re caisse, $76 - 43 = 33$ c/m. de vide

$84,67 - 15,33 = 69°34 \qquad$ 2e caisse, $76 - 22 = 54 \qquad$ »

$69,34 - 15,34 = 54° \qquad$ 3e caisse $\qquad\qquad 65 \qquad$ »

et les trois caisses travailleront également.

### Triple-effet.

Ainsi que nous le relations plus haut, l'appareil évaporatoire sous pression réduite : « triple-effet » est bien le système propre aux usines de tannins ou d'extraits colorants végétaux.

Il assure une marche constante et économique de par sa puissance évaporatoire relativement grande jointe à une dépense de vapeur minimum que nous avons établies d'ailleurs précédemment par le calcul.

Nous étudierons d'abord chaque système d'installation qui varie, comme les figures le montrent, avec chaque constructeur qui a ordinairement suivi les conseils des ingénieurs-chimistes de cette industrie pour tel ou tel perfectionnement.

1er *Cas*. — Triple-effet de 150 mq. de surface de chauffe (nous prendrons ce type qui représente la moyenne de construction de ce genre) (1) combiné

(1) Bonnet-Spazin, Constructeurs à Lyon.

simplement avec un condenseur par injection et une pompe à vide (ou à air humide).

Puissance d'évaporation : 3.000 litres-heure, soit 20 litres-heure et par mq.

Dans ce cas, il est évident que l'économie de vapeur ne va résider que dans le nombre des effets : l'eau condensée des 2ᵉ et 3ᵉ caisses allant directement au condenseur en mélange à l'eau d'injection, par conséquent évacuation totale au canal de l'eau de condensation.

Cette disposition (fig. 95), qui est la plus simple, ne doit être utilisée qu'à l'urgence, elle doit être complétée par une pompe des « eaux condensées » ainsi que nous l'indiquerons plus loin (3ᵉ cas).

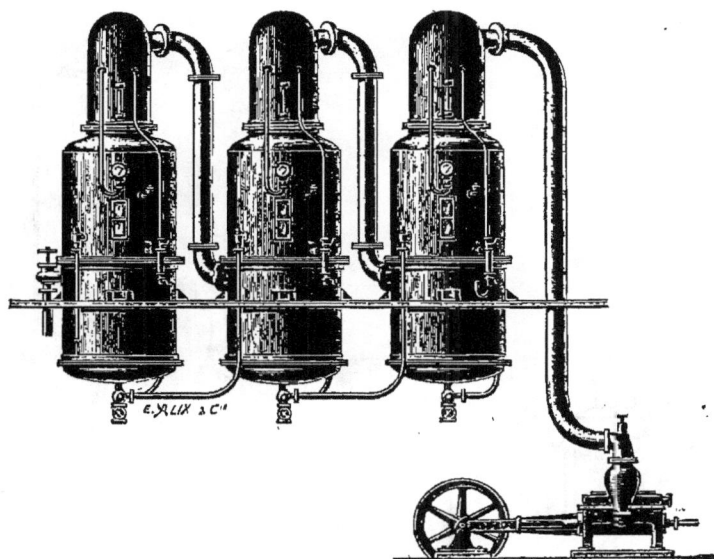

Fig. 95. — Appareil à évaporer à triple effet.

2ᵉ *Cas.* — Triple-effet de 150 mq. de surface de chauffe (3 caisses égales de 50 mq.) combiné : 1º avec un condenseur barométrique à contre courant; 2º avec une pompe à eaux condensées; 3º avec une pompe à air sèche, système tandem par moteur direct (1).

Les vapeurs des caisses nº 1 et 2 condensées dans les chambres de chauffe des caisses 2 et 3, sont aspirées et recueillies par une pompe spéciale des

(1) Bonnet-Spazin, Constructeurs à Lyon.

eaux condensées, laquelle maintient les dépressions dans les calendres d'ébullition ou d'évaporation n° 1 et 2, au moyen des vannes d'amorçage.

Cette pompe des eaux condensées à piston 150 × 320 et à 4 clapets ; 2 à
l'aspiration et 2 au refoulement, construite toute en bronze, ne refoule pas
à plus d'un mètre, aussi un capot, sensiblement au niveau de ses tubulures
de refoulement, reçoit-il les eaux condensées des 2ᵉ et 3ᵉ caisses pour être
ensuite, par une pompe centrifuge en bronze spéciale, refoulées au réservoir-condenseur d'alimentation afin d'être utilisées à la macération des bois.

Le condenseur en cuivre est du nouveau système à contre-courant avec
chicanes perforées 650 × 3.000, séparateur d'eau et soupape d'injection.

Il est complété par une colonne barométrique de 250 m/m. de diamètre
et 12 mètres de longueur.

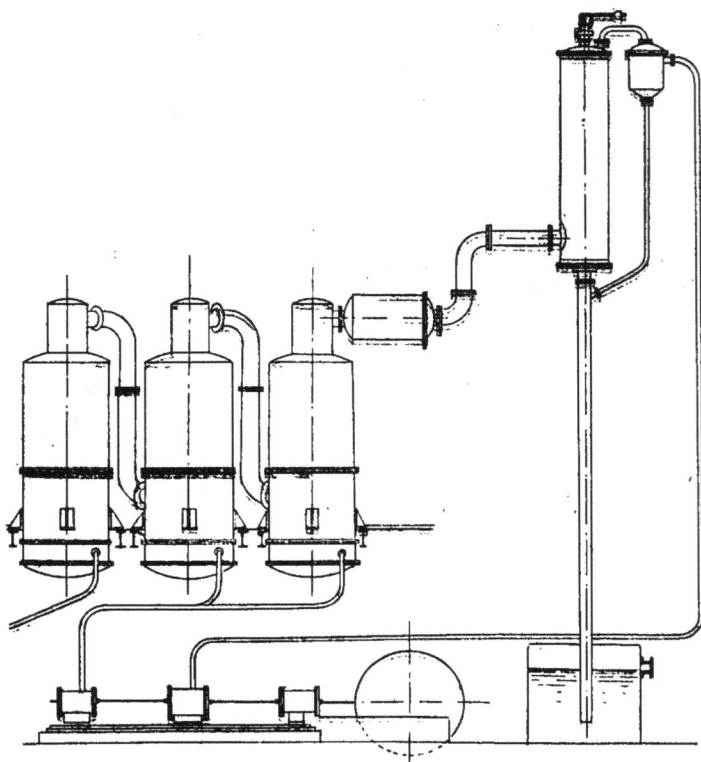

Fig. 96. — « Triple-effet » en relation avec un condenseur barométrique, sa pompe
à air sèche et à eaux condensées, en tandem.

La pompe à air sèche à moteur direct horizontal, système à baïonnette 250 × 320, cylindre à air 300 × 320.

La fig. 96 représente l'installation à l'échelle au 1 : 50, telle qu'elle fonctionne dans certaines usines et où elle fournit de bons résultats ; quoique le dispositif du condenseur barométrique requiert une hauteur minimum de 11 mètres, on peut dire qu'elle fonctionne normalement dans toutes ses applications.

3e Cas. — Triple-effet de 150 mq. combiné : 1° avec une pompe à air humide et condenseur par injection, qui actionne en parallèle une pompe à eaux condensées des deuxième et troisième caisses ; 2° un appareil alimen-

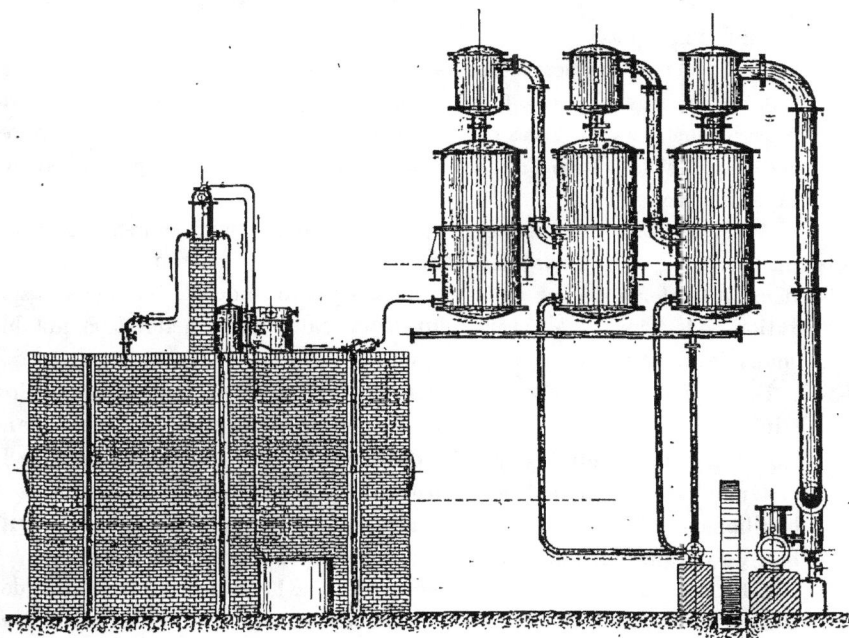

Fig. 97. — « Triple-effet » combiné avec pompes à air humide et des eaux condensées, l'eau de purge de la 1re caisse refoulée aux chaudières par l'alimentation automatique Koerting.

tateur automatique (1) (placé à gauche de la fig. 97) refoulant directement aux chaudières à vapeur l'eau de purge de la première caisse.

(1) Koerting, ingénieurs-constructeurs à Paris.

La fig. 97 représente cette disposition qui est en somme la moyenne des installations modernes.

Ainsi qu'il est facile de le voir, chaque caisse de ce triple effet, est munie d'un vase direct de sûreté Heckmann, qui supprime l'antique appareil dont l'utilité a depuis longtemps été contestée avec raison.

Il faut ajouter pour que cette installation soit complète, un réchauffeur de jus tel qu'il est indiqué d'ailleurs par la fig. 90 et dont l'économie de vapeur réalisée par cet appareil a été chiffrée précédemment.

4ᵉ Cas. — Enfin et c'est celui que nous voudrions voir se réaliser plus fréquemment, au lieu et place du condenseur par injection ou celui barométrique, le condenseur par surface, capable de condenser totalement toutes les vapeurs tanniques.

Car il ne faut pas perdre de vue que la question capitale, dans la fabrication des tannins, c'est la pureté de l'eau employée à la macération, et que de plus, les calories récupérées correspondent à une économie de vapeur appréciable qui est la source d'une marche régulière, constante et pour ainsi dire automatique.

Aussi, en adoptant le système de condenseur par surface, genre Derosne ou tubulaire, et où les vapeurs tanniques de la 3ᵉ caisse circulent et se condensent totalement pour ne laisser que les gaz incondensables aller à l'aspiration de la pompe à air sèche, aura-t-on réalisé une amélioration notable dans les installations actuelles.

Des données pratiques nous permettent d'affirmer que dans le cas d'un triple effet de 150 mq. il suffit d'un condenseur tubulaire de 65 mq. dans lequel circule comme agent refroidisseur, non plus le jus comme avec le système Derosne, mais l'eau provenant en abondance des réfrigérants à bouillons, d'ailleurs cette disposition n'est que complémentaire au réchauffeur de jus placé primitivement à la sortie des vapeurs de la 3ᵉ caisse.

Cette dernière installation est complétée par l'addition d'une pompe des eaux condensées des 2ᵉ et 3ᵉ caisses, lesquelles rassemblées avec celles du condenseur par surface sont refoulées à la macération en passant par le réservoir d'alimentation des cuves ou autoclaves.

### Pompes à air, pompes à eaux condensées.

*Pompes à air humide.* — Les systèmes sont fort nombreux et seraient trop longs à énumérer ici, mais, nous préconiserons toujours l'emploi de pompes offrant le plus de garantie par la simplicité et la robustesse des organes, avec le plus petit nombre de clapets possible : deux à l'aspiration, deux au refoulement par exemple ; leur vitesse ne dépassant pas 50 tours-minute. Enfin la pompe sera à moteur à vapeur direct dont l'échappement servira au chauffage de la première caisse des appareils évaporatoires.

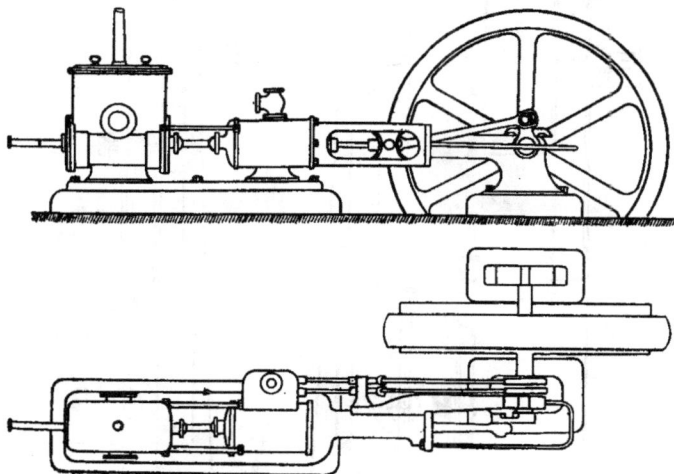

Fig. 98. — Pompe à air humide, à moteur à vapeur.

Cette même pompe actionnera en parallèle ou en tandem, une autre pompe dite « des eaux condensées » toute en bronze, et qui sert dans le cas d'un double effet, à aspirer l'eau condensée tannique de la deuxième caisse, et, dans le cas d'un triple effet, celle des deuxième et troisième caisses.

Les figures 90, 93, 96, 97 ont déjà indiqué la position et la forme de ces pompes. Nous donnerons ici 2 types : la fig. 98 représente une pompe à air à moteur direct, et la fig. 99 un type vertical jumelle construit par la maison Robatel, Buffaud et Cie de Lyon.

*Pompe à air sèche.* — La pompe de ce genre et qui a son application dans le cas de marche « à condenseur barométrique » ou par surface, est ordinairement accouplée avec les précédentes « en tandem », elle sera toujours aussi à moteur direct, son cylindre à air avec distribution par tiroir et dispositif pour la suppression des espaces nuisibles.

Cette dernière pompe gagnera à être construite toute en bronze, de même que celle des eaux condensées ; quant à celle à air humide, les organes intérieurs : tige et piston, chemise du cylindre, sièges des clapets devront ou pourront être seuls en bronze.

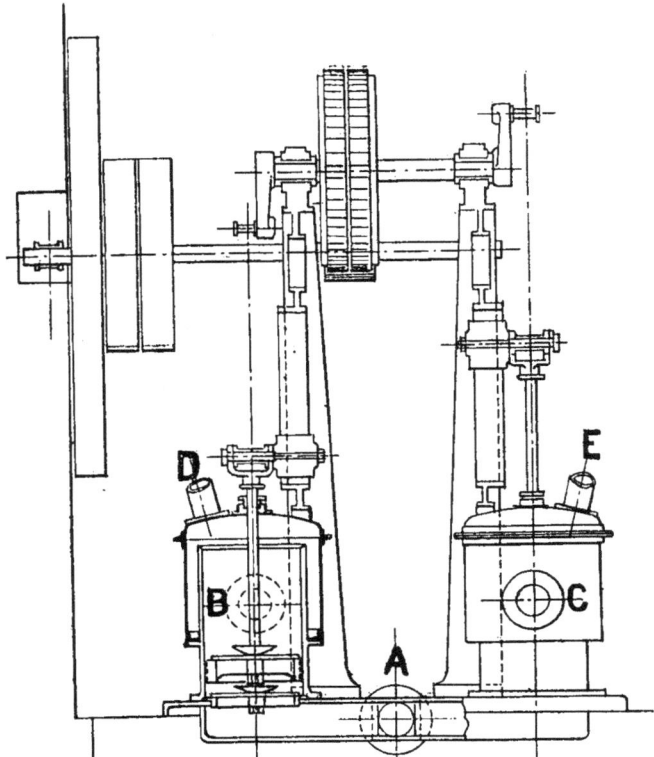

Fig. 99. — Pompe à air humide jumelle, à courroie.
Légende :
AA, Tubulures d'aspiration pour l'eau et les gaz ;
BC, Tubulures d'évacuation de l'eau de condensation ;
DE, Tubulures de gaz incondensables.

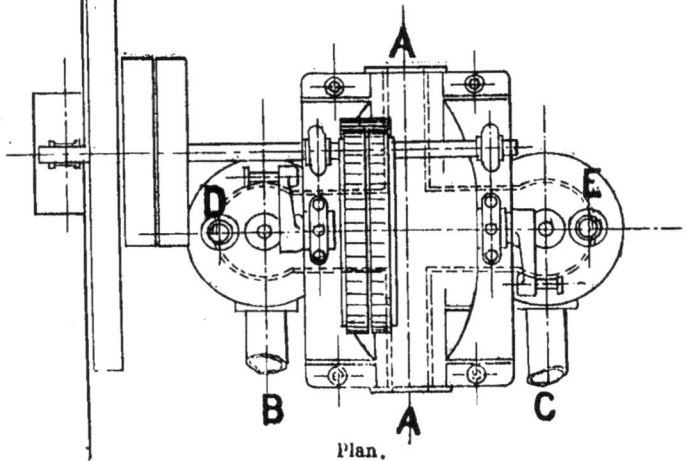

Plan.

## Appareils à triple effet.

*Mise en marche et conduite dans le 3ᵉ cas.* — *Épreuve d'étanchéité.* — Il faut tous les quinze jours environ et chaque fois que l'on remarque une marche défectueuse à l'appareil, procéder à une épreuve d'étanchéité, pour s'assurer qu'il ne se produit aucune rentrée d'air et que tous les joints sont étanches. — On y procède de la façon suivante :

On ferme tous les robinets qui mettent les caisses en communication avec l'air libre : les gros robinets de vapeur d'échappement, les robinets de vapeur vive, les robinets de vidange de chaque caisse, robinet à beurre, etc.

On fait des joints pleins sur les tuyaux de purge des deuxième et troisième caisses, et sur la bride qui se raccorde à la pompe double des eaux condensées. On ferme le robinet d'amenée d'eau au condenseur.

On remplit d'eau le cylindre et la chambre supérieure d'évacuation de la pompe à air.

On ouvre les trois robinets de purge des gaz incondensables. On ferme les robinets d'admission de bouillon à la première caisse, et on laisse les autres ouverts.

Cela fait, on met la pompe à air en marche, de façon à produire le vide dans les trois caisses. On fait monter ce vide aussi haut que possible. Si le piston est en bon état ainsi que les presse-étoupes, il peut atteindre facilement 65, 67 centimètres. On arrête alors la pompe.

Si le vide tombe très lentement, c'est preuve que tout est étanche. Si le vide tombe vite, c'est signe d'une fuite à l'une des caisses ou au tuyautage.

Il faut alors chercher où les fuites existent.

Le sifflement qui se produit à toute rentrée d'air est un indicateur convenable pour les trouver. On peut d'autre part se rendre compte à quelle caisse la fuite se produit, en fermant d'abord le robinet de bouillon et d'évacuation des gaz incondensables de la deuxième caisse, ce qui a pour effet d'isoler la première caisse. Si la tombée du vide s'arrête dans cette première caisse, c'est preuve que la fuite n'existe pas dans cette caisse. Si au contraire elle s'accentue, c'est que la fuite se trouve dans cette caisse. On isole la deuxième caisse de la même façon, en fermant le robinet de bouillon et le robinet d'évacuation des gaz incondensables de la troisième caisse.

Il faut bien se pénétrer que toute rentrée d'air concourt au mauvais fonctionnement du triple effet, et qu'alors il faut l'annuler au plus tôt.

*Mise en marche.* — Lorsque l'étanchéité est bonne, on procède à la mise en marche de la façon suivante :

On a d'abord soin de refaire les joints du tuyautage de purge des deuxième et troisième caisses sur la pompe double des eaux condensées.

On ferme les robinets d'amenée de bouillon des trois caisses, on ouvre à son point normal le robinet d'amenée d'eau au condenseur.

On met la pompe à air en marche, le vide se fait dans les trois caisses et au moment où il atteint 30 centimètres dans la première caisse et 64 dans la troisième, on ouvre le robinet d'alimentation de bouillon de cette caisse. On admet du bouillon jusqu'au niveau de la plaque tubulaire. On ferme alors la vanne d'alimentation.

En même temps, on tourne un peu le papillon d'échappement des machines pour faire affluer la vapeur d'échappement à la première caisse.

Le liquide de la première caisse commence bientôt à bouillir. On ouvre à ce moment la vanne d'alimentation de la deuxième caisse pour admettre le bouillon dans cette caisse. On ouvre en même temps à nouveau le robinet de la première caisse pour maintenir son niveau.

On admet du bouillon dans la deuxième caisse jusqu'à ce que les mousses d'ébullition apparaissent à la glace, et à ce moment, on ouvre enfin le robinet d'alimentation de la troisième caisse pour y admettre le bouillon.

Comme dans la deuxième caisse, on laisse le bouillon atteindre seulement le dessus de la plaque tubulaire.

Pendant tout le temps de cette période d'alimentation, on a continué à chauffer la première caisse de façon à y maintenir le vide à 35 ou 40 centimètres. Pour cela on a dû augmenter graduellement l'ouverture du papillon d'échappement des machines, ou l'admission de la vapeur directe.

On a également continué à augmenter la quantité de liquide dans la première et la deuxième caisse mais en ayant soin de ne pas laisser monter trop haut le niveau du bouillon.

A partir du moment où la troisième caisse est alimentée, la marche ordinaire de l'appareil commence.

On doit alors observer les règles suivantes :

*Règles à suivre pour la marche ordinaire.* — Les deux précautions essentielles du fonctionnement de l'appareil résident dans le chauffage de la première caisse et le maintien des niveaux de liquide dans les trois caisses.

Il faut chauffer plus ou moins la première caisse pour que le vide se maintienne régulièrement à 35 ou 40 centimètres.

Dans les autres caisses, il s'établit de lui-même, et le fonctionnement est normal lorsqu'on a 50 à 55 cm. de vide dans la deuxième caisse et 65cm dans la troisième.

Les niveaux doivent être maintenus à une hauteur telle, que dans aucune des caisses il n'y ait des entraînements, c'est-à-dire que les mousses ne montent trop haut et ne soient entraînées dans le ballon de sûreté.

On doit toujours voir le jour entre la glace du devant de la caisse et celle du dessus du fond à l'arrière.

Si l'ébullition est trop violente dans une des caisses, on doit réduire un peu l'alimentation pour maintenir le niveau plus bas.

Si à un moment donné on observe un entraînement de bouillon, ce qui se voit à la lunette du ballon de sûreté, on ouvre un instant le robinet d'air pour faire tomber un peu le vide dans cette caisse, ce qui a pour effet d'arrêter de suite l'ébullition. En même temps on réduit l'alimentation de la caisse en question.

Il faut bien songer que lorsqu'on diminue l'alimentation d'une caisse, il faut en faire autant à celles qui précèdent, sous peine de voir le niveau monter plus haut dans ces dernières.

Le vide de la troisième caisse doit être de 65 centimètres. Cette valeur est obtenue par une ouverture convenable du robinet d'amenée d'eau au condenseur. Il faut évidemment que la quantité d'eau injectée soit capable de produire la condensation des vapeurs produites dans la troisième caisse.

La température du mélange d'eau chaude qui est rejetée par la pompe, doit être de 30 à 35° au maximum.

Il est évident qu'en hiver, il y aura besoin de beaucoup moins d'eau qu'en été pour la condensation.

Si malgré le réglage convenable du volume d'eau injecté, le vide ne se maintient pas à 65 centimètres, il y a lieu de s'assurer du bon état des segments de piston de la pompe à air, des presse-étoupes et des clapets en caoutchouc, ou de faire l'épreuve d'étanchéité.

Il faut s'assurer de temps en temps que la purge de chacune des caisses se produit normalement.

La concentration du liquide est de plus en plus grande à mesure que l'évaporation se poursuit dans la troisième caisse. On se rend compte de temps en temps du degré existant, en prélevant une éprouvette sur le bouillon dans la troisième caisse.

*Prise des éprouvettes.* — La prise des éprouvettes se fait au moyen de l'appareil spécial adapté à chacun des niveaux d'eau, de la manière suivante :

On ferme le robinet inférieur du réservoir, on ouvre le robinet supérieur ; le réservoir s'emplit de jus. On ferme alors le robinet supérieur, ce qui met l'intérieur du réservoir en communication avec l'atmosphère par le petit trou d'air, on ouvre le robinet inférieur, le jus s'écoule dans l' éprouvette, et on le mesure en y plongeant l'aéromètre.

Pour aspirer ce jus, on ouvre les deux robinets et on ferme celui du haut lorsqu'on voit les bulles d'air monter dans le niveau d'eau.

*Vidange de l'extrait.* — Lorsque le jus de la troisième caisse est au degré voulu, il faut l'extraire, ce qui se fait au moyen de la pompe à jus ou du « vide-sirop ».

On ferme les trois robinets d'arrivée de jus sur les trois caisses et l'admission de vapeur de chauffage à la première caisse, en faisant tomber le vide dans la troisième pour faciliter la vidange. On clavette la tige de piston de la pompe à extrait et on ouvre le robinet de vidange de la troisième caisse ou bien on intercale le vide-sirop.

Lorsque cette caisse est vidée, on ferme le robinet de vidange, on déclavette la pompe et on alimente la troisième caisse par la deuxième et la deuxième par la première, en reprenant la marche normale. Bien noter que le volume de la cuite dans la troisième caisse ne doit pas dépasser 10 centimètres au-dessus de la plaque tubulaire pour éviter des pertes de jus par les pompes des eaux condensées et du robinet à pointeau.

*Arrêt de l'appareil.* — Lorsqu'on arrête l'appareil, il faut fermer tout d'abord l'arrivée de jus dans chaque caisse. On ferme l'arrivée de vapeur à la première caisse en tournant le papillon d'échappement à l'air libre, et on arrête la pompe à air.

*Remise en marche.* — On met la pompe à air en marche, on ouvre l'arrivée de vapeur de chauffage de la première caisse et lorsque l'ébullition a repris son allure normale, on ouvre les arrivées de jus.

*Nettoyage.* — Il faut avoir soin pour conserver à l'appareil toujours le même rendement, de nettoyer le faisceau tubulaire et laver les caisses au moins une fois tous les mois.

Il faut bien se pénétrer que les dépôts qui se font sur la surface intérieure des tubes diminuent considérablement le rendement de l'appareil, et que l'on a tout intérêt à enlever ces dépôts le plus souvent possible pour éviter de les laisser trop durcir. Pour le nettoyage de la première caisse, il suffit le plus souvent d'un brossage et d'un lavage à l'eau chaude ; de même pour la deuxième caisse. Pour la troisième, les dépôts atteignent une dureté très grande, il faut faire usage alors d'un nettoyeur spécial appelé brosse-turbine.

On peut pour faciliter ces opérations de nettoyage, faire bouillir de l'eau dans les caisses, pour cela il suffit de les remplir d'eau jusqu'au niveau des plaques et d'admettre de la vapeur vive dans les chambres de chauffage.

Cette opération a pour effet de ramollir les dépôts durs et de faciliter leur enlèvement par la brosse et la raclette.

On évacue ces eaux de lavage par le collecteur de lavage qui les évacue à l'égoût.

## « Evaporateur Kestner ».

Nous avons passé en revue les appareils à évaporer d'un type courant et communément employés. Nous allons indiquer un nouveau système d'évaporation, basé sur un principe peu connu, qui permet d'obtenir un rendement beaucoup plus élevé et un fonctionnement absolument rationnel de l'appareil. Ces évaporateurs sont relativement récents, mais leurs applications se multiplient de jour en jour dans toutes les industries qui ont des évaporations à effectuer ; nous voulons parler de l'évaporateur « Kestner » de Lille.

Cet appareil se fait pour chauffages par la vapeur vive provenant des générateurs ou vapeur d'échappement des machines ; ils sont à simple, double, triple ou multiple effet, la concentration se fait dans des faisceaux tubulaires ayant en principe 7 mètres de longueur.

Le liquide distribué à la partie inférieure de l'appareil et par un dispositif spécial, se répartit également dans tous les tubes du faisceau : la liqueur arrive régulièrement et en petite quantité, et circule très rapidement, conditions qui réalisent un grand avantage au point de vue de l'altération des produits sensibles à l'action de la chaleur ; c'est le cas des extraits de bois, au point de vue du volume de liquide en circulation, les différences sont remarquables comparativement aux autres systèmes; ainsi pour deux appareils faisant le même travail, un quadruple effet ordinaire du type précédemment décrit, contient 15.000 litres en concentration, alors que l'appareil « Kestner » n'en contient que 500 ! Cette différence indique clairement qu'un principe nouveau est appliqué dans cet évaporateur, c'est ce phénomène qui est dénommé « Grimpage » et fait que le liquide peut s'élever ainsi dans des tubes d'une longueur de 7 mètres. Si l'on établit la proportionnalité entre le volume du liquide qui traverse le tube de bas en haut et le volume de vapeur qui s'échappe à la partie supérieure de ce tube, on trouve que cette proportion est au moins comme 1 est à 1.000. Il se forme des bulles dans le bas du tube, mais lorsque le volume et la vitesse de la vapeur sont suffisants, le liquide prend un mouvement d'ascension en couche extrêmement mince le long de la paroi interne du tube, alors que la vapeur circule avec une vitesse considérable de 25 mètres environ à la seconde dans l'axe du tube (voir fig. 100).

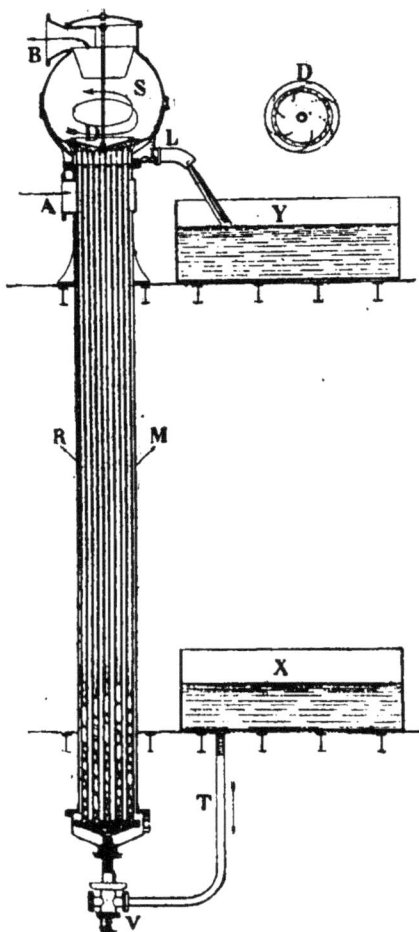

Fig. 100. — Coupe d'un évaporateur « KESTNER ».

On peut se rendre compte que dans ces conditions l'évaporation est extrêmement intense et qu'effectivement les liquides sont placés dans les meilleures conditions au point de vue de leur inaltérabilité. Pratiquement dans toutes les applications des évaporateurs « Kestner », on a obtenu des produits beaucoup plus parfaits, et c'est pour l'avoir constaté que nous n'hésitons pas à recommander cet appareil particulièrement intéressant.

*Description* (fig. 100). — Une caisse d'un multiple effet, système « Kestner », se compose d'un faisceau tubulaire en cuivre enfermé dans une chambre de vapeur ou calandre ; à la partie inférieure de la calandre, une boîte de distribution de la liqueur à concentrer qui est amenée par un tuyau unique de faible section ; à la partie supérieure : le séparateur de vapeur.

Le faisceau tubulaire (R) a 5 à 7 mètres de longueur, il est en cuivre, et les plaques tubulaires sur lesquelles les tubes sont mandrinés, sont en bronze. Le corps (M) de la calandre se fait en tôle ou en cuivre.

Le séparateur (S) est de forme sphérique et de volume relativement restreint. Il renferme une chicane (D) portant des ailes semblables à celles d'une turbine centrifuge. Cette chicane est fixe, les ailes donnent à la vapeur, qui doit pour s'échapper passer entre elles, un mouvement de rotation qui permet la séparation des gouttelettes liquides entraînées par la vapeur.

La fig. 100 montre un évaporateur « Kestner » fonctionnant à la pression atmosphérique. Le liquide séparé de la vapeur s'écoule par (L) dans un bac supérieur (Y). Si l'appareil marchait dans le vide, le tuyau (L) se prolongerait jusqu'à la partie inférieure de la caisse, en dessous, par exemple, du plancher supportant le réservoir (X) à liquide faible, et l'écoulement du bouillon concentré se ferait barométriquement dans le bac (Y) reposant alors sur le sol. Dans la marche dans le vide, la tubulure (B) de sortie des vapeurs provenant de la concentration, serait reliée à un vase de sûreté communiquant avec un condenseur barométrique, ou à une pompe à air humide si certaines dispositions de l'usine empêchent la condensation barométrique qui est la plus recommandable à tous les points de vue.

L'entrée de vapeur de chauffage se fait en (A) ; la sortie de l'eau de condensation est à la partie inférieure de la calandre. La vapeur et les liqueurs à concentrer circulent donc en sens inverse.

*Avantages*. — Indépendamment des avantages précités, nous avons encore dans l'appareil « Kestner » : simplicité générale de la construction, peu de joints par suite peu de fuites, peu de rentrée d'air dans les appareils marchant dans le vide. Réglage facile de l'appareil : le débit du tuyau d'alimentation de la 1re caisse, se règle d'après la densité à obtenir à la sortie du dernier effet. Emplacement restreint.

*Lavage*. — Le lavage est une des particularités de cet appareil, cela lui

permet de conserver son maximum de rendement. La vue en coupe d'une
caisse montre que dès l'arrêt de l'appareil, le liquide peut être entièrement
évacué. On peut faire un lavage très rapide de chaque caisse avec des eaux
chaudes de condensation, de la vapeur de chauffage, lavage qui demande
environ 1/4 d'heure et n'exige aucun arrêt dans la marche de l'usine.
L'eau de lavage circule dans le même sens que le liquide en concentration ;
le nettoyage se trouvant par ce fait particulièrement efficace, permet à
l'appareil, nous le répétons, de travailler avec le maximum de rendement,
alors que dans tous les autres systèmes d'évaporation, le nettoyage de

Fig. 101. — Evaporateur « KESTNER ». Simple-effet.

l'appareil est une opération longue qui ne peut se faire journellement, et
qui par conséquent en augmente les difficultés.

On peut en outre adjoindre une ou plusieurs caisses « Kestner » spécialement étudiées à des appareils existants ; on augmente ainsi leur surface de
chauffe et on améliore leur rendement, puisqu'à ces appareils à évaporer,
on ajoute un ou des éléments dont la puissance évaporatoire est de beaucoup
supérieure. Même dans un chauffage par serpentin, un évaporateur
« Kestner » recevant en premier lieu les bouillons faibles, fournirait la
vapeur aux serpentins pour achever la concentration, et réaliserait ainsi une
économie très réelle de vapeur en établissant un groupement, marchant en
double effet et dont le premier corps serait à grande production.

Fig. 102. — Quadruple-effet « Kestner ».

Les appareils « Kestner » ont de nombreuses applications dans les diverses industries s'occupant de concentration et particulièrement dans l'industrie des extraits de bois, extraits tannants, extraits de campêche, etc...... Les fig. 101 ét 102 sont les photographies d'appareils actuellement en marche.

En résumé, d'après tout ce que nous venons de dire, le nouvel évaporateur « Kestner » est certainement l'appareil qui convient le mieux, à tous points de vue, aux industriels qui nous intéressent, et c'est à ce titre que nous nous sommes étendus plus longuement à son sujet et que nous le recommandons particulièrement ; il a d'ailleurs fait ses preuves.

# CHAPITRE III ·

Type d'usine d'extraits modèle. — Capital à engager. — Calcul du prix de revient.

## Devis d'une usine modèle.

Nous prendrons comme type d'usine d'extraits, celle dont l'appareillage et l'ensemble du matériel permettent de traiter 60 tonnes de bois de châtaignier ou chêne en 24 heures, c'est en somme l'idéal comme affaire réellement industrielle et rémunératrice.

Nous exposerons donc d'abord la nomenclature des divers appareils destinés à cette fabrication et sur cette base ; elle comprendra :

1° *Autoclaves.* — 5 autoclaves d'une contenance de 10.000 litres, 1 m. 850 de diamètre et 4 mètres de hauteur, comprenant chacun :

1 tampon de chargement de 400 m/m.

1 tampon de vidange de 800 m/m.

1 robinet de 70 m/m. pour prise de vapeur.

1 robinet de 90 m/m pour alimentation d'eau.

1 robinet de 80 m/m. pour échappement de vapeur.

1 robinet vanne à 3 voies de 100 m/m. pour les passages.

1 niveau d'eau.

1 manomètre.

1 boîte bronze avec soupape et reniflard.

Crépines à tous les orifices.

Tuyauterie complète reliant tous les autoclaves entre eux.

Couloir en tôle pour chargement des copeaux, avec couvercle à charnière.

Chaîne avec poulie et contre-poids pour la manœuvre des tampons supé-. rieurs.

Charpente et colonnes pour supporter les autoclaves.

Ces autoclaves seront du type à base tronconique de la figure 83.

*Batterie de cuves en bois.* — Cette batterie d'autoclaves est indiquée comme mémoire, parce qu'elle ne permet pas d'adopter la marche rationnelle (1) que nous avons préconisée en connaissance de cause, et qui demande alors une batterie de 16 cuves en bois de 20.000 litres de capacité, pouvant contenir 5.000 kgs de copeaux de châtaignier ou chêne, et représentées par la fig 80 Cette batterie toute installée coûtera un peu moins cher que la batterie d'autoclaves, soit environ. . . . . . . . Fr.    65.000

2° *Coupeuses.* — 2 coupeuses à tourteau angulaire, pouvant réduire en copeaux, chacune 30.000 kilos de bois en 12 heures, comprenant :

Bâti en chêne. Arbre acier. 3 paliers graisseurs. Tourteau porte-lames en fonte. Poulies folle et fixe. Volant. Couloir. Enclume ou éperon. Débrayage. Capote en tôte. 2 jeux de couteaux.

L'une 3.500 francs, soit les deux. . . , . . . . Fr.    7.000

3° *Elévateur transporteur.* — 2 élévateurs et 1 transporteur . . . . . . . . . . . . . . . . . . Fr,    5.000

4° *Machine à vapeur.* — 1 machine à vapeur, type horizontal à grande vitesse, sans condensation, de 50 à 70 IP pour actionner les 2 coupeuses, les élévateurs transporteurs et transmissions diverses. Mise en place . . . . . . . . Fr.    12.000

5° *Chaudières à vapeur.* — 2 générateurs à vapeur multibouilleurs de 120 mq. de surface de chauffe, timbrés à 8 kgs, munis de leurs accessoires : montants d'armatures, cadres de ramonage, supports de chaudière, registres et leur mouvement, soupapes de sûreté, manomètre, appareil de niveau d'eau, robinet et clapet pour l'alimentation, et disposés pour être chauffés par un four gazogène brûlant les copeaux épuisés : l'un 15.000 francs, soit les deux . . . . . . . . . . . Fr.    30.000

2 fours gazogènes complets l'un 3.000 francs, soit pour les deux. . . . . . . . . . . . . . . . . . Fr.    6.000

6° *Triple-effet.* — 1 appareil à évaporer à triple effet, d'une surface de chauffe de 180 mq. pouvant évaporer 3.500 litres d'eau à l'heure, composé de 3 caisses en cuivre, plaques tubulaires en bronze, tubes en cuivre, vases de sûreté Heckmann et tube de communication des vapeurs en cuivre.

(1) Pour les usines qui veulent fabriquer des extraits autres que ceux de châtaignier. J. N.

Avec la robinetterie complète, savoir :

Robinets de vapeur d'échappement et de vapeur vive, de remplissage et de vidange, niveau de jus, éprouvette de prise d'échantillons, robinet à beurre, lunettes, trou d'homme, tubulure d'évacuation des eaux condensées et tuyau de retour des mousses

1 condenseur en cuivre placé sur la pompe à air.

1 pompe à air à moteur direct, accouplée avec une pompe d'évacuation des eaux condensées des deuxième et troisième caisses, permettant d'utiliser cette eau pour l'alimentation des autoclaves.

1 pompe à jus pour la vidange de la troisième caisse.

1 ballon collecteur des échappements des diverses machines, en tôle de fer, avec tubulure d'arrivée, de départ, de purge, et soupape de sûreté.

Ces appareils complets, avec leur tuyautage reliant les trois caisses entre elles, et celui reliant ces dernières aux pompes respectives, ainsi que tous frais de charpente et de maçonnerie, au total. . . . . . . . . . . . . . . . . . . Fr.    80.000

7° *Décantation mécanique des jus.* — 4 essoreuses-décanteuses de 1 m. 200 de diamètre, pouvant débiter 1.000 litres-heure de jus clarifié, ces appareils complets en cuivre et bronze pour les parties en contact avec le jus, du système Robatel, Buffaud et C^ie^; l'une fr. 4.000 tout posé, soit pour les quatre. Fr.    16.000

8° *Bâtiments de l'usine.* — Un hall de 700 mq de superficie, avec charpente métallique en dents de scie et pignon pour le grenier à copeaux, plus un hangar de 400 mq. pour recevoir les cuves à extraits, la futaille, le bureau-laboratoire, et un petit atelier de réparations ; le tout construit avec des matériaux trouvés à pied d'œuvre au prix global de. . . . . . Fr.    40.000

9° *Cheminée à tirage mécanique.* — 1 cheminée avec transformateur Sturtevant. . . . . . . . . . . . Fr.    5.000

10° *Terrain.* — Prix approximatif du terrain, qui doit d'ailleurs être choisi en un lieu remplissant les conditions requises pour cette exploitation : contigü à une gare de grand réseau, prise d'eau avec un débit minimum de 50.000 litres-heure, centre géométrique, autant que possible d'importantes châtaigneraies ou futaies ou forêts de chêne, dont la superficie permette de tabler l'amortissement de l'usine en dix années ou plus tôt, si cette quantité est fonction d'un prix de bois à la tonne ne dépassant pas 15 francs, enfin main d'œuvre minimum et active.

Nous estimons qu'une superficie totale de 4.000 mq. est suffisante pour semblable installation, à fr. 3 le mq., soit comme achat de l'emplacement. . . . . . . . . . . . . Fr.          12.000

11° Château d'eau et sa pompe, wagonnets et voie Décauville, accessoires et objets divers pour la fabrication . . . . . Fr.          8.000

12° 5 éléments tubulaires réfrigérants . . . . . . Fr.          8.000

13° Cuves à bouillon et autres . . . . . . . . . Fr.          4.000

14° Bureau et laboratoire . . . . . . . . . . . Fr.          2.000

15° Réservoir condenseur-réchauffeur, système J Noyer. Fr.          4·000

16° Transmissions et poulies diverses. . . . . . . Fr.          2.000

17° Bois en chantier. . . , . . . . . . . . Fr.          20.000

18° Imprévus pour futailles, pose du matériel, appareillage, etc. . . . . . . . . . . . . . . . . . Fr.          4.000

Soit, pour la mise au point d'une usine traitant 60 tonnes de bois en 24 heures, un capital de. . . . . . . . Fr.          330.000

Nous ajouterons pour fonds de roulement. . . . . Fr.          20.000

ce qui représente alors le capital global maximum pour la mise en marche d'une usine d'extraits de châtaignier, et sur la base indiquée précédemment, c'est-à-dire pouvant produire un minimum de 13.000 kilos d'extrait 25° en 24 heures de . . . . Fr.          350.000

## Prix de revient.

Pour un capital engagé de 350.000 francs, et sur la base de traitement et de production indiquée plus haut, le prix de revient de 100 kgs d'extrait 25° se décompose ainsi :

1° Matières premières :

500 kilos de bois de châtaignier (45 0/0 d'eau), la tonne sur pied d'œuvre à 15 francs . . . . . . . . . . . . . . . . . .          7,50

2° Main d'œuvre :

Honoraires, paies ouvrières, assurances accidents. . . . .          1,75

3° Frais généraux :

Location, impôts, assurances incendies, intérêt, amortissement.          1,50

4° Frais industriels :

Entretien, éclairage électrique, clarification. . . . . . .          1,25

Soit les 0/0 kilos d'extrait 25° nu et net, à l'usine. . . . .          12,00

Etant donné la cherté de la futaille, nous compterons pour le
logement de 100 kilos d'extrait 25°. . . . . . . . . . .          3,00
   Le coût franco gare (moyen) du transport en France ou port
d'Europe. . . . . . . . . . . . . . . . . . . . .          3,50
   Commission aux vendeurs . . . . . . . . . . . . .          0,50
   Soit les 0/0 kilos d'extrait 25°, franco clients . . . . . .          19,00
   Or le prix moyen de vente qui restera stationnaire longtemps
encore, avec tendance à la hausse, est de. . . . . . . Fr.      22,00
   Soit un bénéfice net par 0/0 kilos d'extrait 25° de . . . Fr.       3,00
   Donc à l'année industrielle de 300 jours, l'usine de 60 tonnes, prise
comme type et montée au capital de 350.000 francs, rapportera $\dfrac{3 \times 13.000 \times 300}{100}$
= 117.000 francs, soit un revenu brut de 30/33 0/0.

   En général, il faut compter avec l'augmentation de prix initial du bois,
mais de toute façon, il faut considérer que l'amortissement peut s'effectuer
en 3 ou 4 ans : à ce moment, le prix de la tonne de bois, passe ordinairement de 15 à 17 francs ou plus, le bénéfice par 0/0 kilos d'extrait tombe alors
de 30/33 0/0 à 10/12 0/0, revenu net encore appréciable de nos jours, car
en somme il ne faut pas perdre de vue, que cette industrie des tannins
bien française, par son origine, est peut-être, à l'heure actuelle, une des
plus prospères, et l'on peut dire qu'elle le sera encore longtemps, si elle
donne de plus en plus satisfaction à sa grande cliente : la tannerie. Celle-ci
suit une marche ascendante par la force même des événements actuels,
qui créeront durant longtemps encore, de nouveaux besoins, lesquels auront
forcément leur répercution sur le marché Européen.

# CHAPITRE IV

Importance et nombre d'usines d'extraits, en France, en Corse, en Italie, et en Espagne. — Production totale française en 1904. — Mouvement des importations et exportations d'extraits de châtaignier et autres sucs végétaux, effectuées par la France depuis 1900, et d'après des documents officiels.

## Importance et nombre des usines d'extraits en France.

En 1875, il n'existait que 7 usines de ce genre, aujourd'hui il faut en compter plus de 20, nous les résumerons dans le tableau ci-dessous et par ordre d'importance :

| Noms des fabricants | Lieu d'exploitation | Tonnes de bois traitées par 24 heures | |
|---|---|---|---|
| 1. Liebaut et Cie . . | . Ossez (Basses-Pyrénées) . | 60 tonnes | châtaignier |
| — | Nay (Basses-Pyrénées). . | 50 — | — |
| — | Tournaye (Htes-Pyrénées). | 100 — | — |
| — | St-Nicolas (Morbihan) . . | 50 — | ... |
| 2. J. P. Rey. . . . | . La Rochette (Savoie) . . | 50 — | — |
| — | Couze (Dordogne) . . . | 120 — | — |
| 3. Société Levinstein . | Cornil (Corrèze). . . . | 100 — | — |
| 4. Watrigant fils . | . Pont-vert (Cher) . . . | 100 | — chât. et chêne. |
| — | Marquette-lez-Lille. . . | 50 | — quebracho, sumac, myrobolam. |
| — | — | 30 | — campêche. |
| 5. Rey frères . . | . Montreuil-s.-Ille (I.-et-V.). | 90 | — |
| — | —. | 30 | — chêne |
| 6. Philippe et Cie . | . Lalevade d'Ardèche . . | 120 | — |

| Noms<br>des fabricants | Lieu<br>d'exploitation | Tonnes de bois traitées<br>par 24 heures | |
|---|---|---|---|
| 7. Huillard et Cⁱᵉ. | St - Denis - des-Mures (Hte-<br>Vienne) . . . . . | 60 | tonnes chêne. |
| — | Suresnes-Paris . . . . | | sumac, quebra-<br>cho, campêche. |
| 8. Marchal-Courbaize. | Maurs (Cantal) . . . . | 60 | — |
| 9. Gillet et fils. . . | Lyon-Vaise . . . . . | 30 | — |
| — | Molières-Cavaillac (Gard). | 30 | — |
| 10. E. Roy et Cⁱᵉ . . | Lanouaille (Dordogne). . | 50 | — |
| 11. Miallon et Cⁱᵉ . . | Banassac (Lozère) . . . | 50 | — |
| 12. Société des tannins. | | | |
| concentrés . . | Montrejeau (Hte-Garonne). | 50 | — |
| 13. Roubin et Cⁱᵉ . . | Lalevade (Ardèche). . . | 30 | — |
| 14. Ausset et Hermet . | Genolhac (Gard) . . . | 30 | — |
| 15. Société des produits | | | |
| chimiques . . | Labrugnière (Tarn). . . | 20 | — |
| 16. Abeille . . . . | | 20 | — |
| 17. Cronier-Querelle . | Ponteils (Gard). . . . | 20 | — |
| 18. Bordet et Cⁱᵉ . . | Froidvent. (Côte-d'Or). . | 20 | — chêne |
| 19. Luc et fils . . . | Nancy. . . . . . . | 20 | — chêne |
| 20. Baux . . . . . | Marseille. . . . . . | 10 | — châtaignier. |
| 21. Patre et Mabillat . | Usine transférée en Italie (1). | | |

Soit donc au total : 20 fabricants d'extraits de châtaignier et 26 usines, dont 3 fabricant surtout de l'extrait de chêne.

Nous avons vu à l'article « déboisement en France des châtaigneraies » à quelle consommation globale correspond cet ensemble d'usines et quel est par suite leur vitalité : nous croyons encore, malgré nos prévisions basées sur des chiffres officiels, qu'elle sera de beaucoup abrégée, parce que le facteur que l'on pourrait appeler de réserve, est ignoré ou est susceptible d'une trop grande approximation pour qu'il soit permis d'être affirmatif à son égard.

*Usines italiennes.*

**Lepetit-Dollfus et Gansser, à Garessio (Cunes).**

(1) J. Noyer et Cⁱᵉ. Usine projetée à Lavoulte-sur-Rhône (Ardèche).

Martinolo et Lamberti, à Millesimo (Savona).

Giuseppe Massa, à Garessio.

Varaud et Paret, à Bagni di Lucca.

Ces 2 dernières usines travaillent pour l'exportation, vià Hambourg.

Patre et Mabillat, à Oneglia.

Società Anonima Estratti Tannici Darfo, à Milan.

Fratelli Dufour, à Gênes.

Società Italiana di Estratti conciandi e colorandi, à Villafranca Lun, près La Spezia.

*Usines espagnoles.*

Torrabadella fils à san Martin de Provensals, près Barcelone.

Brillas, Pagans y Cª à Cebrà, près Gerona.

### Usines corses des tannins.

D'un voyage en Corse que nous avons effectué en juillet 1904 pour le compte d'une importante usine de ce pays, nous avons rapporté divers renseignements sur la situation et l'importance des usines de tannins de ce département, dont nous avons d'ailleurs tiré des conclusions qui confirment pleinement celles exposées dans le rapport de M. Donati sur le déboisement de la Corse.

Nous allons fournir quelques indications sur chacune des 4 usines existantes.

1º L'usine de MM. L. J. Levinstein et fils, de Berlin, est établie près de la gare de Casamozza (commune de Lucciana) et sur le bord du Golo, à 22 km. de Bastia ; construite en 1902, elle produit, en 24 heures, environ 20.000 kgs d'extrait 25º.

2º L'usine de la Société Corse pour le traitement des bois est située aussi près du Golo, et de la station de Barchetta (commune de Volpajola) à 30 km. de Bastia, cette usine produit 18.000 kgs d'extrait à 25º en 24 heures ; elle est distante de celle de Casamozza, de 8 k. seulement.

3º La Société Anonyme des usines de Champlan, compte l'usine de Champlan même (ancienne usine Serrières de Lyon-Vaise) à 8 km. de Folelli-Orezza où la même société vient d'installer une deuxième usine, laquelle est distante de Bastia de 32 km. La production de ces deux usines réunies est de 20.000 kgs d'extrait à 25º par 24 heures.

D'après ce qui précède, on se rend compte que toutes ces usines sont rapprochées les unes des autres, dans un rayon de moins de 20 km. Leurs moyens d'action, sous le rapport approvisionnement de bois, se trouve donc forcément paralysé, et la concurrence qui s'établit de par ce fait, oblige à la hausse des bois de châtaignier dont le prix atteint francs 9,50 le stère (460 kgs), soit à plus de 20 francs la tonne.

Ces usines se trouvent toutes sur la côte orientale de la Corse : région où croit le châtaignier, mais aussi où règne la malaria, surtout dans les parties basses et marécageuses, qui indispose tour à tour le personnel ouvrier de ces usines, qui subissent de par ce fait même, une certaine difficulté à recruter la main-d'œuvre qui laisse d'ailleurs beaucoup à désirer comme travail produit.

Cette zône dangereuse est d'ailleurs plantée d'eucalyptus notamment sur le parcours des voies de chemins de fer départementaux desservant les localités précitées.

Par la quantité totale d'extrait produit par ces 4 usines, on voit que la consommation journalière, en bois de châtaignier, dépasse 350.000 kgs, c'est-à-dire 210.000 kgs de plus qu'en 1901 : année où M. Donati annonçait que le déboisement de la Corse, en châtaigneraies, serait complet dans 50 ans : d'après nos chiffres certains, on se rend compte que la dévastation complète du châtaignier se produira dans un laps de temps beaucoup plus réduit, et que l'on peut fixer à quelques années seulement (1).

Toute la production de ces usines, a comme port d'embarquement Bastia : la consommation de l'extrait en Corse étant nulle puisqu'elle ne possède aucune tannerie.

## Production totale française en 1904.

La production globale d'extrait (y compris la Corse) a atteint en 1904 : environ 105.000.000 de kgs représentant sensiblement comme valeur 26.000 000 de francs.

---

(1) Nous apprenons que le déboisement en Corse va bientôt obliger certaines usines de Tannins à s'occuper de « Sucrerie », et déjà des champs d'expériences de culture de betterave s'organisent à Casamozza, près Bastia.

Dumesny et Noyer                                    20

**Mouvement des importations et exportations d'extraits de châtaignier et autres sucs végétaux, effectués par la France, depuis 1900 (1).**

ANNÉE 1900.

*Importations.* — *Commerce spécial.* — *Exportations.*

| Pays de provenance | Quantités au net | Pays de destination | Quantités au net |
|---|---|---|---|
| Angleterre . . . . . . . | 69.974 | Russie . . . . . . . . | 476.527 |
| Pays-Bas . . . . . . . | 61.537 | Angleterre . . . . . . | 12.976.890 |
| Belgique . . . . . . . | 381.460 | Allemagne . . . . . . | 3.182.555 |
| Suisse . . . . . . . . | 118.842 | Belgique . . . . . . . | 6.171.819 |
| Autriche-Hongrie . . . | 493.696 | Suisse . . . . . . . . | 680.214 |
| Italie. . . . . . . . . | 137.400 | Espagne . . . . . . . | 314.513 |
| Etats-Unis . . . . . . | 111.030 | Italie. . . . . . . . . | 773.192 |
| Autres pays . . . . . | 108.832 | Autres pays . . . . . | 1.412.554 |
| | | Algérie . . . . . . . . | 24.782 |
| Total en kilos . . . | 1.484.771 | Martinique . . . . . . | 27.619 |
| | | Autres colonies. . . . . | 26.699 |
| Valeur globale en francs. | 297.954 | | |
| | | Total en kilos . . . | 26.066.364 |
| | | Valeur globale en francs. | 5.213.273 |

| ANNÉE 1901. | | | |
|---|---|---|---|
| Angleterre . . . . . . . | 57.223 | Russie . . . . . . . . . | 1.347.269 |
| Allemagne . . . . . . . | 85.278 | Angleterre . . . . . . | 12.210.233 |
| Pays-Bas . . . . . . . | 93.026 | Allemagne . . . . . . | 4.821.441 |
| Belgique . . . . . . | 137.391 | Belgique . . . . . . . | 5.629.341 |
| Suisse . . . . . . . . | 108.418 | Suisse . . . . . . . . | 557.036 |
| A reporter. . . . . | 491.336 | A reporter. . . . . | 24.565.320 |

(1) Office national du Commerce extérieur.

ANNÉE 1901 (*suite*).

*Importations. — Commerce spécial. — Exportations.*

| Pays de provenance | Quantités poids net | Pays de destination | Quantités poids net |
|---|---|---|---|
| Report. . . . . . | 491.336 | Report. . . . . . | 24.565.320 |
| Autriche Hongrie. . . . | 883.822 | Autriche-Hongrie . . . . | 736.216 |
| Italie. . . . . . . . . | 183.285 | Italie. . . . . . . . . | 872.596 |
| Etats-Unis . . . . . . | 86.214 | Autres pays . . . . . | 1.939.014 |
| Autres pays . . . . . | 5.262 | Algérie. . . . . . . . | 37.744 |
| | | Ile Réunion. . . . . . | 31.480 |
| Total en kilos. . . . . | 1.639.919 | Autres colonies. . . . | 27.785 |
| Valeur en francs . . . . | 327.984 | Total en kilos . . | 28.210.164 |
| | | Valeur en francs . . . . | 5.642.031 |

ANNÉE 1902.

| Angleterre . . . . . . . | 38.095 | Russie . . . . . . . . | 1.986.038 |
|---|---|---|---|
| Allemagne . . . . . . . | 150.850 | Angleterre . . . . . . | 12.681.424 |
| Belgique . . . . . . . . | 321.315 | Allemagne . . . . . . . | 4.516.444 |
| Suisse . . . . . . . . | 122.436 | Belgique . . . . . . . | 6.438.218 |
| Autriche-Hongrie . . . . | 707.750 | Suisse . . . . . . . . | 648.289 |
| Italie. . . . . . . . . | 51.201 | Italie. . . . . . . . . | 1.068.239 |
| Etats-Unis . . . . . . | 137.903 | Roumanie . . . . . . . | 667.572 |
| République-Argentine. . | 30.082 | Autres pays. . . . . . | 2.007.615 |
| | | Algérie. . . . . . . . | 38.265 |
| Total en kilos . . . . | 1.587.457 | Tunisie. . . . . . . . | 20.624 |
| | | Autres colonies. . . . | 20.099 |
| Valeur en francs . . . | 317.491 | Total en kilos. . . . . | 30.092.727 |
| | | Valeur en francs . . . . | 6.018.545 |

*Importations. — Commerce spécial. — Exportations.*

| Pays de provenance | Quantités poids net | Pays de destination | Quantités poids net |
|---|---|---|---|
| Allemagne . . . . . . . | 116.568 | Russie . . . . . . . . . | 1.057.057 |
| Belgique . . . . . . . . | 196.526 | Angleterre . . . . . . | 19.045.474 |
| Suisse . . . . . . . . | 118.273 | Allemagne . . . . . . . | 6.688.161 |
| Autriche-Hongrie . . . . | 666.383 | Belgique . . . . . . . | 7.963.784 |
| Italie. . . . . . . . . | 48.867 | Suisse . . . . . . . . | 637.331 |
| États-Unis . . . . . . | 115.267 | Espagne . . . . . . . | 748.961 |
| Uruguay . . . . . . . | 32.315 | Italie . . . . . . . . . | 1.303.514 |
| République-Argentine . | 42.931 | Autres pays . . . . . . | 1.978.680 |
| Autres pays . . . . . | 53.887 | Algérie. . . . . . . . | 11.240 |
| | | Tunisie. . . . . . . . | 42.800 |
| Total en kilos. . . . . | 1.416.745 | Autres colonies . . . . . | 13.988 |
| Valeurs en francs. . . . | 283.349 | Total en kilos. . . . . | 38.460.990 |
| | | Valeur en francs . . . . | 7.892.198 |

|  | Quintaux métriques | Valeur |
|---|---|---|
| Importation . . . . . | 19.625 | 334.000 francs |
| Exportation . . . . . | 522.740 | 8.887.000 — |

Les résultats de 1904, actuellement connus, sont exprimés en poids brut.

*Récapitulation.*

|  |  | Kgs. | Valeur |
|---|---|---|---|
| | Importations . . . | 1.484.771 | 296.954 Francs |
| Année 1900. | Exportations . . . | 26.066.364 | 5.213.273 — |
| | Importations . . . | 1.639.919 | 327.984 — |

|  |  | Kgs. | Valeur |  |
|---|---|---|---|---|
|  | Importations . . . | 1.416.745 | 283.349 | Francs |
| Année 1901. | Exportations . . . | 28.210.164 | 5.642.031 | — |
|  | Importations . . . | 1.587.457 | 317.491 | — |
| Année 1902. | Exportations . . . | 30.092.727 | 6.018.545 | — |
| Année 1903. | Exportations . . . | 39.460.990 | 7.892.198 | — |
|  | Importations . . . | 1.962.500 | 334.000 | — |
| Année 1904. | Exportations . . . | 52.274.000 | 8.887.000 | — |

Des chiffres qui précèdent et depuis 1900, il est facile de se rendre compte que les importations ont augmenté seulement de 37.000 francs, soit 9.000 francs par an, tandis que les exportations ont augmenté de 3.673.000 francs ou de 900.000 francs par an : progression qui justifie d'ailleurs l'essor donné à cette industrie éminemment française.

# CHAPITRE V

## USAGE ET MODE D'EMPLOI DES EXTRAITS DE CHATAIGNIER EN TANNERIE.

La tannerie devra toujours (à défaut de les fabriquer elle-même) rechercher la meilleure qualité des extraits de châtaignier qui lui sont offerts et qui devront toujours contenir, à 25° Bé, un minimum de 28 0/0 de matières tannantes assimilables au cuir (analysés par la méthode officielle de l'association internationale des chimistes de l'industrie du cuir), être solubles à l'eau froide sans plus de 1/2 0/0 d'insolubles, et exempts de toute trace de produit chimique ou autre corps étrangers au tannin.

Les marques épurées, clarifiées et solubilisées par des procédés absolument mécaniques, c'est-à-dire ceux où toutes les matières extractives insolubles sont éliminées (qui, dans les extraits ordinaires, se précipitent dès qu'on les additionne d'eau et forment une boue en suspension dans la dissolution) devront être préférées comme donnant le maximum de rendement au cuir.

Ce genre d'extrait, soluble à froid, s'emploie surtout pour le tannage en fosse du cuir fort ou le gros bœuf à courroie, aussi donnerons-nous plus loin quelques indications précises sur son mode d'emploi dans cette spécialité de tannage.

Les extraits épurés, clarifiés par filtration des jus (suivant nos indications) et avec addition de borax, conviennent surtout pour le tannage semi-rapide ou accéléré et s'emploie même pour le tannage de la vachette, du veau, de la chèvre et du mouton où ils entrent comme adjuvant plutôt que comme substitut de l'écorce de chêne.

Les avantages de cet emploi sont recherchés par raison économique sur le coût de la matière tannante, dans l'accélération du tannage et dans le bon rendement.

*Emploi des extraits pour le tannage en fosse.* — Ces qualités supérieures d'extraits peuvent être utilisées avec modération dans la première partie du travail ; cependant leurs services ne commencent qu'au refaisage ou à la mise en fosse.

Pour se servir de l'extrait dans le refaisage, on commencera avec un jus d'écorces pur, puis on ajoutera chaque semaine une quantité d'extrait 25°, en augmentant peu à peu le titre depuis 15/10ᵉ au pèse-tannin, jusqu'à 25 ou 30/10ᵉ (2° 1/2 à 3° Bé).

Si l'on ne veut s'en servir qu'après la mise en fosse, on couchera les peaux comme d'habitude avec de bonne écorce, d'une mouture convenable pour ne pas faire mortier et pour permettre la circulation des jus. Puis on abreuvera abondamment avec un mélange d'extraits et de jus faible.

*Mode d'emploi.* — Abreuver très largement avec des jus faits d'un mélange d'extrait et de jus faible pris sur les fosses à jus : porter ce mélange de 20 à 25/10ᵉ au pèse tannin, à la première poudre ; de 25 à 30/10ᵉ à la seconde ; et de 30 à 35/10ᵉ à la troisième, si l'on donne 3 poudres, comme pour le cuir fort ou le gros bœuf à courroie.

Avoir soin au préalable de mettre une cheminée dans la fosse, cheminée qui permettra, quand on le jugera utile, de soutirer les jus, soit pour les remplacer par d'autres, soit tout simplement pour les déplacer en pompant la fosse sur elle-même.

Au bout de 2, 3 ou 4 mois (donner les poudres de 2 mois au plus) la fosse est retournée ou montée à la sèche, alors soutirer le jus à la pompe ou par tout autre moyen, et l'envoyer à la fosse à jus, au fur et à mesure qu'on lève les cuirs ; les tannées y sont également portées.

On remarquera donc qu'en très peu de temps les fosses à jus sont devenues très riches. Au lieu d'avoir, dans les fosses de tête, des jus pesant au maximum 10/10ᵉ, comme cela arrive quand on emploie exclusivement l'écorce, bientôt les jus titreront de 20 à 25 dans la fosse de tête, et dans la fosse de queue, si l'épuisement a été fait méthodiquement, ils seront à 0 ou bien près.

Que va-t-on faire de ce jus fort ? Il servira pour monter le bain dans le refaisage qui précède immédiatement la mise en fosse ; ce bain sera monté à 20 ou 25, suivant la force des jus. Dans le refaisage qui précède, ou dans la cuve, si l'on ne donne qu'un refaisage, on montera le bain avec des jus de la seconde fosse à jus, qui titreront 16 et 18/10ᵉ.

Puis dans les fosses à jus suivantes, on trouvera des jus à 14, 12, 10, 8, 5 qui serviront dans les premières cuves ; le jus le plus faible à l'encuvage, est de plus en plus fort, au fur et à mesure que les peaux vieillissent en fabrication.

Par ce mode de conduite des fosses, on peut réaliser une économie de temps importante, soit parce que, on ne donne que 2 fosses au lieu de 3, soit parce que, on abrège la durée de chacune d'elle.

En employant, pour le tannage des cuirs, l'extrait de châtaignier 25°, simplement clarifié, on obtient des cuirs de couleur ordinaire ; en employant dans l'extrait de châtaignier clarifié et solubilisé, on obtient des cuirs de couleur plus claire.

*Tannage des croûtes.* — Les extraits solubles à froid, s'emploient avec des jus d'écorces titrant 10/10° (1° Bé) pour abreuver les fosses ou le bain initial (tannage par immersion), de façon à augmenter le titre journalier de 2/10° de degré par de petites additions d'extrait.

De sorte qu'en 15 jours on obtient un bain de 40/10° (4° Bé) qui pénètre progressivement et traverse le cuir en croûte sans le surprendre ni le crisper.

On peut évidemment aider la rapidité du tannage en se servant d'un serpentin réchauffeur du bain et où circule de l'eau chaude à 30/35° C.

Cette chaleur tempérée facilite l'assimilation du tannin au cuir, en gonflant la peau, et permet l'obtention de croûtes douces et souples au toucher.

L'addition d'extrait aux bains de tannage ou fosses, donne aussi des croûtes blanches et de haut rendement, sous réserves néanmoins, d'effectuer leur sèche en lieu obscur, autant que possible.

La manipulation des croûtes durant le tannage ne peut être guidée que par la pratique et la marche du tannage propre à chaque tannerie, dont les éléments et la façon d'opérer sont différents.

*Dissolution des extraits.* — Il est de la plus haute importance que l'extrait destiné à être employé en tannage soit bien uniformément réparti dans les jus où il est admis, car l'extrait le plus pur, le plus soluble à froid, peut rester imparfaitement dissous, si l'on ne prend pas les précautions d'usage ; il en résulte une perte pour le tanneur et une irrégularité dans les résultats de ses opérations.

L'extrait doit toujours être offert à l'eau ou au jus dans la partie supérieure du récipient ou de la fosse, et non au fond, c'est-à-dire verser l'extrait dans l'eau ou jus, lentement et non à pleine bonde, en ayant soin d'agiter continuellement.

On ne doit jamais commencer par vider la quantité voulue d'extrait au fond du réservoir ou cuve de mélange, puis ajouter l'eau par dessus. On aurait beau agiter ensuite qu'on n'aurait pas une solution complète.

Le meilleur moyen d'opérer est de chauffer, dans une cuve, à 30-35° C (ou mieux d'utiliser de l'eau condensée) une quantité d'eau au moins égale à celle de l'extrait qu'on veut employer, puis d'y vider l'extrait lentement et en agitant, comme il est dit ci-dessus. Cette première dissolution qui s'opère très bien à cause de la température favorable assure l'utilisation parfaite de l'extrait.

*Historique du tannage rapide.* — L'idée du tannage rapide a eu de tous temps, des admirateurs et par suite des expérimentateurs, beaucoup de tanneurs y ont dédié leur savoir, leur temps et leur argent.

Sans compter les noms connus de Seguin à Knoderer, de Worms et Balé, il n'y a pas un tanneur, croyons-nous, qui n'aie fait ces essais pour réduire plus ou moins la longue durée du tannage. Quelques tanneurs italiens, et du temps des guerres d'Italie, faisaient plus ou moins du rapide en se servant déjà du tonneau. Il faut ajouter néanmoins que les cuirs ainsi tannés étaient acceptés pour les besoins pressants du moment, et que l'on retournait forcément au tannage lent dès que la furie du besoin était passée.

Le système Fratelli Durio (les tanneurs réputés de Turin et dont l'amabilité nous a permis de visiter leur importante et perfectionnée tannerie lors du congrès des chimistes de l'industrie du cuir) est certainement le résultat d'une succession d'études approfondies et raisonnées sur tout ce qui se faisait précédemment, une nouvelle pierre millière placée à la suite d'autres pierres millières sur la route du progrès dans le tannage rapide; mais ce que l'on peut certifier aussi, c'est à la propre initiative de ces industriels qu'est due la vraie raison du tannage rapide et son entrée définitive dans la pratique.

En 1881, ils devaient acheter pour l'Italie le brevet Worms et Balé basé sur l'électricité, et avant de s'engager plus avant dans de tels négociations, ils voulurent s'enquérir de la valeur industrielle de ce procédé, mais après quelques essais, il fallut conclure que le fameux fluide électrique n'exerçait aucune influence sur le tannage : ce brevet n'offrait donc aucune garantie en raison même des résultats très incomplets fournis par ledit procédé.

D'ailleurs, il est de notoriété publique que toutes les tanneries qui à l'époque l'essayèrent, durent renoncer peu de temps après à l'employer, et la maison Worms et Balé elle-même dut finàlement avoir recours au système Fratelli Durio dont le principe était antérieur au leur, parce qu'en somme l'action électrique sur les cuirs, invoquée, n'était autre que l'effet de la rotation ou chute opérée dans le foulon des tanneurs turinois.

C'est donc en poursuivant leurs essais d'emploi d'extrait et du tonneau que MM. Jacques et Segondo Durio, en 1882, presque sur le point d'être découragés, mirent finalement au point cette question du tannage rapide à haut degré : l'ancienne théorie du temps et du tan, avait dès ce jour disparue.

Leur idée a été combattue d'abord par le monde des tanneurs ; puis ceux-ci ayant dû en reconnaltre forcément la valeur, on a cherché à l'amoindrir en voulant faire remonter l'invention à Knoderer (1850), en disant que s'il avait eu des extraits à sa disposition, il aurait tanné aussi bien que les Fratelli Durio. En soutenant cette version, c'est ne pas connaltre la teneur même du brevet Knoderer, qui dit que cet inventeur ne disposait alors que de jus non concentrés, donc faibles, et qu'il prescrivait en outre : d'opérer graduellement pour ne pas attaquer trop fort les peaux à la sortie du travail de rivière.

Le tannage Fratelli Durio s'applique à toutes sortes de peaux et pour tous usages : semelles (lissé), empeignes, courroies, sellerie, etc. On peut obtenir à volonté toute nuance désirée, on imite très facilement les divers types de cuirs produits et demandés par la clientèle dans les différents pays, le tannage est parfait et serré, la fleur toujours douce et fine, enfin le poids spécifique, le tannage étant plus complet, est supérieur au tannage ordinaire.

Comme tous les brevets, celui de Fratelli Durio a eu ses perfectionneurs et ses professeurs qui ont jeté pêle-mêle des bribes de procédés divers, en employant des additions de matières étrangères aux extraits, ou qui ont voulu tanner dans le vide, sous pression, tous ont eu le sort qui les attendait : ils ne sont pas sorti de leurs cartons ; seul le système Fratelli Durio a continué à fournir au monde entier ses indications de principe et de simplicité qui ont seuls contribués à son succès et qui s'imposera par la force des choses : autre temps, autres mœurs.

Il y a une chose sûre et certaine. c'est que, si 20 0/0 des tanneurs tannaient avec des procédés plus rapides, il s'en suivrait une consommation d'extrait telle qu'il faudrait doubler les usines d'extrait actuelles : ce serait une véritable révolution de la tannerie et une évolution de l'industrie des tannins, qui ne demande d'ailleurs qu'à se développer davantage, étant donné qu'elle peut trouver aux Indes, en Australie, en Afrique, en Amérique du Sud, aux Etats-Unis, des matières tannantes diverses capables de l'alimenter un nombre d'années presque indéfini, si l'on songe que l'exploitation des bois divers, faite avec méthodes, peut se renouveler à des périodes qui parent justement au déboisement dont nous avons parlé pour la France y compris la Corse.

*Tannage ultra-rapide.* – Dans un tonneau rotatif en bois (tel que les construisent les fabricants de machines pour tannerie), de 10.000 litres, monté sur tourillon creux, avec chevilles en bois à l'intérieur, et animé d'un mouvement alternatif à la vitesse de 10 tours-minute, sont introduites par un trou d'homme en bronze, les peaux à tanner.

Pour les petites peaux, le jus tannique contient 3 0/0 de tannin, il est le plus souvent produit par la dissolution dans l'eau d'extrait mixte de châtaignier et de quebracho ou de mimosa ; pour les gros cuirs le jus tannique contient de 5 à 8 0/0.

Pour favoriser la pénétration du tannin dans ces gros cuirs on les soumet d'abord à un travail de rivière irréprochable, suivi d'un bain de gonflement composé de jusées d'écorces additionnées d'acide formique, à la dose de 200 grammes par 100 kgs de cuir en tripe.

De même pour paralyser l'astringeance du tannin du châtaignier, il est bon d'employer avec cet extrait, du quebracho ou du mimosa à des doses qui varient suivant la provenance et la nature des cuirs à tanner.

En tous les cas, le tannage des gros cuirs peut s'effectuer en 48 ou 60 heures, celui des petites peaux en 18 ou 24 heures.

Chaque tonneau ou foulon peut tanner environ 50.000 kgs. de cuir pour courroies ou semelles par an ; 12 à 15 mq. de surface suffisent pour l'installer en demandant 2 IP.

Ce procédé qui supprime les fosses, moulins à tan, hangars et coudreuses, avec une dépense de 1 k. 800 à 2 kgs d'extrait 25° par kilo de cuir fini, donne un rendement de 55 0/0, et le prix de revient pour le tannage de 1 kilo de cuir fini n'atteint que 0 fr. 60.

Pour que le tannage s'opère régulièrement, il faut maintenir une densité de jus constante : on arrive à ce résultat en faisant communiquer un des tourillons du foulon à un réservoir placé en élévation, et où s'effectue le mélange des extraits et de l'eau.

Après quelques opérations successives, les jus du foulon doivent être évacués et clarifiés avant d'être remis en travail avec des jus neufs.

# CHAPITRE VI

## FABRICATION DE L'EXTRAIT DE CHÊNE.

Bois de chêne. — Ecorces. — Appareillage et matériel d'une usine d'extrait. — Mode de fabrication d'après le brevet Albert Thompson et Emile Blin.

*Bois de chêne.* — Le chêne (quercus), dont l'écorce est la matière tannante par excellence, donne un bois contenant 5 0/0 de tannin. Hartig a trouvé que le petit bois, coupé au commencement de mai, renferme 4 à 7 0/0 de tannin, tandis que, en hiver, ce titre s'élève à 10 0/0 de la matière sèche. Le même auteur a trouvé, dans le cœur de bois de chêne âgé de 160 ans, entre 12 à 14 0,0 de tannin.

Le titre du bois se conserve si, aussitôt après l'abattage, le bois est écorcé et refendu ; après plusieurs mois, le bois non-écorcé diminue en titre, du centre à la circonférence. L'aubier renferme peu de tannin. Ce sont les parties basses des arbres qui titrent le plus.

D'après des essais faits par M. Henry, professeur à l'Ecole nationale forestière, les conclusions suivantes en auraient été tirées :

1o Le taux du tannin va en diminuant, dans l'écorce et dans le bois, de la base au sommet du fût, du moins pour le Quercus robur.

2o Sur une section transversale, c'est toujours l'aubier qui en renferme le moins (généralement de 1 à 3 0/0), puis subitement le tannin atteint son taux maximum dans les couches périphériques du duramen (6-10 0/0 dans le chêne, 13-15 0/0 dans le châtaignier) et de là va en diminuant plus ou moins régulièrement jusqu'au centre. Les grosses branches se comportent comme le fût.

3o Toutes choses égales d'ailleurs, un chêne ou un châtaignier aura un bois d'autant plus riche en tannin que sa cime sera plus ample, plus isolée, plus éclairée, ou autrement dit, que ses couches annuelles seront plus larges.

4° Une rondelle exposée pendant un an aux intempéries perd les 3/4 environ du tannin de son écorce et de son aubier, la moitié seulement de celui du bois. Cette différence s'explique par ce fait que, dans l'écorce et l'aubier, le tannin est en dissolution dans le lumen des cellules, tandis que, dans le duramen, il imprègne si intimement les parois de tous les éléments, qu'il faut une série de macérations au bain-marie suivies de pressurages pour l'extraire.

5° Il est démontré que, sous l'action de l'oxygène ou des champignons tels que les polyporus sulfureus et igniarius qui provoquent, le premier une pourriture rouge, le second une pourriture blanche dans les chênes, le bois perd tout son tannin, tandis qu'il conserve indéfiniment une proportion notable de ce principe, si instable pourtant, quand ces deux causes d'altération sont écartées. Un énorme tronc de chêne quaternaire enfoui dans le sol de Nancy contenait encore 2,36 0/0 de tannin.

*Variétés.* — Nous ne citerons que les principales espèces fournissant les diverses écorces employées en tannerie ou dans l'industrie des tannins : Quercus robur, quercus pedunculata, quercus ilex, quercus rubra.

Chêne vert (quercus ilex L.) ou chêne yeuse, dont l'écorce est employée pour le tannage des cuirs légers ;

Chêne blanc (quercus sessiliflor Smith) et sa variété méridionale quercus pubescens dont l'écorce est spécialement employée pour le tannage des gros cuirs (lissé) ;

Cette écorce fournit un rendement de 28 0/0 d'extrait 25°, il faut donc 350 kgs de cette écorce pour produire 100 kgs extrait 25°.

Chêne zeen (quercus mirbeckù) Duvieux ;

Chêne kermès (quercus coccifera L.) dont les racines fournissent la garouille qui s'emploie au tannage des cuirs forts et destinés à la fabrication des courroies.

Chêne liège (quercus suber L.) (quercus occidentalis Gay, dans les Landes).

*Richesse tannique de quelques variétés* (1). — Chêne blanc, de la Drôme (Puygiron, près Montélimar).

Ces chênes de 20 à 25 ans, commençant seulement à fabriquer du bois parfait ou duramen, à l'analyse ont fournis :

(1) M. Henry, professeur à l'Ecole Nationale des Eaux et Forêts, 1905.

Ecorce (séchée à 100°). . . . . . . . . . 10,8 0/0 de tannin

Aubier extérieur (les 3 couches externes) . . . . 2,2    —

Aubier intérieur (le reste de l'aubier) . . . . . 1,7    —

Chêne tauzin (d'Angers) :

dans l'écorce . . . . . . . . . . . . . . 8,53    —
— l'aubier externe . . . . . . . . . . 1,95    —
— l'aubier interne . . . . . . . . . . 3,18    —
— le duramen externe . . . . . . . . . 15,60    —
— le duramen interne . . . . . . . . . 11,08    —

Chêne tauzin (de Mauléon) :

dans l'écorce . . . . . . . . . . . . . . 7,74    —
— l'aubier externe . . . . . . . . . . 1,98    —
— l'aubier interne . . . . . . . . . . 1,74    —
— le duramen externe . . . . . . . . . 9,68    —
— le duramen interne . . . . . . . . . 5,87    —

La richesse tannique des écorces, soit de chêne blanc, soit de chêne vert, est essentiellement variable comme toujours avec la provenance, mais il y a surtout le moment propice de les récolter qui influe, c'est-à-dire, dès leur mise en botte ou en sac il faut les soustraire à l'abri de la pluie et aux intempéries du temps pendant lequel a lieu cette récolte.

Les tanneurs ont gros intérêt à choisir ce moment propice pour la rentrée de leurs provisions annuelles d'écorces diverses.

*Fabrication d'extrait.* — La fabrication d'extrait de chêne se fait de la même façon que celle de l'extrait de châtaignier, sauf que la macération des copeaux est obligatoire, « en cuves ouvertes », et que la clarification doit être poussée plus à fond, étant donné la coloration plus intense des bouillons.

En France, cette fabrication est peu importante, vu le peu d'hectares disponibles à cette exploitation, et étant donné surtout le faible rendement de ce bois, lequel ne dépasse pas dans une usine travaillant d'après les derniers perfectionnements, 14 0/0.

Certaines usines emploient les grosses branches (cimeaux) de chêne qui ne fournissent guère que 7 0/0 de rendement, avec un extrait à 25°, contenant de 20 à 25 0/0 de tannin.

D'autres, emploient uniquement pour la fabrication d'extrait de chêne, les souches et les grosses branches de chêne non écorcées de 20 centimètres environ de diamètre, ou le tronc (fût) refendu en bûches de 50 à 60 kgs.

Il n'y a aucun avantage à extraire le tannin des branches ayant même seulement 2 à 3 centimètres de diamètre, parce que d'abord elles sont trop pauvres en ce principe (2,2 à 2,5 0/0 de tannin), et qu'ensuite elles ont une valeur notable comme bois de charbonette.

Les ramilles contiennent 4,7 à 6,6 0/0 de tannin.

Il serait donc intéressant pour une distillation de bois, située à proximité de voies de transport peu coûteuses (canaux) d'adjoindre une fabrication d'extraits qui utiliserait pour sa fabrication, les bourrées de chêne, dont la valeur minime permettrait aux industriels de réaliser une forte économie sur le prix de leurs matières premières.

L'extrait de chêne employé en tannage comme adjuvant, donne des cuirs de couleur semblable à ceux tannés à l'écorce ; d'ailleurs, il peut être employé à plus haute dose que celui de châtaignier, parce qu'il contient une foule de produits qui sont de la plus grande utilité pour la souplesse du cuir (matières amylacées, mucilagineuses, etc.) et qui permettent son emploi non seulement pour le tannage du cuir lissé (où il est d'ailleurs employé), mais encore pour le tannage du cuir à empeignes et autres cuirs légers.

Le prix de revient de l'extrait de chêne étant voisin de 20 fr. les 0/0 kgs, on comprendra que sa vente en est par suite fort limitée ; aussi, à notre connaissance, nous ne voyons pas actuellement plus de 2 usines fabricant réellement du chêne pur, les extraits hongrois et russes arrivant en France à un prix plus abordable.

Comme marque d'extrait de chêne pur, nous citerons celle fabriquée par la société des extraits de chêne en Russie dont le siège d'exploitation est à Kurenewka, près de Kiew ; cette usine qui date de 1902 produit annuellement 6.000 tonnes d'extraits de chêne liquides garantis à 27 0/0 de tannin assimilable.

La moyenne d'analyse de ces extraits est la suivante :

| | |
|---|---:|
| Matières tannantes solubles . . . . . | 30,7 0/0 |
| Non-tannins . . . . . . . . . . | 10,9 — |
| Eau . . . . . . . . . . . . | 58,0 — |
| Insolubles . . . . . . . . . . | 0,4 — |
| | 100,0 0/0 |

Degré Baumé à 18° C. 25,8.

On peut citer aussi comme marque d'extrait de chêne accréditée : celle fabriquée par Miller's Standard Extract à leur usine de Slavonie (expédition par Fiume).

*Appareillage et matériel d'une usine d'extrait de chêne.* — Nous donnons ici le devis d'une usine de ce genre dont la base de production était de 4.500 kgs d'extrait 25° par 24 heures, et qui fabriquait d'après un brevet décrit plus loin.

2 chaudières d'une surface de chauffe de 140 m², timbrée à 6 atmosphères.

1 moteur horizontal Laboulais, de 85 chevaux-90 tours.

1 moteur horizontal de 10 chevaux-200 tours.

1 dynamo, 110 volts 30 ampères, tableau de distribution pour installation d'éclairage comprenant 2 lampes à arc et 38 lampes de 16 bougies.

Courroies, arbres de transmission, poulies, paliers, débrayage, graisseurs.

1 coupeuse, débit 20 tonnes.

1 coupeuse, débit 30 tonnes.

1 élévateur à godets.

8 cuves pour diffusion du bois, de 9.000 litres chacune.

9 cuves pour manutentions diverses des jus, de 10.000, 4.000 et 2.000 litres.

1 filtre-presse système Lumpp.

2 filtres-presses avec pompes et moteurs respectifs, système Johnson.

2 appareils de concentration en cuivre, système Gouyer, de 70 m² de surface de chauffe.

1 cuve cuivre de 1.200 litres pour la préparation des décolorants.

1 bassin à eau chaude, tôle, de 7.300 litres.

1 réfrigérant cuivre système Lawrence.

3 bacs en bois.

1 pompe à condensation, débit 25 mc. à l'heure.

1 pompe élévatoire, débit 25 mc. à l'heure.

1 pompe alimentaire, débit 3.000 litres.

1 pompe centrifuge, débit 6.000 litres à l'heure.

1 pompe à air et condensateur système Worthington.

2 meules grès sur bâtis fonte, pour affûtage des coupeuses.

1 meule émeri sur bâti fonte.

Tuyautage cuivre, fer et plomb.

Robinetterie cuivre.

300 mètres voie Decauville avec 6 plaques tournantes, aiguilles.

4 wagonnets à bascule avec bennes.

3 wagonnets à bois.

1 chaland en bois de 15 tonnes.

1 grue Decauville sur appontement bois pour déchargement des bateaux.
1 bascule force de 10.000 kgs.

Nous donnons ici à titre de curiosité, et in-extenso le « *Mémoire descriptif déposé à l'appui de la demande d'un brevet d'invention de quinze ans pour perfectionnements apportés à la fabrication des jus tanniques par MM. Albert Tompson et Emile Blin.* »

L'invention qui fait l'objet de la présente demande est relative à la fabrication des jus tanniques employés dans le tannage des peaux pour la préparation des cuirs.

Les jus tanniques, généralement obtenus par une diffusion dans de l'eau bouillante de certains bois riches en tannin préalablement concassés pour faciliter l'extraction des principes tanniques qu'ils contiennent, sont habituellement sortis de leurs cuves de diffusion lorsqu'ils atteignent de trois à quatre degrés Baumé. Ces jus sont alors clarifiés au moyen de substances parmi lesquelles interviennent des acides (acide sulfurique, oxalique, etc.) à l'effet de précipiter ou détruire les sels et matières organiques colorés qu'ils contiennent. Cette clarification opérée, les jus sont ensuite filtrés pour les dépouiller des dépôts provoqués par la clarification, puis sont enfin concentrés dans un appareil évaporatoire jusqu'à la densité de vingt, vingt-cinq, trente degrés Baumé, et plus, suivant la demande de la consommation.

Les jus tanniques, ainsi traités par les acides, restent toujours acides et sont appauvris, dans de très sensibles proportions, de leurs principes utiles De plus, les produits oléagineux employés dans la plupart des procédés aux acides pour atténuer l'effet destructif de ces acides et rendre aux jus tanniques le velouté que ceux-ci leur enlèvent, offrent bien des inconvénients, notamment ceux de former des taches et de fausser la densité du jus tannique proprement dit. Enfin, la décoloration des jus tanniques, forcément limitée par la perte de principes utiles que leur font subir les procédés acides, n'a pas encore permis l'utilisation des extraits tanniques à certaines catégories qui, ne travaillant que des cuirs très légers et très clairs, ne trouvent pas actuellement des jus tanniques suffisamment décolorés et riches pour les employer à ce travail.

D'après notre invention, les jus tanniques, toujours obtenus par diffusion, sont clarifiés et décolorés sans emploi d'acide ni d'oléagineux, et contiennent proportionnellement plus de principes utiles que les jus tanniques traités par les procédés acides. Ils ne sont ni acides, ni tachants, et ne contiennent aucun corps susceptible d'en altérer la densité naturelle. De plus, notre procédé permet d'obtenir une décoloration aussi accentuée que peuvent le désirer les consommateurs, et cela sans diminuer sensiblement la richesse en principes utiles. Ils jouissent de qualités incontestables au point de vue du tannage des cuirs. Tous ces résultats étant obtenus sans altérer le velouté naturel des jus tanniques et sans recourir à l'emploi des acides.

Notre invention repose sur les études suivantes : les acides minéraux, l'acide sulfurique par exemple, précipitent les sels de cheux et détruisent certains principes organiques que renferment les jus tanniques, et amènent ainsi leur décoloration. Mais ces acides ont un effet funeste sur le tannin dont ils favorisent énergiquement l'oxydation, surtout à chaud, et une quantité notable d'acide tannique se transforme par la concentration en acide gallique. Or il ne faut pas perdre de vue que les *produits d'oxydation* du *tannin physiologique* ne précipitent *ni la gélatine ni l'albumine*, ils sont donc inutiles. D'autre part, ils donnent des colorations noires avec les sels de cuivre et de fer, et sont ainsi *nuisibles*.

Une série de recherches méthodiques nous a fait recourir à l'emploi des alcaloïdes végétaux. et nous avons donné notre préférence aux bases végétales, naturellement, contenues dans les quinquinas, quinine, quinidine, cinchonine, ciachonidine et leurs isomères ou dérivés. Nous employons, soit l'un des alcaloïdes séparés, soit un mélange de deux ou plusieurs bases suivant les besoins.

1° Ces bases, libres ou à l'état de sels, précipitent par *le tannin physiologique pur*, et le précipité de tannate *est soluble* dans un *excès de tannin* ou *d'acide organique*.

2° Dans les jus tanniques, les précipités formés par ces bases ou leurs sels ne *se redissolvent pas* dans un excès de jus. Il était donc à prévoir que la décoloration effectuée par ce procédé ne précipiterait que très peu de tannin pur. L'expérience a pleinement confirmé le fait, et nos jus sont beaucoup plus riches en matières tanniques que ceux clarifiés par les autres procédés. En outre, ils ne sont nullement altérés par la décoloration et conservent le velouté naturel si recherché par les tanneurs. Enfin, la majeure partie des alcaloïdes végétaux se trouvant dans le dépôt de clarification, nous les récupérons par l'un des procédés qui servent à leur extraction du quinquina. Nous avons appliqué le procédé suivant : le dépôt égoutté est traité à chaud par de l'eau acidulée à 5/1000 d'acide chlorhydrique; le liquide est filtré et traité par un lait de chaux titré à raison de dix grammes de chaux vive par litre de liqueur chlorhydrique. Les alcaloïdes sont précipités avec l'excès de chaux ; on recueille le dépôt, on le lave à l'eau froide, puis on le traite par un léger excès d'eau acidulée par de l'acide sulfurique. La liqueur acide renfermant les alcaloïdes est filtrée, décolorée à chaud par le noir animal, filtrée de nouveau et neutralisée par de la quinine ou un des autres alcaloïdes précipités par le carbonate de soude dans une partie de la liqueur. Il ne reste plus qu'à titrer la solution obtenue. Il est entendu que nous nous réservons le droit d'appliquer tel procédé d'extraction que nous voudrons, n'ayant signalé celui-ci que pour démontrer l'économie de notre invention au point de vue industriel.

## Mode opératoire.

Le jus tannique sortant de la cuve à diffusion possède une densité variant industriellement de trois à quatre degrés Baumé (Le degré est obtenu naturellememt à volonté). Il est laissé au refroidissement jusqu'à la température ambiante ; le refroidissement survenu, on verse dans le jus tannique une solution aqueuse de sels d'alcaloïdes du quinquina ou de ces alcaloïdes purs suivant le besoin. On agite fortement pendant quelques minutes (cinq minutes suffisent). Les sels d'alcaloïdes entrent dans ce travail dans la proportion de un ou deux ou trois kilogrammes pour mille kilogrammes d'extrait tannique ramené à vingt degrés Baumé, suivant la décoloration que l'on veut obtenir. Il est évident que l'on peut descendre au-dessous des quantités indiquées ou les dépasser suivant ce que l'on désire obtenir. Sous l'action de ces alcaloïdes, les matières organiques colorées ou étrangères au tannin, ainsi qu'une certaine quantité de ce dernier, sont précipitées en même temps que les alcaloïdes, et ce, en laissant au jus son aspect de verni recherché par les consommateurs. Nous devons dire que l'on peut également opérer à chaud et à n'importe quelle température pour obtenir les mêmes résultats. Mais le travail à chaud s'opérant beaucoup plus lentement, ce moyen nous paraît économiquement moins industriel et c'est pourquoi nous avons de préférence indiqué en premier lieu le traitement à froid, qui est d'autant plus rapide que la température est plus basse. Pour mémoire nous ferons remarquer que dans notre procédé il n'est fait usage d'aucune substance dangereuse, toxique ou caustique, et que nous faisons rentrer dans la fabrication la majeure partie des alcaloïdes employés.

## Résumé.

En résumé nous revendiquons comme notre invention et notre propriété exclusive : 1º Le procédé qui consiste à faire usage des alcaloïdes du quinquina, soit mélangés, soit isolément, pour la clarification et la décoloration des jus tanniques obtenus par diffusion. Les dits alcaloïdes *purs ou à l'état de combinaison saline* employés dans une proportion variant suivant la décoloration que l'on veut obtenir mais en quantité suffisante, d'après nous, dans une proportion maximum de quatre kilogrammes pour mille kilogrammes de jus ramenés à vingt degrés Baumé, cette proportion permettant d'obtenir des extraits tanniques presque blancs, et employés indifféremment à chaud ou à froid sans distinction de degré de température, le dit procédé ayant pour but de précipiter sans le secours d'aucun acide, les matières colorantes ou étrangères qui peuvent se trouver dans les jus tanniques, tout en conservant à ces derniers, sans le secours d'aucun oléagineux ou corps gras quelconque, l'aspect verni qu'il doit avoir pour la consommation et qu'il possède naturellement.

2° Comme nouveau produit industriel, un jus tannique offrant les particularités suivantes : d'être exempt d'acide, d'être exempt d'oléagineux ou corps gras quelconque, de conserver naturellement son aspect velouté et verni, de posséder, malgré sa décoloration poussée à l'extrême, une richesse tannique supérieure à celle obtenue avec les procédés aux acides ; le dit produit permettant le tannage des peaux dans de meilleures conditions, et étendant son usage à certaines catégories de cuir jusqu'ici dépourvues de ce genre de tannage. De plus, ce jus tannique possède comme qualité essentielle, qu'il est moins sensible aux influences oxydantes de l'air que celui obtenu par les procédés acides, lequel renferme toujours de l'acide gallique dépourvu de pouvoir tannant, ne précipitant ni la gélatine, ni les albumines, et nuisible parce qu'il donne des colorations foncées avec les sels métalliques.

> Pour MM. Thompson et Blin
> Signé : ARMENGAUD aîné.

Vu pour être annexé au brevet de quinze ans pris le 28 juillet 1899 par MM. Thompson et Blin. Paris, le 13 novembre 1899.

# CHAPITRE VII

## FABRICATION D'EXTRAITS DE QUEBRACHO

### Bois de quebracho.

*Généralités*. — Le quebracho (Aspidospermum quebracho) est un arbre de la famille des Apocinées, croissant dans la République Argentine, l'Uruguay, le Brésil, la Guyane ; mais c'est surtout au Paraguay où son exploitation est actuellement active (plusieurs usines s'y sont installées depuis 1902) ainsi que dans la République Argentine au nord de Santa-Fé, sur le Rio-Parana, et à Véra (qui est à 250 km. de Santa-Fé) où il existe des exploitations importantes de quebracho colorado pour la fabrication d'extraits secs sur place. Son importation en France, date de 1873.

C'est un bois rouge, très dur, très résistant, d'une élasticité moyenne, même un peu cassant. Sa densité est 1,250.

Il existe deux variétés de quebracho : colorado et blanco (rouge et blanche) ; le quebracho colorado renferme 16 à 19 0/0 de tannin et le quebracho blanco de 12 à 13 0/0.

A l'analyse, il a donné :

Eau . . . . . . . . . . . . . . . . . 14 0/0
Tannin, compté sur la matière sèche. . . . . . . 20 0/0
Matières extractives. . . . . . . . . . . . . 10 0/0
Ligneux . . . . . . . . . . . . . . . . . 55 0/0

Le quebracho renferme, parmi ses matières extractives, des matières colorantes qu'il a été difficile de séparer et qui ont nui beaucoup à son emploi, car elles donnaient au cuir une teinte rouge désagréable ; mais aujourd'hui, un traitement chimique a permis de clarifier et décolorer ces produits colorants (1).

L'écorce du bois n'est pas tannante ; elle ne renferme que 1,55 à 2,25 0/0

---

(1) Voir Collegium 4. III. 1905 — 11. III. 1905 : *Zur Technologie des Quebracho-Extraktes*. Von Dr. A. Junghahn.

de tannin (Villon) ; on a souvent confondu cette écorce avec celle du curupay (acacia curupy).

D'autres bois se rapprochent du quebracho à cause de leur dureté et de leur aspect, mais ne renferment pas autant de tannin. Le bois tan, appelé tanho (Aspidespermum churneum), renferme 7 0/0 de tannin ; le peroba (A. peroba), 5 0/0 ; le peyma amarella (A. sessifflora), 10 0/0 ; le fever bark, 4 0/0.

*Fabrication*. — La préparation des extraits de quebracho se fait de la même façon que pour les extraits de châtaignier ou de chêne ; les bois sont découpés en copeaux, puis macérés en cuves en bois, à air libre ou en autoclaves.

Les jus de quebracho ainsi obtenus sont clarifiés et concentrés au triple-effet jusqu'à 25° ou 30° Bé· ou à l'état sec.

Dans une fabrication normale et suivant la nature du bois de quebracho traité, le rendement en extrait 25° est de 38 à 45 0/0 du bois traité.

On comprendra à présent l'infériorité où se trouvent actuellement les usines françaises fabriquant cet extrait, sur les usines exotiques, surtout depuis que les usines sud-américaines fonctionnent normalement, si l'on remarque que le prix moyen de la tonne de bois de quebracho arrivant au Havre, oscille entre 115 et 117 francs, par chargement complet (en hausse constante).

Si l'on ajoute au prix des matières premières nécessaires pour fabriquer 100 kilogs (il faut compter 250 kgs. de bois) d'extrait à 25°, un minimum de 5 francs de frais de fabrication, étant donné surtout la difficulté de découpage et de manutention de ce bois, on verra qu'il n'y a aucun intérêt à fabriquer l'extrait de quebracho en France, et que la tannerie aura avantage à acheter pour sa consommation l'extrait sec argentin ou autre marque d'origine, et de préparer elle-même son extrait liquide 25° avec un bénéfice net de 4 francs par 0/0 kgs., le prix de vente des fabricants français ne pouvant plus matériellement être abaissé, pendant que celui des extracteurs exotiques sera fatalement soumis à une baisse par surproduction.

D'ailleurs la pureté et la richesse tannique de ces extraits sud américains sont établis depuis longtemps déjà ; qu'il nous suffise d'indiquer ici quelques compositions de marques connues :

Firme Harteneck Hermanos, de Buenos-Ayres :

| | |
|---|---|
| Matières tannantes | 64,9 |
| Non-tannins. | 4,9 |
| Eau | 13,5 |
| Insolubles | 16,7 |
| Total | 100,0 |

Firme Casada :

| Matières tannantes | 69,60 |
| Non-tannins. | 9,60 |
| Eau | 13,12 |
| Insolubles | 7,68 |
| **Total.** | **100,00** |

Marque G. B. M. décoloré :

| Matières tannantes | 64,8 |
| Non-tannins. | 16,4 |
| Eau | 17,7 |
| Insolubles | 1,1 |
| **Total** | **100,0** |

Extrait pâteux, décoloré :

| Matières tannantes | 45,65 |
| Non-tannins. | 5,05 |
| Eau | 46,70 |
| Insolubles | 2,60 |
| **Total** | **100,00** |

Total des solubles : 50,70

Moyenne de composition d'extraits liquides 25° et de fabrication française :

| Matières tannantes. | 31,4 |
| Non-tannins. | 9,4 |
| Eau | 56,0 |
| Insolubles | 3,2 |
| **Total** | **100,0** |

Nous avons eu l'occasion de procéder à de nombreux essais de fabrication de quebracho 25°, en partant d'extraits secs de provenance sud-américaine et en admettant la même proportion de sulfites alcalins que celle indiquée par la composition d'un extrait 25° français, nous avons pratiquement démontré que 100 kilogs d'extrait sec donnaient un minimum de 225 kilogs d'extrait à 25° entièrement soluble à froid, bien assimilable au cuir tout en fournissant une aussi belle teinte que n'importe quelle marque dite décolorée.

*Résultats de nos essais de sulfitage.* — Nous donnons ici les différents résultats que nous avons obtenus en faisant justement varier les proportions de sulfites alcalins, admises pour 100 kilogs d'extrait 25° :

1° Essai : avec 11 0/0 de sulfites :

| | |
|---|---:|
| Matières tannantes | 38,2 |
| Non-tannins | 6,2 |
| Eau | 55,6 |
| Insolubles | 0,0 |
| Total | 100,0 |

Total des solubles : 44,4 0/0.

Rendement en extrait 25°, 0/0 d'extrait sec : 180 0/0.

2°. A 13 0/0 de sulfite :

| | |
|---|---:|
| Matières tannantes | 37,8 |
| Non-tannins | 6,4 |
| Eau | 55,8 |
| Insolubles | 00,0 |
| | 100,0 |

Total des solubles : 44,2 0/0.

Rendement en extrait 25°, 0/0 d'extrait sec : 185 0/0.

3° A 15 0/0 de sulfite :

| | |
|---|---:|
| Matières tannantes | 36,6 |
| Non tannins | 7,8 |
| Eau | 57,0 |
| Insolubles | 00,0 |
| | 100,0 |

Total des solubles : 44,4.

Rendement en extrait 25°, 0/0 d'extrait sec : 200 0/0.

4° A 18 0/0 de sulfite :

| | |
|---|---:|
| Matières tannantes | 34,8 |
| Non tannins | 8,2 |
| Eau | 57,0 |
| Insolubles | 00,0 |
| | 100,0 |

Total des solubles : 43,0 0/0.

Rendement en extrait 25°, 0 0 d'extrait sec : 204 0/0.

5° à 20 0/0 de sulfite :

| | |
|---|---|
| Matières tannantes. | 32,0 |
| Non-tannins. | 10,6 |
| Eau | 57,4 |
| Insolubles | 0,0 |
| **Total.** | **100,0** |

Total des solubles : 42,6 0/0.

Rendement en extrait 25°, 0/0 d'extrait sec : 210 0/0.

On remarquera que la teneur en « solubles » ne varie pas de 2 0/0 d'un essai à l'autre et malgré l'addition croissante de sulfite, seule la teneur en tannin décroît, par conséquent l'intérêt de la tannerie n'est pas dans un extrait sulfité à 20 ou 25 0/0, mais bien dans la consommation d'un extrait sulfité au minimum, c'est-à-dire contenant le maximum de tannin soluble ; or comme celui sulfité à 11 0/0 ne contient plus d'insolubles, il est tout indiqué pour l'emploi dans un bon tannage qui doit exclure la grande quantité de sulfites comme pouvant nuire à la qualité du cuir par la difficulté qui réside pour l'éliminer.

D'ailleurs, l'extrait de quebracho 25° sulfité seulement à 5 0/0 fournit des cuirs de plus grand rendement que ceux tannés aux extraits sulfités à une plus forte teneur, tout en leur conservant beaucoup plus de souplesse.

La préparation de ce genre d'extrait se fait directement dans un seul appareil (fig. 83) en introduisant tout à la fois l'extrait sec (1), et la quantité convenable d'eau; la masse est alors chauffée durant quelques heures après lesquelles on retire la quantité correspondante d'extrait 25°, de premier jet et entièrement soluble à froid.

Nous donnons ici, à titre de curiosité la *Copie du brevet d'invention de 15 ans* pour : « Procédé de transformation d'extraits pour teinture et tannerie en nouveaux produits deplus grande valeur industrielle, par l'action des bisulfites, des sulfites ou des hydrosulfites de soude, potasse, etc. ».

Demande formulée par : La Société Lepetit, Dolfus et Gansser.

### Mémoire descriptif.

Dans ces dernières années, on a étudié à plusieurs reprises l'action des

---

(1) Le marché étranger offre aujourd'hui des marques de « quebrachos solubles » contenant déjà environ 5 0/0 (idéal) de sulfite, et suffisamment décolorés pour être employés directement par la Tannerie. J. N.

sulfites alcalins sur des substances de la série aromatique, nous citerons comme exemples les brevets allemands 56058 et 76458 de Fischesser (*Wagner's Jahresb, der chemischen Industrie* 1895, p. 602), le D. R. P. 86097 du 18 février 1895, une demande de brevet de Farbwerke Hoechst en 1895, d'après lesquels on applique une réaction déjà étudiée par Piria (*Liebig's Annalen* V. 78 p. 31), savoir l'action de sulfites sur la nitronaphtaline.

Nous avons étudié l'action des bisulfites et des sulfites sur les extraits de bois de teinture, comme par exemple les extraits de bois jaune, de fustes, de quercitron, et sur les extraits tannants, comme les extraits de sumac, de québracho, de châtaignier, de gambier, etc., etc., et nous avons trouvé que dans des conditions déterminées, il se forme de nouveaux produits qui diffèrent notamment de ceux employés comme matière première et qui ont une grande valeur industrielle.

Ce sont ces nouveaux produits et leur fabrication qui font l'objet de la présente demande de brevet, et nous expliquons notre procédé par les exemples suivants :

## Exemple 1

*Préparation d'une nouvelle substance colorante par l'action du bisulfite de soude sur l'extrait jaune.*

Nous chauffons dans un autoclave à une température de 110 à 115°, pendant huit heures :

300 kg. d'extrait de bois jaune à 28° Bé ;

100 kg. de bisulfite de soude à 35° Bé.

Après ce temps, l'extrait jaune est transformé en masse très dense, d'un jaune pâle et qui a l'aspect de morin pur ; elle est composée d'aiguilles microscopiques difficilement solubles même dans l'eau chaude, et représentant un produit d'addition comparable aux composés d'addition que donnent les aldéhydes avec les bisulfites : les acides en dégagent aisément de l'acide sulfureux, mais ne régénèrent cependant pas l'extrait jaune dans toutes ses propriétés Le produit ainsi obtenu, employé tel quel ou neutralisé par du carbonate de soude ou bien purifié par un lavage à l'eau froide, teint le coton et la laine sur mordants en donnant des teintes bien plus vives, plus

riches et plus pures que l'extrait de cuba, il donne des tons jaunes purs sur
alumine en impression.

## Exemple 2.

*Préparation d'une nouvelle matière colorante par l'action du bisulfite
de soude sur l'extrait de fustes.*

Nous chauffons dans un autoclave, à une température de 145-150° C.,
pendant huit heures :

300 kg. d'extrait de fustes à 28° Bé ;

100 kg. de bisulfite de soude à 35° Bé.

L'extrait de fustes se transforme en une masse dense d'un jaune grisâtre
très pâle, presque blanche lorsqu'elle est sèche, très peu soluble à l'eau chaude,
soluble en beau jaune vif dans les alcalis. Le produit diffère de l'extrait de
fustes employé, de la même manière que le dérivé de l'extrait jaune diffère
de l'extrait lui même, c'est-à-dire qu'il fournit sur laine et coton en teignant sur
mordants des nuances bien plus pures et plus vives.

## Exemple 3.

*Transformation de l'extrait de quercitron en une matière colorante
facilement soluble et d'une plus grande intensité.*

Nous chauffons dans un autoclave, à une température de 150° C environ,
pendant 6 à 8 heures.

300 kg. d'extrait de quercitron à 25° Bé ;

100 kg. de bisulfite de soude à 35° Bé.

Le produit obtenu diffère de l'extrait de quercitron pur employé en ce qu'il
se dissout avec la plus grande facilité dans l'eau froide, propriété recherchée
dans l'impression, et qu'il présente une bien plus grande intensité colorante.
L'action du bisulfite a, dans cet exemple, une certaine analogie avec l'action
des acides dilués sur l'extrait de quercitron pour les décomposer en sucre et
matières colorantes, mais la décomposition du glucoside par les acides
dilués bouillants étant accompagnés de la formation de matières secondaires,
le produit obtenu n'offre pas la pureté de nuance qu'on peut obtenir au
moyen du bisulfite.

## Exemple 4.

*Transformation d'extraits de québracho ordinaires imparfaitement
solubles à l'eau en un extrait tannant parfaitement soluble à l'eau froide.*

*a*) Nous chauffons dans un autoclave pendant 6 heures à 140-150° C.

300 kg. d'extrait de québracho à 25° Bé ;

80 kg. de bisulfite de soude à 35° Bé.

*b*) Nous chauffons dans un double fond muni d'un agitateur, et chauffé
à la vapeur à 1 1/2 à 3 atmosphères, pendant 8 à 10 heures, en remuant
continuellement, 300 kg. d'extrait de québracho et 100 kg. de bisulfite de
soude ou de sulfite neutre de soude à 30 Bé ou 130 kg. d'hydrosulfite de
soude à 20 Bé.

*c*) Au lieu de transformer de l'extrait de québracho en produit soluble,
on peut encore obtenir directement ce dernier en extrayant du bois de québracho, avec ou sans pression, en ajoutant pour 100 kg. de bois, 12 à 15
kgs de bisulfite ou de sulfite de soude à l'eau qui sert à extraire le bois.

L'extrait obtenu suivant *a*, *b*, *c*, présente les mêmes caractères, il est plus
fluide que les extraits de québracho actuellement en commerce, se dissout
aisément dans l'eau froide sans fournir aucun dépôt insoluble, il tanne rapidement la peau et lui donne des nuances légèrement rosées rappelant celles
fournies par les écorces de mimosa et si hautement appréciées par les con-
naisseurs. De plus, le cuir a une souplesse remarquable que l'on n'obtient
pas avec les québrachos ordinaires.

Naturellement la durée, la température et les proportions indiquées dans
la présente demande de brevet, varient dans des limites assez étendues. Au
lieu de bisulfite de soude, on pourra employer ceux d'ammoniaque ou de
potasse.

L'application aux extraits de graines de perse, de gaude, etc., de hemlock,
au cachou, au pigou, etc., est la même que celle que nous avons décrite
dans les exemples cités.

En résumé, nous revendiquons comme notre propriété exclusive :

1º Le procédé consistant à chauffer des extraits de bois de teinture ou des
extraits pour tannerie, tels que les extraits de bois jaune, de fustes, de quercitron, de québracho, hemlock, châtaignier, etc., avec de l'acide sulfureux,
les bisulfites, les sulfites et hydrosulfites des alcalis, dans un autoclave à des
températures supérieures à 100° ou à l'air libre.

2⁰ Les produits obtenus avec ce procédé.

3⁰ L'application de ces produits à la teinture à l'impression et à la tannerie ou la préparation de nouvelles matières colorantes.

*Copie du certificat d'addition au brevet d'invention de 15 ans du 20 avril 1896. N° 255698.*

pour : « Procédé de transformation d'extraits pour teinture et tannerie en nouveaux produits de plus grande valeur industrielle, par l'action des bisulfites, des sulfites ou des hydrosulfites de soude, de potasse, etc.

Demande formulée par : La Société Lepetit Dollfus et Gansser.

## Mémoire descriptif.

Dans notre brevet principal du 20 avril 1896, n° 255698, nous avons décrit la préparation de nouveaux produits tinctoriaux, combinaisons bisulfitiques des matières colorantes du bois jaune et du fuste, et de plus la transformation des extraits de québracho, de hemlock et de pin ordinaire difficilement solubles à froid, en extraits facilement solubles, et nous avons mentionné l'importance toute spéciale de cet extrait peu soluble pour les divers usages de tannage rapide.

En continuant nos essais sur la préparation de ces extraits, nous avons trouvé que la solubilisation a lieu par le fait qu'en chauffant assez longtemps des extraits de québracho et de hemlock avec des bisulfites et des sulfites, une partie de l'acide sulfureux étant chassée, il se forme des sulfites neutres à réaction alcaline qui favorisent la dissolution des matières résineuses des extraits. L'excès d'acide sulfureux qui se trouve en présence de l'extrait pendant la durée du traitement, empêche toute oxydation et provoque en même temps une certaine décoloration de l'extrait due à son action réductrice.

Nous avons constaté que l'on obtient aussi des extraits solubles, lorsqu'on remplace les bisulfites, sulfites ou hydrosulfites des alcalis entièrement ou en partie, par des sels alcalins de sodium, potassium ou d'ammonium, tels que borates, carbonates, bicarbonates, phosphates, lactates, ou sulfures ou hydroxydes de sodium, potassium et ammonium, etc.

Il est toujours nécessaire d'opérer la solubilisation à chaud, mais l'opération ne demande que fort peu de temps, au lieu de durer 7 ou 8 heures dans les conditions décrites dans notre brevet principal, et exige une quan-

tité moindre de produits ajoutés pour la transformation en extraits solubles ;
il est toujours bon d'ajouter aux produits solubilisants une certaine quantité de substances réductrices comme des sulfites, bisulfites, hydrosulfites
ou des sulfures, afin de prévenir toute oxydation, mais cela n'est pas absolument nécessaire.

### Exemple.

*a)* On chauffe dans une chaudière à double fond munie d'un agitateur,
1000 kg. d'extrait de québracho à 26° Bé jusqu'à 90 ou 100° C. et l'on
ajoute peu à peu de l'ammoniaque dilué avec son propre poids d'eau (il
en faut environ 76 kg.) avec ou sans décomposition de sulfite de soude. On
continue à remuer jusqu'à ce qu'un échantillon prélevé de la masse se dis-
solve dans beaucoup d'eau froide en donnant une solution presque limpide,
c'est-à dire ne déposant au bout d'un certain temps qu'un léger précipité
floconneux, car nous avons reconnu qu'il est préférable de ne pas pousser
trop loin la transformation.

*b)* On traite de même 1 000 kg d'extrait de québracho à 26 Bé avec 75 kg.
de soude caustique à 10° Bé et 20 kg. de sulfite de soude à 30° Bé .

*c)* Dans une chaudière relativement spacieuse, on chauffe 1.000 kg.
d'extrait de québracho à 95°-100° C. et on ajoute peu à peu en remuant 80 kg.
de cristaux de soude dissous en 100 litres d'eau chaude, ou bien d'une
quantité équivalente de potasse ou de bicarbonate de soude, de potasse
ou d'ammoniaque, en réglant la température et l'adjonction de la solution
alcaline de façon à ce que la masse ne déborde pas ; on chauffe jusqu'à ce
qu'un échantillon présente le caractère de solubilité mentionné en *a*.

En résumé, nous entendons annexer à notre brevet principal, et revendiquons comme notre propriété absolue et exclusive :

I. *a.* — La transformation d'extraits tannants difficilement solubles à
l'eau froide, tels que l'extrait de québracho, de hemlock et de pin, en produits
plus facilement solubles, moyennant un traitement à chaud approprié, par
des hydroxydes, des sulfures ou des sels à réaction alcaline de sodium, potassium ou d'ammonium, en présence ou non de bisulfites, sulfites ou hydrosulfites.

*b.* — La préparation des extraits solubles consistant à extraire le bois de
québracho ou les écorces de hemlock ou de pin d'Europe avec de l'eau contenant les produits chimiques énumérés en *a*.

*c.* — Les procédés décrits en *a* et *b* appliqués à des mélanges contenant d'autres matières tannantes outre celles énumérées en *a* et *b.*

II. L'application des extraits facilement solubles dans la tannerie, seuls ou en mélange.

III. Les produits obtenus suivant I *a, b, c.*

### Mode d'emploi en tannerie.

La dissolution d'extrait de québracho (nous ne comprenons que ceux solubles à froid) doit toujours s'effectuer, ainsi que nous l'avons indiqué, en parlant de l'extrait de châtaignier, c'est-à-dire, verser l'extrait dans l'eau de préférence à 35-40° C. ou dans le jus d'écorces destiné au tannage.

*Tannage de la basane.* – Il faut, pour tanner 12 peaux de moutons finies de 8 kgs, environ 4 kgs de tannin de québracho.

Cette quantité de peaux est mise en cuve, contenant de 50 à 60 litres de jus faibles d'écorces et auxquels on ajoute :

| | | |
|---|---|---|
| Premier jour, le matin, première addition . . | 800 grs. de tannin |
| — 2 heures après, deuxième addition. | 800 — |
| Deuxième jour, le matin, première addition . . | 800 — |
| — 2 heures après, deuxième addition. | 800 — |
| Troisième jour, le matin, une addition . . . . | 800 — |

4.000 grs. de tannin

Les peaux devront rester ensuite en contact 3 ou 4 jours avec des jus d'écorces, puis retirées, égouttées sur chevalet, lavées à l'eau claire, égouttées à nouveau et finalement mises en sèche à l'abri de la lumière.

Durant les 3 premiers jours de tannage, les peaux sont agitées au moulinet à palettes, les derniers jours il suffit de remuer les peaux environ 3 fois dans la journée.

*Tannage des cuirs de veau.* — Pour tanner une peau de veau du poids d'environ 3 kgs, il faut sensiblement 3 kgs de québracho dilués dans 25 litres de jus faibles d'écorces.

Les cuirs sont agités en cuves pendant 5 à 6 jours et durant lesquels des additions d'extrait sont faites le matin et l'après-midi, à la dose de 250 à 500 gr. jusqu'à concurrence de 3 kgs.

Selon la nature des peaux et leur grosseur, la durée du tannage peut être prolongée de quelques jours, c'est le tanneur lui-même qui est juge en pareil cas.

De toute façon, lorsque les peaux sont tannées, elles sont égouttées sur chevalet, lavées à l'eau claire, puis égouttées et finalement mises en sèche lente.

*Tannage des gros cuirs.* — L'extrait de québracho peut aussi convenir pour le tannage des gros cuirs, à condition qu'il soit employé seulement dans les bassements ou refaisages et à dose progressive qui peut aller à une forte proportion.

*Observations.* — Au commencement du tannage, il est indispensable d'employer des jus faibles et usagés d'écorces.

Les bains, desquels on a retiré des cuirs tannés, peuvent servir de bain initial pour de nouveaux cuirs, avant de mettre en bain neuf, c'est un moyen d'utiliser le tannin y contenu.

Il est évident qu'il faut agiter les peaux, à chaque addition d'extrait, lequel doit être dilué au préalable avec du jus d'écorces; de ce travail effectué progressivement et judicieusement dépend la réussite du tannage.

# CHAPITRE VIII

## FABRICATION D'EXTRAITS DE SUMAC

*Sumac en feuilles*. — On trouve dans le commerce les variétés suivantes : le *Sumac de Sicile* (Rhus Coriaria) qui contient de 16 à 24 0/0 de tannin, c'est le plus estimé et celui qui doit être imposé pour la fabrication des extraits (le sumac mâle en contient jusqu'à 27 0/0) ; *le Sumac d'Italie,* qui titre de 13 à 18 0/0 ; *le Sumac d'Espagne* (récolté dans les provinces de Malaga ou les districts de Priego, de Malino, de Valladolid) est une variété assez estimée et qui contient de 12 à 15 0/0 de tannin ; *le Sumac du Tyrol,* très odorant ; le Sumac français ou de Donzère qui titre de 13 à 14 0/0 de tannin ; on le prépare dans la vallée du Rhône, sous la forme d'une poudre vert sombre et dont l'odeur rappelle celle du cuir ; *le Sumac Redon,* qui croît dans tout le midi de la France, sa richesse en tannin égale celle du précédent ; *le Sumac américain,* très employé en mélange avec celui de Sicile, par les fabricants de marocain et pour le tannage du cuir « buffed ». Il titre de 16 à 20 0/0 de tannin ; *le Sumac de Virginie,* dont la richesse tannique est variable.

Toutes ces variétés, contiennent un acide tannique différent, mais d'après Stenhouse, l'acide tannique du Sumac de Sicile, serait identique à l'acide gallo-tannique.

Dans les sumacs avariés ou qui ont séjourné trop longtemps en magasins peu aérés, la plus grande partie de l'acide tannique est transformée en acide gallique et en glucose, avec augmentation de couleur dans les solutions de ce sumac vieux.

*Lentisque*. — Une des principales fraudes du Sumac de Sicile : c'est l'addition de 20 à 60 0/0 de lentisque en poudre provenant des feuilles ou pétioles du Pistacia lentiscus, arbrisseau qui croît surtout en Tunisie, en Algérie et en Corse.

Cette matière tannante ne contient guère que 10 à 15 0/0 de tannin et ne donne pas sur cuir les résultats fournis par le sumac de Sicile.

Aussi, les tanneurs ont-ils intérêt à s'assurer des diverses qualités qui leur sont offertes à des prix qui indiqueraient la qualité en poudre extra ventilé n° 1 (ou en feuille), mais qui en réalité est un mélange « suivant la formule » sumac lentisque-tamarix.

*Tamarix*. — Les feuilles de cet arbrisseau, qui croît en Tunisie, en Algérie et sur le littoral méditerranéen, contiennent de 8 à 10 0/0 de tannin et servent de fraude au sumac de Sicile.

*Fabrication des Extraits de Sumac*. — Nous dirons tout d'abord que l'appareillage et le matériel composant une usine fabricant l'extrait de sumac, sont semblables à ceux servant à la fabrication de l'extrait de chêne : c'est-à-dire avec une batterie de cuves ouvertes, et Triple-effet comme appareil évaporatoire des jus de sumac.

On distingue deux sortes d'extraits de sumac, celui fabriqué à froid, et celui obtenu à chaud.

Le premier appelé « liqueur blonde » ou extrait épuré 30° est le produit des feuilles de sumac macérées à froid ou vers 30° C ; le deuxième est le produit des feuilles de sumac macérées à chaud.

On trouve d'ailleurs dans le commerce d'autres qualités inférieures provenant de la macération de mélange de sumac et lentisque ou tamarix, ou de jus concentrés d'une deuxième macération à chaud des feuilles déjà traitées à froid.

*Considérations sur la fabrication des extraits de sumac*. — En observant l'oxygène de l'air aidé de l'ammoniaque atmosphérique produire sur les jus de certains végétaux les effets prodigieux suivants :

1° transformation de l'indigo blanc en indigo bleu ;

2° extrait incolore des Nerpruns, changé en Lokao ou vert de Chine-lumière ;

3° orcine, principe incolore des lichens à orseille, passer à l'état d'orcine, matière colorante violette, qui a rendu pendant 70 ans de si grands services dans la teinture de la laine et de la soie : on pouvait à bon droit, lui prêter les mêmes actions sur les extraits à 5 ou 6° Bé tirés du sumac à air libre.

En effet, le premier lavage tiré à froid de la feuille de sumac est incolore, le second l'est moins et la teinte de coloration s'accentue de plus en plus jusqu'au 7e lavage, grâce à l'aérage produit par le jeu ou émulsion de la pompe servant au passage des jus, qui sont refoulés de bas en haut et d'un extracteur à l'autre, ceci 7 fois de suite.

Désireux de nous rendre compte du point où s'arrêterait cette oxydation, nous avons étendu à air libre en couches minces de l'extrait de sumac à 5° Bé.

Au bout de 8 jours il était devenu complètement noir, en passant par les teintes : jaune, rose, violette, bleue et verte, indices de la formation d'une grande quantité d'acide gallique.

Du tannin à l'éther, de première pureté, ramené également à 5° Bé et exposé à l'air dans les mêmes conditions a donné le même résultat de coloration, mais d'une manière moins rapide, à cause de l'absence des principes sucrés contenus dans le sumac.

Il faut donc en conclure, que les tannins (d'une façon générale) ne peuvent supporter, sans être influencés, l'action de l'air, lorsqu'ils sont étendus d'une certaine quantité d'eau, et qu'alors il est de la plus haute importance de les priver de ce contact durant leur extraction et leur évaporation jusqu'à 25, 30° et même à l'état sec.

En poussant l'évaporation jusqu'à l'état sec, ils deviendraient inaltérables et pourraient alors servir de matière première pour la fabrication de tannins à l'alcool et à l'éther.

Pour les couleurs fines, la charge de la soie par les tannins fabriqués à l'abri de l'air donnerait peut-être l'idéal de l'incolore.

Ces considérations s'appliquent non-seulement à la fabrication des extraits de sumac, mais aussi à tous les extraits tanniques qui demandent, en raison directe de leur composition même, à être soustraits de l'oxydation de l'air dès qu'ils sont à l'état de jus faible. Il y a toute une série d'essais industriels qui devront intéresser les chimistes de cette industrie où il y a encore de nombreux perfectionnements à apporter.

*Extrait à froid.* — Le sumac en feuilles, d'après notre *modus operandi*, subi 7 lavages successifs à l'eau froide, avec contact de 2 heures pour chacun ; nous indiquons ci-dessous les titres respectifs :

| | |
|---|---|
| 1er bouillon. . . . . . . . . . . . | 6°,0 Bé. |
| 2e  — . . . . . . . . . . | 4°,0 — |
| 3e  — . . . . . . . . . . | 3°,0 — |
| 4e  — . . . . . . . . . . | 2°,2 — |
| 5e  — . . . . . . . . . . | 1°,2 — |
| 6e  — . . . . . . . . . . | 0,6 à 0,7 |
| 7e  — . . . . . . . . . . | 0,1 à 0,2. |

Comme il s'agit d'admettre ces feuilles macérées aux foyers gazogènes en mélange à d'autres déchets, et qu'elles absorbent 275 0/0 d'humidité, on les essore à la presse mécanique (100-150 kgs) pour en récupérer encore 225 0/0 (de la feuille sèche admise en macération) de jus $0^o,8$, correspondant de 8 à 9 0/0 d'extrait $20^o$, ou de 3 à 4 0/0 d'extrait sec de sumac (il faut environ 270 kgs d'extrait $20^o$ pour produire 100 kgs d'extrait sec).

Cette récupération vient donc, en fin de compte, au prorata des bénéfices ordinaires de la fabrication.

*Rendement.* — Ainsi qu'il a été dit plus haut, le rendement en extrait sera fonction de la qualité du sumac en feuilles traité, aussi les rendements que nous avons obtenu sont-ils assez variables :

Sumac Sicile n° 1 qualité supérieure :

Rendement en extrait sec, 0/0 kgs de feuilles traitées. . .     43 0/0
—        $25^o$,        —     . . .     92 0/0
—        $20^o$,        —     . . .     110 0/0

extraction faite à froid, avec récupération du jus contenu dans les marcs.

Extraction faite à chaud 80-90° C. de 25 tonnes de sumac en feuilles n° 1, de Palerme :

Rendement en extrait $25^o$ . . . . . . .     78 0/0
Rendement en extrait $20^o$ . . . . . . .     98 —

dans ce rendement, il n'a pas été tenu compte de la quantité d'extrait obtenu par la compression des feuilles après le 7e lavage, et qui a servi à la fabrication d'extrait sec.

Extraction faite à froid :

Poids de sumac en poudre traité . . . .     2.000 kgs.
Rendement en extrait $30^o$, 0/0 de poudre. .     55 0/0
Rendement en extrait $20^o$, 0/0 de poudre .     83 —

Autres rendements :

Extraction à chaud sur sumac de Sicile n° 1, récolte supérieure, 123 kgs de feuilles ont donné 120 kgs d'extrait $25^o$ ; extraction à froid sur même qualité de sumac que le précédent : 162 kgs de feuilles ont donné 120 kgs d'extrait $25^o$. En soumettant les feuilles macérées à 7 lavages, à la compression et utilisant le jus, obtenu 0,8 à la fabrication du sec.

*Qualités d'extraits de sumac.* — L'Extrait de sumac qui doit être transporté est commercialement livré à l'état liquide et à 30º Bé, il se consomme encore néanmoins une certaine quantité de sumac sec.

Comme fabricants réputés de ce genre d'extraits, nous citerons la maison Jean Rod, Geigy et Cⁱᵉ, de Bâle, qui a entrepris dès 1856, la fabrication des extraits de sumac, de campêche, et dont les marques sont universellement appréciées tels que :

Extrait de sumac épuré 30⁰ : Richesse en tannin. . . . . . 31,8 0/0
—      surfin 30ᵘ      —     . . . . . 32,4 —
—       0    30°      —     . . . . . 32,0 —
—       B    30°      —     . . . . . 25,5 —
—      BO    30°      —     . . . . . 23,7 —

Ces extraits se vendent suivant qualité de 40 à 62 francs.

En France, nous citerons les maisons Watrigant et Fils, de Marquettes-lez-Lille ; Dubosc Frères, du Havre ; Huillard et Cⁱᵉ de Suresnes.

*Emploi en tannerie.* — L'extrait de sumac sert plutôt à blanchir les cuirs destinés « en couleur » qu'à les tanner, parce qu'il tanne trop mou. Il s'emploie aussi spécialement pour le cuir destiné aux chaussures (empeignes) de luxe, à la reliure, à la maroquinerie.

Il convient enfin pour la charge des soies destinées aux blancs ou aux couleurs claires.

*Gallo-sumac.* — Des gallo-sumacs que nous avons fabriqué également par grosses quantités, sont des mélanges en proportions variables de dividivi, sumac et châtaignier, qui fournissent de bons rendements et des extraits acceptables en tannerie, de par leur richesse tannique élevée qui dépasse 32 0/0.

# CHAPITRE IX

## DU CACHOU-KHAKI, SUCCÉDANÉ DU QUÉBRACHO. — SON EMPLOI EN TANNERIE

Cette matière tannante lancée sur le marché depuis peu de temps, paraît provenir de Bornéo (via Singapoore). Elle est extraite d'une feuille, et livrée au commerce à l'état sec.

Le « Khaki » contient environ 60 0/0 de matières tannantes.

C'est un tannin rapide, astringent, par conséquent on doit l'employer avec modération, de préférence avec d'autres tannins doux, autrement on pourrait contracter les pores du cuir, et ainsi on retarderait le tannage.

Il donne un cuir solide mais doux et moins creux que le québracho.

Nourrissant le cuir par son pouvoir d'assimilation, il lui donne par conséquent de la résistance à l'eau.

Le « Khaki » donne plus de poids, une substance plus épaisse et un cuir plus gros que le gambier, et sous ce rapport, il est beaucoup supérieur aux extraits de quebracho, mangrove, mimosa et autres extraits employés seuls.

Il ne contient pas de matière rouge résineuse comme la Cigüe et le Quebracho, qui souvent sont la cause de taches ou marbrures observées sur les cuirs.

Il contient moins de 1 0/0 de matières insolubles.

En solution concentrée, il ne se sépare pas comme le fait le quebracho sec d'origine.

Une liqueur forte de Khaki et de l'eau chaude, ou de Khaki et une liqueur chaude composée d'autres matières tannantes, dépose naturellement en refroidissant, mais on peut redissoudre facilement le dépôt formé en le reprenant avec une certaine quantité d'eau chaude. Ce dépôt est d'une nature floconneuse, n'ayant pas de caractéristiques résineuses, collantes, qui sont désagréables dans le quebracho et les mangroves ou les écorces de Mallet.

La dissolution de l'extrait sec de Khaki s'opère de la même façon que pour dissoudre l'extrait sec de châtaignier (voir précédemment).

*Mode d'emploi en tannerie.* — Le Khaki étant un tannin très soluble à l'eau peut s'employer en tannage, en mélange avec d'autres tannins et avec lesquels il donne de bons résultats, tels que :

Dans une fosse à tan, pomper une liqueur de myrobolam, ajouter 600 kgs de gambier et 300 kgs de Khaki, dissoudre le tout par un barbottage à vapeur vers 40-45° C., se servir alors de cette liqueur, soit pour le tannage final des cuirs, soit pour le retannage des cuirs refendus.

Cette formule est constamment employée par les tanneurs anglais qui obtiennent avec ce mélange des cuirs de 1re qualité.

Un autre mélange est constitué par 1/5 Khaki, 1/5 gambier, 3/5 myrobolam et écorce de chêne, avec abreuvage de la liqueur forte précédente.

De même le Khaki a été employé avec succès, en le mélangeant avec l'extrait de châtaignier dans les proportions qui ont varié de 1/10 à 1/6 des matières tannantes employées, de façon à pallier la couleur rougeâtre du Khaki.

Enfin quelques tanneurs ont employé le mélange suivant : Khaki 1/2 et extrait de châtaignier 1/2 pour l'abreuvage de fosses en tannage semi-rapide et avec des jus à 5/7° Bé.

Si les tanneurs emploient le système de tannage usité en Allemagne, c'est-à-dire de gonfler les cuirs d'abord en fosse à acide organique, puis les colorer (mise en couleur) dans les fosses à teindre, et ensuite les placer en couches sèches, alors on conseille d'ajouter dans les premières couches, à chaque 50 cuirs, 4 à 6 seaux de cette liqueur forte de Khaki aux liqueurs employées pour l'abreuvage desdites fosses.

*Tannage des cuirs à semelles (lissé.)* — On peut employer le Khaki selon la formule générale suivante pour la fabrication de cuir à semelles, comme on le fait en Allemagne et en Autriche.

Le système général de tannage en Allemagne est de mettre les cuirs (après un travail de rivière soigné) en couleur dans une série de fosses et durant quelques semaines, puis directement aux fosses à couches. Ces couches sont composées d'écorce et de jus forts, auxquels on ajoute encore des extraits pour les renforcer.

Pour ce genre de tannage, on conseille dans la 1re, la 2e et peut-être dans la 3e couche, de dissoudre du Khaki dans la liqueur même des fosses : 50 kgs de Khaki par 100 cuirs.

L'autre système ressemble.plutôt au tannage anglais parce qu'il emploie le Khaki au « refaisage » ou dans les cuves à poudre : à la dose de 50 kgs par fosse et par 60 cuirs, dissous dans la liqueur de myrobolam et dont on fait la liqueur d'abreuvage des cuirs.

Enfin certains tanneurs l'emploient avec succès en mélange avec l'écorce de chêne, la vallonée, le myrobolam et les extraits de châtaignier, en proportions qui varient suivant les besoins et les exigences de leur tannage que seule la pratique peut guider.

# CHAPITRE X

## DES MATIÈRES TANNANTES DIVERSES

Divi-divi. — Valonnée. — Galles de Chine. — Myrobolam. — Palmetto. — Mimosa. — Tara. — Mangrove ou Palétuvier. — R. Catechu ou R. Gambier.


*Divi-divi.* — Cette matière tannante se trouve sur le marché sous forme de gousses ou siliques, d'environ 5 à 6 cm. de long, charnues, jaune rougeâtre, courbées en S et renfermant des graines dures, lisses, ovoïdes ; elles sont produites par le Cœsalpinia coriaria qui croît dans l'Amérique du Sud et qui fournit aussi une écorce employée en tannage.

Les gousses ou siliques contiennent environ 30 0/0 de tannin tandis que l'écorce ne contient guère que 12 à 15 0/0.

*Fabrication d'extrait de divi-divi.* — Les gousses de divi-divi sont épuisées par 7 lavages de 2 heures chacuns à 90° C. ; puis le 1er lavage et la moitié du 2e sont évaporés dans le vide jusqu'à 30° Bé.

Voici les titres respectifs des différents bouillons :

| | |
|---|---|
| 1er bouillon . . . . . . . . . . | 8°,5 Bé. |
| 2e — . . . . . . . . . | 4°,3 — |
| 3e — . . . . . . . . . | 3°,0 — |
| 4e — . . . . . . . . . | 1°,9 — |
| 5° — . . . . . . . . . | 1°,3 — |
| 6° — . . . . . . . . . | 0°,7 — |
| 7° — . . . . . . . . . | 0°,3 — |

*Rendement.* — Sur 50.000 kgs traités, qualités Maracaibo et Rio-Aicha,

| | | | |
|---|---|---|---|
| 100 kgs de gousses ont fourni . . . | 117 kgs extrait 30° | | |
| 85 — | do | . . . | 100 — — |
| 168 — | do | . . . | 100 — extrait sec. |

L'extrait de divi-divi à 30°, contient généralement de 30 à 33 0/0 de tannin, et l'extrait sec de 53 à 55 0/0.

L'extrait, même à 30°, étant essentiellement fermentescible, il est important de l'aseptiser par une petite addition d'acide formique ou de biiodure de mercure : on évite ainsi le coulage des fûts par une fermentation trop intense qui se développe surtout en été.

Par son grand rendement en extrait, on voit que cette matière tannante est intéressante pour la tannerie qui l'emploie surtout pour le tannage des cuirs légers et souples, les extraits décolorés pouvant fournir des teintes très claires.

*Valonnée.* — Les valonnées sont les cupules écailleuses produites par le Quercus OEgilops, arbre commun qui croît dans tout l'Archipel grec.

En Allemagne, en Autriche, en Italie et surtout en Angleterre, les tanneurs en font une grosse consommation. On mélange la valonnée avec l'écorce de chêne, pour le tannage du lissé dans les deux dernières poudres ; le cuir obtenu ainsi est plus imperméable à l'eau que celui tanné à l'écorce de chêne seule. C'est en somme une des meilleures matières tannantes actuellement sur le marché et dont les tanneurs anglais tirent un excellent parti, si l'on en juge par les cuirs importés sur notre marché.

Le principal marché est Smyrne qui exporte toutes les variétés connues : Caramanie 1*a* et 2*a*, Camatina, bons refusos, anglaise 2*a* sans trynaks, uso-anglaise, unacqua, trynacks trillos 2*a* ou 1*a* criblés, Grèce dragomestre ; le prix de ces diverses qualités varie de 16 à 27 francs caf. Havre, Dunkerque, Anvers.

Comme la richesse tannique peut varier de 15 à 35 0/0 dans les valonnées, suivant la qualité, la provenance, etc., il est de la plus haute importance, lors de l'achat, de contrôler leur valeur en tannin, d'autant plus que la teneur en matières extractives est aussi très variable.

*Fabrication d'extrait de la valonnée.* – Nous avons eu l'occasion de traiter 10.000 kgs d'un lot de valonnées mélangées et qui a été soumis à 7 lavages à 95° C. pendant 1 h. 30 chacuns.

Titres respectifs des bouillons :

| | | |
|---|---|---|
| 1er bouillon . . . . . . . . . | 5°,3 | Bé. |
| 2e — . . . . . . . . . | 3°,0 | — |
| 3e — . . . . . . . . . | 1°,2 | — |
| 4e — . . . . . . . . . | 0°,8 | — |
| 5e — . . . . . . . . . | 0°,5 | — |
| 6e — . . . . . . . . . | 0°,2 | — |
| 7e — . . . . . . . . . | 0°,1 | — |

Le titre moyen des bouillons a été de 4°, après refroidissement, décolorés et évaporés dans le vide, ils ont fourni un extrait 25° Bé. dont la richesse tannique a été de 26 0/0.

Rendement : 117 kgs de cupules ont produit 100 kgs extrait 25°, soit 85 0/0 du poids de valonnée mise en œuvre.

*Galles de Chine.* — Ce produit tannant qui provient d'une espèce de sumac, contient 50 à 60 0/0 de tannin, ce titre élevé doit donc attirer l'attention du tanneur sur son commerce et sa production dans l'Asie orientale.

Traité comme le divi-divi ou la valonnée, son rendement est de 125/128 0/0 en extrait 30°, c'est-à-dire que 78 kgs de Galle de Chine fourniront 100 kgs d'extrait 30°.

*Myrobolam ou myrobolans.* — Cette matière tannante nous arrive de l'Inde sous forme de fruits arrondis, noir gris, récoltés sur plusieurs espèces de grands arbres (Terminalia) et contenant suivant provenance et année de 25 à 35 0/0 de tannin.

Nous avons eu l'occasion de traiter quelques tonnes de Jubelpoore I-II, par 7 lavages à 90-95° C. Voici les rendements obtenus :

Rendement en extrait 20° 0/0 de myrobolam traité . . .    76 0/0
—            25°         —        . . .    60 —

Poids de myrobolam pour produire 100 Kgs extrait 20° : 145 Kgs.

Le bouillon obtenu qui titrait 3°7, décante facilement et rapidement ; évaporé à 65 mm. de vide, il a fourni un extrait très fluide et de couleur jaunâtre, qui a servi à tanner des cuirs de chèvre en couleur jaune brillant et d'une grande souplesse.

C'est d'ailleurs un tannin universellement réputé qui se mélange fort bien aux jus d'écorces ou d'extraits de châtaignier.

Les principaux fabricants d'extraits de myrobolam français et étrangers sont : Compagnie Française des extraits tannants et colorants, Watrigant et Fils, etc.

### Extrait de Palmetto

Ce produit tannant est extrait des racines du *sabal surrulata* qui croît dans les terrains maritimes et sablonneux de la Floride, et fabriqué par : la Florida extract Co., Titusville, Florida.

Le but principal de l'Extrait de Palmetto *est de remplacer le Gambier*.

Voici du reste les qualités qui donnent l'avantage à « Palmetto » sur « Gambier » :

« Il tanne plus vite, fournit un meilleur poids, produit du cuir plus fort en le faisant gonfler, cuir qui peut subir une température plus haute pour le vernissage ».

L'Extrait de Palmetto, ce nouveau tannin, semble être appelé à jouer un très grand rôle dans le monde des tanneurs, et nous nous permettons de donner ci-dessous des indications précises, ainsi que des instructions sur la façon dont il faut l'appliquer aux espèces de cuirs les plus diverses, et ce, en nous appuyant sur les nombreux essais et sérieux travaux du Professeur Kohnstein, des usines de cuirs de Pfister-Vogel, Milwaukee.

L'Extrait de Palmetto se vend dans les tanneries américaines par wagons, et sa consommation augmente au fur et à mesure qu'il est mis en pratique et que le praticien reconnaît ses qualités avantageuses. Au début, les chiffres élevés au pourcentage de non-tannins, constatés au laboratoire ne pouvaient être admis, et même aussi, des difficultés de toutes sortes venaient jeter le discrédit sur l'emploi de l'Extrait de Palmetto.

C'était d'abord : la solubilité difficile de l'Extrait dans l'eau froide et aussi le fait que l'Extrait semblait devenir plus foncé dès qu'on l'exposait à l'air, mais surtout après exposition à la lumière. Malgré ces premières observations défavorables démontrées au laboratoire et dans les usines des tanneries, nous n'avons pas abandonné nos recherches et avons continué nos expériences avec ce nouveau produit. L'expérience acquise dans la fabrication de l'Extrait et dans le tannage nous avait montré qu'on avait à lutter contre les mêmes difficultés que dans la production de l'Extrait du tan de pin, de l'Extrait du bois de chêne et du « Quebracho ». Et en effet, avec la meilleure écorce et la peau de vache la plus fine, on peut faire du cuir très mauvais, si l'on ne possède aucune connaissance des procédés de tannage.

Pour tanner au moyen de l'Extrait de Palmetto, il faut au moins autant d'expérience qu'en travaillant avec la meilleure écorce de chêne.

Grâce à des travaux de laboratoire et par l'expérience acquise dans les usines mêmes, nous sommes en mesure aujourd'hui de fournir aussi bien au chimiste qu'au praticien, quelques précieux avis concernant l'application de l'Extrait et le jugement qu'on peut en faire. Nous allons expliquer aussi aux tanneurs les traitements préliminaires à faire subir au cuir, parce qu'ils sont d'une grande importance en tannant avec l'Extrait de Palmetto, traitements exigés par les traits caractéristiques du cuir. La Florida Extract Co envoyait en ces derniers temps des échantillons d'Extrait ayant en moyenne la composition chimique suivante :

Poids spécifique. . . . . = 30° Bé = 51° Twaddle
Eau . . . . . . . . = 52,94 0/0
Cendres . . . . . . . = 11,09 0/0
Tannin . . . . . . . . = 25,96 0/0
Substances organiques ne pou-
  vant être absorbées par la
  poudre de peau . . . . = 10,31 0/0

L'Extrait était bien soluble dans l'eau froide à une température de 65 degrés Fa = 15° Ré, donnant une couleur rouge clair.

En analysant l'Extrait de Palmetto, nous avons remarqué que la poudre de peau est dissoute à un certain degré par les substances inorganiques de l'Extrait, qui sont en partie de nature alcaline. Nous attirons avant tout l'attention sur ce que nous précisions déjà dans les publications antérieures, à savoir que l'Extrait de Palmetto contient des Chlorides et des Bromides naturels d'alcali, et nous vous prions de vous reporter pour ce sujet aux enquêtes du laboratoire de l'Etat de Florida du 17 juin 1898 dans lesquels sont publiées les analyses de la racine de Palmetto par le chimiste d'Etat lui-même, M. W. A. Rawls. De là, on comprend pourquoi les chimistes trouvent tant de non-tannins, et ce, parce que la poudre de peau dissoute est aussi pesée et mise en compte aux dépens du pourcentage réel de tannin. Nous avons signalé en son temps cette faute, lorsqu'en 1897 le Congrès des tanneurs chimistes siégea à Londres. Nous tombons dans la même erreur avec l'Extrait additionné de borax, soit comme antiseptique, soit pour accélérer la solubilité dans l'eau froide. Si l'on brûle une certaine quantité de l'Extrait de Palmetto, puis dissolvant les cendres restantes dans l'eau et filtrant la dissolution à travers la poudre de peau, tout en la pesant, le chimiste arrivera à reconnaître l'exactitude de nos constatations, et il pourra alors écarter la susdite faute. L'Extrait de Palmetto est destiné principalement à se substituer dans la pratique au Gambier ou à se combiner avec ce tannin. Voici en quelques mots ses avantages :

« L'Extrait de Palmetto donne un meilleur poids, tanne plus vite et rend le cuir plus épais en le faisant enfler, enfin il supporte mieux la chaleur pendant le graissage dans le fût, pendant le vernissage et le procédé du séchage de la laque dans le four ».

Ces qualités précieuses nous ont amené à l'idée d'appliquer l'Extrait de

Palmetto aux espèces de cuirs les plus diverses. Nous pouvons expliquer et remédier bien vite aussi à l'inconvénient de la couleur foncée que possède le cuir, en séchant principalement, quand il a été quelques temps exposé à la pleine lumière. Le tanneur expérimenté sait que les dissolutions de tannins contenant des sels alcalins, absorbent facilement l'oxygène et deviennent plus foncées. Mais si l'on traite les cuirs par un peu de savon ou de graisse, l'alcali est neutralisé par la graisse, et l'on obtient alors le bon effet d'une « Fat-Liquor » sur le cuir, produisant indépendamment d'excellentes qualités, une couleur très claire. En retannant les cuirs au chrôme, ces sels sont très utiles en tant qu'ils neutralisent les traces d'acide restées dans le cuir même et qu'ils fournissent en se combinant avec le tannin de Palmetto, un mordant superbe pour les cas où les cuirs devront être colorés noirs ou par des couleurs d'aniline. Les teinturiers de soie, de laine et de coton n'ont pas tardé à comprendre à leur tour, la valeur de cet extrait comme mordant, vu que « l'Extrait de Palmetto » est exempt de résine et de graisse, et qu'il pénètre facilement les tissus.

Au retannage du cuir de chrôme avec l'Extrait de Palmetto, on obtient des qualités excellentes qu'on cherche en vain avec d'autres tannins : le grain reste doux, ne devient ni rude, ni lâche, et produit une texture bien tendre d'un effet irréprochable.

### Tannage des veaux et kips, lisses et à grain.

Les peaux brutes salées vertes sont d'abord passées dans l'eau fraîche, puis dans un bain 2 fois renouvelé, ensuite on leur fait subir le troisième jour l'opération de la machine à écharner pour être mises dans l'eau pendant la nuit. De l'eau, les peaux sont mises dans les cuves à chaux. La première chaux est éventée et faible, et les peaux y sont laissées un jour, et couvertes chaque jour d'une meilleure couche de chaux jusqu'à ce qu'elles passent le cinquième jour dans une cuve à chaux fraîche.

Pour des peaux fraîches, on prend pour 3.000 livres de peaux brutes, 150 livres de chaux et 8 livres d'arsenic. Pour renforcer les chaux suivantes, il faut prendre chaque fois, en tournant les peaux, 70 livres de chaux fraîche et 4 livres d'arsenic. Le sixième jour, les peaux sont épilées et mises dans une dissolution de chaux pendant 24 heures. Dans cette dissolution on met pour 3.000 livres de peaux brutes, 70 livres de chaux pure dissoute dans l'eau. Après cette opération, les peaux sont réécharnées, les têtes sont fendues, lavées et enfin assorties.

*Pour une combinaison au chrôme*, les peaux exigent un mordant de son ; pour un tannage à « l'Extrait de Palmetto » ou pour des combinaisons avec d'autres tannins végétaux, nous recommandons d'user d'un mordant d'excréments de pigeons. Pour « Glazed Kid », peaux de chèvres, agneaux ou moutons, destinées à être colorées, afin de les préparer pour le tannage à l' « Extrait de Palmetto » au chrôme, nous engageons à se servir de mordant d'excréments de chiens. Les peaux après avoir été écharnées et lissées du grain, sont prêtes au tannage. Puis elles sont passées dans une « Palmetto-Liquor » de 8° Barkomètre et remuées une demi-heure ; alors on procède à leur tannage dans un foulon au moyen de l' « Extrait de Palmetto » de 30° Beaumé = 51° Twaddle, chauffé jusqu'à 35° C. Sur 700 livres, poids constaté après que les peaux ont quitté le « Beam-house », il faut prendre 500 livres d'Extrait (1 Brrl.) dans le fût. Afin d'éviter que les cuirs s'entortillent, il convient de les regarder de temps à temps et d'arranger les foulons de façon à ce qu'il y ait des chevilles à palettes qui devront faire le même nombre de rotations dans l'une ou l'autre direction. Après avoir été malaxé d'une façon ininterrompue pendant 5-6 heures, le cuir est bien tanné, même dans les endroits de nuque et des joues les plus forts, sans tirer le grain ou lui donner une surface rude. Alors il faut rincer les peaux dans une « Liquor » légère qui sert pour teindre, et les presser ; puis elles devront être passées dans une « Liquor légère de Palmetto » de 8° Barkomètre, et retannées une heure dans un extrait fort resté dans le foulon. En sortant du foulon, les peaux sont lavées avec de l'eau tiède. Cette eau sert de liquor à teindre. Si les peaux ont été lavées et pressées, on les jette directement dans un foulon contenant de la « Liquor » grosse. Le foulon est chauffé par la vapeur jusqu'à une température de 140° F. = 48° Ré. On emploie pour 440 livres de cuir pressé, 5 livres de savon, 4 litres Degras-Moellon chauffé dans un 1/2 fût rempli d'eau jusqu'à une température de 120° F = 36° Ré, en traitant la masse dans le foulon une demi-heure. Alors on ouvre la porte et on fait couler l'eau sur les peaux pour les laver, puis on les suspend pour les faire sécher. On peut sans grandes difficultés mettre le grain des cuirs à l'abri, s'ils doivent être colorés.

Si ainsi, les peaux sèches sont accumulées quelques jours, elles peuvent être jointes aux espèces diverses de cuir, et être après un petit traitement préalable de sumac sicilien, propres aussi bien à des cuirs vernis et colorés que le cuir de « Gambier ».

### Tannage des cuirs vaches-lisses, cuirs pour harnais, cuirs pour ceintures, courroies, etc.

Les peaux bien mouillées et lavées sont écharnées et plongées dans des cuves à chaux fortement imbibées de sulfure de sodium. On prend pour 3.000 livres de peaux brutes, 210 livres de chaux et 20 livres de sulfure de sodium ; comme renforcement, on ajoute 75 livres de chaux et 10 livres de sulfure de sodium. Après avoir été enduites de chaux pendant 5 jours, les peaux sont épilées sur la machine à épiler, épilées à nouveau, puis polies à la main et réécharnées, puis elles reçoivent après le lavage dans l'eau froide un mordant d'acide muriatique froid, pour 3.000 livres de peaux, on emploie 18 livres d'acide muriatique ; puis elles sont soumises à un bain d'excréments de pigeons pendant 2 heures tout en les remuant souvent. Les peaux sont ensuite écharnées et suspendues dans les cuves remplies de couleur d'une solidité de 12º qu'on peut porter à 20º. Au premier bain de « Liquor de Palmetto », il convient de laisser des espaces entre les peaux en les suspendant pour faciliter la régularité de la teinture et du grain. Le 6e jour les cuirs sont enlevés des gaules et passées à plats dans l'Extrait de Palmetto de 30º Beaumé, en les tournant 2 fois le premier jour. Afin qu'aucune perte et aucun coulage d'Extrait ne se produise, il faut placer les peaux sur des planchettes obliques. Au bout de 4 jours les peaux sont entannées ; on s'apercevra alors que l'Extrait sans aucun mouvement a mis en fermentation, même les parties les plus épaisses de la tête. Le cuir est rincé légèrement avec de la « Liquor » faible de Palmetto, exposé à l'air et drayé.

Après le drayage, les cuirs sont retannés avec de la « Liquor » de Palmetto faible, et finalement foulés dans une cuve à foulon de 30º Beaumé pendant 6 heures. Pour obtenir également l'effet de la couleur jaune clair avec cette espèce de cuir, en le séchant, nous recommandons après le lavage l'application du « Fat-Liquor » appelé Moellon, décrit plus haut. De plus l'Extrait de Palmetto est bien propre au retannage des cuirs fendus, à la production de cuir lourd à semelles, en combinaison avec d'autres tannins tels que Valonnée et Chêne. Enfin, combiné avec le « Gambier » c'est un moyen excellent pour rendre le cuir plus tendre et lui donner plus de résistance à la chaleur.

### Tannage de Palmetto au chrôme.

Pas un autre tannin ne possède d'aussi bonnes qualités pour pouvoir se mettre en conjonction avec le chrôme que l'Extrait de Palmetto. La Floridé Extract Co. (Titusville) a découvert la première cette particularité, et c'est à elle que l'Extrait de Palmetto au chrôme doit sa réputation pour la teinture des laines et du coton. Pour des cuirs tannés dans 2 bains de chrôme, il convient de les retanner dans une « Liquor » d'Extrait de Palmetto. Pour 300 livres de cuirs de chrôme pressé, on applique environ 23 livres de l'Extrait de Palmetto avec (1 Pint) 1 livre de glycérine dissoute dans un fût d'eau.

Des cuirs de chrôme traités de cette façon sont excessivement propres à être colorés, le grain devient plus solide et ne se détache pas en poussant. Les couleurs d'Aniline et de bois de Campêche ou d'autres couleurs de bois, tels que le Fustes et le bois rouge, tiennent mieux, ne salissent pas, le cuir reste plus sec et se laisse bien glacer. Ce cuir est en outre bien propre à prendre la dite « Liquor » grasse Moellon, il conserve son grain soyeux, c'est pourquoi il constitue la meilleure matière à employer comme cuir de chrôme coloré destiné à la fabrication des gants.

On peut traiter de la même manière des cuirs qui doivent être tannés après le bain de chrôme, cependant, il est aussi permis de faire suivre le tannage au chrôme, du bain de « Palmetto ».

Avant tout, l'Extrait de Palmetto se distingue par le fait, qu'ayant 28 0/0 de Tannin, il est très liquide, pénètre la substance principale très vivement malgré la concentration de 30° Beaumé, et est par conséquent bien mieux préparé au tannage, après le procédé « Durio ».

## Autre mode de tannage avec l'Extrait de Palmetto

#### Le tannage des peaux de chèvres, moutons, veaux, etc. avec cet extrait d'après le « Shoe and Leather-Reporter ».

Depuis peu de temps et spécialement en Amérique, le tannage à l'extrait de Palmetto a pris une extension énorme, car on peut préparer avec l'aide de cet extrait une empeigne très bonne, pleine et tendre.

Dumesny et Noyer                                        **23**

Récemment on a employé ce tannage également pour les peaux de chèvres, moutons et veaux, et nous faisons part du procédé comme étant dans l'intérêt commun de nos lecteurs.

On l'emploie comme suit :

Premièrement, on mouille les peaux, laquelle opération est à faire avec une attention et un soin spécial.

Il est particulièrement nécessaire d'employer des pelains d'arsenic, et il est important que les peaux soient mises parfaitement molles et propres dans le pelain. La pelanée d'arsenic est préférable à la pelanée habituelle, car les peaux obtiennent un grain plus fin et une texture plus ferme, et justement ces qualités sont spécialement demandées aux cuirs de chèvres, moutons, etc.

Au commencement, on se sert d'une pelanée vieille et on y met les peaux pour quelques jours, puis on leur fait parcourir une série de pelains de plus en plus forts, l'un après l'autre jusqu'à ce que le pelanage soit fini.

On ne croit pas utile d'employer au commencement des jus calcaires, d'autre part on peut mettre les peaux au bout de 5 à 6 jours dans une chaux toute fraîche après qu'elles ont parcouru plusieurs pelanées.

Pour la préparation de la dernière, on emploie pour 1.000 kgs de peaux brutes, 50 kgs de chaux et 3 kgs d'arsenic. Le troisième jour on fait sortir les peaux, on les dépile et si l'on désire une peau très fine, on les remet dans la chaux fraîche pour 24 autres heures. Après ce temps, on décharne les peaux, et elles sont prêtes pour être mises au tannage.

*Confit de son.* — On met les peaux dans un « tan de son » et par le procédé suivant on obtient de beaux résultats :

On prend pour 400 peaux lourdes ou 450 plus légères, une demi-tonne de son, on le verse dans un fût rempli avec autant d'eau, ce qui forme une pâte grasse qu'on fait aigrir, chose qui se fera dans les 48 heures environ. On ajoute à cet aigre « tan de son » environ 1 litre à 1 litre 1/4 d'acide sulfurique et environ 93 à 95 kgs de sel pur ainsi que de l'eau, de façon à ce que l'on obtienne une densité d'environ 58°.

Dans ce jus, on devide les peaux 3 à 5 heures, cela dépend de la pelanerie et de la quantité de chaux qu'elles contiennent, puis on les sort.

Cette macération rend les peaux souples et propres, et leur donne un joli grain.

On prépare les peaux pour le tannage en les lavant doucement avec de l'eau tiède et en les travaillant faiblement sur les grains.

## Le tannage.

Pour le soutenir jusqu'au bout, on emploie, comme déja dit, de l'*extrait de palmetto*.

D'abord, on pèse les peaux si elles viennent propres de l'atelier précédent pour celui du tannage.

Puis, on les pose dans un faible jus d'écorce de 8° Barkomètre dans lequel on les remue environ 30 minutes.

Ensuite, on les met en remuant dans un jus de palmetto de 35° Barkormètre chauffé à environ 47° centigrade.

On prépare le jus pour 100 kgs de peaux, environ 65 kgs d'extrait de palmetto et la quantité d'eau nécessaire.

Dans les 5 à 6 heures le tannage est fini.

Il n'est pas nécessaire que les peaux légères soient repassées à nouveau ; par contre, il est préférable qu'on tanne encore une fois les peaux lourdes après les avoir nettoyées et détirées, et dans ce cas, en foulant les peaux encore une fois, environ une heure dans un jus faible.

Si le tannage est fini, on fait sortir les peaux de la cuve et on les lave parfaitement dans l'eau tiède, on les presse et on les amène au traitement avec le *fat liquor*.

## La préparation.

On peut traiter le cuir de deux manières différentes : ou bien on peut le passer dans le « fat liquor », le sécher, colorer et préparer, ou bien on peut le graisser suivant la manière habituelle dans le « foulon » puis sécher, graisser de nouveau, et puis colorer et préparer.

La première méthode est préférable à la seconde, vu que le cuir devient plus joli et qu'on épargne beaucoup de travail.

Voir ci-après le moyen de préparer le *fat liquor*.

Avec cette graisse, on frotte bien les cuirs et on les foule pendant une 1/2 heure dans le « foulon », puis on les expose et on les sèche.

On mouille les peaux séchées avec de l'eau tiède et on les colore en bleu sur le côté chair avec l'*extrait de campêche cristallisé* et *flesh stain D*, et sur le côté grain en noir avec le *Leater black* ; puis, on les huile sur les deux côtés, on les sèche à nouveau, les étire, et puis, on les prépare de la manière connue.

Nous recommandons aussi les *Levant Nik* divers (suivant qu'il s'agit de peaux noires ou claires) — sortes d'encres pour mouillage avant finissage.

### Nourriture (pour usage au tonneau)

#### *Fat Liquor P.* (1).

Pour 100 kgs de peaux, prenez 2 kgs 500 à 4 kgs de cette composition Il faut la quantité minimum pour des peaux molles et le maximum pour des peaux dures.

Pesez la quantité désirée de « Fat liquor » et mettez-la dans un tonneau avec la moitié de l'eau que vous désirez employer Ne faites pas bouillir, mais chauffez seulement jusqu'à 40° Ré et remuez jusqu'à dissolution complète. Puis ajoutez l'autre moitié d'eau de façon à ramener le liquide à la température nécessaire pour la nourriture. On procède alors de la façon habituelle.

### Emulsion à l'huile pour passer sur les peaux

#### *Fat liquor A.*

Prenez 2 kgs de cette émulsion et faites chauffer jusqu'à ébullition, puis ajouter 1 litre d'eau et bien remuer. Appliquer alors cette composition sur les peaux au moyen d'un chiffon de laine et à une température d'environ 60° centig.

Une fois les peaux passées, au lieu de les placer fleur sur fleur, il faut les placer fleur sur chair.

Si l'émulsion est chauffée au moyen d'un jet de vapeur, il ne sera pas nécessaire d'y ajouter le litre d'eau indiqué ci-dessus car la vapeur condensée suffira.

Les peaux une fois passées, doivent être portées aux séchoirs, puis lorsqu'elles seront sèches, les laisser en croûte de 4 à 7 jours, et ensuite les humecter et les passer à la machine à ouvrir (machine à palissonner) et enfin à l'estrèque.

Elles sont alors prêtes pour le mouillage avant le finissage.

(1) Jules Houllier, importateur à Paris.

**Mimosa**. — Ces écorces qui nous arrivent d'Australie sont le produit de diverses variétés d'acacias tels que : pyenantha, cyanophylla, leiophylla, mollissima, etc.

Depuis quelques années, on en cultive aussi en Tunisie, en Algérie avec un bon rendement, et même dans le midi de la France où sa culture pourrait y être développée avec succès étant donné que le mimosa est un arbuste robuste qui ne demande que peu d'entretien et d'un très bon rapport, puisque certains mimosas repoussent continuellement du pied après avoir été coupés, et qu'un arbre écorcé à l'âge de 6 ans peut fournir environ 20 kgs d'écorces. De plus. suivant la qualité et la nature de l'arbre, le climat où il croît, 1 hectare de mimosas peut fournir de 4 à 5.000 kgs d'écorces.

L'écorce de Mimosa du Natal (une des plus justement appréciée) contient 34 à 36 0/0 de tannin et peut fournir 110 à 112 kgs d'extrait 25 0/0 d'écorces, soit 90 kgs d'écorces pour produire 100 kgs d'extrait de mimosa 25°.

Sur des qualités mélangées nous avons obtenu 103 0/0 dans un cas et 96 0/0 d'extrait 25° dans un traitement d'écorces de provenance algérienne.

Cette écorce macérée fournit des bouillons qui titrent de 5 à 6° Bé. facilement, lesquels concentrés au vide 65 cm., fournissent un extrait déjà soluble à l'eau froide, sans décoloration ni clarification aucune ; aussi est-ce un tannin par excellence pour la fabrication des extraits de tannerie, d'autant plus qu'il donne en tannage des cuirs de qualité supérieure et de très belle couleur. Nous estimons que la création d'usines d'extraits secs de mimosas en Australie, et même en Algérie, seront la source d'affaires intéressantes appelées à une vitalité certaine.

Voici des rendements fournis par des écorces de mimosas de Hyères (Var) et qui ont été traitées comme les matières tannantes précédentes :

Rendement en extrait 20° 0/0 d'écorces . . . . . . . . . 80 0/0
— . 25° — . . . . . . . . . 64 —

Quantité d'écorce nécessaire pour produire 100 kgs 25°, 156 kgs ; nous avons trouvé à l'analyse de cette écorce 29 0/0 de tannin et dans l'extrait 25° correspondant, 32 0/0 de matières tannantes.

On peut considérer ces rendements comme rendements industriels, puisque les essais ont été effectués sur 500 kgs d'écorce : on peut aussi se rendre compte quel intérêt il y aurait à organiser des plantations et des cultures de ce genre, étant donné le rendement d'écorce à l'hectare de mimosa et celui d'extrait par 100 kgs traités.

Comme base d'exploitation, il suffirait d'environ 2 à 3.000 hectares de terrain planté en mimosas pour alimenter une usine d'extrait (25°), traitant 25 tonnes qui produiraient 15 tonnes d'extrait 25°. Bientôt les extracteurs seront obligés par la force des choses de porter leur activité sur les matières tannantes exotiques (ils ont déjà commencé dans cette voie mais incomplètement), soit en les traitant sur place, soit en les acclimatant dans nos colonies ou sur le sol français, car il faut que les capitaux soient mieux utilisés vers le développement des industries prospères, et nous pouvons dire que l'industrie des tannins est à juste titre une des plus lucratives.

Le prix des écorces de mimosas est variable suivant leur provenance : il oscille entre 18 et 27 francs pour de bonnes qualités caf. Le Hàvre ou Marseille.

**Tara.** — La Tara est un produit tannant qui nous vient du Pérou et du Chili, sous forme de gousses, comme le divi-divi, mais plus claires. Au Pérou, elle est employée au tannage des cuirs de phoque, en fournissant une couleur qui rappelle le tannage au chêne vert seul.

Elle contient de 30 à 35 $^{0}/_{0}$ de manières tannantes, et une grande quantité de principes gommeux qui la rendraient difficilement acceptable à la fabrication des extraits, sauf de l'admettre seulement en mélange.

Elle est vendue dans nos ports d'Europe à 30 francs. les $^{0}/_{0}$ kgs.

*Mode d'emploi de la Tara.* — Supposons 100 peaux de boucherie, pesant en vrac 30 kgs, soit au total 3.000 kgs, ou l'équivalent de ce poids soit en cuirs sciés, en peaux de moutons, chèvres, ou toute autre espèce de cuirs.

Pour tanner cette quantité il faut employer de 6 à 700 kgs de tara. Le tannage est complet dans l'espace de 4 jours de mise en fosse.

Tout cuir que l'on veut traiter par la Tara doit avoir passé par les bains primitifs que la tannerie emploie pour préparer les peaux et les mettre dans les conditions voulues pour aller en fosse. Le premier jour, on place les cuirs dans une fosse assez grande pour permettre à un ou deux hommes (suivant l'espèce de cuir) d'effectuer leur travail avec commodité. Les cuirs sont déposés dans la fosse pliés en deux dans le sens de la longueur, le côté de la chair à l'extérieur. Sur cette partie l'on saupoudre la Tara, en plaçant les cuirs superposés comme l'on fait habituellement. Il est essentiel dans la première journée de n'employer que 100 kgs de tara (car cette matière contient des principes gommeux qui rendraient les cuirs durs si on employait immédiatement une quantité plus grande) ; la mise en fosse terminée, on abreuve les cuirs avec de l'eau saturée au préalable avec 100 kgs de Tara et en quantité suffisante pour que les cuirs en soient complètement baignés.

Le second jour, on fait fortement piétiner les cuirs par les ouvriers ; ce travail terminé, on les sort de la fosse en ayant soin de bien les secouer pour faire tomber la tara qui pourrait y adhérer, et au fur et à mesure, on recueille cette matière tannante qui est mise dans une cuve remplie d'eau dans laquelle on a mis la veille 50 kgs de tara pour qu'elle en soit bien saturée ; puis la fosse étant vidée et bien nettoyée, on y recouche les cuirs comme le premier jour, en intercalant une couche de tara entre chaque cuir, toujours du côté de la chair, mais en ayant soin de ne pas mettre la seconde couche sur le côté qui a reçu la première, ensuite on abreuve les cuirs avec l'eau de la cuve dont il est question ci-dessus.

Pour cette seconde couche, il faut employer 150 kgs de tara. Le troisième jour, on renouvelle l'opération du jour précédent.

Le quatrième jour, on sort les cuirs de la fosse, et après les avoir égouttés, on les met dans un bain d'eau fraîche saturée au préalable de 12 kgs d'alun et de 6 kgs de sel, et ce pour les 100 cuirs. La quantité d'eau à employer devra être juste suffisante pour couvrir les cuirs, ensuite on les fait piétiner et retirer de la cuve, soit pour aller à la sèche ou à la corroierie.

**Mangrove.** — Ce produit tannant est ainsi appelé en anglais et en allemand (palétuvier en français). Il est aussi désigné sous le nom de mangle, comme dérivatif de son arbre d'origine appelé Rhizophora mangle, et qui croît au Gabon, au Sénégal, en Amérique du Sud, aux Indes, à Madagascar. Il se répand de plus en plus sur le marché, sous forme d'écorces rougeâtres, plus ou moins claires, dures, avec coupe présentant des points noirs ou blancs ; suivant qualité et origine elles titrent de 20 à 30 0/0 de tannin.

Plusieurs fabricants étrangers l'ont déjà admise en mélange à leur fabrication d'extrait de quebracho où il conserve sa teinte rouge et enrichit la teneur en tannin du quebracho.

Des essais que nous avons effectué pour nous rendre compte de la valeur industrielle de cette écorce : nous avons obtenu un rendememt qui a oscillé de 80 à 90 0/0 du poids d'écorce traitée, ce qui représente déjà un produit intéressant pour les fabricants d'extraits.

Quant à sa valeur en tannerie, elle est relativement médiocre ; employée seule, elle ne fournit qu'un tannage mou, mais on peut l'admettre dans un mélange dont la composition suivante a déjà été utilisée :

40 parties d'écorce de pin,
20     —        chêne,
30     —        manglier ou mangrove,
10     —        mimosa.

On obtient aussi de bons résultats en mélangeant l'extrait de palétuvier (mangrove) qui se fabrique aujourd'hui d'une façon irréprochable, aux extraits de myrobolam, de mimosa, de chêne, de châtaignier, suivant la qualité et la nature des cuirs à tanner.

## R. Catechu.

### Extrait spécial pour teinture et tannage.

« J'ai reçu un produit parfaitement suivant mes désirs. Il remplace non « seulement « Japonica » et « autres cachous » mais c'est aussi une matière « tannante vraiment idéale (geradezu ideal) Les fabricants MM. Paul Gulden « et C⁰ appellent leur produit nouveau « R. Catechu ».

W. EITNER.

## R. Catechu.

### Spécial extract.

Notre R. Catechu est un produit qui peut remplacer parfaitement, non seulement les divers cachous dans le tannage et la teinture, mais aussi le gambier et « Japonica », parce qu'il possède les diverses qualités de ces matières tout en les surpassant de beaucoup en richesse.

En outre, il donne des jus plus propres et plus clairs, et revient meilleur marché.

Le R. Catechu n'est pas soumis aux grandes fluctuations de prix que le gambier et autres tannins subissent.

Par suite de la proportion égale du R. Catechu avec celle des autres tannins, on peut non seulement l'employer pour tous les usages auxquels les autres sont destinés dans la tannerie, mais encore le préférer au gambier, etc., car il rend la préparation de certains cuirs plus facile, dans la tannerie moderne.

Nous donnons, ci-après, le rapport pour l'emploi de notre catechu, par un homme très compétent pour toutes ses destinations dans la tannerie, où il s'est montré très avantageux, et principalement pour la préparation des nouvelles sortes de cuir.

*Veaux en couleur suivant la méthode américaine*. — Les peaux en tripe parcourent une gamme de couleurs qui est faite comme celle avec « Japonica » (terre du Japon) et qui consiste, suivant le poids de la peau, en 6-8 couleurs, la couleur finale est mise pour les peaux lourdes pour lesquelles 8 couleurs sont nécessaires. à 24° Barkomètre ; pour les peaux légères 6 couleurs à 20° Bark sont suffisantes. La couleur poussante se met elle-même de 7 à 8°. Après ce tannage, on prépare le cuir comme d'usage. La peau pour les couleurs claires est à repasser.

*Veaux en couleur suivant la méthode mixte*. — Le R. Catechu est plus avantageux dans le tannage mixte que dans la méthode habituelle, et surpasse ici tous les autres tannants.

Les peaux en tripe préparées sont traitées pendant une heure dans une solution de 5 0/0 du poids nu de sel et 2 0/0 d'alun, dissous tous les deux dans une quantité de 50 fois leur volume d'eau, puis frappées pendant 12 heures sur un bloc, et après laissées reposer.

Le tannage est fait comme ci-dessus en 6 couleurs, dont la première n'a besoin que de 16° Bark.

La peau reste dans chaque couleur deux jours, on ajoute chaque jour au jus de tannage une solution de « R. Catechu » pour le remonter à sa face normale.

On emploie, pour augmenter la richesse des jus de tannage, le R. Catéchu dissous dans le double de son volume d'eau chaude.

La préparation complémentaire se fait comme d'usage.

*Traitement final des veaux de chrôme avec le R. Catéchu.*

Les cuirs tannés avec du chrôme et qui ont été baignés une fois, reçoivent, après être neutralisés et pliés, un traitement avec un jus composé comme suit :

On emploie pour 100 kgs, poids de pliage, 3 kgs savon gras (de potasse) dissous dans 50 litres d'eau ; à cela on ajoute 600 grammes de potasse, puis 3 kgs R. Catéchu liquide, ou une solution de 1 kg. 8 de R. Catéchu solide, enfin encore 3 kgs huile d'os et 1/2 kg. huile de vaseline. On traite les cuirs avec ce jus, de 40 minutes à 1 heure dans le foulon, puis on les frappe sur un bloc, et on les laisse reposer 6 heures afin qu'elles soient assouplies.

Après on étend le cuir, on le sèche ou encore on continue à le travailler.

Le cuir séché étant prêt pour la tannerie peut être préparé ensuite soit comme cuir noir ou pour couleur.

Le dernier reçoit dans le fût, avant la teinture, le traitement final avec le R. Catéchu, dans ce cas on emploie pour 100 kgs, poids de pliage, 3 kgs de R. Catechu liquide.

*Le tannage au chrôme mixte (Chrôme Dongola).* — Les peaux en tripe, préparées pour le tannage au chrôme, sont tannées dans un simple bain de chrôme, c'est-à-dire avec *un seul bain*. On commence le tannage avec un jus de chrôme déjà employé à 12° Bark, en ajoutant suivant l'épaisseur des peaux, peu à peu, dans les 6 à 10 heures, 25 0/0 du poids nu d'extrait de chrôme liquide (Cromal).

Après le tannage, repos de 12 heures sur le bloc, puis neutraliser avec 2 0/0 de sulfure de sodium, laver, étendre et plier.

Puis suit le deuxième tannage avec R. Catéchu en couleur de fond (Haspel farbe). La couleur poussante (Eintreibfarbe) : 5°, autres couleurs : 6° Bark. lesquelles sont tenues à 6° en ajoutant chaque jour la quantité nécessaire pour remonter les jus.

La durée du tannage est, suivant l'épaisseur des peaux, de 4 à 12 jours.

Les cuirs traités de cette façon peuvent être préparés comme « cuir à mesure » pour les articles courants, comme d'habitude, c'est-à-dire comme cuirs prêts pour le tannage à l'écorce ; si on désire les « cuirs de poids, » et dans ce dernier cas, préparés comme ceux-ci.

*Cuirs « Nappa ».* — Dans les teintures de glacés du vernis, on employait auparavant pour la préparation des cuirs « Nappa », le « Japonica » ou « Gambier ». Le « R. Catéchu » produit ici un effet surprenant, parce qu'il ne ternit pas la couleur et donne en même temps un cuir souple et élastique tout en étant résistant.

Les peaux glacées sont relavées dans deux eaux et reçoivent ensuite le bain de couleur préparé avec le R. Catéchu et avec une couleur végétale ; puis on fonce, et ensuite, on passe au confit de jaunes d'œufs et à la teinture finale sur la table.

On emploie pour une peau moyenne, 30 grammes de R. Catéchu.

En teignant avec la couleur d'aniline, on traite le cuir après le lavage seulement avec le R. Catéchu, puis on teint avec la couleur d'aniline dans le foulon, ensuite on fixe la couleur, on rince le cuir, et finalement on donne le confit de jaunes d'œufs.

# R. Catéchu.

*Une nouvelle matière tannante pour le tannage mixte* (1). — Nous rappelons ici les anciennes expériences de la tannerie, hors d'usage et déjà oubliées, ainsi que les nouvelles applications dans l'exploitation du tannage mixte ; nous désignons l'une d'elles « les émulsions de graisse » qui peuvent acquérir à présent une grande importance.

Nous indiquons le tannage mixte dans lequel on emploie deux méthodes différentes pour la préparation du cuir : c'est-à-dire le tannage minéral et le tannage végétal, qui se distinguent par plusieurs propriétés dans les divers procédés de préparation du cuir mixte, et qui plus tard iront en augmentant selon l'usage, à un degré plus ou moins prononcé.

Comme exemple de cuir mixte préparé à peu près comme par l'ancien procédé, on peut citer celui travaillé selon la méthode danoise pour gants et bandages préparés avec alun, et le tannage végétal qui suit après, lequel se distingue du cuir à l'alun par sa douceur et sa résistance.

Nous avons trouvé un cuir mixte de ce genre dans le rembourrage d'une armure datant, d'après les archives, du temps de Marguerite Maultasch, et d'où l'on peut déduire qu'on connaissait, il y a longtemps le tannage mixte, et qu'on savait déjà à cette époque l'estimer.

On ne peut prendre non plus, le tannage mixte ancien comme point de départ de celui d'aujourd'hui. comme il a été dit ci-dessus; car ici il est sorti aussi du tannage au chrôme.

Comme nous l'avons déjà cité dans notre travail sur le tannage au chrôme, on attribue les imperfections de ce tannage à ce fait, c'est qu'avec ce procédé on ne peut pas obtenir un cuir avec son plein rendement et que la préparation cause des difficultés ; enfin, on obtient un produit mal tanné, conséquence du tannage au chrôme sur le tannage végétal.

On effectue aujourd'hui le tannage végétal de presque tous les cuirs qui ont déjà été traités par le chrôme, mais cela à un degré très réduit pour les cuirs classés sous le nom de cuirs au chrôme, et sur une plus grande échelle avec les cuirs vendus comme cuirs mixtes. Aussi, avec les cuirs mix-

(1) D'après Eitner.

tes traités par l'alun, on peut distinguer ceux qui ont été plus ou moins traités avec le tannage végétal. Ce remplacement du tannage minéral par le végétal, comme on le voit, ne se réalise pas très simplement, et on rencontre facilement des échecs dans des essais de cette nature. La cause vient de ce qu'on fait le tannage végétal tout de suite après le tannage au chrôme qui est aigre, et on obtient ainsi un cuir avec un grain cassant et raide ; l'autre cause provient de ce qu'on n'emploie pas les matières ad hoc, qui doivent être des matières tannantes où le tannin est doux : c'est-à-dire celles ou ceux qui offrent la mise en couleur la plus facile, mais qui ne tannent pas avec la même rapidité.

Comme matière tannante légère pouvant servir pour le tannage mixte, on peut citer le Japonica, le cachou, le gambier, les sumacs, les extraits de quebracho solubles, les knopperns. De ces matières, le japonica et le gambier sont les plus utilisés en pratique, les sumacs très peu, tandis que les knopperns n'ont pas encore trouvé leur application sûre. De toutes ces matières c'est le R. Catéchu ou le (R. Gambier) qui s'est montré le meilleur pour remplacer le tannage minéral, tandis que le Gambier, les Sumacs, les Knopperns, les extraits de Quebracho solubles, sont mieux appliqués comme compléments ou adjuvants du tannage au catéchu.

La bonne assimilation des matières tannantes de R. Catéchu a donné comme résultat, après avoir introduit le tannage mixte, le tannage de Dongola, leur grand emploi dans les tanneries américaines pour les cuirs en couleur et pour le cuir noir, motif pour lequel les prix ont subi une hausse très remarquable, augmentant alors le prix du tannage ; d'où le besoin de lui chercher un équivalent, aussi bien dans la tannerie que dans la teinturerie où les préparations de catéchu ont pris jusqu'à aujourd'hui une plus grande importance, et un emploi plus étendu que dans la tannerie. Ils ont apparu ces derniers temps dans le commerce sous différents noms, et ont été vendus aux consommateurs comme un substitut du catéchu. Nous ne savons si ces préparations remplacent avantageusement le catéchu dans la teinture, mais en tannerie pour les matières que nous avons essayées, les succédannés du catéchu ne les ont pas remplacées.

Dans des essais récents sur le tannage mixte pour la fabrication des cuirs en couleur et pour la confection des chaussures, nous avons observé que pendant la transition du tannage minéral au tannage végétal, certaines catégories de cachou convenaient plus que les autres, elles sont aussi les meilleures en teinturerie.

Ces catégories sont par exemple Pégu, Coromandel etc.

Les bonnes qualités du cachou qu'on emploie dans le tannage mixte, sont remarquablement moins usitées que la qualité inférieure, qui également dans la teinturerie n'est que peu appréciée parce qu'elle ne renferme pas la même richesse tannante que la terre japonica. Nous avons constaté aussi dans ces essais, que le soi disant cachou, préparé par l'action du bichromate sur la terre japonica, ne tanne presque pas en pratique, mais se laisse employer très bien dans le tannage mixte.

Dans les essais que nous avons fait ci-dessus sur le tannage mixte avec le catéchu, nous avons dirigé notre attention sur une matière qui a été reconnue par d'autres comme un intermédiaire entre un tannant et un colorant, et qui promettait par conséquent d'occuper pratiquement une place similaire aux différentes qualités de catéchu dans la teinturerie, et du catéchu préparé, motif pour lequel elle nous semblait être propre comme substitut.

Nous avons pensé, comme point de départ de ce substitut, aux écorces de Rhizophora, parmi lesquelles l'écorce de mangle est une des espèces, et qui sont offertes aujourd'hui sur le marché sous le nom d'écorces de mangrove pour la tannerie. Comme matière tannante, l'écorce de mangle ou mangrove n'a pu se maintenir à son prix initial, quoiqu'elle fut connue déjà depuis quelque temps et qu'une réclame active fut faite en sa faveur.

Quand nous avons donné, en 1877, notre appréciation sur l'écorce de mangle après l'avoir connue et examinée, nous disions, malgré les qualités défavorables qu'elle présentait, qu'elle pouvait bien être utilisée dans la tannerie ; il s'est écoulé plus de 25 ans avant son admission dans cette industrie. Bien que nous fussions obligés il y a quelque temps de donner un avis défavorable sur la valeur tannante de cette écorce, que nous estimions plutôt colorante que tannante parce qu'elle avait fourni des cuirs creux, et que même en mélange avec d'autres écorces elle ne donnait pas dans la pratique de bons résultats, malgré le très bas prix de fabrication des cuirs produits (raisons pour lesquelles elle ne pouvait concourir), et précisément, quand on croyait que cette propriété tannante qu'on attribuait à l'écorce de Rizhophora, n'était pas applicable dans le tannage commun, par sa pauvreté en matières tannantes, on a trouvé dans sa composition une grande valeur pour le tannage mixte. Aussi, comme le catéchu n'est pas un produit naturel courant, mais un produit manufacturé, et que seulement à cet état il peut remplir son but, les écorces du rizophore, aussi bien, ne sont pas propres à remplir directement leur but dans le tannage mixte sans avoir subi une préparation convenable.

Parmi les divers substituts du catéchu, on a trouvé des qualités préparées avec l'écorce de Mangrove, dans laquelle on cherche à remédier à l'insuffisance de la matière tannante, au moyen de matières enrichissantes que nous n'avons pas trouvé utilisables dans le tannage mixte pour la préparation d'un produit approprié ; aussi devrait-on renoncer à augmenter la richesse en matières tannantes, et ne prendre en considération que les matières colorantes contenues dans les écorces de rhizophore, pour les distinguer des véritables extraits tannants.

Nous avons reçu de MM. Paul Gulden et Cie, fabricants de produits colorants et tannants, un produit qui nous semble être préparé avec l'écorce de rhizophore et qui correspondrait à nos désirs, répondant ainsi au but, c'est-à-dire bon pour le tannage mixte, non seulement comme substitut du Japonica ou des autres extraits dérivés du catéchu, mais aussi comme tannin idéal.

La maison P. Gulden nomme son nouveau produit R. catéchu, lequel est introduit dans le commerce à l'état liquide et solide. Le R. catéchu liquide a donné après examen une teneur de 37 0/0 de matières assimilables. Cette teneur est en rapport avec celle de la terre Japonica qu'on regarde comme matière tannante. Nous éviterons de parler de la matière active du R. catéchu, celle-ci différant de la matière active des autres produits tannants.

Le R. catéchu solide contient environ 65 0/0 de substances actives, richesse surpassant celle des autres meilleures qualités de catéchu. Dans une expérience comparative pour fixer les effets des substances actives du Pégu catéchu et R. catéchu, nous avons trouvé qu'ils étaient égaux dans les deux échantillons : 100 parties de cuir tanné avant par le procédé minéral, ont absorbé dans les mêmes conditions : 7,32 du Pégu catéchu, et 8,02 du R. catéchu, ce qui donnait à la peau une petite différence qui était en faveur du R. catéchu. Dans ce cas, on avait mis les extraits en proportion de leur richesse en substances actives, c'est-à-dire le Pégu catéchu avec 50 0/0 de substance pour 100, le R. catéchu avec 65 0/0 pour 80,3 : proportions où s'exprime l'équivalence de chacune de ces substances, c'est-à-dire 100 parties du Pégu catéchu sont équivalentes dans le travail à 80,3 parties de R. catéchu.

Les chimistes pourraient ici protester parce que nous identifions simplement les matières tannantes du Pégu catéchu et du R. catéchu, sans avoir prouvé qu'elles se ressemblent ou sont égales dans leur composition chimique, ce qui a priori n'est pas vraisemblable, et puisque, comme nous d'ailleurs, les chimistes ne connaissent pas exactement la nature chimique des matières tannantes, nous ne nous en occuperons pas pour le moment, nous nous en tiendrons seulement aux résultats pratiques ci-dessus, parce qu'ils sont importants, exclusivement dans l'industrie, ces deux produits étant sensiblement égaux.

En prenant le R. catéchu pour le but du tannage, nous supposions aussi que les matières colorantes du rhizophore, aussi bien que d'autres matières colorantes végétales, attaquent les fibres tannées ou les tissus avec sels métalliques, tandis que cela n'arrive pas ou peu sur les substances non tannées. Ces matières colorantes du rhizophore se portent aussi sur les fibres de la peau, et peuvent exercer sur elles, si elles sont traitées avant avec sels métalliques, un effet semblable, c'est-à-dire favorable pour le tannage mixte.

*Mode d'emploi pratique du R. Catéchu.* — Nous croyons que le R. Catéchu pourra être plus intéressant, si nous faisons mention des résultats obtenus avec ce produit dans le tannage commun, c'est-à-dire le tannage simple.

Nous avons fait cet essai pour connaître l'action indépendante du tannage simple sur la peau, aussi bien sur cuir pour semelles que sur cuir pour courroies.

Pour les essais sur cuirs pour semelles, nous avons employé le cuir de buffle arsénié, parce qu'il nous a paru le plus approprié pour le tannage avec une matière tannante légère (on trouve pourtant la plus grande partie du cuir de buffle tanné avec Japonica, et en Angleterre on le fait peut être encore aujourd'hui si le prix du Japonica n'est pas trop élevé), puis parce que le cuir de buffle pour semelles, couleur rouge que lui donne le R. Catéchu, n'est pas seulement courant, mais est très estimé chez nous.

On a tanné suivant le système Anglais, en faisant le tannage préparatoire des peaux sortant du travail de rivière, c'est-à-dire en les plaçant dans les bains : donnant au premier de 8° à 16° Bark, au deuxième de 16° à 32°. Après ce tannage préparatoire, qui s'est opéré rapidement et parfaitement, nous avons remarqué la formation d'un grain très bon et délicat, estimé dans le tannage des cuirs de buffles, chose étonnante, d'autant plus que nous n'avions pas des jus usés, puisqu'au contraire nous étions obligés de travailler avec des jus frais. On donna, au lieu de trois plongées habituelles, trois couleurs plus fortes parce qu'on ne voulait pas employer une autre matière tannante comme bain de fond.

La première couleur a été entretenue et améliorée pendant trois semaines avec du R. Catéchu frais, toujours à une force de 35° Bark ; la deuxième pendant trois semaines avec du R. Catéchu à 40° ; la troisième avec du R. Catéchu à 45°.

Comme après dix jours, les cuirs ne prenaient plus de matières tannantes, on les retira et on les travailla. Le cuir fini se montrait, en le coupant, également tanné, était assez solide et tendre, avait la couleur rouge courante, était très mince mais non cassable. Mais son rendement en poids fut trop faible, et ne fut que de 111 0/0, tandis qu'avec un autre tannage il était de 145/150 0/0 : il serait impossible aujourd'hui de tanner avec un résultat pareil.

Nous avons fait un deuxième essai, mais de tannage mixte, avec des jus de R. Catéchu, et ensuite avec des matières tannantes comme le Sapin, le Quebracho, la noix de Galles, le myrobolam, le rendement fut de 141,1 0/0 et en opérant le tannage dans des foulons, avec du Quebracho et de l'extrait de bois de chêne, le rendement fut de 139,5.

Les résultats ci-dessus ne font pas connaître les avantages considérables du R. Catéchu dans la fabrication du cuir à semelles ; d'ailleurs aujourd'hui dans cette fabrication, on ne se sert pas plus des autres qualités de Catéchu. Le tannage des peaux de veaux pour cuir, colorés selon la méthode américaine, a été très satisfaisant : au lieu des couleurs de Gambier nous avons préparé des jus tannants avec du R. Catéchu. Le tannage préliminaire et le tannage final se font de la même façon qu'avec les jus connus de catéchu, seulement il est nécessaire d'employer des jus plus forts pour travailler avec le même effet. Pour les jus de Japonica, des jus de 18° Bark suffisaient, pour le catéchu afin d'obtenir le même effet, il fallait des jus à 24° sans avoir un degré de tannage supérieur. Pour le tannage avec R. Catéchu, il fallait une pelanée plus forte. Le cuir obtenu après ces essais, avait toutes les qualités du cuir tanné avec le Japonica dont le ton de couleur rougeâtre ne gênait pas la mise en couleur ; et comme à la vente le poids n'est pas considéré, on peut employer alors le R. Catéchu à la place du Japonica ou du Gambier qui coûte plus cher.

Le R. Catéchu est avantageux dans les cuirs blancs traités avant par les sels minéraux, il donne un effet plus grand que le Japonica et que les autres matières tannantes.

Après avoir obtenu les résultats ci-dessus, nous avons fait des expériences sur les cuirs blancs avec le traitement mixte. Pour mieux les juger on a préparé les mêmes avec Japonica et noix de Galles. Pour ces essais on a choisi des peaux de veaux d'un poids moyen de 3,6 kgs par pièce. Après un lavage de deux jours, on pelanait 5 jours dans un pelain de chaux, puis 5 autres jours dans une nouvelle chaux propre et fraîche ; on les nettoyait bien, et on les mettait dans un confit d'embrène.

Après l'enlèvement des peaux du confit d'embrène, on les pesa, et on les mis dans les cuves pour l'avant-préparation. Celle ci se fait avec une dissolution de 5 0/0 de sel commun et 1 0/0 d'alun. Ces matières sont mises à dissoudre dans 50 fois leur volume d'eau, et c'est avec cette solution chauffée qu'on traite les peaux dans la cuve pendant environ une heure.

La quantité d'alun employée étant ici très faible, on a seulement un tannage d'alun très mince qu'on peut regarder plutôt comme un confit dans le sens de la mise en couleur. Mais cet avant confit suffisait déjà pour présenter d'une toute autre manière l'effet du R. Catéchu.

Ensuite, on frappait les peaux sur un bloc, et on les laissait reposer toute la nuit : opération comparable à l'aération de la marchandise tannée dans la mise en couleur.

Alors commença le tannage végétal des peaux qui furent traitées de la même manière. Le tannage fut fait avec du R. Catéchu, Japonica, et un extrait frais de noix de Galles (ou de valonnée) préparé à froid.

La première couleur fut mise dans les trois essais à 6° Bark, et tous les 2 jours la richesse des confits fut augmentée de 1°. De sorte que la richesse des confits était le troisième jour de 7°, et le 5° jour de 8°. La richesse des derniers confits était dans les 3 essais parallèles 15°, et tout le tannage était fait en 20 jours. Dans la pratique on peut ramener ce temps à douze ou quatorze jours, surtout si vers la fin la richesse du jus est augmentée chaque jour.

Après ce tannage, les trois sortes furent travaillées ensemble comme suit : après avoir rincé les peaux, on les lave avec une solution de 1 0/0 de savon monopol, puis on les traite avec un mélange de savon monopol et moellon, enfin on les sèche.

L'autre corroierie eut lieu sur cuirs de couleur et satin, en tannant les premiers après le pliage, avec 200 grammes de Sumac et les colorant. Une fois finies, les peaux tannées avec R Catéchu étaient dans chaque pelanage les meilleures, on pouvait d'ailleurs l'observer après le tannage, de sorte que possédant des points de comparaison, nous fûmes entièrement convaincus que le R. Catéchu devait être préféré pour le tannage du cuir de couleur de chaussures.

Nous avons aussi réussi plus tard à donner au cuir des qualités spéciales, par des modifications dans la préparation du sel à l'avant confit.

Dans le tannage mixte décrit, le tannage à l'alun était moins important que le tannage minéral qui suivait. Un autre essai eut pour but justement le contraire, le tannage minéral avec confit d'alun fut prédominant, et le végétal ne servit qu'à modifier les qualités du cuir. Comme les mégisseries s'occupent de la préparation de cuirs tels que le « Dogskin » et le « Nappa », ce fut le cuir « Nappa » qui fut l'objet de notre essai.

Nous allons décrire maintenant des essais de R. Catéchu sur le tannage au chrôme après le traitement final.

Nous avons déjà fait remarquer que tous les cuirs tannés au chrôme qui ont subi une préparation spéciale de grain, comme le Box calf et les autres sortes, reçoivent un autre traitement végétal qui a pour but de retanner végétalement le grain seulement : celui-ci devenant plus accessible à un apprêt sur « Chagrin ».

Cette retouche est assez difficile, car le tannage au chrôme donne un grain cassant et peu durable, tandis que le tannage végétal fait disparaître plus ou moins le caractère de la marchandise comme cuir au chrôme.

Dans nos essais faits avec l'aide de cuirs de veaux, de chevaux, de brebis, nous avons employé la méthode à un seul bain, comme étant plus favorable et moins dangereuse que celle à deux bains. Voici à peu près comment nous avons opéré :

Les peaux sont mises dans un pelain de chaux renouvellé deux fois, épilées, lavées, écharnées ; le grain est façonné ; on se sert ensuite de confit, du bain de Picol, enfin on tanne au chrôme avec Cromul A pour les cuirs de chevaux et de veaux, avec Cromul B pour les cuirs de brebis et chèvres (250 grammes de Cromul étant ajoutés par kgs de peau à l'ancien jus). Après le tannage en fosses, les cuirs reposent pendant 24 heures, puis vient le tirage sur la machine de Vaughn et enfin le pliage.

Les cuirs destinés à être teints en noir, reçoivent un bain de campêche dans la cuve. On leur fait subir alors le tannage végétal, et ensuite un tannage de graisse.

Comme jus, voici les proportions : pour 0/0 kgs du poids de pliage, 3 kgs de savon de graisse de Licker dissous dans 50 litres d'eau, pour les Box calf, et le Hochlanzleder ; on y ajoute 600 grammes de potasse, puis 3 kgs de R. Catéchu liquide, ou 1 kg. 8 de solide, en faisant dissoudre ce dernier dans le jus chaud ; pour finir, on ajoute dans le jus 3 kgs d'huile d'os, et 500 grammes d'huile de vaseline (Dermolin).

On traite avec cette mixture les cuirs dans la cuve, de 40 minutes à une heure, suivant la qualité de la peau : brebis et chèvres en dessous de 40 minutes, veaux moyens 40 minutes, veaux forts et chevaux une heure.

Les cuirs de chevaux reçoivent 4 0/0 de savon au lieu de 3 0/0, et on augmente aussi les autres matières porportionnellement. Après ces opérations, on fait reposer les cuirs 5 à 6 heures, et on les fait sécher. Le cuir séché est mis à repasser, huilé avec huile d'os mêlée de 5 0/0 de glycérine, puis mis à ressécher.

Après la sèche, on noircit le cuir avec de la Corvoline B sur le grain, on le prépare ensuite comme d'usage. Les cuirs à couleur, reçoivent de suite après pliage, le traitement susdit, et on les sèche également.

En opérant de cette manière, on obtiendra le cuir chrômé, aussi sec que le cuir tanné d'une façon végétale, il en sera de même pour la mise en couleur qui ne peut s'effectuer autrement.

Les cuirs séchés sont mis à fouler pour la mise en couleur dans de l'eau chaude ; on peut préparer les peaux destinées à des couleurs claires, avec 60 à 80 grammes de Sumac ; on les colore une fois lavées. Si le cuir n'est pas à colorer d'une façon claire, on peut employer avec avantage le R. Catéchu au lieu du Sumac. Le R. Catéchu aide beaucoup pour la formation des couleurs, il permet d'obtenir des nuances bien couvertes et nourries, impossibles à réaliser simplement avec le cuir au chrôme.

Pour le traitement final au moyen du R. Catéchu, on en dissout 3 0/0 du poids du pliage du cuir dans cent fois son volume d'eau. Dans ce jus très faible, on foule le cuir environ une heure, puis on le met dans le bain de couleur. Pour la coloration, tous les colorants employés pour les cuirs tannés à la feuille de Sumac sont bons, aussi bien les acides que les basiques, et il n'y a pas besoin de sécher le cuir coloré après la liqueur.

Ayant obtenu ainsi de beaux résultats avec le R. Catéchu, nous avons vu toute l'étendue de l'emploi de ce produit dans le tannage mixte. Ce tannage au moyen duquel on fait les cuirs de Dongola, fait beaucoup parler de lui aujourd'hui et est employé pour les peaux de brebis et de veaux, mais principalement pour les Kips, les cuirs de chevaux pour chaussures, les peaux de bœuf et les Spaltes ; Dans peu de temps on verra une grande révolution dans la fabrication des Kips, parce que de même façon que pour la vente des empeignes, la fabrication du cuir augmente au moyen du tannage mixte. On fait chez nous une grande importation d'empeignes d'Amérique obtenues par ce mode de tannage mixte, il est donc temps de prêter une plus grande attention à ce mode de tannage, qui présente l'avantage du bon marché.

Voici des essais plus exacts faits dans cet ordre d'idée. Comme matière première dans ces essais, nous avons pris une sorte inférieure de Kips de CC, pesant 2,5 kgs et aussi des encolures de chevaux.

Le travail avec les Kips a été le suivant : On étend deux jours dans une cuve déjà employée mais assez forte, puis on encuve à nouveau avec 20 0/0 de sulfure de Sodium, du poids de cuir brut.

Après l'encuvage, on laisse 8 jours dans un pelain de chaux, puis 4 jours dans un nouveau pelain de chaux fraîche (proportions 5 0/0 du poids brut du cuir). Après le lavage, le grattage, on met deux heures pendant la nuit dans un confit de son frais (15 litres de son pour 0/0 kgs de marchandise brute), on met alors dans un bain de Picol (1 0/0 de Picol du poids nu) pendant une heure, et l'on fait le tannage au chrôme.

On commence avec un jus de chrôme déjà employé de 12°, on ajoute petit à petit pendant dix heures 25 0/0 de Cromul A ; on met les peaux tannées sur le bloc, on les laisse reposer 12 heures. On neutralise avec 2 0/0 du poids nu de Sulfure de Sodium (une partie de Sulfure de Sodium est dissoute dans cent parties d'eau) pendant deux heures, puis on lave, étend, plie, et tanne finalement dans R. Catechu.

Ce tannage final a lieu de préférence dans les couleurs d'aspect, ou à leur défaut dans des couleurs qui peuvent être poussées. La première couleur fut faite avec du R. Catechu à 5° qui au bout de deux heures tomba à deux degrés ; on la mit ensuite à 6°, elle tomba après 24 heures à 3° ; on la remit à 6° ; au bout de 4 jours on considéra le tannage comme fini, on avait employé 30 0/0 du poids nu de R. Catéchu. En pratique la consommation tombera à 25 0/0. Au tannage final, les cuirs sont aussitôt traversés par la matière végétale qui pénètre toujours de la même manière ; de sorte qu'on possède dans chaque phase du tannage un moyen de comparaison permettant d'augmenter ou de diminuer la force du tannage végétal suivant la qualité à donner au cuir.

Une partie très intéressante de ce tannage, est qu'on travaille ici avec des jus très faibles, et que malgré cela ils prennent très vite la substance active ; de plus on n'a pas besoin d'augmenter la force dans le travail final, ce qui ne coïncide pas avec les règles du tannage végétal.

Cette particularité de R. Catéchu donne la possibilité de travailler régulièrement les cuirs, et on peut facilement les soumettre au tannage végétal final.

Pour les Kips, on fait le même traitement, et de plus, on les lave et on les étend. L'augmentation de poids de cuir chrômé était presque de 4 0/0 après le traitement à R. Catéchu et pouvait encore assimiler des matières tannantes.

Pour faire cette vérification, nous en avons pris une partie et nous l'avons traité avec 20 0/0 *d'extrait de châtaignier et* 20 0/0 *de Quebracho liquide.* Ces cuirs retannés pendant six heures dans un jus de 20 à 25° Bark, préparés comme de coutume, ont donné 142 0/0 de rendement par un graissage régulier. Ils étaient tendres, pleins à la tranche, très unis, très lisses du côté de la chair, et leur couleur malgré le traitement au chrome, ne présentait aucune différence avec le cuir tanné à l'écorce. On peut donc par le tannage mixte avec R. Catéchu, obtenir un cuir lourd, plein, de bonnes qualités et apparences, et d'une couleur qui malgré le traitement au chrome est celle de l'écorce ; enfin ce tannage est bon marché et très rapide.

Les autres Kips, traités seulement avec R. Catéchu, ont été lavés, frappés et pesés. La liqueur pour cela se composait de 3 0/0 de savon de Licker, du poids déjà indiqué du cuir, dissous dans 30 0/0 d'eau, et ajoutant ensuite 6 0/0 de moëllon à cette dissolution de savon. Les cuirs ont été baignés pendant une heure à une température de 30° R. Après ce « liquorage » les cuirs ont été égouttés et séchés.

Sur des cuirs à grain défectueux tannés de cette façon, nous avons fait des essais de travaux divers : « cuir verni », « mat lisse », « box calf », « grain rond », ils se sont faits sans inconvénient, grâce au tannage mixte employé. Ces résultats sont très importants, car ils permettent d'employer des produits inférieurs, tandis que le tannage au chrome demande des produits excellents.

Cols de chevaux, cuirs de bœufs, cuirs de moutons, peuvent être tannés très avantageusement pour marchandise de Kips, au moyen de R. Catéchu, aussi bien pour la qualité du cuir que pour le rendement. Il en est de même pour les cuirs vernis et pour d'autres emplois où R. Catéchu est susceptible de jouer un grand rôle.

C'est pour toutes ces raisons que les fabricants doivent porter toute leur attention sur ce nouveau produit, qu'on appelle R. Catéchu en Allemagne ou R. Gambier en Angleterre.

# CHAPITRE XI

# FABRICATION DES EXTRAITS DE CAMPÊCHE

*Bois de campêche.* — Bois de l'Hematoxylon Campichianum, de l'Amérique du Sud et des Indes orientales. Les principales variétés sont : le campêche coupe d'Espagne, le campêche du Mexique, le campêche de St. Dominique ou d'Haïti, le campêche Honduras, le campêche de la Martinique, le campêche de la Guadeloupe, du Cap, etc. Il arrive en grosses bûches ou troncs (Laguna), en branches et en racines, qui sont découpées en copeaux avec une coupeuse représentée (page 232) dans le chapitre sur la fabrication des extraits de châtaignier.

Les frais de trituration reviennent à 1 francs les 100 kgs.

La matière colorante, contenue dans le bois de campêche est l'hématine ou hématoxyline qui, par oxydation à l'air ou en présence des alcalis, se transforme en hématéine, qui est la matière colorante propre du campêche.

L'hématéine donne des laques colorées avec les oxydes métalliques, dont les plus importantes, celles de fer et de chrôme, sont très utilisées pour la teinture en noir et en couleurs sombres.

Les alcalis font virer la solution d'hématéine au rouge et au rouge-violet, tandis que les acides étendus la ramènent au jaune, et les acides concentrés au rouge.

La valeur des bois de campêche dépend de leur teneur en hématine ou hématéine.

Le tableau suivant donne les nombres trouvés par L. Bruelh sur différentes marques :

| Noms et marques des bois de campêche | Extrait aqueux 0/0 | Hématine 0/0 d'extrait aqueux |
|---|---|---|
| Yucatan . . . . . . . . | 20,20 | 37,46 |
| Laguna . . . . . . . . | 21,00 | 47,95 |
| Domingo . . . . . . . | 14,02 | 53,47 |
| Monte-Cristo . . . . . | 18,75 | 60,32 |
| Fort-Liberté . . . . . | 20,30 | 54,11 |
| Jamaïque . . . . . . | 18,70 | 50,50 |

*Mouillage et préparation des bois.* — Pour cette opération, les copeaux de campêche doivent être mis en couches de 50 à 60 cm. d'épaisseur et placés ainsi dans un endroit suffisamment vaste pour qu'ils puissent être remués aisément et fréquemment.

Le mouillage s'opère suivant la nature des bois et les emplois auxquels ils sont destinés, soit avec de l'eau pure, soit avec de l'eau additionnée de chaux, permanganate, ferrocyanure de potassium, carbonate de soude, bioxyde de sodium, etc., etc.

Ordinairement on arrose les bois avec de l'eau de chaux (0,5 0/0 de chaux), ou une dissolution de chlorate de potasse et d'acide oxalique (0,25 0/0 de chacun de ces corps), de bichromate de potasse (0,1 0/0), de carbonate de soude (0,25 0/0).

La proportion des produits employés peut varier de 1 à 4 0/0 d'eau, et la durée de la préparation de 2 à 10 jours.

L'opération doit être poussée à fond quand il s'agit de bois destinés à l'extraction au moyen de petits autoclaves ou poires, ou bien encore destinés à être employés directement dans les barques de teinture.

Dans ce cas, la préparation favorise le développement de la matière colorante en transformant l'hématoxyline en hématéine, rend ce dernier produit facilement assimilable à l'eau, et permet ainsi aux teinturiers de procéder à une extraction rapide sans beaucoup de perte et avec un petit volume d'eau.

Pour les mêmes raisons, le traitement des bois sous pression, en vases clos, devrait toujours être précédé d'une préparation bien raisonnée ; car, dans ce cas, il est important de travailler avec un volume d'eau aussi faible que possible, en vue d'obtenir des jus forts, lesquels constituent le réel principe économique du système.

Toutefois, comme dans une fabrication importante, il ne serait pas possible ou alors très onéreux, de tenir des bois en préparation pendant 8 à 10 jours, on tourne la difficulté en faisant intervenir certains agents oxydants pour hâter la fermentation.

Suivant les bois, leur nature, la plus ou moins grande fraîcheur à leur coupe, le genre d'extrait à obtenir (extrait ordinaire ou extrait oxydé, genre Huillard et Cie), la durée de la préparation, le ou les produits à employer (et les proportions de ces derniers qui sont très variables) n'ont rien de parfaitement défini, et c'est l'œil du fabricant qui doit apprécier le degré de fermentation.

Dans la fabrication par décoction continue, — en cuves ouvertes — la fermentation doit être modérée, car le contact fréquent des jus avec l'air ambiant, détermine une oxydation naturelle qui, jointe à une oxydation préalable par trop accentuée, pourrait amener une suroxydation qui produirait une perte sensible de principe colorant.

En pareil cas, une fermentation de 48 heures est généralement suffisante.

Ce dernier système d'extraction est certainement et de beaucoup le plus simple, le plus pratique et le plus économique.

La fabrication bien conduite, donne de bons rendements, et des extraits tout aussi riches, ayant au moins autant de couverture que ceux provenant du système sous pression.

Par contre, ces derniers portent plus de fraîcheur de nuance, et sont plus rapidement assimilables aux fibres textiles : en terme du métier, ils tirent plus vite.

*Fabrication des extraits de campêche.* — Ainsi que nous venons de le voir, d'une façon générale, on fait l'extraction des bois de campêche — en cuves ouvertes — les rendements à obtenir étant fonction des qualités ou variétés traitées, de la préparation qu'elles ont subie et des lavages successifs imposés à la macération.

Comme pour l'extrait de chêne, la fabrication du campêche requiert sensiblement le même appareillage, sauf que l'évaporation ou concentration des jus ou bouillons a intérêt à s'effectuer au contact de l'air ambiant le plus possible, de façon à favoriser la transformation des glucosides en principes colorants.

Pour atteindre ce but, les anciennes usines et même quelques fabriques actuelles utilisent encore l'appareil à lentilles qui vaporise 0 k. 7 d'eau par kg de vapeur consommé, quand en triple-effet ordinaire on évapore 18-20 litres d'eau en consommant moins de 7 kgs de vapeur ou environ 1 kg de charbon.

*Rendements.* — Nous les avons dit être très variables pour les causes que nous avons étudiées ; néanmoins nous exposerons ceux que nous avons obtenus, en faisant intervenir comme agent oxydant : le nitrite de soude, à la dose de 0 kg. 5 pour 100 kgs de copeaux de campêche et à la macération même d'une variété de racines de Cap :

Rendement 0/0 de bois traité, en extrait 10°. . . . 74  0/0
—        —        30°. . . . 24,5 —
Extrait sec 0/0 d'extrait 10°. . . . . . . . 18,5 —
—        30°. . . . . . . . 55,0 —
Extrait sec 0/0 de bois traité. . . . . . . . 13,70 —
Quantité de bois nécessaire pour produire 100 kgs 10°. 135 kg.
Extraction faite en cuves ouvertes.

Autres résultats industriels obtenus dans les mêmes conditions, mais en traitant du campêche « Aquin » en bûches :

Rendement 0/0 de bois traité, en extrait 10°. . . . 55  0/0
—        —        30°. . . . 18  —
Extrait sec 0/0 d'extrait 10° . . . . . . . . 17,6 —
—        30° . . . . . . . . 52,5 —
Extrait sec 0/0 de bois traité. . . . . . . . 9,7 —
Quantité de bois nécessaire pour produire 100 kgs 10°. 181 kg.
Extraction faite « en cuves ouvertes ».

Essai sur qualité « Cayes » en bûches longues, peu dures au triturage, épuisement rapide :

Rendement 0/0 de bois traité, en extrait 30° . . . . 20,0 —
Extrait sec 0/0 d'extrait 30° . . . . . . . . 53,2 —
Extrait sec 0/0 de bois traité . . . . . . . . 10,5 —
Quantité de bois nécessaire pour produire 100 kgs 10° . 166 kg.
Extraction faite en « vases ouverts ».

Variété de racines de Cap :

Rendement 0/0 de bois traité, en extrait 10° . . . 67,5 0/0
—        —        30° . . . 22,5 —
Extrait sec 0/0 d'extrait 10°. . . . . . . . 17,8 —
—        30°. . . . . . . . 54,0 —
Extrait sec 0/0 de bois traité . . . . . . . . 12,0 —
Quantité de bois nécessaire 0/0 d'extrait 10° . . . . 148  kgs.
Extraction faite « en cuves ouvertes ».

Il est certain que, d'après les rendements industriels qui précèdent, l'addition d'oxydants à la macération des diverses qualités de campêche, contribue pour beaucoup à l'augmentation du rendement, mais cela ne doit pas exclure le choix des qualités à acheter de préférence à certaines dont la provenance seule indique déjà la teneur approximative en hématine. Il faut d'autre part, préférer les racines aux bûches ; exception est faite cependant pour le Laguna qui jusqu'à présent est une des meilleures qualités arrivant au Havre, elle est d'ailleurs cotée en conséquence.

Dans le commerce, on trouve une certaine qualité d'extrait sec, appelé « résineux », produit provenant simplement de la dessication « à la vapeur » des matieres résineuses qui se déposent dans les cuves de décantation des extraits à 10 ou 15°. Les extraits faibles en déposent l'hiver jusqu'à 9.5 0/0 (en été 5 0/0 seulement), et ces matières résineuses sont susceptibles de fournir à nouveau de l'extrait 10°, une fois redissoutes à l'eau chaude et filtrées afin de retenir les poussières du bois mécaniquement entraînées ou autres impuretés solides.

Voici la composition moyenne de ces extraits résineux secs de campêche :

| | |
|---|---|
| Extrait sec soluble. . . . . . . . | 60,00 0/0 |
| Eau . . . . . . . . . . . . | 22,00 — |
| Insolubles . . . . . . . . . . | 18,00 — |
| Total . . . . | 100,00 |

Données sur l'extrait de campêche 10° :

| | |
|---|---|
| Teneur en extrait résineux pâteux ; 0/0 d'extrait 10° | 9,5 0/0 |
| Teneur en extrait résineux sec          — | 7,7 — |
| Teneur en extrait résineux sec, 0/0 d'extrait pâteux | 80,0 — |
| Teneur en extrait 10 0/0 d'extrait résineux pâteux | 150,0 — |

*Observations.* — Ainsi que nous l'avons exposé plus haut, les extraits oxydés donnent en teinture des nuances foncées, mais moins solides au lavage, à l'air, à la lumière et au chlore ; ils présentent certains avantages lorsqu'ils doivent être employés directement pour la teinture en noir. Les extraits fortement oxydés donnent de mauvais résultats en impression.

Dans les achats d'extraits de campêche, on devra se montrer très réservé, car ils sont très souvent falsifiés ; on devra toujours doser la matière colorante, et faire un essai en teinture sur différents mordants pour en apprécier la valeur (1).

Les matières qui servent le plus souvent à frauder les extraits, sont l'extrait de châtaignier, la mélasse, la dextrine, le sel. — Le campêche Sandfort renferme par exemple, 50 0/0 d'extrait pur, 25 0/0 de mélasse, 10 0/0 de dextrine, 12 0/0 d'extrait de châtaignier et 3 0/0 de sel.

On trouve aujourd'hui dans le commerce, sous le nom d'hématine ou chrysohématine, de l'extrait de campêche à un très grand état de pureté. L'hématine anglaise renferme 95 0/0 de matière colorante (hématoxyline et hématéine); l'hématine américaine en renferme 60 0/0 et l'hématine française 75 0/0.

Les principaux fabricants français d'extraits de campêche sont :

Watrigant et Fils à Marquette-lez Lille ; Compagnie Française des Extraits Tannants et colorants, au Hâvre.

(1) Voir : *Emploi du Campêche en Tannerie,* par « H. Jossiar » ; *Bulletin du Synd. Général de l'Industrie des Cuirs et Peaux,* 10 juin 1901.

# CHAPITRE XII

## ANALYSE DES MATIÈRES TANNANTES

Nous ne citerons dans notre ouvrage que la méthode officielle de l'A. I. C.
I. C. (1) ; les procédés basés sur la précipitation du tannin par la gélatine
donnant lieu à des erreurs et les méthodes de Lowenthal, de F. Jean ou
d'autres auteurs étant actuellement abandonnées.

**Métho!e d'analyse des substances tannantes établie par l'Association
des Chimistes de l'industrie du cuir** (Conférences de Londres, septembre 1897).

I. — *Prises d'échantillons.* — *a) Extraits liquides.* — Les prises d'échantillons doivent être effectuées au moins sur 5 0/0 des tonneaux et doivent
être faites sur des numéros aussi éloignés que possible les uns des autres.

Auparavant, il faut avoir soin de défoncer les fûts choisis et de mélanger parfaitement le dépôt qui se trouve au fond des tonneaux au moyen
d'un agitateur convenable ; il faut également veiller à ce que les dépôts
adhérents, soit aux parois, soit au fond du tonneau, soient parfaitement
mélangés (2). Tous les échantillons doivent être prélevés en présence d'une
personne responsable.

*b) Gambier et extraits pâteux.* — L'échantillonnage doit être effectué
sur 5 0/0 au moins des blocs, au moyen d'un outil tubulaire, en traversant
complètement chaque bloc en sept endroits différents.

(1) Association Internationale des Chimistes de l'Industrie du cuir.
(2) Le D' Parker a montré que des erreurs de 2 0/0 pouvaient être commises en
négligeant cette précaution.

Les extraits solides doivent être brisés et les prises effectuées à l'intérieur et à la surface, de manière à obtenir un bon échantillon moyen. Dans tous les cas, les échantillons doivent être rapidement mélangés et placés immédiatement dans une bouteille ou une boîte à fermeture hermétique qui est scellée et étiquetée.

c) *Valonées, algarobilles et autres végétaux tannants*. — Il faut dans ce cas, étendre au moins 5 0/0 des sacs, en couches superposées sur une surface unie, et prendre plusieurs échantillons perpendiculairement à la surface.

S'il n'est pas possible d'opérer comme nous venons de l'indiquer, on peut simplement prélever des échantillons de la partie centrale d'un nombre suffisant de sacs.

Tandis que la valonée et la plupart des substances tannantes peuvent être envoyées moulues au chimiste, il est préférable que l'algarobille et le divi-divi ne le soient pas.

L'écorce et les autres substances en bottes devront être échantillonnées en coupant une petite portion au milieu, sur 3 0/0 environ des bottes, avec une scie ou un autre outil tranchant.

*Remarque*. — Si les échantillons doivent être soumis à plusieurs chimistes, on doit préparer d'abord un échantillon unique bien homogène, et le diviser ensuite en un nombre suffisant de portions (au moins trois). Chaque portion est alors enfermée dans des vases convenables, scellés et numérotés.

II. — *Préparation des échantillons pour l'analyse. — a) Extraits liquides*. — Les extraits liquides doivent être mélangés et agités énergiquement avant la pesée. Celle-ci doit être rapidement faite pour éviter la perte d'eau.

Les extraits épais, difficiles à mélanger, peuvent être chauffés à 50° centigrade, puis agités et rapidement refroidis avant pesée. Le bulletin d'analyse doit relater ce chauffage lorsqu'il a été effectué.

b) *Extraits solides*. — Les extraits solides seront grossièrement pulvérisés, puis mélangés.

Les extraits pâteux seront rapidement malaxés dans un mortier, et la quantité nécessaire à l'analyse sera pesée aussi vite que possible, pour éviter les pertes d'eau par l'évaporation. Dans le cas d'extraits non homogènes à moitié secs et à moitié pâteux, l'échantillon entier doit être pesé, puis séché à la température ordinaire jusqu'à ce qu'il puisse être pulvérisé. On le pèse alors à nouveau, et la perte de poids sera reportée dans le calcul des résultats comme humidité.

*c) Gambier.* — Dans le cas du gambier ou d'autres substances analogues, il n'est pas possible de broyer l'échantillon ou de le rendre parfaitement homogène par des moyens mécaniques ; aussi, dans ce cas, est-il permis de dissoudre la totalité ou une forte proportion de l'échantillon dans une petite quantité connue d'eau chaude, d'agiter pour mélanger parfaitement, et de peser une portion de la solution pour l'analyse.

*d) Ecorces et autres substances tannantes solides.* — L'échantillon tout entier ou au moins 250 gr. de celui-ci, sera pulvérisé dans un moulin jusqu'à ce qu'il passe complètement dans un tamis de 5 fils par centimètre. Dans le cas de substances contenant des parties fibreuses qui ne peuvent être réduites en poudre, on commence par tamiser l'échantillon, puis l'on pèse la portion qui ne passe pas à travers le tamis ainsi que celle qui l'a traversé.

La prise d'essai sur laquelle on effectuera l'analyse devra être constituée par des poids des deux portions, proportionnels aux précédents.

III. — *Préparation de l'infusion.* — La concentration de la solution de tannin soumise à l'analyse devait, d'après la conférence de 1897, être telle qu'en évaporant 100 cmc, le résidu fut d'environ 0,6 à 0,8 gr.

Au congrès de Paris (1900), il a été décidé que l'on prendrait comme base de la prise d'essai, non plus le poids du résidu sec, mais la teneur en matières fixables par la peau, savoir : une solution contenant de 0,35 à 0,45 de matières assimilables par la peau par 100 cmc.

Pour atteindre ce but il faut employer environ :

30 à 50 gr. d'écorce de chêne ou de bois de châtaignier.

20 à 25 gr. de sumac.

15 à 20 gr. de valonées, myrobolans, écorces de mimosa.

13 à 17 gr. de divi-divi et d'algarobilles.

12 à 20 gr. d'extrait liquide.

8 à 12 gr. d'extrait solide.

*a) Préparation de la solution d'extraits liquides.* — On pèse une quantité suffisante de l'échantillon d'extrait dans une capsule ouverte ou dans un gobelet. On fait tomber l'extrait dans un vase jaugé de 1 litre avec environ 500 cmc. d'eau bouillante . Pour cela, il suffit de placer le vase qui contient l'extrait au-dessus d'un grand entonnoir engagé dans le col du ballon jaugé. On complète avec de l'eau froide jusqu'aux environs du trait de jauge, on refroidit rapidement sous un courant d'eau froide jusqu'à 15 à 20°C et l'on complète exactement à un litre.

On procède alors à la filtration. D'après les résolutions prises aux conférences de Londres en 1897 et de Paris en 1900, celle-ci doit être effectuée à l'aide du papier filtre extra-fort de Schleicher et Schull de 17 cm. de diamètre, plissé, n° 605. On rejette les 200 premiers centimètres cubes du filtratum (1).

Lorsqu'il est impossible d'obtenir par ce procédé un liquide clair, on peut faire usage d'une petite quantité de kaolin préalablement lavée avec une portion de la solution de tannin.

Les extraits solides sont dissous par agitation dans un Erlenmeyer avec de l'eau bouillante. On laisse reposer, on décante dans un vase jaugé et on épuise à nouveau à l'eau bouillante jusqu'à complète dissolution des substances solubles contenues dans l'extrait. On opère ensuite comme nous venons de l'indiquer pour les extraits liquides.

*b) Préparation de la solution dans le cas des substances à tannin solides.* — On pèse une quantité de substance telle qu'elle soit capable de fournir une solution dont la richesse soit comprise dans les limites indiquées précédemment.

L'épuisement devra être effectué d'abord à une température inférieure à 50° C. de manière à fournir une solution d'au moins 500 cm³, puis on continue en chauffant à 100° jusqu'à ce que le liquide d'épuisement ne contienne plus de tannin, on réunit toutes les liqueurs et on complète à un litre. Si l'ensemble des solutions dépasse ce volume, il suffit de concentrer les dernières liqueurs d'épuisement.

Nous indiquerons plus loin les dispositifs qui peuvent être employés pour effectuer la préparation de la solution.

IV. — *Déterminations analytiques.* — (a) *Total des matières solubles* —

---

(1) Il était important de bien déterminer les conditions dans lesquelles on devait effectuer la filtration ; il est en effet démontré que toutes les matières filtrantes telles que le papier, le kaolin, le sable même, absorbent des proportions variables de tannin. Voir Searle, *Influence des substances employées dans la détermination du total des matières solubles*, II. a. C. (1900), p. 731 et 747. D'autre part, certaines solutions de tannin restent troubles pendant très longtemps et il est impossible de les clarifier par le repos.

Au Congrès de Liège (1901), le D\` Paessler donna les résultats d'expériences montrant que le papier n° 605 n'était pas toujours uniforme, malgré cela, l'emploi de ce papier doit être continué jusqu'au Congrès de Leeds (1902) où il sera statué sur cette difficulté. Le D\` Paessler a étudié comparativement l'emploi des papiers Schull et Schleicher n° 597 et 602 et il a trouvé des différences très notables dans les résultats obtenus suivant que l'on faisait usage de l'un ou de l'autre numéro. *Zeitsch. f. ang. chem.* (1900), p. 318 ou *Monit. Quesn.* (1901), p. 393.

100 cm³ de la solution claire de tannin (1) filtrée sont évaporés au bain-marie dans une capsule de platine tarée ou simplement dans une capsule de porcelaine ou de nickel. La capsule est ensuite séchée vers 100-105° à l'étuve (2) ou bien à une température inférieure à 100° dans le vide jusqu'à poids constant, en ayant soin d'éviter les pertes par suite du fendillement du résidu.

Le résidu pesé est rapporté à 100 gr. de l'échantillon.

(*b*) *Détermination des non-tannins.* — La Conférence de Londres de 1897 avait décidé que la méthode à la poudre de peau avec filtre Procter serait mise en pratique à cet usage, cette décision a été renouvelée au congrès de Paris en 1900.

Le dispositif adopté pour effectuer cette détermination se compose d'une petite cloche, présentant un col rétréci et fermé par un bouchon de caoutchouc dans lequel passe un tube fin de 30 cm. de longueur et recourbé en forme de siphon, La cloche possède un diamètre de 3 cm. et mesure environ 10 cm³ ; l'extrémité du tube qui débouche à l'intérieur est pourvue d'un petit tampon de coton ou de laine de verre.

La cloche est remplie uniformément de poudre de peau peu tassée et duveteuse.

Le remplissage de la cloche, pour donner de bons résultats, demande quelque pratique ; en effet, si la poudre de peau est trop tassée, comme elle se gonfle au contact du liquide, l'écoulement est insuffisant. Si au contraire, elle est trop peu serrée, le liquide coule à flots et n'abandonne pas régulièrement son tannin.

Etant donné d'autre part la tendance que possède le liquide à passer le long des parois de la cloche, il est préférable de tasser assez fortement la poudre de peau contre celles-ci et de la laisser beaucoup moins serrée dans la partie centrale (3). Lorsque la cloche est remplie, on maintient la poudre

(1) Si l'on emploie une balance pesant au 1/10 de milligramme, il est plus pratique d'opérer sur 25 cm³ de liquide seulement.

(2) En général, trois heures suffisent pour obtenir une dessication complète. On pèse au bout de ce temps, puis on replace la capsule à l'étuve pendant une heure et demie ; il ne doit pas y avoir une différence supérieure à 0 gr. 002 entre les deux pesées. Il est bien évident qu'avant de peser on doit laisser la capsule refroidir dans un exsiccateur. Si on laisse le résidu sécher trop longtemps à l'étuve, à partir d'un moment donné il augmente de poids, grâce à une oxydation qui commence à se produire, même avant que la dessiccation soit complète.

(3) En 1895, pour obvier à cet inconvénient, Cerych (Gerb., 1895, p. 241) avait proposé de préparer la couche filtrante avec un mélange de poudre de peau et de pulpe

de peau à l'aide d'un morceau de mousseline fixé au moyen d'un caoutchouc.

La conférence de 1897 spécifie que la cloche doit contenir au moins
5 grammes de poudre de peau, il faudra donc calculer les dimensions de
celle-ci en conséquence (1).

La poudre de peau doit posséder un pouvoir absorbant suffisant, et elle
doit être telle qu'en faisant une expérience à blanc avec de l'eau distillée, en
opérant de même que pour une analyse, le résidu sec obtenu par évaporation de 50 cc. de filtratum ne dépasse pas 5 milligrammes. Le filtre est
placé dans un vase de Bohême et la solution de tannin à analyser (100 cmc.)
est ajoutée petit à petit dans ce vase, de manière à ce que la poudre de peau
se mouille par capillarité, ce qui demande environ une heure. Lorsque le
filtre et le vase sont remplis de liquide, le siphon est amorcé par aspiration
à l'aide d'un petit tube de caoutchouc.

On recueille le liquide qui s'écoule dans un vase jaugé et on le met à part
tant qu'il donne un trouble avec une solution claire de tannin, puis le
liquide est recueilli jusqu'à ce qu'il ne donne plus de réaction avec la première portion du liquide filtré (2).

En général, la première portion du liquide filtré mesure environ 30 cm³ et
la deuxième 60 cm³ (3).

Dans le cas où le filtratum contiendrait encore du tannin, il est préférable de recommencer complètement l'opération. On peut cependant corriger
approximativement l'analyse en ajoutant une petite pincée de poudre de
peau et un peu de kaolin au liquide filtré, qui devra dans ce cas présenter
un volume de plus de 60 cmc. ; on agite à différentes reprises, on abandonne

de papier à filtre. Il évitait ainsi que la liqueur tannante suivit par capillarité les
parois du vase au lieu de traverser la poudre de peau. Voir Paessler, *Zeitsch. f. ang.
chem.* (1900), p. 318 ou *Monit. Quesn.*, p. 398 (1901).

(1) Le congrès de Turin (1904) a décidé que les dimensions seraient de 7 cm. de
longueur totale sur un diamètre de 3 cm. et 1,8 cm. de diamètre au col.

Il fut décidé aussi que 6,5 à 7,5 gr. de poudre de peau seront à l'avenir à employer
pour chaque analyse.

(2) Les substances solubles de la poudre de peau qui sont contenues dans la première portion du liquide filtré, constituent un réactif du tannin plus sensible que la
gélatine.

(3) Le temps nécessaire à la filtration, après que la poudre de peau a été bien
humectée, doit être d'environ une heure. Lorsque la filtration est très lente et qu'elle
dure plus de deux ou trois heures, la proportion de substances solubles abandonnées
par la poudre de peau est augmentée et par suite il en est de même de la proportion
des non-tannins. Si la température du laboratoire est trop élevée, le poids des non-
tannins est également augmenté, il faut opérer aux environs de 18 à 20° C.

au repos pendant une heure dans un endroit frais et on filtre sur le papier.

Lorsque la filtration est terminée, on prélève un volume déterminé du liquide de la deuxième portion (50 cmc. ou un peu moins), on l'évapore dans une capsule tarée au bain marie, et on sèche jusqu'à poids constant à l'étuve Wiesnegg à une température de 100 à 105° ou dans le vide au dessous de 100° (Voir à la fin de l'ouvrage le Bain-Marie-Etuve J. Noyer).

Le poids obtenu, rapporté d'abord au volume du liquide soumis à la filtration, puis à 100 gr. de la substance ayant servi à préparer la liqueur d'analyse, donne le 0/0 des non-tannins.

c) *Détermination de l'humidité.* — L'humidité sera déterminée, sur une petite partie de la prise d'échantillon, par dessiccation à l'étuve Wiesnegg à la température de 100-105° C ou dans le vide à une température inférieure à 100°.

Le résultat est rapporté à 100 gr. de substance.

V. — *Etablissement des résultats.* — Les résultats d'une analyse complète doivent être établis comme il suit :

1o *Matières tannantes absorbées par la peau.* — On obtient leur poids en retranchant le poids des non-tannins solubles du poids total des matières solubles (1).

2o *Matières non-tannantes solubles ou non-tannins.* — Nous avons indiqué précédemment leur détermination.

3o *Matières insolubles.* — On obtient leur poids en retranchant le total des matières solubles du poids sec de 100 gr. de l'échantillon (2).

4o *Humidité.* — Elle est calculée comme nous l'avons indiqué plus haut.

*Remarque.* — Dans le cas où l'on a effectué d'autres déterminations, les résultats doivent être portés sur un bulletin additionnel (3).

---

(1) Il est bien évident que le poids ainsi obtenu ne représente pas d'une manière absolue le tannin absorbé par la peau : nous avons vu, en effet, que celle-ci absorbe les matières colorantes qui accompagnent le tannin ainsi que l'acide gallique; ce dernier acide existe en assez grandes proportions dans certains végétaux à tannin comme le sumac par exemple. L'acide acétique et l'acide lactique sont également absorbés lorsqu'ils existent dans les liqueurs soumises à l'analyse.

(2) Au congrès de Turin (1904) il a été décidé qu'un extrait serait considéré comme soluble à froid s'il ne renferme pas plus de 2 0/0 d'insolubles.

(3) Dans certains cas spéciaux, et en particulier pour l'analyse des extraits à réaction alcaline, il est souvent nécessaire de modifier sur certains points la méthode officielle. Dans ce cas le bulletin d'analyse doit mentionner le mode opératoire employé (Voir : *rapport sur les travaux présentés au 5e Congrès tenu à Liège* Dr Nihoul (1901), p. 70.

**94.** — **Notes complémentaires sur la méthode précédente.**

I. — *Appareils employés pour l'épuisement des substances tannantes solides.* — *a) Appareil du D^r Koch.* — Cet appareil consiste en une fiole de 200 cmc. à large col, qui doit être en verre mince et bien recuit afin de pouvoir supporter la chaleur du bain-marie. Cette fiole est fermée par un bouchon en caoutchouc traversé par deux tubes de verre, un premier tube pénétrant légèrement à l'intérieur de la fiole, un deuxième tube pénétrant jusqu'au fond et s'élargissant légèrement en forme d'entonnoir. Les extrémités de ces tubes sont pourvues d'un morceau de gaze de soie afin d'empêcher l'entraînement des produits solides. Le flacon peut être plongé dans un bain-marie ; le 1er tube peut être mis en communication à l'aide d'un tube pourvu d'un caoutchouc et d'une pince, avec un réservoir à eau situé à 1 m. 50 environ au-dessus de lui.

Le second tube également pourvu d'un caoutchouc pour faire siphon et d'une pince, plonge dans un flacon jaugé d'un litre.

On introduit d'abord dans le flacon une couche d'environ 2 cm. de sable fin lavé aux acides, puis on ajoute la quantité pesée de substance tannante pulvérisée ; on adapte alors le bouchon et ses tubes. Il n'y a pas lieu de s'inquiéter du dérangement des couches qui se produit à ce moment, car en raison de sa densité, le sable reprendra sa place dès que l'on introduira de l'eau dans la fiole. D'ailleurs, dans le cas de substances fibreuses, il est préférable de placer d'abord le 2e tube après avoir remonté le bouchon en le faisant glisser le long du tube ; on introduit alors successivement le sable, puis la substance à épuiser.

Lorsque le remplissage est terminé, on enfonce le bouchon et on l'assujettit solidement, soit à l'aide d'une ficelle, soit à l'aide d'un dispositif spécial. Lorsque l'eau a réagi suffisamment, on ouvre les pinces, la liqueur tannique du vase est chassée dans la fiole jaugée et est remplacée par de l'eau pure ; on referme les pinces et on continue l'épuisement. Il est même préférable, pour faciliter le passage de la liqueur du vase dans la fiole, d'adjoindre un troisième tube fermé par une pince et par lequel on souffle après avoir fermé le 1er tube. On peut ainsi vider complètement le vase avant de le remplir à nouveau d'eau pure.

*b) Appareil de Procter.* — Cet appareil, plus simple que le précédent, se compose essentiellement d'un vase de Bohème qui peut être chauffé au bain-marie ; dans ce vase plonge un entonnoir renversé dont le tube est courbé deux fois à angle droit pour former siphon.

L'ouverture de l'entonnoir est fermé à l'aide d'un morceau de gaze de soie et repose sur le fond du vase. A l'extrémité du tube on adapte un tube de verre effilé.

Le fond du vase de Bohême est garni de sable lavé aux acides, et au-dessus on dispose les substances tannantes à épuiser. On ajoute de l'eau, on chauffe à la température voulue à l'aide du bain-marie, et lorsque le premier épuisement est jugé suffisant, on fait passer le liquide dans un autre vase, par aspiration.

*c) Appareil de Soxhlet.* — Quelques chimistes emploient pour l'épuisement des substances tannantes l'appareil bien connu de Soxhlet. Il est évident que cet appareil ne peut être utilisé pour l'application de la méthode officielle précédemment décrite. En effet, dans le Soxhlet, l'épuisement se fait à 100°, tandis que d'après les indications précédentes, la majeure partie du tannin doit être entraînée d'abord à une température inférieure à 50°C. On ne doit atteindre 100° qu'à la fin du traitement et maintenir cette température pendant un laps de temps aussi court que possible.

II. — *Influence de la température d'extraction sur les résultats en tannin assimilable.* — Nous avons vu à propos de la fabrication des extraits :

1º Qu'il existait pour chaque substance tannante une température à laquelle l'extraction donnait le maximum de tannin, toutes choses égales d'ailleurs ;

2º Si on opère à des températures croissantes, supérieures à celles que nous venons de citer, on détruit des proportions de plus en plus fortes de tannin, en outre, ce sont les tannins les plus solubles et par conséquent ceux qui se dissolvent en premier lieu, qui se transforment en composés inactifs ;

3º Par une ébullition prolongée, les matières extractives non tannantes contenues dans les végétaux, et qui primitivement étaient insolubles, deviennent solubles, et plus l'ébullition est prolongée, plus l'eau se charge de ces substances. Il résulte donc évidemment de là, que la proportion en substances solubles non tannantes (non-tannins) est fonction de la durée et du nombre des épuisements à l'eau.

Des trois remarques qui précèdent, nous pouvons donc conclure que les résultats obtenus pour l'analyse d'une même substance tannante dépendent beaucoup des conditions dans lesquelles on a effectué son épuisement. C'est pour cela qu'il a été bien établi à la Conférence de Londres en 1897, que l'épuisement devait être effectué à une température inférieure à 50°C., de manière à entraîner la majeure partie du tannin à une température assez basse, et éviter, d'une part, la dissolution des substances insolubles, d'autre part, la transformation du tannin assimilable en non-tannin soluble. Après ce premier traitement, qui enlève les tannins les plus solubles, on peut alors chauffer à 100° pour terminer l'épuisement sans introduire des causes d'erreur bien importantes.

Il serait cependant à souhaiter qu'une prochaine conférence vienne définir d'une manière encore plus précise, les conditions dans lesquelles doit s'effectuer cette opération importante pour que les analyses de différentes origines soient comparables entre elles.

III. — *Préparation de la poudre de peau.* — On effectue la préparation de la poudre de peau à l'Institut des Recherches de Vienne, de la manière suivante : une peau de bœuf est bien trempée et lavée de manière à être parfaitement débarrassée du sang et de la crotte. Elle est passée à la chaux pendant huit jours, écharnée et épilée par les méthodes ordinaires, et enfin découpée par morceaux d'environ 1 cmq. On traite ces morceaux par une solution étendue d'acide chlorhydrique (1 0/0 d'acide concentré pur) jusqu'à ce qu'ils soient légèrement gonflés, on lave alors à grande eau de manière à éliminer complètement l'acide ; on les étend sur une table et on les sèche aussi rapidement que possible dans un courant d'air froid. Immédiatement avant de les désagréger, on les soumet pendant un temps assez long à une température de 40° environ ; on les passe ensuite plusieurs fois dans un moulin consistant essentiellement en deux disques, l'un fixe, l'autre mobile, ce dernier étant garni de dents disposées en cercles concentriques alternant avec les dents du disque fixe. La poudre est d'abord moulue avec les disques un peu éloignés, et on termine l'opération en les rapprochant davantage.

La méthode que nous venons de décrire est presque identique à celle qui a été décrite par Schroeder (1) ; cependant, dans cette dernière, la dessiccation s'effectue à une température plus élevée et en outre on emploie un moulin d'acier de forme identique à celle du moulin à café.

Signalons enfin que la poudre de peau de Freiberg contient des proportions variables de poudre de papier.

Plusieurs chimistes et en particulier Procter ont étudié comparativement l'emploi des différentes espèces de poudre de peau, mais les résultats obte-

(1) Berichte der commission zur Feststellung einer einheitlichen methode der Gerbstoffbestimmung (Cassel, 1885).

nus jusqu'à présent ne sont pas suffisamment concluants pour qu'il y ait lieu d'employer exclusivement une poudre de peau déterminée (1).

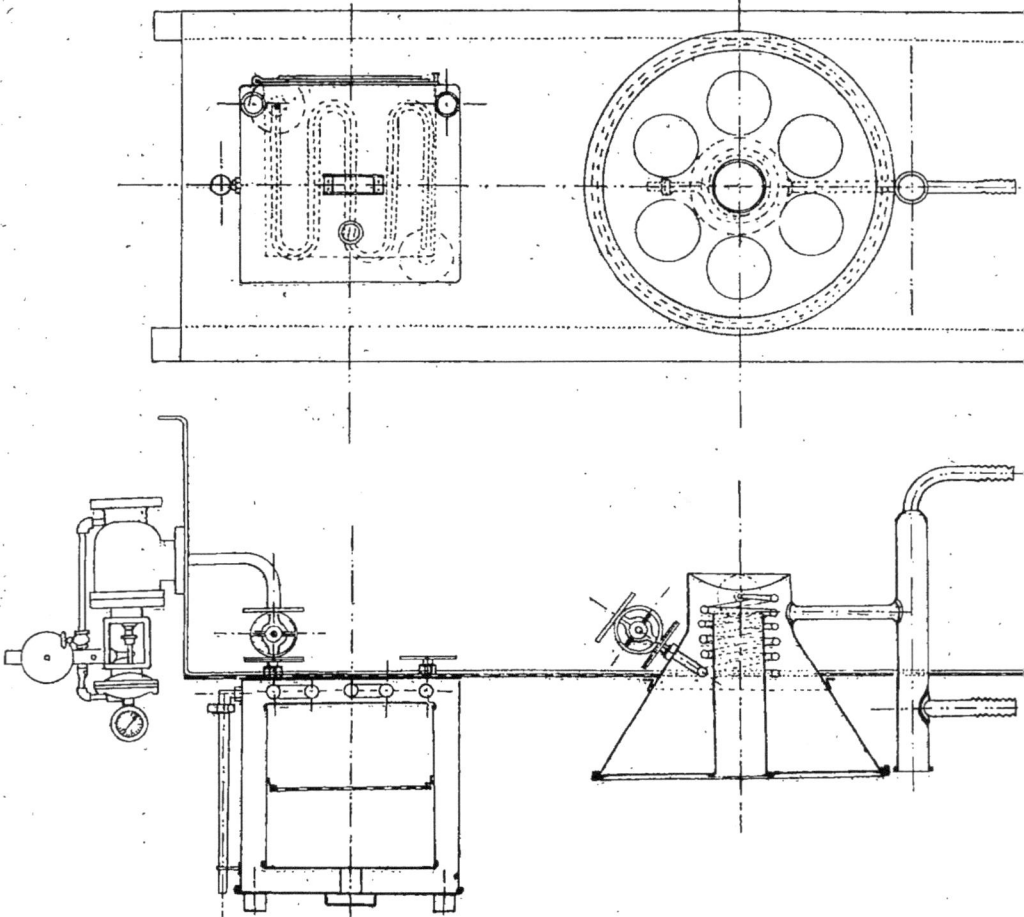

Bain-marie-étuve J. Noyer pour le dosage des solubles et des non-tannins dans l'analyse des matières tan

(1) Au Congrès de Liège, en 1901, il a été convenu que provisoirement, on ferait usage, pour l'application de la méthode officielle de l'Association, de la poudre de peau de Freiberg contenant au maximum 20 0/0 de cellulose de papier (Maison Mehner et Stransky à Freiberg en Saxe).

Au Congrès de Turin, en 1904, on a maintenu cette convention jusqu'au Congrès de Francfort-sur-Mein septembre 1906.

Les conditions que doit remplir une poudre de peau destinée à charger le filtre Procter sont les suivantes (1) :

1° Elle doit être blanche, douce au toucher et duveteuse. Si elle possède une odeur putride et une couleur grisâtre, elle doit être rejetée, car elle provient d'une peau ayant subi un commencement de putréfaction et les résultats que l'on obtient par son emploi ne sont pas normaux.

2° En effectuant une analyse à blanc avec de l'eau distillée, rejetant les 30 premiers centimètres cubes et évaporant ensuite à sec 50 cc. de filtratum, on ne doit pas avoir un résidu sec pesant plus de 4 à 5 milligr.

(1) Procter, *Leather Industries Laboratory book*, London, 1898. Page 115.

# TABLE DES MATIÈRES

## PREMIÈRE PARTIE

### LA DISTILLATION DU BOIS

#### CHAPITRE PREMIER

GÉNÉRALITÉS. — PROPRIÉTÉS PHYSIQUES ET CHIMIQUES.

Pages

Importation et exportation en France en 1903 et 1904 de l'alcool méthylique et
de l'acide acétique . . . . . . . . . . . . . . . . . .   2
Des sortes de bois employés dans l'industrie de la carbonisation . . . . .   4
Phénomènes de la carbonisation des bois ; résultats de Senfft, de Violette . .   5
Produits obtenus dans la distillation des bois : gaz pyroligneux, goudrons, résidus.   6
Propriétés des principaux produits de la distillation du bois : charbon de bois,
alcool méthylique, créosote, acide acétique, acétone. . . . . . . . .   7

#### CHAPITRE II

PRINCIPAUX PROCÉDÉS DE CARBONISATION DU BOIS. — LES GRIGNONS D'OLIVES

A. Procédés de carbonisation par combustion partielle :
   1° Carbonisation en meules. . . . . . . . . . . . . . .   10
   2° Carbonisation en fours : fours rectangulaires, fours de la Chabeaussière,
   fours Schwartz, fours chinois . . . . . . . . . . . . .   12
B. Procédés de carbonisation à l'abri de l'air :
   1° Appareils mobiles : cornues verticales . . . . . . . . .   13
   2° Appareils fixes : cornues verticales, cornues horizontales, cornues verticales de grandes capacités à foyers intérieurs et extérieurs. . . . . . .   18
Appareils par distillation continue : four de MM. Astley, Paston Price, four vertical Bresson . . . . . . . . . . . . . . . . . . .   19

Pages

Carbonisation de la sciure de bois et autres déchets cellulosiques. . . . . 20
*Distillation des grignons d'olives.* — Brevets spéciaux pour la distillation des grignons d'olives. — Expériences de Grandeau et Aubin . . . . . . . 22
Résultats industriels . . . . . . . . . . . . . . . . . . . 25
Exploitation actuelle des grignons d'olives. — Le charbon des grignons et son application. . . . . . . . . . . . . . . . . . . . . . . 26
Dérivés de la distillation des grignons d'olives . . . . . . . . . . 32
*Distillation de la sciure de bois.* — Appareil Holliday , . . . . . . . . 33
Cornue F. H. Meyer pour la carbonisation des menus et déchets de bois . . . 34
*Marche des appareils de carbonisation des bois :*
    1° Cornues horizontales ; 2° cornues verticales. . . . . . . . . . 35
Appareils de condensation : différentes sortes de réfrigérants ; tours de lavage Schrübber . . . . . . . . . . . . . . . . . . . . . . . 36
*Installation d'une usine de carbonisation des bois :*
Considérations générales. . . . . . . . . . . . . . . . . . . 41
Dispositions des différents bâtiments . . . . . . . . . . . . . . 42
Réservoirs ; monte-jus, Filtre-presses. . . . . . . . . . . . . . 44
Emploi des goudrons pour le chauffage des cornues ou des chaudières à vapeur. 46
Résultats obtenus dans une usine de carbonisation des bois. Prix de revient . 47
*Traitement des produits obtenus* . . . . . . . . . . . . . . . . 48
Traitement du **pyroligneux** : 1° distillation simple . . . . . . . . . 49
    2° Traitement du pyroligneux préalablement neutralisé. Cuve à mélange pour neutraliser l'acide pyroligneux . . . . . . . . . . . . . 50
Appareil à colonne à travail continu . . . . . . . . . . . . . . . 51
    3° Distillation complète du pyroligneux, groupe de trois chaudières à travail continu . . . . . . . . . . . . . . . . . . . . . . . 52
**Pyrolignite de chaux** : Acétate de chaux gris ; traitement de la solution d'acétate de chaux ; cuves à clarifier, à évaporer. . . . . . . . . . 54
Séchoir à tambour pour dessécher l'acétate de chaux. . . . . . . . . 58
Acétate de chaux brun . . . . . . . . . . . . . . . . . . . 58

## CHAPITRE III

### INDUSTRIE DE L'ACIDE ACÉTIQUE, ACÉTATES ET ALCOOL MÉTHYLIQUE

Acide acétique de l'acétate de soude . . . . . . . . . . . . . . 59
Acide acétique de l'acétate de chaux. . . . . . . . . . . . . . . 60
    1° *Fabrication de l'acide acétique par le procédé à l'acide chlorhydrique.* 60
Fabrication continue de l'acide acétique industriel à 85-100 0/0. . . . . . 62
    2° *Fabrication de l'acide acétique par le procédé à l'acide sulfurique* sous la pression atmosphérique . . . . . . . . . . . . . . . . . 62
Avantages et inconvénients des deux procédés. . . . . . . . . . . 63
Procédé du D<sup>r</sup> **Van der Linden.** . . . . . . . . . . . . . . . 65
Procédé Behrens. . . . . . . . . . . . . . . . . . . . . . 65
*Installation d'une fabrique d'acide acétique* . . . . . . . . . . . 66
Appareil pour la fabrication de l'acide acétique par le procédé Van der Linden. 67
Colonne-laveur pour condenser les vapeurs d'acide acétique . . . . . . 70

Pages

*Rectification de l'acide acétique* . . . . . . . . . . . . . . . 71
Rectificateur à colonne pour l'acide acétique . . . . . . . . . . 72
**Acide acétique cristallisable.** — Procédé Melsens . . . . . . . . 74
**Acide acétique dit« bon goût »** . . . . . . . . . . . . . . . 74
Appareil pour la fabrication de l'acide acétique « bon goût » avec distillation
   dans le vide . . . . . . . . . . . . . . . . . . . . . . 75
Appareil pour la fabrication de l'acide acétique industriel et chimiquement
   pur . . . . . . . . . . . . . . . . . . . . . . . . . 76
Procédé Mollerat . . . . . . . . . . . . . . . . . . . . . . 76
**Acide acétique anhydre.** . . . . . . . . . . . . . . . . . . 77
*Esprit de bois.* — *Alcool méthylique.* . . . . . . . . . . . . 78
Appareil à feu nu pour la distillation du méthylène « Régie » . . . . 79
Appareil chauffé à la vapeur pour la distillation du méthylène. . . . 80
Procédé Rotten . . . . . . . . . . . . . . . . . . . . . . . 82
Appareils à colonne pour la rectification du méthylène brut . . . . . 82
**Distillation continue** . . . . . . . . . . . . . . . . . . . 83
Appareil Coupier à distillation continue du méthylène . . . . . . . 83
Appareil rectificateur Barbet. . . . . . . . . . . . . . . . . . 86
Appareil de réglage du rectificateur Barbet. . . . . . . . . . . . 87
Chapeau rectificateur Lepage et Cie . . . . . . . . . . . . . . 88
Rectificateur Lepage et Cie pour distillation continue. . . . . . . . 89
Préparation de l'alcool méthylique pur : Par le chlorure de calcium, le
   bisulfite de soude, la chaux et le chlorure de chaux . . . . . . 90
   *Préparations et propriétés des acétates. Différents emplois de ces sels :*
Acétate de potasse neutre. Densités de ses solutions . . . . . . . 91
**Acétate de soude** ou Terre foliée minérale . . . . . . . . . . 91
Bacs à évaporer ou à concentrer les solutions d'acétate de soude. . . 93
Appareil pour dessécher et fondre l'acétate de soude cristallisé. . . . 94
Installation pour la dissolution et la filtration de l'acétate de soude fondu . 94
Cuve de cristallisation en mouvement de l'acétate de soude. . . . . . 95
Epuration et décoloration de l'acétate de soude. . . . . . . . . . 95
Procédé de M. Hanriot. Filtres à charbon . . . . . . . . . . . . 96
Acétate d'ammoniaque. Acétamide. . . . . . . . . . . . . . . . 97
Acétate de chaux blanc . . . . . . . . . . . . . . . . . . . . 97
Densités des solutions d'acétate de chaux . . . . . . . . . . . . 97
Acétate d'alumine . . . . . . . . . . . . . . . . . . . . . . 98
Acétate de fer . . . . . . . . . . . . . . . . . . . . . . . 99
Acétate de zinc . . . . . . . . . . . . . . . . . . . . . . . 100
Acétate de chrôme. . . . . . . . . . . . . . . . . . . . . . 100
Acétate de cuivre, vert-de-gris . . . . . . . . . . . . . . . . 101
**Acétate de plomb** ou sel de Saturne . . . . . . . . . . . . . 103
Densités des solutions d'acétate de plomb . . . . . . . . . . . . 105
Sous-acétate de plomb . . . . . . . . . . . . . . . . . . . . 106
Acétine . . . . . . . . . . . . . . . . . . . . . . . . . . 106
*Différents emplois industriels des produits obtenus dans la distillation du bois
   et de leurs dérivés :*
Charbon de bois. Alcool méthylique ou esprit de bois. Goudron de bois. Acide
   acétique. Acétates de soude, d'ammoniaque, d'alumine, de fer, de chrôme, de
   cuivre, de plomb. . . . . . . . . . . . . . . . . . . . . 107

Pages

Réservoir pour mélanger les méthylènes. . . . . . . . . . . . . . .   107
Dispositif pour soutirer des fûts en fer les produits de distillation du méthylène   108


CHAPITRE IV

PRODUITS SECONDAIRES DE LA DISTILLATION DES BOIS ET INDUSTRIES DIVERSES
UTILISANT CHIMIQUEMENT LES BOIS


*Dérivés industriels de l'esprit de bois* :
Chloroforme. . . . . . . . . . . . . . . . . . . . . . . . . . .   112
Azotate de méthyle. . . . . . . . . . . . . . . . . . . . . . .   113
Acétate d'éthyle. . . . . . . . . . . . . . . . . . . . . . . .   114
Acétate d'amyle. . . . . . . . . . . . . . . . . . . . . . . .   115
**Acétone.** — Acétone par distillation sèche de la chaux. . . . . . . .   115
Installation d'une fabrique d'acétone . . . . . . . . . . . . . .   116
Appareil pour la fabrication de l'acétone brut . . . . . . . . . .   117
**Traitement des goudrons.** — Distillation de la créosote brute . . . . .   119
Appareil chauffé à la vapeur pour la déshydratation du goudron à travail continu.   119
Cornue en fonte pour la distillation du goudron, Séparateur . . . . . .   120
Purification de la créosote. Agitateur pour le traitement des huiles de goudron
    et leur distillation à la vapeur . . . . . . . . . . . . . . .   122
Appareil à colonne pour fractionner les huiles de goudron avec chauffage à feu
    nu ou à la vapeur, à la pression atmosphérique ou dans le vide . . . .   124
Appareil pour la distillation de la créosote pure . . . . . . . . .   125
*Utilisation des déchets de bois et des déchets de la carbonisation des bois* .
Emplois de la sciure de bois. . . . . . . . . . . . . . . . . . .   125
**L'acide oxalique**, sa fabrication . . . . . . . . . . . . . . . .   126
Densités des solutions d'acide oxalique . . . . . . . . . . . . .   128
Fabrication de briquettes à l'aide du charbon de bois. . . . . . . .   129
Charbon de Paris et *briquettes* à chaufferettes . . . . . . . . . .   130
**Le carbonate de potasse**, sa fabrication . . . . . . . . . . . . .   131
Evaporation des lessives et calcination des salins . . . . . . . . .   133
Potasse cassée ou salin, potasse brassée. . . . . . . . . . . . .   133
Calcination de la potasse brute, potasse perlasse . . . . . . . . .   134
Raffinage du carbonate de potasse. . . . . . . . . . . . . . . .   134


CHAPITRE V

PARTIE ANALYTIQUE

(A. *Analyse des matières premières* :
    1° **Chaux** : eau, insoluble dans l'acide acétique, alcali total, magnésie. .   135
Table de richesse des laits de chaux à 15° C. . . . . . . . . . . .   136
    2° **Acide sulfurique** . . . . . . . . . . . . . . . . . . .   137
(B. *Analyse des produits commerciaux*:
    1° **Pyrolignite de chaux** : procédés divers, procédé Frésénius . . .   137
    2° **Acétates** autres que celui de chaux (soude, plomb, etc.) . . . . .   138

Pages

Table des densités des solutions 0/0 d'acétate de soude . . . . . . . . 139
3° **Acide acétique** : Titrage de l'acide acétique en volume, en poids . . 140
Table de Mohr donnant les densités des mélanges d'acide acétique et d'eau . 141
Titrage de l'acide dans l'acide pyroligneux . . . . . . . . . . . . 141
Essai des acides acétiques concentrés . . . . . . . . . . . . . 142
Table des points de congélation de l'acide acétique dilué . . . . . . . 142
4° **Esprit de bois brut** : Alcoométrie (alcoomètres de Gay-Lussac, Richter,
Tralles) . . . . . . . . . . . . . . . . . . . . . . . . 142
Table des densités des mélanges d'eau et d'alcool . . . . . . . . . 143
Détermination de l'alcool méthylique . . . . . . . . . . . . . . 144
Détermination de l'acétone : (Méthode de Kramer) . . . . . . . . . 144
— — (Méthode volumétrique de Messinger) . . . . 145
— — (Méthode de Denigès) . . . . . . . . . 146
Dosage de l'alcool allylique . . . . . . . . . . . . . . . . . . 146
Détermination des impuretés dans le méthylène . . . . . . . . . . 146
Dosage des éthers dans le méthylène . . . . . . . . . . . . . . 147
5° **Essai de l'alcool méthylique pur** . . . . . . . . . . . . . 147
6° **Essai de l'acétone** . . . . . . . . . . . . . . . . . . . 148
7° **Essai de la créosote** (acide phénique, alcool, huiles fixes ou volatiles). 148
8° **Carbonate de potasse** : Humidité, résidu insoluble, alcalinité, degré
pondéral, essai Decroisille . . . . . . . . . . . . . . . . . 149
Tables pour la conversion d'un titre alcalimétrique en titre pondéral et vice-
versa . . . . . . . . . . . . . . . . . . . . . . . . . . . 150
Dosage de la soude dans la potasse. Procédé Graeger. . . . . . . . . 151
Dosage de la potasse : procédé au chloroplatinate. . . . . . . . . . 152
— procédé Schlœsing . . . . . . . . . . . . . 153
— procédé Carnot . . . . . . . . . . . . . . . 153

# DEUXIÈME PARTIE

## FABRICATION D'EXTRAITS DIVERS

### CHAPITRE PREMIER

#### EXTRAITS DE CHATAIGNIER

Généralités sur les bois de châtaigniers . . . . . . . . . . . . . 155
Analyses diverses de bois de châtaigniers, leur richesse en tannin . . . . 156
Prix actuels des bois en France et en Corse. . . . . . . . . . . . 157
**Déboisement** ; la disparition du châtaignier en France : les causes et le
remède. . . . . . . . . . . . . . . . . . . . . . . . . . 158
Rendement en extrait des bois de châtaigniers des différentes provenances. . 169
De l'eau à employer pour la diffusion ou macération des bois et écorces . . 171
Note sur les transformations qui se produisent dans les infusions de matières
tannantes (chêne, pin, sumac). . . . . . . . . . . . . . . . . 171

Pages

Action des matières salines sur les infusions et extraits tanniques (chêne, pin,
   sumac, quebracho, châtaignier, mimosa) . . . . . . . . . . . . . . .   181
**Des jus et extraits divers de châtaignier** : Tableaux d'analyses et compositions . . . . . . . . . . . . . . . . . . . . . . . . . . . . . . . .   200


# CHAPITRE II

## DU MATÉRIEL ET APPAREILLAGE POUR LE TRAITEMENT DES BOIS
## DE CHATAIGNIER

*Chaufferie.* — **Systèmes de générateurs à vapeur** : chaudières à deux
   bouilleurs avec ou sans réchauffeurs . . . -. . . . . . . . . . . . .
Chaudières multibouilleurs avec réchauffeurs . . . . . . . . . . .   205
Chaudières à foyers intérieurs avec tubes Galloway . . . . . . . .   206
**Conduite des chaudières.** Roulement des chaudières et nettoyages, Extrac-
   tions, Niveaux d'eau. . . . . . . . . . . . . . . . . . . . . . . . .   207
Pression . . . . . . . . . . . . . . . . . . . . . . . . . . . . . . .   208
**Pompes alimentaires et robinetterie des chaudières.**
Mise en marche, vitesse de la pompe, arrêt de la pompe. . . . . . . .
Joints de la pompe, visite du tiroir, graisseur . . . . . . . . . . .   209
Vannes d'alimentation sur la nourrice de la bâche. . . . . . . . . . .
Surface de chauffe de générateurs à vapeur à adopter dans les usines d'extraits,   210
**Foyers et fours gazogènes divers** : Four gazogène Bonnet Spazin . . .   210
Fonctionnement des foyers gazogènes . . . . . . . . . . . . . . .   212
Règles pour la marche des fours, feu pour la nuit, décrassage des grilles, net-
   toyage des cendriers et de la chambre de chauffe . . . . . . . . . .   213
Four Godillot . . . . . . . . . . . . . . . . . . . . . . . . . . . .   215
**Cheminées.** — Cheminées en briques . . . . . . . . . . . . . . . .   218
Cheminée à tirage forcé système Prat. . . . . . . . . . . . . . . .   219
**Machines à vapeur.** Entretien. . . . . . . . . . . . . . . . . . . .   221
Machine à condensation, type Robatel, Buffaud et Cⁱᵉ. . . . . . . . .   222
Transmissions générales, poulies fixes et poulies folles ; tuyauterie et robinet-
   terie générales . . . . . . . . . . . . . . . . . . . . . . . . . . .   235
**Elévateurs.** — Chaîne « Ewart » simple et accouplée . . . . . . . .   226
Chaîne « Harrisson » . . . . . . . . . . . . . . . . . . . . . . . . .   227
Supports-tendeurs, cuvettes en fonte. . . . . . . . . . . . . . . . .   228
**Transporteur.** Chariot mobile de transporteur. . . . . . . . . . . .   228
Grenier à copeaux. . . . . . . . . . . . . . . . . . . . . . . . . . .   230
**Découpeuses.** — Coupeuse à grand débit . . . . . . . . . . . . . .   231
Instructions pour les coupeuses et élévateurs : mise en route, arrêt, graissage
   et échauffement ; affûtage, mise en place et réglage des couteaux ; réglage
   de l'enclume ou éperon du couloir, entaillage de l'enclume . . . . . .   233
*Extraction.* — Appareils à diffusion
**Cuves en bois,** leurs avantages, résultats d'essais . . . . . . . . .   235
Batterie de cuves en bois, système J. Noyer . . . . . . . . . . . .   238
**Cuves en cuivre à « air libre »** . . . . . . . . . . . . . . . . . .   240

  Pages

Autoclaves ou extracteurs en cuivre ; mise en batterie . . . . . . . .   240
Batterie de 5 autoclaves en cuivre ; marche à suivre dans le fonctionnement des
  autoclaves : 1° dans la marche intensive à 5 eaux donnant 9 lavages ; 2° mar-
  che intensive à 7 bouillons. . . . . . . . . . . . . . . . . . .   241
Systèmes divers d'autoclaves : 1° autoclaves avec fonds emboutis ; 2° autocla-
  ves à fond tronconnique et dispositif Bonnet Spazin . . . . . . . .   247
Réservoirs . . . . . . . . . . . . . . . . . . . . . . . . . .   248
Condenseur-réchauffeur. — Système J. Noyer . . . . . . . . . .   251
Bâche ou cuve à bouillons . . . . . . . . . . . . . . . . . .   252
Réfrigérants des jus ou bouillons : réfrigérants tubulaires . . . . . .   253
Filtration des jus ; décantation . . . . . . . . . . . . . . . .   254
Clarification mécanique . . . . . . . . . . . . . . . . . . .   256
Essoreuse-décanteuse . . . . . . . . . . . . . . . . . . . .   257
Filtration et clarification mécaniques des boues . . . . . . . . .   258
Décoloration. — Procédés divers : au sang, à l'étain, par le sulfate d'alu-
  mine et le bisulfite de soude etc. . . . . . . . . . . . . . . .   262
Emploi du borax . . . . . . . . . . . . . . . . . . . . . .   263
Fabrication des extraits de châtaignier à 25° Bé, 30° Bé ou à l'état sec — Con-
  centration ou évaporation des bouillons de châtaignier . . . . . . .   264
Extrait sec ; dissolution des extraits secs . . . . . . . . . . . .   265
Contrôle de la marche d'une usine d'extraits. . . . . . . . . . .   266
Appareils évaporatoires à vapeur directe. — Concentration par chauffage indi-
  rect : chaudières à serpentin. Chenaillier . . . . . . . . . . . .   269
Appareils évaporatoires sous pression réduite. — Simple effet ordinaire, son
  installation . . . . . . . . . . . . . . . . . . . . . . . .   271
Réchauffeur de jus. . . . . . . . . . . . . . . . . . . . . .   273
Simple effet rotatif . . . . . . . . . . . . . . . . . . . . .   275
Double effet . . . . . . . . . . . . . . . . . . . . . . . .   276
Triple effet. . . . . . . . . . . . . . . . . . . . . . . . .   277
Théorie du triple effet. Poids d'eau évaporée par caisse d'un triple effet. . .   278
Pompes à air, pompes à eaux condensées. — Pompes à air humide. Pom-
  pes à air sèche . . . . . . . . . . . . . . . . . . . . . .   284
Epreuve d'étanchéité d'un triple effet. . . . . . . . . . . . . .   287
Mise en marche du triple effet. Règles à suivre pour la marche ordinaire. Prise
  des éprouvettes. Vidange de l'extrait. Arrêt de l'appareil, remise en marche,
  nettoyage . . . . . . . . . . . . . . . . . . . . . . . . .   288
Evaporateur « Kestner ». Avantages. Lavage . . . . . . . . . . .   291

## CHAPITRE III

TYPE D'USINE D'EXTRAITS. CAPITAL A ENGAGER. CALCUL DU PRIX DE REVIENT

Devis d'une usine modèle. — Batterie de cuves en bois. Coupeuses. Elévateur
  et transporteur. Machine à vapeur. Chaudières à vapeur. Triple effet. Décantation mécanique des jus. Bâtiments de l'usine. Cheminée à tirage mécanique.
  Terrain. . . . . . . . . . . . . . . . . . . . . . . . . .   297
Prix de revient. . . . . . . . . . . . . . . . . . . . . . .   300

## CHAPITRE IV

IMPORTANCE ET NOMBRE D'USINES D'EXTRAITS EN FRANCE, EN CORSE ET EN ITALIE. — PRODUCTION TOTALE FRANÇAISE EN 1904. — IMPORTATIONS ET EXPORTATIONS D'EXTRAITS EN FRANCE DEPUIS 1900.

Pages

Importance et nombre des usines d'extraits en France . . . . . . . . . 302
Usines italiennes, usines espagnoles . . . . . . . . . . . . . . 303
Usines corses . . . . . . . . . . . . . . . . . . . . . . . 304
Production totale française en 1904 . . . . . . . . . . . . . . . 305
Mouvement des importations et exportations d'extraits de châtaignier et autres
  sucs végétaux, effectués par la France en 1900, en 1901 . . . . . . . 306
En 1902 . . . . . . . . . . . . . . . . . . . . . . . . . . 307
En 1903, en 1904. Récapitulation . . . . . . . . . . . . . . . . 308

## CHAPITRE V

USAGE ET MODE D'EMPLOI DES EXTRAITS DE CHATAIGNIER EN TANNERIE

Emplois des extraits pour le tannage en fosse . . . . . . . . . . . 311
Mode d'emploi . . . . . . . . . . . . . . . . . . . . . . . 311
Tannage des croûtes . . . . . . . . . . . . . . . . . . . . . 312
Dissolution des extraits . . . . . . . . . . . . . . . . . . . . 312
Historique du tannage rapide . . . . . . . . . . . . . . . . . 313
Tannage ultra-rapide . . . . . . . . . . . . . . . . . . . . . 315

## CHAPITRE VI

FABRICATION DE L'EXTRAIT DE CHÊNE

Bois de chêne. — Variétés . . . . . . . . . . . . . . . . . . 316
Richesse tannique de quelques variétés de chêne . . . . . . . . . . 317
Fabrication de l'extrait de chêne . . . . . . . . . . . . . . . . 318
Appareillage et matériel d'une usine d'extrait de chêne . . . . . . . 320
Brevet Albert Thompson et Emile Blin. Mode opératoire. Résumé. . . . . 321

## CHAPITRE VII

FABRICATION DE L'EXTRAIT DE QUEBRACHO

*Bois de Quebracho*. Généralités. . . . . . . . . . . . . . . . . 325
Fabrication de l'extrait de Quebracho. . . . . . . . . . . . . . . 326
Essais de sulfitage . . . . . . . . . . . . . . . . . . . . . . 327

Pages

Brevet et addition pour « Procédé de transformations d'extraits par l'action des
bisulfites, sulfites ou hydrosulfites alcalins » . . . . . . . . . . . . . 329
*Emploi en tannerie* de l'extrait de Quebracho . . . . . . . . . .
Tannage de la basane . . . . . . . . . . . . . . . . . . . . 333
Tannage des cuirs de veau . . . . . . . . . . . . . . . . . . 333
Tannage des gros cuirs. Observations . . . . . . . . . . . . . . 334


## CHAPITRE VIII

### FABRICATION D'EXTRAITS DE SUMAC

Sumac en feuilles. Lentisque. Tamarix . . . . . . . . . . . . . 337
Fabrication des extraits de sumac . . . . . . . . . . . . . . . . 338
Extrait à froid. Rendement . . . . . . . . . . . . . . . . . . 339
Qualités d'extraits de sumac . . . . . . . . . . . . . . . . . . 340
Emploi en tannerie de l'extrait de sumac . . . . . . . . . . . . . 341
Gallo-sumac . . . . . . . . . . . . . . . . . . . . . . . . 341


## CHAPITRE IX

### DU CACHOU-KHAKI, SUCCÉDANÉ DU QUEBRACHO : SON EMPLOI EN TANNERIE

Le « Khaki ». — Mode d'emploi en tannerie . . . . . . . . . . . 342
Tannage des cuirs à semelles (lissé) . . . . . . . . . . . . . . . 344


## CHAPITRE X

### DES MATIÈRES TANNANTES DIVERSES

Divi-divi . . . . . . . . . . . . . . . . . . . . . . . . . 345
Valonnée . . . . . . . . . . . . . . . . . . . . . . . . . 346
Galles de Chine . . . . . . . . . . . . . . . . . . . . . . . 347
Myrobolam ou myrobolans . . . . . . . . . . . . . . . . . . 347
*Palmetto* . . . . . . . . . . . . . . . . . . . . . . . . . 347
Tannage des veaux et kips, lissés et à grain . . . . . . . . . . . . 350
Tannage des cuirs vaches-lissés, cuirs pour harnais, cuirs pour ceintures, cour-
roies, etc. . . . . . . . . . . . . . . . . . . . . . . . . 352
Tannage de Palmetto au chrome . . . . . . . . . . . . . . . . . 353
Autre mode de tannage avec l'extrait de Palmetto . . . . . . . . . . 353
Le tannage, la préparation, nourriture, émulsion à l'huile pour passer sur les
peaux . . . . . . . . . . . . . . . . . . . . . . . . . . 355
*Mimosa* . . . . . . . . . . . . . . . . . . . . . . . . . 357
*Tara* . . . . . . . . . . . . . . . . . . . . . . . . . . 358

Dumesny et Noyer                                            26

Pages

*Mangrove*. . . . . . . . . . . . . . . . . . . . . . . . . . . . 359
*R. Catéchu*. Extrait spécial pour teinture et tannage . . . . . . . . 360
R. Catéchu, une nouvelle matière tannante pour le tannage mixte. . . . . 363
Mode d'emploi pratique du R. Catéchu . . . . . . . . . . . . . . 367

## CHAPITRE XI

### FABRICATION DES EXTRAITS DE CAMPÊCHE

Bois de Campêche . . . . . . . . . . . . . . . . . . . . . . . 374
Mouillage et préparation des bois . . . . . . . . . . . . . . . . 375
Fabrication des extraits de Campêche, Rendements . . . . . . . . . 376
Observations sur l'extrait de Campêche. . . . . . . . . . . . . . 378

## CHAPITRE XII

### ANALYSE DES MATIÈRES TANNANTES

Méthode d'analyse des substances tannantes établie par l'Association des chimistes de l'Industrie du cuir.
I. — *Prises d'échantillons* : *a*) Extraits liquides. — *b*) Gambier et extraits pâteux. — *c*) Valonées, algarobilles et autres végétaux tannants. — Remarque . . 380
II. — *Préparation des échantillons pour l'analyse* : *a*) Extraits liquides. — *b*) Extraits solides. — *c*) Gambier. — *d*) Écorces et autres substances tannantes solides. . . . . . . . . . . . . . . . . . . . . . . . . . . 381
III. — *Préparation de l'infusion* : *a*) Préparation de la solution d'extraits liquides. *b*) Préparation de la solution dans le cas des substances à tannin solides . 382
IV. — *Déterminations analytiques* : *a*) Total des matières solubles . . . . 383
    *b*) Détermination des non-tannins. . . . . . . . . . . . . . . 384
    *c*) Détermination de l'humidité. . . . . . . . . . . . . . . . 386
V. — *Établissement des résultats* . . . . . . . . . . . . . . . 386
Notes complémentaires sur la méthode précédente :
I. — *Appareils employés pour l'épuisement des substances tannantes solides* :
    *a*) Appareil du Dr Koch. . . . . . . . . . . . . . . . . . . 387
    *b*) Appareil de Procter . . . . . . . . . . . . . . . . . . 387
    *c*) Appareil de Soxhlet . . . . . . . . . . . . . . . . . . 388
II. — *Influence de la température d'extraction sur les résultats* e tannin assimilable. . . . . . . . . . . . . . . . . . . . . . . . . . 388
III. — *Préparation de la poudre de peau*. . . . . . . . . . . . . 389

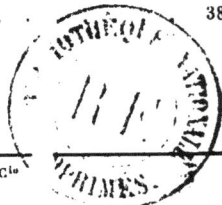

LAVAL. — IMPRIMERIE L. BARNÉOUD ET Cie

www.ingramcontent.com/pod-product-compliance
Lightning Source LLC
Chambersburg PA
CBHW061001220326
41599CB00023B/3793